Mit digitalen Extras: Exklusiv für Buchkäufer!

Ihre digitalen Extras zum Download:

- Vorlagen und Übersichten
- Gesetze und Verordnungen

▶ http://mybook.haufe.de/

▶ Buchcode: HYR-1547

Belege richtig kontieren und buchen

Elmar Goldstein

Belege richtig kontieren und buchen

Typische Buchungsfälle nach den Kontenrahmen für DATEV, IKR, BGA

9. Auflage

Haufe Group
Freiburg · München · Stuttgart

Bibliografische Information der Deutschen Nationalbibliothek
Die Deutsche Nationalbibliothek verzeichnet diese Publikation in der Deutschen Nationalbibliografie; detaillierte bibliografische Daten sind im Internet über http://dnb.dnb.de abrufbar.

Print:	ISBN 978-3-648-15400-7	Bestell-Nr.: 01170-0009
ePDF:	ISBN 978-3-648-15401-4	Bestell-Nr.: 01170-0155

Elmar Goldstein
Belege richtig kontieren und buchen
9. Auflage, September 2021

www.haufe.de
info@haufe.de

Bildnachweis (Cover): © echo3005, Shutterstock

Produktmanagement: Dipl.-Kfm. Kathrin Menzel-Salpietro
Satz: Helmut Haunreiter

Inhaltsverzeichnis

Vorwort

„Wohin verbuche ich nur diesen Beleg?“ Jeder Buchhalter stellt sich diese Frage mehr oder weniger häufig. Trotz Kontierungs- und Buchungshinweisen aus der Fachliteratur erleben selbst bestausgebildete Buchhalter den Praxisschock eines Schuhkartons unsortierter Belege.

In diesem Buch haben wir 95 häufige Buchungsfälle zusammengestellt — von A wie *Abschlagszahlung* bis Z wie *Zuschüsse*. Auf der linken Buchseite ist jeweils der Originalbeleg abgebildet. Auf der gegenüberliegenden Seite erfahren Sie, wie Sie den Geschäftsvorfall den richtigen Konten zuordnen und buchen. Darüber hinaus finden Sie zu jedem Buchungsfall Hinweise, worauf Sie buchungstechnisch und rechtlich besonders achten müssen. Nutzen Sie dieses Buch als Nachschlagewerk: Wenn Sie Ihren Fall nicht im Buchungs-ABC finden, hilft Ihnen das ausführliche Stichwortverzeichnis am Ende des Buches weiter.

Die Belegsammlung kann ein Lehrbuch über Buchhaltung oder einen Kontierungsratgeber zwar nicht ersetzen, aber durch Praxisbeispiele sinnvoll ergänzen, um den „Praxisschock“ bei frisch gebackenen Buchhalter/innen abzumildern. Zum Grundverständnis des DATEV-Systems und für Fragen zur richtigen Kontenzuordnung empfehlen wir „Schnelleinstieg in die DATEV-Buchführung“ und „Richtig Kontieren von A bis Z“ aus dem Haufe Verlag.

Im einleitenden Kapitel „Worum geht es in der Buchführung?“ erfahren Sie, was Sie beim Kontieren und Buchen grundsätzlich beachten müssen: Welcher Kontenrahmen ist der richtige? Wie werden Belege bearbeitet? Wie schreiben Sie korrekte Rechnungen? Welche Aufzeichnungspflichten müssen Sie beachten? Anhand dieser Fragen entwickeln Sie ein Gespür für die Belegprüfung und für die richtige Zuordnung in der Buchhaltung. Wir bitten um Verständnis, dass wir eine umfassende Behandlung der einzelnen Themen auf jeweils einer einzigen Seite nicht leisten können.

Der Anhang am Ende des Buches enthält zahlreiche Formulare, die Sie im Unternehmensalltag regelmäßig benötigen: Fahrtenbuch, Anlagekarte, Abschreibungstabelle, Reisekostenabrechnung u. v. m. Anhand von Beispielen erfahren Sie, wie Sie die Formulare korrekt ausfüllen und einsetzen.

Im Anhang finden Sie Auszüge der Kontenrahmen SKR03 und SKR04 der DATEV eG Nürnberg. Die Original-Kontenrahmen sind im Internet unter www.datev.de kostenfrei erhältlich. Wenn Sie dort im Suchfeld rechts oben die Dokumenten-Nr. 0907805 eingeben, finden Sie unter „Treffer LEXinform/Info-Datenbank" alle DATEV-Kontenrahmen zum genannten Jahr.

Mein besonderer Dank gilt auch dem Bundesverband der Industrie für den Industriekontenrahmen (IKR). Der ungekürzte und erläuterte Industriekontenrahmen ist im Heider-Verlag, Bergisch-Gladbach, erschienen.

Die neuen Rechnungsvorschriften nach dem Umsatzsteuergesetz zwingen zur Offenlegung persönlicher Daten. Daher sind Aussteller, Empfänger und u. U. weitere Teile unserer Belege fiktiv oder geschwärzt. Herzlich danken möchten wir der Firma Terrashop, die mit der Namensnennung einverstanden war.

Bei der Fülle des Zahlenmaterials sind Druckfehler nicht auszuschließen. Verlag und Autor sind für diesbezügliche Hinweise und Anregungen dankbar. Kontierungsfälle, die Sie in unserem ABC nicht finden, bitten wir, mit Belegabbildung (tif-Format in 300 DPI) unter konto@richtigkontieren.de nachzufragen. Bei Vorlage und Veröffentlichungsfreigabe dieses Belegs werden wir jede Anfrage beantworten und diese Kontierung in der nächsten Auflage berücksichtigen.

Heppenheim, im August 2021 *Dipl.-Kfm. Elmar Goldstein*

Worum geht es in der Buchführung?

In diesem einleitenden Kapitel werden die wichtigsten Fragen zum Thema Buchführung behandelt. Zunächst stellen wir Ihnen die vier in Deutschland am meisten verwendeten Kontenrahmen sowie die unterschiedlichen Kontenfunktionen vor. Anschließend erfahren Sie, was Sie beim Kontieren und Buchen grundsätzlich beachten müssen. Ab Seite 36 finden Sie eine Anleitung, wie Belege in der Buchhaltung bearbeitet werden.

Kontenrahmen und Kontenplan

Ein Kontenrahmen stellt ein vorgegebenes System von gegliederten Konten dar, die Sie bei Ihrer Buchführung verwenden. Die (bis zu 1.200) Standardkonten sind in Kontenklassen und Kontengruppen geordnet. Wie eine Postleitzahl verweist die Kontonummer auf einen Bereich ähnlicher Konten. Die richtige Zuordnung – Kontierung – der Geschäftsvorfälle wird dadurch erleichtert.

Im DATEV-Kontenrahmen SKR04 bezeichnet z. B. die Kontenklasse 0 die Konten des Anlagevermögens, darunter 05 und 06 „Andere Anlagen“, „Betriebs- und Geschäftsausstattung“ und letztlich das Konto 0650 „Büroeinrichtung“. Im Gegensatz zum Industriekontenrahmen und Großhandelskontenrahmen sind sämtliche Sachkontennummern vierstellig.

Aus dem Kontenrahmen wählen Sie je nach Umfang Ihrer Buchhaltung nach und nach die zu Ihrem Betrieb passenden Sachkonten aus. Dies können weniger als 50 oder auch mehr als 200 sein. So ersparen Sie sich eine Menge Arbeit für eigene Bezeichnungen und Kontenfunktionen. Der betriebliche Kontenplan besteht zum einen aus den für Ihre Buchhaltung ausgewählten Konten sowie aus zusätzlichen individuellen Konten.

Während der Kontenplan immer wieder neu den betrieblichen Änderungen angepasst wird, ist die grundsätzliche Wahl des Kontenrahmens nur schwer zu revidieren.

Welcher Kontenrahmen ist der richtige?

Die Kontierungstabelle berücksichtigt die vier in Deutschland am meisten verwendeten Kontenrahmen.

Kontenrahmen des Groß- und Außenhandels

Der Kontenrahmen des Groß- und Außenhandels wird von Handelsschulen, Volkshochschulen, IHK und anderen Einrichtungen zu Ausbildungszwecken gebraucht und ist von daher weitverbreitet. Er gilt den Einen als bewährter Standard, den Anderen trotz der Anpassung 1988 als veraltetes Kontensystem. Herausgeber ist der Bundesverband des Groß- und Außenhandels.

Kontenklasse	Kontenarten
0	Anlage- und Kapitalkonten
1	Finanz- und Privatkonten
2	Abgrenzungskonten
3	Wareneingangs- und Bestandskonten
4	Konten der Kostenarten
5	Konten der Kostenstellen
6	Konten für Umsatzkostenverfahren
7	Frei
8	Umsatzerlöse
9	Abschlusskonten

Industriekontenrahmen

Mit dem IKR wurde 1988 der frühere GKR an das geänderte Bilanzrecht angepasst. Er wird zumeist in der Industrie und im Handwerk eingesetzt. Der Bundesverband der Industrie entwickelte diesen Kontenrahmen mit integriertem Nummernkreis für die Betriebsbuchhaltung.

Kontenklasse	Kontenarten
0	Immaterielle Anlagen und Sachanlagen
1	Finanzanlagen
2	Umlaufvermögen und Rechnungsabgrenzung
3	Eigenkapitalkonten und Rückstellungen
4	Verbindlichkeiten und Rechnungsabgrenzung
5	Erträge
6	Betriebliche Aufwendungen
7	Weitere Aufwendungen
8	Ergebnisrechnungen
9	Kosten- und Leistungsrechnung

DATEV-Kontenrahmen

Die diversen DATEV-Kontenrahmen unterscheiden sich im Wesentlichen nur in der Anordnung der Konten, weshalb z. B. für das Konto „Raumkosten" im DATEV-Kontenrahmen SKR03 die Nummer 4200, im SKR04 hingegen die Nummer 6305 vorgesehen ist. Wenn Sie nicht nach dem DATEV-System buchen, stehen Ihnen die Automatikfunktionen nicht zur Verfügung. Gleichwohl kann es sinnvoll sein, einen der folgenden Kontenrahmen zu verwenden.

SKR03

Wenn Sie nach dem Kontenrahmen des Großhandels die Buchführung gelernt haben, so finden Sie im SKR03 die vertrauten Kontenklassen und bekannte Kontennummern.

Kontenklasse	Kontenarten
0	Anlage- und Kapitalkonten
1	Finanz- und Privatkonten
2	Abgrenzungskonten
3	Wareneingangs- und Bestandskonten
4	Betriebliche Aufwendungen
5+6	Frei für Kostenrechnung
7	Bestände an Erzeugnissen
8	Erlöskonten
9	Vortragskonten – Statistische Konten

SKR04

An den Positionen des Jahresabschlusses orientiert sich der SKR04 (Aktiva, Passiva, Erträge und Aufwendungen). Er ist übersichtlicher gegliedert und von daher für den Neueinsteiger zu empfehlen. Da sich die Gliederung an die HGB-Vorschriften für Kapitalgesellschaften anlehnt, sollten insbesondere GmbH-Buchhalter diesen Kontenrahmen verwenden.

Kontenklasse	Kontenarten
0	Anlagevermögen
1	Umlaufvermögen
2	Eigenkapitalkonten
3	Fremdkapitalkonten
4	Betriebliche Erträge
5+6	Betriebliche Aufwendungen
7	Weitere Erträge und Aufwendungen
8	Frei für Kostenrechnung
9	Vortragskonten – Statistische Konten

Kontenfunktionen

Automatische Umsatzsteuerfunktionen

Vom DATEV-System sind bereits etliche Konten im SKR mit Automatikfunktionen zu Umsatzsteuerberechnungen ausgestattet. Wenn Sie den Kontenrahmen zur Hand nehmen, sehen Sie zu Beginn etlicher Kontenklassen eine Box mit Kontenbereichen, markiert durch KU, M oder V. Unmittelbar vor den einzelnen Kontennummern stehen die Buchstaben AM und AV.

Das Kürzel AV vor der Kontonummer bedeutet, dass die Vorsteuer aus dem auf diesem Konto gebuchten Bruttobetrag herausgerechnet und automatisch auf dem Vorsteuerkonto verbucht wird. Das Kürzel AM steht für die automatische Verbuchung der Mehrwertsteuer, wenn Sie die so gekennzeichneten Erlöskonten ansprechen.

Als weitere Kontenfunktionen, eingearbeitet in den DATEV-Kontenrahmen, sind hier zu erwähnen:

USt.-Zusatzfunktionen

KU = Keine Umsatzsteuer
V = Nur Vorsteuerabzug/Korrektur möglich
M = Nur Mehrwertsteuer/Korrektur möglich

Die solchermaßen belegten Kontenbereiche verhindern Fehlbuchungen. So kann bei einer Privatentnahme aus der Kasse weder Vorsteuer abgezogen noch Mehrwertsteuer berechnet werden, und bei einer Warenrücksendung kann nur die Vorsteuer, nicht aber versehentlich die Mehrwertsteuer korrigiert werden.

Weitere Kontenfunktionen

Die Sammelfunktion S kennzeichnet Konten, auf denen Buchungsbeträge gesammelt werden, ohne durch Buchungssätze direkt angesprochen zu sein — so z. B. vom System errechnete Vorsteuerbeträge oder Mehrwertsteuer.

Eine Sonderrolle bilden die mit S gekennzeichneten Konten „Verbindlichkeiten" bzw. „Forderungen aus Lieferungen und Leistungen". Da auf diesen Konten automatisch die Salden der Personenkonten erscheinen, können sie als einzige Sammelkonten nicht direkt bebucht werden. Dieser Schutz verhindert eventuelle Differenzen zwischen dem Sachkonto und den entsprechenden Personenkonten.

Ebenfalls nicht bebucht werden können die mit R reservierten Konten. Hier behält sich die DATEV vor, zukünftig Konten mit neuen Merkmalen festzulegen. Beispielsweise wurden viele Konten mit 15 % und 16 % USt. für die Umsatzsteuererhöhung in 2007 gesperrt und neu belegt.

Konten mit dem Kürzel F machen auf spezielle Funktionen, z. B. die Abfrage und das Einsteuern in die Umsatzsteuervoranmeldung oder die Zusammenfassende Meldung aufmerksam. In Verbindung zu den Steuerprogrammen der DATEV (EÜR-Formular, Körperschaftsteuer, Gewerbesteuer) und der ab 2013 verbindlichen E-Bilanz bestehen zusätzliche Funktionen.

Buchungsschlüssel und Automatik

Bei der Eingabe des Gegenkontos in der DATEV-Buchhaltung hat man die beiden zusätzlichen Stellen für Korrektur- und Umsatzsteuerfunktionen vorgesehen. Realisiert werden diese Funktionen, wie so oft bei der DATEV, durch Schlüsselung. In den folgenden Beispielen wurde der SKR04 verwendet.

Barkauf von Bürobedarf (# 6815) zum 3. Juli:

Umsatz	Gegenkonto	Beleg 1	Datum	Konto	Text
23,88 –	906815	0	03.07.	1600	Schreibwaren

Im Bruttobetrag von 23,88 EUR sind 19 % Vorsteuer enthalten. Diese zu ermitteln und auf dem Vorsteuerkonto zu sammeln, überlassen wir dem Computer durch den Schlüssel 9.

Umsatzsteuerschlüssel

Die 2. Stelle (oder 6. rechts) des Feldes Gegenkonto regelt also die Umsatzsteuerberechnung:

	Umsatzsteuerberechnung
1	Mehrwertsteuerfrei (mit Vorsteuerabzug)
2	Mehrwertsteuer 7 %
3	Mehrwertsteuer 19 %
5	Mehrwertsteuer 16 %
7	Vorsteuer 16 %
8	Vorsteuer 7 %
9	Vorsteuer 19 %

Wenn Sie sich noch an die Kontenfunktionen erinnern, so gibt es im DATEV-Kontenrahmen Konten, die bereits mit den Funktionen der automatischen Vorsteuer- oder Mehrwertsteuerberechnung belegt sind. Die Verwendung dieser Konten erspart die Mühe, bei jeder Buchung einen Umsatzsteuerschlüssel setzen zu müssen.

Der Warenverkauf zum 15.07. an den Kunden Hermann Hirsch (Deb. 12400) kann also sowohl auf dem Automatikkonto (AM) 4400 als auch auf dem Konto 4000 verbucht werden:

Umsatz	Gegenkonto	Beleg 1	Datum	Konto	Text
23.491,20 –	12400	846	15.07.	4400	Restposten

oder

Umsatz	Gegenkonto	Beleg 1	Datum	Konto	Text
23.491,20 +	304000	846	15.07.	12400	Restposten

An diesem Buchungsbeispiel sieht man auch, dass die Benennung von Konto und Gegenkonto frei wählbar ist – vorausgesetzt, man kommt mit Plus und Minus nicht durcheinander.

Achtung:

Aus Sicherheitsgründen lässt die DATEV die USt.-Schlüsselung bei gleichzeitiger Verwendung von USt.-Automatikkonten nicht zu.

Buchungssätze, nach denen also nach Ihren Anweisungen Umsatzsteuerberechnungen doppelt durchzuführen sind, werden vom DATEV-System nicht verarbeitet.

Einen Sonderfall der USt.-Schlüsselung stellt die Verbuchung von EG-Umsatzsteuerfällen dar. Hier greift die DATEV auch auf die erste Stelle des Gegenkontos zurück. EG-Umsatzsteuer wird danach mit den Ziffern 10 bis 19 geschlüsselt:

	Umsatzsteuerberechnung
10	Erlöse aus einer in einem anderen EG-Land steuerpflichtigen Lieferung
11	Steuerfreie innergemeinschaftliche Lieferung
12	Erlöse aus einer im Inland steuerpflichtigen EG-Lieferung: 7 % MwSt.
13	Erlöse aus einer im Inland steuerpflichtigen EG-Lieferung: 19 % MwSt.
15	Erlöse aus einer im Inland steuerpflichtigen EG-Lieferung: 16 % MwSt.
17	Innergemeinschaftlicher Erwerb: 16 % (MwSt. und Vorsteuer)
18	Innergemeinschaftlicher Erwerb: 7 % (MwSt. und Vorsteuer)
19	Innergemeinschaftlicher Erwerb: 19 % (MwSt. und Vorsteuer)

§ 13b-Umsatzsteuerschlüssel

Auch für Leistungen, bei denen der Leistungsempfänger die Umsatzsteuer einbehalten und an das Finanzamt abführen muss (Bauleistungen, ausländische Unternehmer u. a.), ist die Erfassung auf Automatikkonten vorgesehen. Beispielsweise für die Buchung von Anzahlungen, die unter § 13b UStG fallen, hat die DATEV jedoch keine Automatikkonten zur Verfügung gestellt. Den Ausweis in der Umsatzsteuervoranmeldung erreichen Sie in diesen Fällen durch einen Umsatzsteuerschlüssel an der 1. und 2. Stelle.

	Umsatzsteuerberechnung
46	Erbrachte Leistungen § 13b UStG
91	Erhaltene Leistungen 7 % Vorsteuer und Umsatzsteuer § 13b UStG
92	Erhaltene Leistungen o. Vorsteuer 7 % Umsatzsteuer § 13b UStG
94	Erhaltene Leistungen 19 % Vorsteuer und Umsatzsteuer § 13b UStG
95	Erhaltene Leistungen o. Vorsteuer 19 % Umsatzsteuer § 13b UStG

Berichtigungsschlüssel

Die erste Stelle des Gegenkontos ist mit den Ziffern 2 bis 9 für Korrekturen und die Aufhebung von Kontenfunktionen vorgesehen. Der Schlüssel „2" kennzeichnet eine Stornobuchung (DATEV-Bezeichnung: Generalumkehr). Eine so geschlüsselte Habenbuchung erscheint mit negativen Vorzeichen auf der Sollseite, eine Sollbuchung erscheint mit Minus auf der Habenseite des bebuchten Kontos.

Der Warenverkauf zum 15.07. an den Kunden Hermann Hirsch (Deb. 12500) wurde versehentlich dem Modehaus Hans Hirsch (Deb. 12400) zugeschrieben und in der Juli-Buchhaltung verbucht.

Zur Erinnerung die Fehlbuchung in der Juli-Buchhaltung:

Umsatz	Gegenkonto	Beleg 1	Datum	Konto	Text
23.491,20 +	304000	846	15.07.	12400	Restposten

Das Storno dieser Buchung erfolgt in der August-Buchhaltung unter dem gleichen Buchungsdatum:

Umsatz	Gegenkonto	Beleg 1	Datum	Konto	Text
23.491,20 –	2304000	846	15.07.	12400	

Hier der verkürzte Kontoauszug zum Debitor 12400, gebucht bis 31.08.:

Hans Hirsch

Datum	Gegenkonto	Buchungstext	Soll (Umsatz)	Haben
15.07	4000	Restposten	23.491,20	
...				
15.07	4000	Generalumkehr	– 23.491,20	
Sammelbuchung Anzahl 65			35.994,17	xx.xxx,xx

Der Umsatz muss ein zweites Mal, diesmal unter Angabe des richtigen Debitorenkontos (12500) eingebucht werden. Dies kann man ebenfalls unter dem Datum 15.07. in der August-Buchhaltung (01.08.–31.08.) erledigen.

Zu erwähnen ist noch, dass auch bei verdichteten Konten – also der Zusammenfassung aller Buchungen eines Tages bzw. Monats zur Sammelbuchung – die Generalumkehr gesondert ausgewiesen ist.

Warum macht man sich die Mühe, eigens einen Korrekturschlüssel zu setzen, wenn eine Fehlbuchung auch durch eine Buchung auf der Gegenseite korrigiert werden könnte? Sehen Sie sich den Kontoauszug von Hans Hirsch nochmals an. Die Stornobuchung löscht die Fehlbuchung auf der Sollseite.

Eine Korrektur per Habenbuchung würde nur den Kontosaldo richtigstellen. Die Summen der Sollseite sowie der Habenseite wären hingegen jeweils zu hoch ausgewiesen – gerade so, als habe Umsatz und Rechnungsausgleich stattgefunden. Für die Bemessung des Jahresbonus kann dieser Unterschied aber wichtig werden.

Mit dem Stornoschlüssel können Sie beispielsweise auch Fehlbuchungen von Umbuchungen differenzieren.

- Falsches Kostenkonto verwendet: Storno durch Generalumkehr im Soll
- Kostenersatz durch Dritte: Umbuchung im Haben

Auch sollten Fehlbuchungen im Anlagen- und Privatkontenbereich mit Rücksicht auf den Bilanzbuchhalter immer mit dem Korrekturschlüssel storniert werden. Zum Jahresabschluss kann beim Anlagenspiegel und bei der Gewinnverteilung ansonsten das Datenchaos ausbrechen.

Den Korrekturschlüssel „4“ verwendet man, wenn die Automatikfunktion eines angesprochenen Kontos ausgeschaltet werden soll. Dies kann z. B. bei der Umbuchung zwischen zwei Wareneinkaufskonten mit automatischem Vorsteuerabzug sinnvoll sein.

Der Schlüssel „8“ kombiniert die Aufhebung der Automatik mit der Generalumkehr. Hier bleibt z. B. bei der Stornierung die Mehrwertsteuer unberührt:

Der Warenverkauf von brutto 11.900 EUR ist versehentlich auf dem Automatikkonto 4620 (Eigenverbrauch/Unentgeltliche Wertabgaben) anstatt auf 4400 verbucht worden:

Umsatz	Gegenkonto	Beleg 1	Datum	Konto	Text
11.900,00 –	1830	2	18.07.	4620	

Buchungszeile zur Stornierung:

Umsatz	Gegenkonto	Beleg 1	Datum	Konto	Text
10.000,00 +	8001830	2	18.07.	4620	

Richtige Verbuchung des Verkaufs:

Umsatz	Gegenkonto	Beleg 1	Datum	Konto	Text
10.000,00 +	4004400	2	18.07.	1830	Fehlbuchung 4620

Weitere Berichtigungsschlüssel können Sie dem Kontenrahmen entnehmen.

Bezeichnung individueller Konten

In jeder Buchhaltung sind neben den Standardkonten aus dem vorgegebenen Kontenrahmen individuelle Konten anzulegen. Ebenso werden sämtliche Personenkonten mit dem Namen des Kreditors oder Debitors bezeichnet.

Zusätzliche individuelle Konten sind eigens anzulegen für

- spezielle Anlagegüter,
- Darlehens-, Miet- und Leasingkonten,
- Bank, Sparkasse,
- Warengruppen beim Einkauf und Verkauf und
- eventuell andere Kosten- und Erlöskonten.

Da der Firmen-BMW zu 20 % und der geleaste Kombi zu 10 % privat genutzt wurden (Nachweis durch ein Fahrtenbuch), sollen die Kosten getrennt erfasst werden. Außerdem ist jeweils ein Konto für das Darlehen von Onkel Hugo, die Kreissparkasse Lüneburg, Einnahmen und Ausgaben der Eigentumswohnung einzurichten. Dem folgenden Kontenplan liegt der SKR04 zugrunde.

Kontonummer	Bezeichnung
0521	BMW
1810	Kreissparkasse Lüneburg
2700	Aufwand Gräfenstraße
2750	Mieteinnahmen Gräfenstraße
3570	Privatdarlehen
6521	Kfz-Versicherung BMW
6522	Kfz-Versicherung Kombi
6531	Betriebskosten BMW
6532	Betriebskosten Kombi
6571	Leasingraten Kombi

Entweder sind bereits vorhandene Standardkonten neu zu bezeichnen (z. B. 1810 für Bank 1) oder freie Nummern in offenen Kontenbereichen zu besetzen (z. B. zwischen 6530 und 6540). Schlagen Sie im Kontenrahmen nach, ob diese Bereiche nicht etwa reserviert sind (im DATEV-Kontenrahmen mit R ausgezeichnet) und ob das Konto ggf. in die Umsatzsteuervoranmeldung und beim Jahresabschluss in die richtige Bilanzposition/GuV eingesteuert wird.

Zu Beginn der EDV-Buchführung könnten auch Sie dem Rausch unterliegen, jeden Monat aufs Neue vermeintlich wichtige, spezielle Konten anzulegen. Der fehlende Überblick bestraft Sie damit, dass wiederkehrende Zahlungen einmal auf dem einen Konto, dann auf einem anderen verbucht werden und am Jahresende mühsam zusammengefügt werden können.

Tipp:

Fragen Sie sich jedes Mal, bevor Sie ein individuelles Konto einrichten, was Sie mit den Informationen aus der getrennten Erfassung anfangen wollen.

Im obigen Beispiel macht die Trennung der Kfz-Kosten dann Sinn, wenn zum Jahresende eine unterschiedliche private Nutzung der Kfz berechnet wird. Eine getrennte Erfassung von Strom, Gas und Wasser bringt vielleicht nur die triviale Kenntnis am Jahresende, mehr Wasser als im Vorjahr verbraucht zu haben.

Personenkonten

Um Rechnungen gegenüber einzelnen Geschäftspartnern abzustimmen, Außenstände und Zahlungen zu überwachen, kann es sinnvoll sein, für Kunden und Lieferanten eigene Konten anzulegen und zusätzlich zu bebuchen. Diese sogenannten Personenkonten liegen außerhalb des Sachkontenrahmens in zwei eigenen Buchungskreisen.

Sämtliche Salden der Kundenkonten (Debitoren) erscheinen auf dem Sachkonto:

- Forderungen aus Lieferungen und Leistungen

Sämtliche Salden der Lieferantenkonten (Kreditoren) erscheinen auf dem Sachkonto:

- Verbindlichkeiten aus Lieferungen und Leistungen

Auf dem Sachkonto steht jeweils nur die Summe aller Debitoren und Kreditoren. Eine Saldenliste gibt Ihnen den Überblick über den aktuellen Stand jedes einzelnen Kontos.

Sofern Sie Kunden- und Lieferantenkonten bebuchen, muss von den jeweiligen Firmendaten zumindest der Name erfasst werden. Nach dem DATEV-System sind für Debitoren die fünfstelligen Konten 10000—69999 und für Kreditoren 70000 bis 99999 vorgesehen. Für das Mahnwesen und den Zahlungsverkehr sind Adressen, Ansprechpartner und Bankverbindungen sinnvolle Angaben, um z. B. Mahnbriefe oder Abbuchungen zu automatisieren.

Es hat sich bewährt, einzelne Personenkonten nur für Großkunden oder -lieferanten zu führen und andere Geschäftspartner gesammelt, beispielsweise über Diverse Kunden A Konto 10100 oder Diverse Lieferanten G — Z Konto 62000, abzuwickeln.

Die Anlage von individuellen Sachkonten und Personenkonten kann en bloc bei der Einrichtung der Buchhaltung erfolgen oder später beim Buchen ergänzt werden.

Kontieren und Buchen

Zur Kontierung war es früher üblich, in einem Stempel auf dem Beleg die Sollkonten und Habenkonten mit den jeweiligen Beträgen sowie das Buchungsdatum einzutragen. Heute wird in der EDV-Buchhaltung aus Zeitgründen auf „überflüssige“ Angaben verzichtet.

Bei Kontierung auf einem Bankkontoauszug z. B. fehlt die Angabe des Kontos, Betrags und Datums, da dies ohnehin ersichtlich ist. Man vermerkt zu jeder Buchung lediglich das Gegenkonto und ggf. den Schlüssel zur Umsatzsteuer. Ob die Bank im Soll oder im Haben bebucht wird, ergibt sich ebenfalls aus Eingang oder Ausgang. Erfassen Sie jede Buchung direkt vom Bankbeleg in den Computer, dient z. B. als Belegnummer die Nummer des Kontoauszugs. Um Rechnungen besser abstimmen zu können, ist es in diesen Fällen sinnvoller, die Rechnungsnummer zu erfassen. Geben Sie zu Beginn des Buchungskreises den Banksaldo des Monatsanfangs vor, so haben Sie nach jedem Auszug die Kontrolle, dass selbst die Cent-Beträge richtig eingegeben sind.

Eine absolut richtige und eindeutige Kontierung ist nicht möglich. Denn wo endet das zulässige Ermessen, den Geschäftsvorfall als einmaliges Ereignis zu behandeln und ihn z. B. als „Sonstige betriebliche Aufwendung“ zu kontieren?

Wann sollen Telefongebühren und Mobilfunk auf getrennten Konten, wann unter Telefonkosten zusammengefasst werden? Die Entscheidung können nur Sie treffen.

Als „Sonstige" Kosten- und Ertragskonten für die Buchung von Einzelfällen kommen folgende in Betracht:

Sonstige Konten	SKR03	SKR04	IKR	BGA	GuV-Position
Abgaben	4390	6430	6921	428	GuV 8.
Aufwendungen, unregelmäßig	2309	6969	6992	4739	GuV 8.
Aufwendungen, betriebsfremd, regelm.	2307	6967	6991	202	GuV 8.
Beratungskosten	4950	6825	677	484	GuV 8.
betriebliche Aufwendungen	4900	6300	693	473	GuV 8.
betriebl. u. regelmäßige Aufwendungen	4905	6304	6900	231	GuV 7.
betriebliche Erträge	2700	4830	54	27	GuV 4.
betriebliche Erträge, regelmäßig	8600	4835	5410	241	GuV 4.
betriebliche Erträge, unregelmäßig	2709	4839	543	24	GuV 4.
Betriebsbedarf	4980	6850	6074	4725	GuV 8.
betriebsfr. regelm. Erträge	2707	4837	5415	242	GuV 4.
Erträge, betriebl. u. regelm. 19 % USt.	8640	4836	5412	242	GuV 4.
Grundstücksaufwendungen, betrieblich	2350	6350	6933	4732	GuV 8.
Kfz-Kosten	4580	6570	6886	4349	GuV 8.
Personalaufwendungen	4100	6000	623	4011	GuV 6a)
Provisionserträge	8570	4570	5412	8721	GuV 1.
Raumkosten, betrieblich	4280	6345	6933	4731	GuV 8.
Reparaturen/Instandhaltung	4809	6490	6065	4716	GuV 8.

Sonstige Konten	SKR03	SKR04	IKR	BGA	GuV-Position
soziale Abgaben	4140	6170	643	408	GuV 6b)
steuerfreie Betriebseinnahmen	2747	4982	5436	269	GuV 4.
steuerfreie Umsätze (§ 4 Nr. 2–7 UStG)	8150	4150	5056	8117	GuV 1.
steuerfreie Umsätze (§ 4 Nr. 8 ff. UStG)	8100	4100	506	8111	GuV 1.
steuerfreie Umsätze Inland	8110	4110	505	8112	GuV 1.
Steuern	4340	7650	78	424	GuV 16.
Zinsen und ähnliche Erträge	2650	7100	57	26	GuV 11.
Zinsertrag	8650	7110	579	266	GuV 11.
Zinsen und ähnliche Erträge aus verbundenen Unternehmen	2659	7109	570	2535	GuV 11.
Zinserträge aus verbundenen Unternehmen	2659	7119	570	2665	GuV 11.

Fehlkontierungen lassen sich fast alle folgenlos rückgängig machen. Vorsicht ist jedoch bei allen Buchungen geboten, mit denen Sie steuerliche Wahlrechte ausüben oder sonstige ungewollte Konsequenzen auslösen. Irrtümer können teuer werden bei Kontierungsfehlern im Zusammenhang mit

- besonderen Aufzeichnungspflichten (siehe unten):
  - Geringwertige Wirtschaftsgüter,
  - Geschenke,
  - Reisekosten,
  - Bewirtungen,
  - Löhne und Gehälter,
- Vermögensgegenständen, die entweder dem Betriebsvermögen oder dem Privatvermögen zugeordnet werden können (gewillkürtes Betriebsvermögen),
- jeglichen Zahlungen in der GmbH, die durch falsche Zuordnung als verdeckte Leistungen an einen Gesellschafter gedeutet werden können.

Damit die Betriebsausgaben steuerlich anerkannt werden bzw. aufgrund gesetzlicher Vorschriften, müssen sie auf gesonderten Konten zeitnah aufgezeichnet werden. Als zeitnah gilt eine Frist bis höchstens 1 Monat nach dem Geschäftsvorfall. Welche Aufzeichnungspflichten im Einzelnen gelten, erfahren Sie in dem Abschnitt „Welche Aufzeichnungsfristen müssen Sie beachten?“ ab Seite 39.

Änderungen in den DATEV-Kontenrahmen

In 2020 hat die DATEV eG folgende zusätzliche Konten eingerichtet:

Neue Konten 2020	SKR03	SKR04
Anteile einer GmbH & Co KG an einer Komplementär-GmbH	538	806
Forderungen gegen Gesellschaft/Gesamthand	1394	1494
Verbindlichkeiten gegenüber Kreditinstituten, Restlaufzeitdifferenzierung bei Bilanzierern	0690	3210
Sonstige Verbindlichkeiten, Restlaufzeitdifferenzierung bei Bilanzierern	0790	3570
Verbindlichkeiten gegenüber Gesellschaft/Gesamthand	1757	3634
Sonderabschreibung nach § 7b EStG (Wohnungsneubau)	4856	6245
Mietleasing Elektrofahrzeuge	4575	6565
Offene Posten aus 2020	9050	9050

Eine wesentliche Neuerung in 2020 besteht in der Funktionsänderung bei den Privatkonten mit den jeweiligen Nummernbereichen der Endziffern 0 bis 9. Hier ist eine Trennung zwischen Vollhafter einer Gesellschaft und Einzelunternehmer erfolgt, um in der E-Bilanz automatisch „unlimitedPartner“ oder „privateAccountSP“ anzusteuern.

Nachdem bereits 2016 für Vollhafter die „Endziffernlogik“ aufgegeben wurde – d.h. Endziffer 0 für Vollhafter 1 oder den Einzelunternehmer, Endziffer 1 für Vollhafter2 usw. bis Endziffer 9 für den 10. Gesellschafter mussten sämtliche Gesellschafter in der Finanzbuchhaltung auf Konten der Endziffer 0 abgebildet werden. Die DATEV fragt seitdem bei jeder Buchung auf Privatkonten ab, welcher Gesellschafter betroffen ist, um zum Jahresabschluss Kapitalkontenentwicklungen für jeden einzelnen Gesellschafter zu generieren.

Seit 2020 sind von Einzelunternehmern durchweg Privatkonten mit Endziffer 1 zu verwenden, wobei im SKR04 ein größerer Nummernraum und zu den hier aufgelisteten Konten noch zusätzliche Konten zur Verfügung stehen.

Konten 2020 für Einzelunternehmer	**SKR03**	**SKR04**
Kapital (fester Anteil, nur Einzelunternehmen)	0871	2001
Kapital (variabler Anteil, nur Einzelunternehmen)	0881	2011
Privatentnahmen allgemein (nur Einzelunternehmen)	1801	2101
Unentgeltliche Wertabgaben (nur Einzelunternehmen)	1881	2131
Privatsteuern (nur Einzelunternehmen)	1811	2151
Privateinlagen (nur Einzelunternehmen)	1891	2181
Sonderausgaben beschränkt abzugsf. (nur Einzelunternehmen)	1821	2201
Sonderausgaben unbeschränkt abzugsf. (nur Einzelunternehmen)	1831	2231
Zuwendungen, Spenden (nur Einzelunternehmen)	1841	2251
Außergewöhnliche Belastungen (nur Einzelunternehmen)	1851	2281
Grundstücksaufwand (nur Einzelunternehmen)	1861	2301
Grundstücksaufwand (USt.-Schlüssel möglich, nur Einzelunternehmen)	1869	2309
Grundstücksertrag (nur Einzelunternehmen)	1871	2351
Grundstücksertrag (USt.-Schlüssel möglich, nur Einzelunternehmer)	1879	2359

Im Zuge der Umsatzsteuersenkung und des Konjunkturpakets von Mitte 2020 kamen folgende Konten unterjährig hinzu:

Neue Konten seit Juli 2020	**SKR03**	**SKR04**
Geleistete Anzahlungen 5 % Vorsteuer	1512	1182
Geleistete Anzahlungen 16 % Vorsteuer	1517	1184
Abziehbare Vorsteuer 5 %	1568	1403
Abziehbare Vorsteuer 16 %	1575	1405
Abziehbare Vorsteuer nach § 13b UStG 16 %	1579	1409

Aufzuteilende Vorsteuer 5 %	1564	1414
Aufzuteilende Vorsteuer 16 %	1565	1415
Erhaltene, versteuerte Anzahlungen 5 % USt. (Verbindlichkeiten)	1712	3261
Erhaltene, versteuerte Anzahlungen 16 % USt. (Verbindlichkeiten)	1717	3270
Umsatzsteuer 5 %	1773	3803
Umsatzsteuer 16 %	1775	3805
Umsatzsteuer nicht fällig 5 %	1763	3813
Umsatzsteuer nicht fällig 16 %	1765	3815
Umsatzsteuer nach § 13b UStG 16 %	1786	3838
Erlöse 5 % USt.	8333	4333
Erlöse 7 % USt.	8334	4334
Gewährte Skonti 5 % USt.	8732	4732
Gewährte Skonti 16 % USt.	8735	4735
Gewährte Skonti aus im Inland steuerpflichtigen EU-Lieferungen 5 % USt.	8747	4747
Gewährte Skonti aus im Inland steuerpflichtigen EU-Lieferungen 16 % USt.	8749	4749
Erhaltene Skonti 5 % Vorsteuer	3732	5732
Erhaltene Skonti aus Einkauf Roh-, Hilfs- und Betriebsstoffe 5 % Vorsteuer	3735	5735
Erhaltene Skonti 16 % Vorsteuer	3737	5737
Erhaltene Skonti aus Einkauf Roh-, Hilfs- und Betriebsstoffe 16 % Vorsteuer	3739	5739
Erhaltene Skonti aus Einkauf Roh-, Hilfs- und Betriebsstoffe aus steuerpflichtigem innergemeinschaftlichem Erwerb 5 % Vorsteuer und 5 % Umsatzsteuer	3742	5742
Erhaltene Skonti aus steuerpflichtigem innergemeinschaftlichem Erwerb 16 % Vorsteuer und 16 % Umsatzsteuer	3747	5747
Erhaltene Skonti aus steuerpflichtigem innergemeinschaftlichem Erwerb 5 % Vorsteuer und 5 % Umsatzsteuer	3749	5749
Erhaltene Skonti aus Einkauf Roh-, Hilfs- und Betriebsstoffe aus steuerpflichtigem innergemeinschaftlichem Erwerb 16 % Vorsteuer und 16 % Umsatzsteuer	3740	5740

Daneben wurde für das zweite Halbjahr 2020 bei den meisten Erlös- und Wareneinkaufskonten mit Umsatzsteuerautomatik der Steuersatz an das Leistungsdatum oder hilfsweise an das Belegdatum geknüpft. Das bedeutete z. B. für das Standarderlöskonto 8400 im SKR03 und 4400 im SKR04 die erweiterte Beschriftung „Erlöse 19 %/16 % USt." mit den Erlösen gemischter Steuersätze. Diese Mischkonten sind seit 2021 wieder eindeutig den Steuersätzen 19 % bzw. 7 % zugeordnet und entsprechend eindeutig beschriftet.

Neue Konten 2021	**SKR03**	**SKR04**
Erhaltene Anzahlungen Nachsteuer	1715	3279
Einkauf Roh-, Hilfs- und Betriebsstoffe ohne Vorsteuerabzug	3079	5129
Wareneingang 7 % Vorsteuer	3347	5347
Wareneingang 5 % Vorsteuer	3348	5348
Wareneingang 19 % Vorsteuer	3418	5418
Wareneingang 16 % Vorsteuer	3419	5419
Abzugsbetrag nach § 6b EStG	4859	6249
Veräußerungskosten § 3 Nr. 40 EStG bzw. § 8b Abs. 3 KStG (bei Veräußerungsgewinn)	4976	6857
Veräußerungskosten § 3 Nr. 40 EStG bzw. § 8b Abs. 3 KStG (bei Veräußerungsverlust)	4977	6858

In dem Kontext hat die DATEV 2021 auch bei den Wareneingangskonten nachgebessert und datumsunabhängige Konten mit festen Vorsteuersätzen geschaffen.

Was Sie beim Kontieren und Buchen beachten müssen

In der doppelten Buchführung erfasst man auf Sachkonten sämtliche Geschäftsvorfälle eines laufenden Wirtschaftsjahres sowohl im Hinblick auf ihre Vermögens- als auch Erfolgswirkung. Dementsprechend werden die Sachkonten in Bestandskonten und Erfolgskonten unterschieden.

Tipp:

Als Geschäftsvorfall wird abstrakt jede Bewegung von Vermögenswerten innerhalb des Unternehmens oder mit seinem wirtschaftlichen Umfeld bezeichnet.

In der Buchhaltung müssen Sie sämtliche Geschäftsvorfälle erfassen, teilweise mit Auswirkungen auf mehrere Vermögenspositionen.

Was ist ein Geschäftsvorfall?

Hier handelt es sich z. B. um Geschäftsvorfälle:

- Mit dem Ausstellen einer Rechnung für erbrachte Leistungen erhebt das Unternehmen eine Forderung und erhöht gleichzeitig seine Umsatzerlöse sowie die Umsatzsteuerschuld.
- Mit dem Verkauf über den Ladentisch werden der Kassenbestand wie auch der Umsatzerlös und die Umsatzsteuerschuld erhöht.
- Bei Entnahme eines Firmenwagens durch den Unternehmer in sein Privatvermögen erhöhen sich der Entnahmeerlös und die Umsatzsteuerschuld, der Wert der Privatentnahmen und der Aufwand für den Abgang von Anlagevermögen. Schließlich vermindert dieser einzige Geschäftsvorfall noch den Fahrzeugbestand.

In den folgenden Fällen liegt kein Geschäftsvorfall vor:

- Sie erhalten von der Bank einen Brief, dass das beantragte Darlehen jederzeit bereitgestellt werden kann.
- Sie bekommen die Zusage: „Die Lieferung, der Scheck, die Bestellung, der unterschriebene Vertrag ist unterwegs“. Solche „schwebenden Geschäfte“ zu erfassen und zu bewerten ist Aufgabe des Jahresabschlusses. Erst dann müssen angefangene Arbeiten, unfertige Waren und drohende Risiken erkannt werden.
- Eine Bürgschaftserklärung wird so lange nicht als Geschäftsvorfall erfasst, wie sie nicht in Anspruch genommen wird.

Tipp:

Man kann auch sagen: Jeder Geschäftsvorfall verändert jeweils mindestens zwei Werte in der Bilanz.

Ergebnis, Bestands- und Erfolgskonten

Der Jahresgewinn oder -verlust wird zum Jahresende doppelt festgestellt:

1. Einmal in der Bilanz durch Vermögensvergleich zu Beginn und Ende des Jahres: Dazu werden sämtliche Bestandskonten abgerechnet. Hat sich das Vermögen vermehrt, schlägt sich der Jahresgewinn als Zuwachs im Eigenkapital nieder, umgekehrt wird bei Verlust das Eigenkapital vermindert.

2. In der Gewinn- und Verlustrechnung durch Gegenüberstellung von Aufwand und Ertrag. Hier fließen sämtliche Erfolgskonten ein. Der Unterschiedsbetrag (Saldo) entspricht dem Jahresergebnis.

Bestandskonten übernehmen vom Eröffnungsbilanzkonto zu Beginn des Jahres die Anfangsbestände. Nachdem im Laufe des Jahres sämtliche Bestandsveränderungen auf den jeweiligen Konten verbucht wurden, muss der errechnete Jahresendbestand mit dem Inventurwert zum Jahresende übereinstimmen.

Übersicht Bestandskonten	
Aktive Bestandskonten (Vermögenskonten)	Zugang im Soll – linke Seite Abgang im Haben – rechte Seite
Passive Bestandskonten (Kapitalkonten, Schulden)	Zugang im Haben – rechte Seite Abgang im Soll – linke Seite

Der Endbestand eines Bestandskontos bestimmt sich aus dem Unterschiedsbetrag zwischen beiden Seitensummen, dem Saldo. Wenn der Saldo verbucht wird, gilt das Konto als abgeschlossen. Es muss dann Summengleichheit herrschen.

Auf den Erfolgskonten erfassen Sie im Laufe des Jahres den betrieblichen Aufwand und Ertrag. Buchungen auf diesen Konten beeinflussen letztlich nur ein einziges Bestandskonto, das Eigenkapitalunterkonto „Jahresgewinn". Zum Jahresende werden sämtliche Erfolgskonten abgeschlossen und über das Hilfskonto „Gewinn- und Verlustkonto" saldiert. Der Saldo dieses Kontos wiederum entspricht dem Jahresgewinn/Jahresverlust.

Übersicht Bestandskonten	
Aufwandskonten	Erfassung im Soll – linke Seite Erstattung im Haben – rechte Seite
Ertragskonten	Erfassung im Haben – rechte Seite Ertragsminderung im Soll – linke Seite

Kontierung: Welche Konten sind betroffen?

Die Verbuchung der Geschäftsvorfälle erfolgt in zeitlicher und sachlicher Anordnung jeweils auf mindestens zwei betroffenen Konten. Die Entscheidung, welche Konten tatsächlich betroffen sind, nennt man Kontierung.

Beispiel:

Der Barkauf von Schreibwaren am 06.07. in Höhe von 238 EUR brutto wird sowohl auf den Konten „Bürobedarf“ und „Vorsteuer“ im Eingang/Soll als auch auf dem Konto „Kasse“ als Ausgang/Haben erfasst.

Der Aufwand nimmt in dem Maße zu, wie das Vermögen abnimmt.

Um die Buchung zu beschreiben, formuliert man einen standardisierten Buchungssatz.

Buchung am 06.07.:

Vorsteuer	38 EUR	
Bürobedarf	200 EUR	
an Kasse		238 EUR

oder ganz allgemein:

Soll (Konto, Betrag)		
an Haben (Konto, Betrag)		

Im DATEV-System wird der Buchungssatz des Beispiels in folgender Buchungszeile erfasst (Konten nach SKR04). Der Endsaldo jedes Erfolgskontos wird zum Jahresende vom DATEV-System automatisch gegen das Gewinn- und Verlustkonto gebucht und ist damit ausgeglichen.

Soll	Haben	Gegenkonto	Beleg	Datum	Konto	Text
	238	906815		06.07.	1600	

Auf dem Gewinn- und Verlustkonto erscheint sämtlicher Aufwand auf der linken Seite, sämtliche Erträge erscheinen auf der rechten Seite. Der Unterschiedsbetrag zwischen beiden Seiten entspricht dem Jahresergebnis. Ein Saldo auf der linken Seite bedeutet, dass die Erträge rechts den Aufwand links übersteigen. Dies bedeutet einen Gewinn. Steht der Saldo auf der rechten Seite, so war das Jahresergebnis negativ.

Wie werden Belege bearbeitet?

Ob nun manuell oder computergestützt — jede doppelte Buchführung gründet sich auf Belege. Auch in der EDV-Buchhaltung gilt der Grundsatz: Keine Buchung ohne Beleg!

In der Buchhaltung werden drei Belegarten unterschieden:
- Fremdbelege: z. B. eingegangene Rechnungen, Quittungen, Überweisungsscheine
- Eigenbelege: z. B. im eigenen Betrieb erstellte Abrechnungen, Rechnungskopien, Quittungen
- interne Belege: z. B. als Anweisungen über Umbuchungen oder Verrechnungen

Als Eigenbelege zählen auch sogenannte Notbelege. Darunter werden Ersatzausfertigungen für fehlende Fremdbelege verstanden. Dies betrifft verloren gegangene Belege oder auch Fälle, in denen üblicherweise keine Belege anfallen, z. B. bei der Parkuhr oder bei Trinkgeldern. Die umgekehrte Vorstellung „Ohne Beleg keine Buchung" ist somit ein Trugschluss. Da die Erfassung der Geschäftsvorfälle zeitnah erfolgen soll, sind zur Dokumentation bei Verzögerungen provisorische Belege auszustellen.

Beispiel:

Die bestellte Ware trifft ohne Rechnung ein. Auf telefonische Nachfrage offenbart sich ein Abrechnungschaos auf der Gegenseite. Wenn der Kaufpreis bekannt ist, wird ein Eigenbeleg erstellt und verbucht — zunächst ohne Vorsteuerabzug.

Belege werden für die Buchhaltung in vier Schritten bearbeitet:
- 1. Schritt: Belege vorbereiten
- 2. Schritt: Belege kontieren
- 3. Schritt: Belege buchen
- 4. Schritt: Belege ablegen

1. Schritt: Belege vorbereiten

Die Vorbereitung der Belege besteht aus drei Phasen:

1. **Eingang:** Datumsstempel auf Fremdbelegen
2. **Sortierung:** chronologisch in Buchungskreisen wie Kasse, Bank, Eingangs- und Ausgangsrechnungen
3. **Prüfung:** Sind die Belege ordnungsgemäß?

Die Anforderungen an die Ordnungsmäßigkeit der Belege sind sehr umfangreich. Fehler können dazu führen, dass der Vorsteuerabzug und sogar der Abzug als Betriebsausgabe gefährdet ist. Wenn fehlende Angaben im Nachhinein vom Finanzamt bemängelt werden, dann dürfen sie nachgetragen werden. Allerdings nur vom ausstellenden Unternehmer, nicht von Ihnen als Rechnungsempfänger.

Nach dem Umsatzsteuersystem können Sie von der geschuldeten Umsatzsteuer die bereits an andere Unternehmer gezahlte Umsatzsteuer (Vorsteuer) abziehen. Ohne eine ordnungsgemäße Rechnung des anderen Unternehmers mit ausgewiesener Umsatzsteuer gibt es allerdings keinen Vorsteuerabzug. Ob eine Ausgabenrechnung Vorsteuer enthält oder nicht, sehen Sie demnach am MwSt.-Ausweis in einem Euro-Betrag und dem ausgewiesenen MwSt.-Prozentsatz.

2. Schritt: Belege kontieren

Die geordneten und geprüften Belege werden im 2. und 3. Schritt kontiert und gebucht. Ob Sie nun die Belege kontieren und sofort buchen oder sämtliche Belege zunächst komplett vorkontieren, bleibt Ihnen überlassen.

Bei den Buchungskreisen der Eingangs- und Umsatzrechnungen verwenden Sie als fortlaufende Nummerierung den Eingangsstempel bzw. die von Ihnen vergebene Rechnungsnummer. Möglichst in dieser Reihenfolge sind auch die Buchungen zu erfassen.

Zur Kontierung war es früher üblich, in einem Stempel auf dem Beleg die Sollkonten und Habenkonten mit den jeweiligen Beträgen sowie das Buchungsdatum einzutragen. Heute wird in der EDV-Buchhaltung aus Zeitgründen auf „überflüssige“ Angaben verzichtet.

Achtung:

Bei Kontierung auf einem Bankkontoauszug z. B. fehlt die Angabe des Kontos, Betrags und Datums, da dies ohnehin ersichtlich ist. Man vermerkt zu jeder Buchung lediglich das Gegenkonto und ggf. den Schlüssel zur Umsatzsteuer. Ob die Bank im Soll oder im Haben bebucht wird, ergibt sich ebenfalls aus Eingang oder Ausgang.

Wenn Sie jede Buchung direkt vom Bankbeleg elektronisch erfassen, dient z. B. die Nummer des Kontoauszugs als Belegnummer. Um Rechnungen besser abstimmen zu können, sollten Sie in diesen Fällen sinnvoller die Rechnungsnummer erfassen. Geben Sie zu Beginn des Buchungskreises den Banksaldo des Monatsanfangs vor. So haben Sie nach jedem Auszug die Kontrolle, dass selbst die Cent-Beträge richtig eingegeben sind.

Wie vermeiden Sie Kontierungsfehler?

Fehlkontierungen lassen sich fast alle folgenlos rückgängig machen. Vorsicht ist jedoch bei allen Buchungen geboten, mit denen Sie steuerliche Wahlrechte ausüben oder sonstige ungewollte Konsequenzen auslösen. Ein Irrtum kann teuer werden bei Kontierungsfehlern im Zusammenhang mit

- besonderen Aufzeichnungspflichten (siehe unten): Geringwertige Wirtschaftsgüter, Geschenke, Reisekosten, Bewirtungen, Löhne und Gehälter,
- Vermögensgegenständen, die entweder dem Betriebsvermögen oder dem Privatvermögen zugeordnet werden können (gewillkürtes Betriebsvermögen),
- jeglichen Zahlungen in der GmbH, die durch falsche Zuordnung als verdeckte Leistungen an einen Gesellschafter gedeutet werden können.

3. Schritt: Belege buchen

Die kontierten Belege werden nach dem jeweiligen Buchungskreis (Kasse, Bank, Ausgangsrechnungen usw.) dem Datum nach auf Buchungslisten oder direkt elektronisch erfasst. Im zweiten Fall hilft ein Buchungsprotokoll (Primanota), jede einzelne Buchung wiederzufinden.

4. Schritt: Belege ablegen

Bei der berüchtigten Schuhkartonablage verlieren Sie und — schlimmer noch — der Betriebsprüfer vom Finanzamt jeglichen Überblick und Kontrolle über die Buchhaltung.

Die einfachste Ablage erfolgt chronologisch nach Buchungskreisen. Sie buchen für jeweils einen Monat nacheinander die Kasse, Bank, Sparkasse, Postbank usw. und heften die nummerierten Belege hinter den Kontoauszug/Kassenbericht. Bei größeren Buchhaltungen empfiehlt es sich, für jeden Buchungskreis eigene Aktenordner anzulegen. In die Bankordner können Listen über Daueraufträge, Einzugsermächtigungen und sonstige Verträge eingeheftet werden. Kunden- und Lieferantenrechnungen können Sie zusätzlich in Kopie, alphabetisch geordnet in separaten Ordnern ablegen. So ist eine Rechnung auch dann schnell zu finden, wenn Sie das Datum nicht genau kennen.

Welche Aufzeichnungspflichten müssen Sie beachten?

Betriebsausgaben müssen auf gesonderten Konten zeitnah aufgezeichnet werden. Wenn Sie die gesetzlichen Aufzeichnungspflichten verletzen, kann dies dazu führen, dass Ihre Betriebsausgaben steuerlich nicht anerkannt werden. Als zeitnah gilt eine Frist bis höchstens 1 Monat nach dem Geschäftsvorfall. Im Einzelnen gelten die folgenden besonderen Aufzeichnungspflichten:

- Bewirtungskosten: Angaben auf dem Beleg oder einem beigefügten Vordruck über bewirtete Personen, einschließlich des Unternehmers, daneben den Anlass der Bewirtung. Der Wirt muss die verzehrten Speisen und Getränke auf maschinellem Beleg mit Name und Anschrift der Gaststätte detailliert auflisten. Bei Beträgen über 250 EUR muss auch die Unterschrift des Unternehmers, MwSt.-Ausweis und Ausweis des Nettoentgelts sowie Rechnungsnummer, Rechnungs- und Lieferdatum enthalten sein.
- Geschenke unter 35 EUR an Geschäftsfreunde werden in einer Liste z. B. auf der Rückseite des Einkaufsbeleges dem jeweiligen Empfänger (Einzelperson, keine Firma) zugeordnet. Auch sie müssen auf einem separaten Konto erfasst werden.
- Geringwertige Wirtschaftsgüter (GWG) ab 250 EUR sind in einem Verzeichnis oder in der Buchhaltung auf einem gesonderten Konto zu erfassen.

- Löhne und Gehälter, auch von Aushilfen, sind auf einzelnen Lohnkonten und ggf. mit Aushilfsbelegen aufzuzeichnen. Die Abrechnung können Sie auch von einem Lohnprogramm vornehmen lassen.
- Reisekosten: eine Reisekostenabrechnung muss enthalten:
  - Name des Reisenden
  - Zeit, Dauer, Ziel und Zweck der Reise, ggf. gefahrene Kilometer
  - Bemessungsgrundlage für den Vorsteuerabzug
  - ggf. Tankquittungen, Fahrscheine, Telefonkosten, Übernachtungs- und pauschale Verpflegungskosten, Bewirtungsbelege (separates Konto), Eigenbelege über Trinkgelder

So schreiben Sie korrekte Rechnungen

Richtiges Rechnungsschreiben ist für viele Unternehmen von existenzieller Bedeutung. Hier verschaffen Sie sich die nötige Liquidität für Ihre Finanzierungen und legen den Grundstein dafür, bei schleppender Zahlung rechtlich abgesichert zu sein. Nach Leistungsabschluss bzw. einer möglichst kurzfristig eingeleiteten Abnahme der Arbeiten sollten Sie die Abschlussrechnung möglichst binnen eines Tages ausstellen. Es ist nur eine Frage der Organisation, dass Lieferung und Rechnung am gleichen Tag die Firma verlassen. Eine zügige Rechnungsstellung signalisiert übrigens keine Liquiditätsschwäche, sondern zeigt, dass Ihr Rechnungswesen gut funktioniert.

Bestandteile einer ordnungsgemäßen Rechnung

Wie sieht eine Rechnung aus, die vor dem Finanzamt Bestand hat? Die folgende Checkliste gibt Ihnen einen Überblick, welche Bestandteile eine ordnungsgemäße Rechnung enthält:[1]

1 BMF, Schreiben vom 29.01.2004, IV B 7 — S 7280 — 19/04.

Checkliste: Bestandteile einer ordnungsgemäßen Rechnung	
1. Vollständiger Name und vollständige Anschrift sowohl des leistenden Unternehmers also auch des Leistungsempfängers	
2. Steuernummer des leistenden Unternehmers (ausgestellt vom Finanzamt) oder Umsatzsteuer-Identifikationsnummer (ausgestellt vom Bundesamt für Finanzen)	
3. Ausstellungsdatum (= Rechnungsdatum)	
4. Fortlaufende Nummer mit einer oder mehreren Zahlenreihen, die zur Identifizierung der Rechnung vom Rechnungsaussteller einmalig vergeben wird (Rechnungsnummer)	
5. Menge und die Art (handelsübliche Bezeichnung) der gelieferten Gegenstände oder den Umfang und die Art der sonstigen Leistung	
6. Zeitpunkt der Lieferung oder sonstigen Leistung oder der Vereinnahmung des Entgelts oder eines Teils des Entgelts in den Fällen des § 14 Abs. 5 Satz 1 UStG, sofern dieser Zeitpunkt feststeht und nicht mit dem Ausstellungsdatum der Rechnung identisch ist	
7. Entgelt für die Lieferung oder sonstige Leistung (§ 10 UStG), das nach Steuersätzen und einzelnen Steuerbefreiungen aufgeschlüsselt sein muss, sowie jede im Voraus vereinbarte Minderung des Entgelts, sofern sie nicht bereits im Entgelt berücksichtigt ist	
8. Angabe des anzuwendenden Steuersatzes sowie den auf das Entgelt entfallenden Steuerbetrag oder im Fall des 13B UStG den Hinweis auf die Steuerschuldnerschaft des Leistungsempfängers oder im Fall einer Steuerbefreiung einen Hinweis darauf, dass für die Lieferung oder sonstige Leistung eine Steuerbefreiung gilt	
9. Hinweis auf die Aufbewahrungspflicht des Leistungsempfängers in den Fällen des § 14b Abs. 1 Satz 5 UStG (Danach haben auch Nichtunternehmer Baurechnungen zwei Jahre lang aufzubewahren.)	

1. Name und Anschrift des leistenden Unternehmers und des Leistungsempfängers

In der Rechnung sind der Name und die Anschrift des leistenden Unternehmers und des Leistungsempfängers jeweils vollständig anzugeben. Dabei ist es ausreichend, wenn sich aufgrund der in die Rechnung aufgenommenen Bezeichnungen der Name und die Anschrift sowohl des leistenden Unternehmers als auch des Leistungsempfängers eindeutig feststellen lassen. Verfügt der Leistungsempfänger über ein Postfach oder über eine Großkundenadresse, ist es ausreichend, wenn diese Daten anstelle der Anschrift angegeben werden. Bei

Unternehmern, die über mehrere Zweigniederlassungen, Betriebsstätten oder Betriebsteile verfügen, gilt jede betriebliche Anschrift als vollständige Anschrift.

Ungenauigkeiten bei der Angabe von Namen und Adresse führen nicht zu einer Versagung des Vorsteuerabzugs, wenn z. B. bei Schreibfehlern im Namen oder der Anschrift des leistenden Unternehmers oder des Leistungsempfängers oder in der Leistungsbeschreibung eine eindeutige und unzweifelhafte Identifizierung der am Leistungsaustausch Beteiligten, der Leistung und des Leistungszeitpunkts möglich ist und die Ungenauigkeiten nicht sinnentstellend sind.

Hat der Leistungsempfänger einen Dritten mit dem Empfang der Rechnung beauftragt und wird die Rechnung unter Nennung nur des Namens des Leistungsempfängers mit „c/o" an den Dritten adressiert, muss die Identität des Leistungsempfängers leicht und eindeutig feststellbar sein. Ansonsten könnte eine zusätzliche Steuerpflicht ausgelöst werden. Die Anschrift des Dritten gilt in diesen Fällen nicht als betriebliche Anschrift des Leistungsempfängers, wenn dieser unter der Anschrift des Dritten nicht gleichzeitig über eine Zweigniederlassung, eine Betriebsstätte oder einen Betriebsteil verfügt.[2]

2. Steuernummer oder USt.-IdNr. des leistenden Unternehmers
Wenn das Finanzamt dem leistenden Unternehmer keine USt.-IdNr. erteilt hat, ist zwingend die Steuernummer anzugeben. Erteilt das Finanzamt dem leistenden Unternehmer eine neue Steuernummer (z. B. bei Verlagerung des Unternehmenssitzes), ist nur noch diese zu verwenden. Es ist nicht erforderlich, dass der Unternehmer die vom Finanzamt erteilte Steuernummer um zusätzliche Angaben (z. B. Name oder Anschrift des Finanzamts, Finanzamtsnummer oder Länderschlüssel) ergänzt.

Im Fall der Gutschrift ist die Steuernummer bzw. die USt.-IdNr. des leistenden Unternehmers und nicht die des Leistungsempfängers, der die Gutschrift erteilt hat, anzugeben. Zu diesem Zweck hat der leistende Unternehmer (Gutschriftsempfänger) dem Aussteller der Gutschrift seine Steuernummer oder USt.-IdNr. mitzuteilen. Dies gilt auch für einen ausländischen Unternehmer, dem von einem inländischen Finanzamt eine Steuernummer oder vom Bundesamt für Finanzen eine USt.-IdNr. erteilt wurde.

---

[2] BMF, Schreiben vom 28.03.2006, IV A 5 — S 7280 a — 14/06.

Rechnet der Unternehmer über einen vermittelten Umsatz ab (z. B. Tankstellenbetreiber, Reisebüro), hat er die Steuernummer oder USt.-IdNr. des leistenden Unternehmers (z. B. Mineralölgesellschaft, Reiseunternehmen) anzugeben.

Vor dem 01.01.2004 geschlossene Mietverträge müssen keine Steuernummer oder USt.-IdNr. des leistenden Unternehmers enthalten. Es ist nicht erforderlich, diese Verträge um die Steuernummer oder die USt.-IdNr. zu ergänzen. Bei Verträgen über Dauerleistungen, die nach dem 01.01.2004 abgeschlossen wurden, ist es ausreichend, wenn die Steuernummer oder die USt.-IdNr. des leistenden Unternehmers sowie eine Rechnungsnummer aufgeführt ist. Auf den Zahlungsbelegen brauchen Sie dann die Steuernummer oder die USt.-IdNr. des leistenden Unternehmers nicht mehr anzugeben.

3. Fortlaufende Nummer (Rechnungsnummer)

Durch die fortlaufende Nummer (Rechnungsnummer) soll sichergestellt werden, dass die vom Unternehmer erstellte Rechnung einmalig ist. Es ist beim Erstellen der Rechnungsnummer zulässig, eine oder mehrere Zahlen- oder Buchstabenreihen zu verwenden. (Auch eine Kombination von Ziffern mit Buchstaben ist möglich.)

Bei der Erstellung der Rechnungsnummer bleibt es dem Rechnungsaussteller überlassen, wie viele und welche separaten Nummernkreise geschaffen werden, in denen eine Rechnungsnummer jeweils einmalig vergeben wird (z. B. „Mietvertrag-Dauerrechnung Nr. 1“). Dabei sind Nummernkreise für zeitlich, geografisch oder organisatorisch abgegrenzte Bereiche zulässig, z. B. für Zeiträume (Monate, Wochen, Tage), verschiedene Filialen, Betriebsstätten einschließlich Organgesellschaften oder Bestandsobjekte. Es muss jedoch gewährleistet sein (z. B. durch Vergabe einer bestimmten Klassifizierung für einen Nummernkreis), dass die jeweilige Rechnung leicht und eindeutig dem jeweiligen Nummernkreis zugeordnet werden kann und die Rechnungsnummer einmalig ist. Im Fall der Gutschrift ist die fortlaufende Nummer durch den Gutschriftsaussteller zu vergeben. Kleinbetragsrechnungen und Fahrausweise müssen keine fortlaufende Nummer enthalten.

4. Menge und Art der gelieferten Gegenstände oder Umfang und Art der sonstigen Leistung

Die Bezeichnung der Leistung muss eine eindeutige und leicht nachprüfbare Feststellung der Leistung ermöglichen, über die abgerechnet worden ist.[3] Neben

[3] BFH, Urteil vom 10.11.1994, BStBl II 1995, S. 395.

Markenartikelbezeichnungen sind auch handelsübliche Sammelbezeichnungen ausreichend, wenn sie die Bestimmung des anzuwendenden Steuersatzes eindeutig ermöglichen, z. B. Baubeschläge, Büromöbel, Kurzwaren, Schnittblumen, Spirituosen, Tabakwaren, Waschmittel.

Achtung:

Bezeichnungen allgemeiner Art, die Gruppen verschiedenartiger Gegenstände umfassen, z. B. Geschenkartikel, sind für eine ordnungsgemäße Rechnung nicht ausreichend.

5. Zeitpunkt der Leistung und Vereinnahmung des Entgelts

In der Rechnung ist der Zeitpunkt der Lieferung oder der sonstigen Leistung anzugeben. Dies gilt nicht bei einer Rechnung über Voraus- oder Anzahlungen, bei denen dieser Zeitpunkt noch nicht feststeht. Allerdings ist auf der Rechnung kenntlich zu machen, dass über eine noch nicht erbrachte Leistung abgerechnet wird.

Als Zeitpunkt der Lieferung oder Leistungserbringung kann der Kalendermonat angegeben werden, in dem die Leistung ausgeführt wird. Bei begonnenen Leistungen und Abschlagszahlungen zu 16 % USt. im 2. Halbjahr 2020 wird eine Rechnungsstellung in 2021 (= Erbringung der Leistung) nachträglich zu einem Steuersatz von 19 % führen. Das bedeutet 3 % Verteuerung für Privatkunden, die keine Vorsteuerabzug geltend machen können.

Wenn in einem Vertrag — z. B. Miet- oder Pachtvertrag, Wartungsvertrag oder Pauschalvertrag mit einem Steuerberater — der Zeitraum, über den sich die jeweilige Leistung oder Teilleistung erstreckt, nicht angegeben ist, reicht es aus, wenn sich dieser Zeitraum aus den einzelnen Zahlungsbelegen, z. B. aus den Überweisungsaufträgen oder den Kontoauszügen, ergibt. Dabei wird es nicht beanstandet, wenn der Zahlungsbeleg vom Leistungsempfänger ausgestellt wird.

6. Entgelt

In der Rechnung sind nach Steuersätzen und einzelnen Steuerbefreiungen aufgeschlüsselte Entgelte anzugeben, also z. B.:

Nettoumsatz zu 19 % USt.:	1.000,00 EUR	19 % USt.:	190,00 EUR
Nettoumsatz zu 7 % USt.:	500,00 EUR	7 % USt.:	35,00 EUR

Wenn Boni, Skonti oder sonstige Rabatte vereinbart worden sind, muss in der Rechnung auf die entsprechende Vereinbarung hingewiesen werden.

7. Steuersatz und Steuerbetrag oder Hinweis auf eine Steuerbefreiung
In der Rechnung sind der Steuersatz sowie der auf das Entgelt entfallende Steuerbetrag oder im Fall des 13b UStG den Hinweis auf die Steuerschuldnerschaft des Leistungsempfängers oder — im Fall der Steuerbefreiung — ein Hinweis auf die Steuerbefreiung anzubringen.

Bei dem Hinweis auf eine Steuerbefreiung ist es nicht erforderlich, dass der Unternehmer die entsprechende Vorschrift des Umsatzsteuergesetzes oder der 6. EG-Richtlinie nennt. Allerdings soll in der Rechnung ein Hinweis auf den Grund der Steuerbefreiung enthalten sein. Dabei reicht eine Angabe in umgangssprachlicher Form aus (z. B. „Ausfuhr", „innergemeinschaftliche Lieferung", „steuerfreie Vermietung", „Krankentransport"). Vor dem 01.01.2004 geschlossene Mietverträge müssen keinen Hinweis auf eine anzuwendende Steuerbefreiung enthalten.

Nicht gesetzlich verpflichtend, aber gleichwohl notwendig sind folgende Angaben:

- Kontonummer mit IBAN und BIC
  Achten Sie auf Übereinstimmung Ihrer Geschäftsbezeichnung auf der Rechnung und bei Ihrer Bankverbindung. So lässt z. B. die Deutsche Bank selbst bei geringen Abweichungen unter Berufung auf das Geldwäschegesetz Gutschriften über 5.000 EUR zurückgehen.
- Kundennummer, Auftragsnummer und Bestellnummer des Kunden
  Damit erleichtern Sie Ihrer Buchhaltung die Zuordnung bei Zahlung oder Rückfragen des Kunden.
- Ansprechpartner für Rückfragen
  Dadurch ersparen Sie Ihrem Kunden telefonische Odysseen und können auftretende Reklamationen und sonstige Kontakte zu Kundenpflege, Zusatzaufträgen u. a. nutzen.
- Eigentumsvorbehalt auf gelieferte Ware
  Dadurch können Sie bis zur vollständigen Zahlung des Kaufpreises auch noch im Insolvenzfall die Herausgabe der Ware verlangen.

Ein erweiterter Eigentumsvorbehalt könnte lauten: „Der Eigentumsvorbehalt erstreckt sich auch auf die durch Verarbeitung der Vorbehaltsware entstehenden neuen Erzeugnisse zu deren vollem Wert." Diese Klausel sollten Sie verwenden, wenn Ihre Ware in andere Sachen eingebaut wird oder einfließt, wie z. B. Deckenpaneelen, DVD-Laufwerke, Bodenfliesen.
Beim „verlängerten Eigentumsvorbehalt" erstreckt sich die Sicherung auch auf die im Voraus abgetretenen offenen Forderungen aus dem Wiederverkauf.

- **Zahlungs- und ggf. Lieferkonditionen, Zahlungs- bzw. Fälligkeitsdatum**
  Machen Sie Angaben, bis wann gezahlt werden muss und ob der Kunde bei beschleunigter Zahlung Skonto abziehen darf. Hier sollte der Hinweis für den privaten Verbraucher nicht fehlen, dass stets 30 Tage nach Fälligkeit und Zugang einer Rechnung der Verzug eintritt und gesetzliche Verzugszinsen verlangt werden. Unter Kaufleuten muss keine Einzelvereinbarung getroffen werden. Hier ist der Hinweis auf die beigefügten Allgemeinen Geschäftsbedingungen beim Vertragsabschluss ausreichend.
- **Verzugszinsen**
  Wenn Sie Angaben zu Verzugszinsen in Ihre Rechnungen aufnehmen wollen, sollten Sie keinen festen Zinssatz angeben. Da die Zinssituation schwankt, bietet sich eine variable Regelung an. Beispielsweise könnte diese lauten: „Wir berechnen bei Überschreiten der vereinbarten Zahlungsziele Verzugszinsen gemäß § 288 Abs. 1 BGB in Höhe von 5 Prozentpunkten über dem jeweiligen Basiszinssatz." (Dies bedeutet beispielsweise bei einem Basissatz von –0,88 % Verzugszinsen in Höhe von 4,12 %.) Falls Ihr tatsächlicher Schaden diesen Zinssatz überschreitet, z. B. bei Kontokorrentzinsen von 12,5 %, können Sie bei entsprechendem Nachweis auch Verzugszinsen in der tatsächlichen Höhe verlangen. Bei Geschäften unter Kaufleuten (B2B) beträgt der Zinsaufschlag anstatt 5 % sogar 9 % (§ 288 Abs. 2 HGB) sowie eine Verzugsschadenspauschale in Höhe von 40 Euro, die bei Verzug in einem Handelsgeschäft mindestens beansprucht werden kann.

Tipp:

Die folgende Musterrechnung finden Sie auch als Blanko-Formular im Anhang.

Muster: Rechnung

Name:	Firma Schaltkreise GmbH ①			Datum:	18.05...	
Adresse:	Industriestr. 12			Auftragsnr.:		
PLZ Ort	55548 Holzhausen			Verkäufer:		
Land:				Lieferdatum:		
				Lieferart:	UPS	
Vielen Dank für Ihren Auftrag		RECHNUNG			Nr.	8099675
					②	
Anzahl	Beschreibung ③			Einzelpreis	USt.	Gesamt
45	Schaltmuffen			234,00 EUR	19 %	10.530,00 EUR
23	Fressbackenverstärker			12,20 EUR	19 %	280,60 EUR
20	Blumensträuße			19,80 EUR	7 %	396,00 EUR
12	Dopplerzwingen			14,90 EUR	19 %	178,80 EUR
				Zwischensumme		11.385,40 EUR
				Versand	19 %	20,00 EUR
		Entgelte zu	19 % USt.	11.009,40 EUR	19 %	2.091,78 EUR
		Entgelte zu	7 % USt.	396,00 EUR	7 %	27,72 EUR
				Summe		13.524,90 EUR
Zahlungsbedingungen:		30 Tage rein netto				
Bei Zahlung bis	④ 28.05...	Skonto	2 %	Skonto		228,11 EUR
		Skonto zu	19 % USt.	220,19 EUR	19 %	41,83 EUR
		Skonto zu	7 % USt.	7,92 EUR	7 %	0,55 EUR
				Skontobetrag		270,49 EUR

① Achten Sie im Interesse Ihres Kunden auf die richtige Bezeichnung des Empfängers. Nur dann ist für ihn der Betriebsausgabenabzug gewährleistet oder er könnte anderenfalls sogar die Zahlung verweigern.

② Tragen Sie hier den gültigen Steuersatz ein.

③ Achten Sie auf eine hinreichend genaue Beschreibung. „Diverse Ware" z. B. gefährdet den Abzug als Betriebsausgabe.

④ Voreingestellt sind 10 Tage nach Rechnungsdatum. Überschreiben Sie ggf. das Skontodatum.

Bestandteile von Kleinbetragsrechnungen

Rechnungen, deren Gesamtbetrag 250 EUR nicht übersteigt, werden als Kleinbetragsrechnungen bezeichnet. Die gesetzlichen Anforderungen für diese Rechnungen sind weniger streng.

Die folgende Checkliste zeigt Ihnen, welche Angaben für Kleinbetragsrechnungen erforderlich sind.

Checkliste: Bestandteile von Kleinbetragsrechnungen	
1. Vollständiger Name und vollständige Anschrift des leistenden Unternehmers	
2. Ausstellungsdatum (= Rechnungsdatum)	
3. Menge und die Art (handelsübliche Bezeichnung) der gelieferten Gegenstände oder den Umfang und die Art der sonstigen Leistung	
4. Bruttobetrag, somit das (Netto-)Entgelt und der darauf entfallende Steuerbetrag in einer Summe	
5. Angabe des anzuwendenden Steuersatzes („… enthält 19 % MwSt.")	
6. Im Fall einer Steuerbefreiung: Hinweis, dass für die Lieferung oder sonstige Leistung eine Steuerbefreiung gilt	

In Rechnungen über Leistungen mit unterschiedlichen Steuersätzen sind die jeweiligen Bruttosummen anzugeben.

Buchungsfälle von A bis Z

Hausmeisterservice

6
tel.0152
E-Mail @w de

28.04.20

An.
[redacted]

Rechnung Nr23/20

Betr.Carport

1. 1-Abschlagzahlung Lohn und Material

Sume	4.200.00€
19%MwST.	798.00€
Rechnunsgsbetrag	4.998.00€

Zahlbar innerhalb 8 Tagen o. Abzug

Bankverbindung. H[redacted]
IBAN: D[redacted] BIC:
Steuernummer

GEBUCHT AM

Abb. 1: Abschlagszahlung

Abschlagszahlung

- Abschlagszahlungen werden vor Beginn der Arbeiten angefordert. Hier tritt nicht der Dienst-/Werkleister in Vorleistung, sondern der Auftraggeber/Besteller mit seiner Zahlung. Dies kann gerade bei Verwendung von teuren Materialien angebracht sein.
- In der Buchhaltung werden nur erhaltene oder geleistete Anzahlungen erfasst, nicht etwa angeforderte oder zugesagte. Auf die Bezeichnung „Anzahlung, Anforderung, Abschlag, Rechnung“ kommt es nicht an.
- Bei begonnenen Leistungen und Abschlagszahlungen zu 16 % USt. im 2. Halbjahr 2020 wird eine Rechnungsstellung in 2021 (= Erbringung der Leistung) nachträglich zu einem Steuersatz von 19 % führen.
- Abschlagsforderungen auf erbrachte und abgerechnete (Teil-)Leistungen dagegen sind auch ohne Zahlung einzubuchen. Teilleistungen im 2. Halbjahr 2020 mussten im Voraus vereinbart und dann vom Auftraggeber abgenommen werden, um in den Genuss verminderter Umsatzsteuersätze zu kommen.[4]

Beleg buchen

Der Hausmeisterservice erhält den Auftrag, einen Carport auszubauen und stellt vorab eine „Rechnung“. Er kauft die Materialien und beginnt mit den Arbeiten erst nach Geldeingang. Sein Auftraggeber verbucht die von ihm geleistete Anzahlung.

Geleistete Anzahlungen und Anlagen im Bau	4.200,00 EUR	
Vorsteuer	798,00 EUR	
an Bank		4.998,00 EUR

Das richtige Konto

BGA	IKR	SKR03	SKR04	Kontenbezeichnung (SKR04)
43	13	129	700	Geleistete Anzahlungen und Anlagen im Bau
36	95	180	710	Geschäfts-, Fabrik- u. and. Bauten im Bau
35	90	129	720	Anzahlg. auf Bauten eigen. Grundstücken

4 Bitte beachten Sie die Abgrenzungen unter 3.2.2. des BMF-Schreibens III C 2 -S 7030/20/10009.

Medien-Service

Tel.: 0

Fax: 0

Medien-Service · Postfach 6420

Firma Elektro Zapp
Inh. Erwin Zapp
Daimlerstr. 3

46464 Neustadt

Anzeigen-Rechnung

sche Post

Rechnungs-Datum : 12.07.

Bei Zahlung u. Schriftverkehr stets angeben

Bei Rückfragen:

Post

0 /

Kunden-Nr.	Rechnungs-Nr.
10	R03

nz.Nr./ eil.Nr./ usgabe	Erschei-nungstag	Ru-brik	Auftrags-Nr./ Kurztext	Beleg	mm/ Zeilen/ Stück	Spal-ten	Preis je mm pro 1000 Stück	EUR
7685543	10.07.	0620	Buchhalterin gesucht		100	1	1,26	126,00

Netto	126,00
UST-pfl. Betrag	126,00
UST 19,00%	23,94
Rechnungsbetrag	149,94

Verlag und Druckerei GmbH

Geschäftsführer:
HRB Amtsgericht

USt-IdNr.: DE 1
Erfüllungsort und Gerichtsstand ist

Bankkonten:
Siehe Rückseite

Abb. 2: Anzeigenwerbung

Anzeigenwerbung

- Anzeigenwerbung in Tageszeitungen, Fachzeitschriften und Internet-Marktplätzen für Waren und Dienstleistungen gehören zu den Werbekosten.
- Kosten für Anzeigen, in denen Sie nach Mitarbeitern suchen, gehören dagegen zu den Personalkosten.

Beleg buchen

In der örtlichen Tageszeitung wird eine Buchhalterin in Teilzeit gesucht. Die Kosten für die Annonce wird vom Zeitungsverlag abgebucht.

Personalkosten	126,00 EUR	
Vorsteuer	23,94 EUR	
an Bank		149,94 EUR

Das richtige Konto

BGA	IKR	SKR03	SKR04	Kontenbezeichnung (SKR04)
441	687	4600	6600	Werbekosten
40	62	4100	6000	Löhne und Gehälter
473	693	4900	6300	Sonstige betriebliche Aufwendungen

[redacted] · D-[redacted]

[redacted]

R E C H N U N G [redacted]

ansprechpartner [redacted]
rechnungsnummer [redacted]
rechnungsdatum 30. November 20[redacted]

name
[redacted]

anschrift
[redacted]

telefon
0[redacted]

e-mail/web
info@[redacted]de
www.[redacted]de

konto
Sp[redacted]
Kto [redacted]
Blz [redacted]

iban
DE9[redacted]
0[redacted]0

ust.-Idnr.
DE[redacted]

Sehr geehrte Damen und Herren,

für die Leistungen im IT- & Medienbereich berechne ich Ihnen folgende Positionen:

App Entwicklung, [redacted] 862,50 €
Finale 25% Umsetzung von 3450,- aus Angebot [redacted]
App wurde am 27.11.20[redacted] von Apple freigegeben, Auftrag hiermit abgeschlossen.

Mehraufwände/Erweiterungen der App Module
Erweiterte GPS Ortung, individuelle Deal Ansicht, Memer Card Foto Switcher 289,00 €
Push Extras, diverse statische Änderungen an Events, Galerie und Pinnwand.

Nettobetrag	**1151,50 €**
zzgl. 19% MwSt.	218,79 €
Rechnungsbetrag	**1370,29 €**

Bitte überweisen Sie den Rechnungsbetrag innerhalb der nächsten 14 Tagen nach Erhalt unter Angabe der Rechnungsnummer auf das Konto [redacted] bei der Sparkasse [redacted] (BLZ [redacted]).

[redacted]

Abb. 3: Apps und Homepage

Apps und Homepage

- Externe Agenturen und Webdesigner (Achtung! Künstlersozialabgaben beachten) erstellen eine professionelle Homepage, deren Herstellungskosten sich als ein von der Domain unabhängiges immaterielles Wirtschaftsgut aktivieren lassen. Buchen Sie die externen Herstellungskosten für den Internetauftritt auf ein separates Anlagenkonto, da es sich um ein abnutzbares, immaterielles Wirtschaftsgut handelt.
- Die Herstellungskosten für die Internetseiten dürfen deshalb auf die voraussichtliche Nutzungsdauer abgeschrieben werden, die der einer Software entsprechen kann (ab 3 Jahre). Die Abschreibungen von ursprünglichen und nachträglichen Herstellungskosten erfolgen einheitlich, d. h. rückwirkend von Beginn der Nutzungsdauer.
- Zu einem repräsentativen Medienauftritt gehört neben einer professionell gestalteten Homepage mittlerweile auch eine Firmen-App.

Beleg buchen

Die Firmen-App ist fertiggestellt. Neben der vereinbarten Schlusszahlung werden zusätzliche Funktionen in Rechnung gestellt und gleich überwiesen.

Firmen-App	1.151,50 EUR	
Vorsteuer	218,79 EUR	
an Bank		1.370,29 EUR

Das richtige Konto

BGA	IKR	SKR03	SKR04	Kontenbezeichnung (SKR04)
14	23	0028	0132	Medienauftritt (Homepage, App)
4831	6165	4806	6495	Wartungskosten Hard- und Software
441	687	4600	6600	Werbekosten

Hambächer Berufskleidung GmbH

(an der)
6 n
Telefon (0
Telefax (0

Konto 60)
Fra e
K 02 01)

Firma Elektro Zapp
Inh. Erwin Zapp
Daimlerstr. 3

46464 Neustadt

~~Lieferschein~~ / Rechnung 10.

Frankfurt/M., den 25.3.

Wir sandten Ihnen gem. Auftrag

	Anzahl	Warengattung	Größe	Einzelpreis €	Gesamtpreis €
	Sie	erhielten gemäss Lieferschein Nr.132	vom 20.3.	abgeholt	
	1	Berufshose			24,14
	1	dito			20,69
					44.83
			+19%	MWSt	8,52
					53,35

Wir danken für Ihren Auftrag.

GEBUCHT

Ust. IDNr.: D / Steuernum

Kondition: 10 Tage 2% Skonto, 30 Tage netto Kasse.
Erfüllungsort für Lieferung, Zahlung und Gerichtsstand Frankfurt/Main.

Skontoberechtigter Betrag
Die Ware bleibt bis zur völligen Bezahlung unser Eigentum.

Sitz der Gesellschaft: Fr schäftsfüh

Abb. 4: Arbeitskleidung

Arbeitskleidung

- Als typische Berufsbekleidung gilt z. B. ein schwarzer Anzug oder Frack des Kellners oder der Büromantel des Architekten. Er kann als „Sonstiger Betriebsbedarf“ erfasst werden.
- Erhält der Arbeitnehmer die Berufsbekleidung von seinem Arbeitgeber zusätzlich zum ohnehin geschuldeten Arbeitslohn, so ist anzunehmen, dass es sich um typische Berufskleidung handelt.[5]
- Wenn der Arbeitnehmer jedoch die Kosten der Berufsbekleidung selbst trägt, verweigert das Finanzamt die Anerkennung als Werbungskosten. So befindet das Sächsische Finanzgericht: Die von einem Baumaschinisten für die Tätigkeit auf dem Bau getragenen Jeanshosen, Latzhosen, Pullover, T-Shirts und Anoraks dienen vornehmlich dem Zweck des witterungsangemessenen Bekleidetseins und sind keine zum Werbungskostenabzug berechtigende „typische Berufskleidung“.[6] Aufwendungen für die Reinigung typischer Berufskleidung stellen Werbungskosten dar. Dies gilt auch dann, wenn die Berufskleidung zu Hause in der eigenen Waschmaschine gereinigt wird. Die Reinigungskosten sind zu schätzen. Die Schätzung der Reinigungskosten kann auch anhand repräsentativer Daten der Verbraucherverbände erfolgen.[7]

Beleg buchen

Die Arbeitshose wird bar bezahlt.

Arbeitskleidung	44,83 EUR	
Vorsteuer	8,52 EUR	
an Kasse		53,35 EUR

Das richtige Konto

BGA	IKR	SKR03	SKR04	Kontenbezeichnung (SKR04)
405	6410	4140	6130	Freiwillige soziale Aufwendungen, lohnsteuerfrei
4725	6072	4980	6850	Sonstiger Betriebsbedarf

5 Vgl. R 20 und R 21c Lohnsteuerrichtlinien.

6 Sächsische FG, Urteil vom 27.04.2005, 5 K 1031/04.

7 FG München, Urteil vom 29.04.2005, 10 K 1422/02.

GmbH Liefer- und Hausanschrift
Postfach
Telefon
Telefax 05

AutFit
Reifen + Autoservice

GmbH

Tel Fax 06

USt-IdNr.: DE
Steuernr 25/2

Firma Elektro Zapp
Inh. Erwin Zapp
Daimlerstr. 3

46464 Neustadt

BARVERKAUF Blatt 1

Es gelten ausschließlich unsere Ihnen bekannten Allg. Geschäftsbedingungen

Belegnummer	Kd.Nr.	Beleg-Datum
27 5/	09	12.07.

Bei Zahlung bzw. Rückfragen bitte angeben!

Lieferdatum: 12.07.

Unsere Fachkraft:
Monteur ....:

Kennzeichen:
KFZ: MINI MINI
Km-Stand: 19.585
TÜV-Termin: AU-Termin:

Pos	Artikel-Bezeichnung	Menge	Einzelpreis	Betrag EUR	USt
1	**W GNS** 15058133 Windschutzscheibe	1	163,00	163,00	2
2	**Clipse - seitlich** 15998017000285000l	8	0,22	1,76	2
3	**Clipse - unten** 159980170002850002	8	0,17	1,36	2
4	**HAFTGRUND SCHEIBENMONTAGE** 10910223 DIENSTLEISTUNGEN	1	9,40	9,40	2
5	**Leiste oben** 159980170002850003	1	9,90	9,90	2
6	**Leiste unten** 159980170002850004	1	13,20	13,20	2
7	**KLEBESATZ WINDSCHUTZSCHEIBE** 10910224 DIENSTLEISTUNGEN	1	73,02	73,02	2
8	**ALTGLASENTSORGUNG PKW** 10917009 DIENSTLEISTUNG	1	4,31	4,31	2
9	**ARBEITSWERT SCHEIBE 12 AW / h** 10910225 DIENSTLEISTUNGEN	34	5,96	202,64	2
10	**KLEINMATERIAL UND REINIGUNGSMATERIAL** 10910227 DIENSTLEISTUNGEN	1	5,43	5,43	2
11	**RADWECHSEL PKW ALU** 10910511 DIENSTLEISTUNG	4	3,88	15,52	2
	AUSWUCHTEN STAT. PKW ALU 10910538 DIENSTLEISTUNG	2	8,02	16,04	2
13	**GUTE-FAHRT-CHECK DURCHGEFUEHRT** 10910165 DIENSTLEISTUNG	1	0,00		2

515.58 EUR

12.07. Barzahlung

-N-a-t-i-o-n-a-l-- -e-u-r-o-p-a-w-e-i-t-
- 0800 / - 00 800 /

ACHTUNG! Radmuttern nach 50-100 km, bei Zwillingsrädern nach 200 km, unbedingt nachziehen lassen.

WARE ERHALTEN	Warenwert	Steuerpfl. Betrag		Umsatzsteuer	Endbetrag	Wäh
END-BETRAG DANKEND ERHALTEN!	515,58	515,58	19,0%	97,96	613,54	EUR

Abb. 5: Autoreparatur

Autoreparatur

- Die Entnahme eines dem Unternehmen zugeordneten Pkw, den ein Unternehmer von einem Nichtunternehmer und damit ohne Berechtigung zum Vorsteuerabzug erworben hat, unterliegt nicht der Umsatzbesteuerung.[8]
- Aufwendungen für Reparaturen, Pflege, Dienstleistungen, Ersatz eines Scheibenwischers oder einer Autobatterie und Wartung führen selbst im Fall eines Vorsteuerabzugs nicht zu einer Umsatzsteuerpflicht bei Entnahme des Pkw.

Beleg buchen

Die Reparaturrechnung der Firma AutFit über den Austausch der Windschutzscheibe kostet 613,54 EUR und wird bar bezahlt.

Kfz-Reparaturen	515,58 EUR	
Vorsteuer	97,96 EUR	
an Kasse		613,54 EUR

Das richtige Konto

BGA	IKR	SKR03	SKR04	Kontenbezeichnung (SKR04)
034	0841	0320	0520	Pkw
4714	6882	4540	6540	Kfz-Reparaturen

8 BFH, Urteil vom 18.10.2001, V R 106/98.

CArTEc

Automotive Engineering

D-

TELEFON 0049 - (0)
TELEFAX 0049 - (0)

EMAIL info@ .de
INTERNET www.h de

GmbH ·

Firma Elektro Zapp
Inh. Erwin Zapp
Daimlerstr. 3

46464 Neustadt

Nummer/ number:
Kunden Nr.:
Datum/ date:
Auftragsnummer:

Rechnung

Fahrzeug/ Modell	Amtl. Kennzeichen	Km/ Stand	Kundenberater
M r S			

Wir bestellen, liefern, berechnen zu unseren AGB.

Rechnungsdatum entspricht Leistungsdatum

Menge quantity	Artikelnummer article number	Artikel article description	Einzel Preis single net	%	Gesamt Preis total net
1,00	1000	Leistungssteigerung 147 KW incl. TÜV-Eintrag	560,34	0,00	560,34
4,00	1000	Zündkerzen Beru UXF	4,60	0,00	18,40
1,00	1000	Luftfilter	13,50	0,00	13,50
1,00	1000	Fahrwerksfedern (Eibach) incl.Einbau u.TÜV-Eintr.	290,95	0,00	290,95
1,00	1000	Spurverbreiterungen incl. Montage	137,93	0,00	137,93
1,00	1000	Radschrauben	19,83	0,00	19,83

Warenwert	1.040,95
Porto	0,00
Verpackung	0,00
Nachnahme	0,00
Eilzuschlag/ Express	0,00

Summe Netto EURO/ net value:	1.040,95
19% MwSt. / V.A.T.	197,78
Summe Brutto EURO/ total amount:	1.238,73

Die Ware bleibt bis zur vollständigen Bezahlung Eigentum der Firma bH

Zahlung sofort in bar ohne Abzug

The goods remain property of e H until complete payment.

Payable after receiving

D-6
Tel.+49 · Fax

Gebucht

BANK
BLZ · Konto
SWIFT CODE
UST. ID NR. DE
GESCHÄFTSFÜHRER
AMTSGERICHT

Abb. 6: Autotuning (Sonderausstattungen)

Autotuning (Sonderausstattungen)

- Anschaffungsnahe Einbauten von Sonderausstattungen, wie z. B. Standheizung, Klimaanlage, Diebstahlsicherung und eingebaute Navigationsgeräte, sind mit dem Pkw zu aktivieren.
- So sind ein eingebautes Autotelefon oder Autoradio keine Bestandteile des Kfz, da sie leicht vom Fahrzeug getrennt werden können.[9]
- Dagegen steht ein fest eingebautes GPS-Navigationsgerät in einem einheitlichen Nutzungs- und Funktionszusammenhang mit dem Kfz und kann nicht von der Nutzungsmöglichkeit des Kfz getrennt werden.[10]
- Schließlich kommt es auf die Nutzungs- und Funktionsmöglichkeit der Zusatzausstattung an: Ist die Gebrauchsmöglichkeit der in das Fahrzeug eingebauten zusätzlichen Gegenstände untrennbar mit der Art und Weise der Fahrzeugnutzung verbunden, ist eine vom Fahrzeug getrennte Beurteilung nicht möglich.

Beleg buchen

Direkt nach dem Kauf wird der Mini auf eine höhere Leistung getunt und die Umbauten in den Fahrzeugbrief eingetragen. Die anschaffungsnahen Kosten werden zum Kaufpreis hinzuaktiviert.

Pkw	1.040,95 EUR	
Vorsteuer	197,78 EUR	
an Bank		1.238,73 EUR

Das richtige Konto

BGA	IKR	SKR03	SKR04	Kontenbezeichnung (SKR04)
034	0841	0320	0520	Pkw
4714	6882	4540	6540	Kfz-Reparaturen

9 BFH, Urteil vom 18.10.2001, V R 106/98.

10 BFH, Urteil vom 16.02.2005, VI R 37/04.

[redacted]

PAYMENT ADVICE

Printed on: 09.07.20[redacted] 0[redacted]
Page 1 of 1

[redacted] GMBH
[redacted]
Germany
Tel: 0[redacted]
Fax: 0[redacted]

Payment Document: [redacted]
Date: 09.07.20[redacted]

[redacted] **Accounts Payable Contact**
Payment Inquires Only
Phone: +49[redacted]
Email: [redacted]@[redacted]com

Invoice No.	Invoice Date	Description	Gross Amount	Deduction	Net Amount
RE[redacted]03958	09.05.20[redacted]	[redacted]	99,48	0,00	99,48
R[redacted]04039	30.06.20[redacted]	[redacted]	24,75	0,00	24,75
RE[redacted]03956	09.05.20[redacted]	[redacted]	170,17	0,00	170,17
RE[redacted]03955	09.05.20[redacted]	[redacted]	173,74	0,00	173,74
Total			468,14	0,00	468,14
				Total(EUR):	**468,14**

*Amounts inclusive here may not be representative of a[redacted]

Abb. 7: Avis Zahlungsanzeige

Avis — Zahlungsanzeige

- Wenn mehrere Rechnungen in einer Sammelüberweisung ausgeglichen werden, ist eine Zuordnung über den Buchungstext kaum noch möglich.
- Zahlungsavise erleichtern die Aufgliederung des Gesamtbetrags und Zuordnung zu den einzelnen Rechnungen.

Beleg buchen

Der Averno-Konzern lässt sämtliche Lieferantenrechnungen über einen tschechischen Payment Service Provider abwickeln. Nach Freigabe überweist der Dienstleister 468,14 EUR als Ausgleich von vier Rechnungen, die er in einem Avis / Payment Advice anzeigt.

Bank	468,14 EUR	
an Deb. XXXX Beleg XX3958		99,48
an Deb. XXXX Beleg XX4039		24,75
an Deb. XXXX Beleg XX3956		170,17
an Deb. XXXX Beleg XX3955		173,74

Das richtige Konto

BGA	IKR	SKR03	SKR04	Kontenbezeichnung (SKR04)
10000-69999	10000-69999	10000-69999	10000-69999	Debitoren

ICE Fahrkarte

Gültigkeit Hinfahrt: 14.01.2020 - 21.01.2020
Gültig auch 1 Tag vor dem angegebenen Datum.
City-Hinfahrt am 14.01.20

Flexpreis Business (Einfache Fahrt)
Klasse: **2**
Erw: **1**
Hinfahrt: **Stuttgart+City → München+City**, mit ICE
Über: **VIA: (SGM*AA*DON/PLO*GP*UL*GZ)*A**
Storno kostenfrei.

Zahlungspositionen und Preis

Positionen		Preis	MwSt (D) 19%		MwSt (D) 7%	
ICE Fahrkarte FK	1	58,85€			58,85€	3,85€
Reservierung	1	0,00€				
Zahlungsmittelentgelt	1	1,40€	1,40€	0,22€		
Summe		**60,25€**	**1,40€**	**0,22€**	**58,85€**	**3,85€**

Kreditkartenzahlung

Betrag	119,10€	VU-Nr	1210015[illegible]	Transaktions-Nr	67
Datum	09.01.2020	Gen-Nr	570[illegible]		

Der Auftrag NVP86E besteht aus mehreren Online-Tickets. Die Angaben zur Zahlung beinhalten die Preise aller Online-Tickets zu dieser Auftragsnummer.

Die Firmen-Kreditkarte wurde mit dem oben genannten Betrag belastet. Die Buchung Ihres Online-Tickets erfolgte am 09.01.2020 13:37 Uhr. DB Fernverkehr AG/DB Regio AG, Stephensonstr. 1, 60326 Frankfurt, Steuernummer: 29/001/60002.

Abb. 8: Bahnfahrkarten

Bahnfahrkarten

- Bahnfahrkarten gelten auch dann als Rechnungen, wenn sie nicht die Bestandteile Steuernummer, Rechnungsnummer, Nettoerlöse und Leistungsempfänger enthalten.
- Seit 2020 gilt auch bei einer Fahrtstrecke über 50 km der ermäßigte Steuersatz von 7 %.
- Bei Zugreisen ins Ausland muss aus dem Fahrausweis der Anteil des Beförderungspreises und der Steuersatz hervorgehen, der auf die Strecke bis zur Grenze entfällt (ein ausländischer Streckenanteil von weniger als zehn Kilometer gilt als inländisch, § 3 UStDV). Nur aus diesem Betrag erhalten Sie den Vorsteuerabzug.

Beleg buchen

Die Bahnfahrkarte zum Preis von 60,25 EUR bezahlt der Unternehmer über Kreditkarte. Der Steuersatz von 7 % und der Vorsteuerbetrag sind ausgedruckt.

Reisekosten Unternehmer Fahrtkosten	55,00 EUR	
Vorsteuer	4,07 EUR	
Nebenkosten des Geldverkehrs	1,18 EUR	
an Kreditkartenabrechnung		60,25 EUR

Das richtige Konto

BGA	IKR	SKR03	SKR04	Kontenbezeichnung (SKR04)
4450	6850	4663	6663	Reisekosten Arbeitnehmer Fahrtkosten
4460	68510	4673	6673	Reisekosten Unternehmer Fahrtkosten
174	4890	1730	3610	Kreditkartenabrechnung
486	675	4970	6855	Nebenkosten des Geldverkehrs

Finanzamt
Außenstelle

Finanzamt Postfach

Firma
mann GmbH & Co. KG

Länderschlüssel:	
Finanzamtsnummer:	
Steuernummer:	
Sicherheitsnummer:	

Bitte bei Antwort angeben
Identifikationsnummer   Unser Aktenzeichen   ☎0 Durchwahl: Bearbeiter(in):   Zimmer   Datum
10.09.2010

Freistellungsbescheinigung zum Steuerabzug bei Bauleistungen gemäß § 48 b Abs. 1 Satz 1 des Einkommensteuergesetzes (EStG)

Name, Anschrift	**Firma mann GmbH & Co. KG,**
Rechtsform	Personengesellschaft

wird hiermit bescheinigt, dass der Empfänger der Bauleistung (Leistungsempfänger) von der Pflicht zum Steuerabzug nach § 48 Abs. 1 EStG befreit ist.

Diese Bescheinigung gilt **vom 10.09.2010 bis zum 09.09.2011**

Wichtiger Hinweis:
Diese Bescheinigung ist dem Leistungsempfänger im Original auszuhändigen, wenn sie für bestimmte Bauleistungen gilt. Ist die Bescheinigung für einen Zeitraum gültig, kann auch eine Kopie ausgehändigt werden. Das Original ist mit Dienstsiegel, Unterschrift und Sicherheits-Nummer versehen.
Der Leistungsempfänger hat die Möglichkeit, sich durch eine Prüfung der Gültigkeit der Freistellungsbescheinigung über ein eventuelles Haftungsrisiko Gewissheit zu verschaffen. Diese Prüfung kann durch eine Internetabfrage beim Bundeszentralamt für Steuern (www.bzst.de) erfolgen. Dazu werden die Daten beim Bundeszentralamt für Steuern gespeichert und bei einer Internetabfrage den Leistungsempfängern bekannt gegeben. Bestätigt das Bundeszentralamt für Steuern die Gültigkeit nicht oder kann der Leistungsempfänger eine Internetabfrage nicht durchführen, kann er sich durch eine Nachfrage bei dem auf der Freistellungsbescheinigung angegebenen Finanzamt Gewissheit verschaffen. Das Unterlassen einer Internetabfrage beim Bundeszentralamt für Steuern oder einer Nachfrage beim Finanzamt begründet **für sich allein** keine zur Haftung führende grobe Fahrlässigkeit.
Die Befreiung von der Pflicht zum Steuerabzug gilt für Zahlungen, die innerhalb des o.g. Gültigkeitszeitraumes und/oder für die o.g. Bauleistungen geleistet werden. Die Aufrechnung (Verrechnung) des Leistungsempfängers mit Gegenansprüchen gegenüber dem Leistenden steht einer Zahlung gleich.

Der Widerruf dieser Bescheinigung bleibt vorbehalten.

Mit freundlichen Grüßen

Höh

Finanzamt

Dienstgebäude

Öffnungszeiten
Mo., Di. + Do. von 07.30 – 15.30 Uhr
Mittwoch von 07.30 – 18.00 Uhr
Freitag von 07.30 – 12.00 Uhr
im übrigen nach besonderer Vereinbarung

Telefax

Bankverbindung
Konto-Nr.
Bankleitzahl

Abb. 9: Bauabzugssteuer

Bauabzugssteuer

- Empfänger von Bauleistungen (ab 5.000 bzw. 15.000 EUR) sind verpflichtet, 15 % des Rechnungsbetrags einzubehalten und an das Finanzamt abzuführen (Bauabzugssteuer nach § 48 EStG).
- Der Steuerabzug muss nicht vorgenommen werden, wenn der Leistende dem Leistungsempfänger eine im Zeitpunkt der Gegenleistung gültige Freistellungsbescheinigung vorlegt.
- Der Abzugsbetrag ist bis zum 10. Tag nach Ablauf des Monats, in dem die Zahlung geleistet wurde, an das Finanzamt des „Bauunternehmers" anzumelden und abzuführen. Dort wird sie mit den Steuerschulden des Bauunternehmers verrechnet.

Beleg buchen

Bauunternehmer Hamann GmbH & Co KG erstellt Ende 2020 folgende Rechnung (nicht abgebildet):

Nettobetrag:	100.000 EUR
zzgl. 19 % Umsatzsteuer:	19.000 EUR
Rechnungsbetrag:	119.000 EUR

Die Firma kann nur die abgebildete, bis zum 09.09.2011 befristete Freistellungsbescheinigung vorlegen. Nach Rücksprache mit dessen Finanzamt überweist der Leistungsempfänger an den Bauunternehmer lediglich 101.150 EUR (119.000 EUR abzgl. 15 % = 17.850 EUR) und meldet die Bauabzugssteuer bis zum 10. des Folgemonats an.

Geschäftsbauten im Bau	100.000 EUR	
Vorsteuer	19.000 EUR	
an Bank		101.150 EUR
an Verbindlichkeit aus Bauabzugssteuer		17.850 EUR

Das richtige Konto

BGA	IKR	SKR03	SKR04	Kontenbezeichnung (SKR04)
36	95	180	710	Geschäfts-, Fabrik- u. and. Bauten im Bau
1919	4839	1749	3726	Verbindl. an FA abzuführender Bauabzug
1116	2633	1543	1456	Forderg. an FA aus abgeführtem Bauabzug

Abb. 10: Benzingutscheine (Sachbezüge)

Benzingutscheine (Sachbezüge)

- Mit Warengutscheinen als sogenannte Sachbezüge lassen sich Löhne und Gehälter monatlich um 44 EUR aufbessern, ohne dass Lohnsteuer und Sozialversicherungsbeiträge anfallen. Voraussetzung ist, dass mit dem Gutschein ein Anspruch auf eine konkrete Ware oder Dienstleistung ohne die Möglichkeit der Barauszahlung eingeräumt wird.
- Warengutscheine lassen sich entweder vorab kaufen oder vom Arbeitgeber selbst ausstellen.
- Bei Benzin- bzw. Tankgutscheinen wird entweder eine Vertragstankstelle angefahren, die solche Gutscheine akzeptiert, oder der Arbeitnehmer lässt sich gegen Vorlage des erhaltenen Benzingutscheins und der Tankquittung einer beliebigen Tankstelle den Betrag erstatten.

Tipp:

Sachbezüge bleiben insgesamt bis zu 44 EUR monatlich steuer- und sozialversicherungsfrei. Hierbei handelt es sich um eine monatliche Freigrenze, die nicht überschritten werden darf. Dabei ist auch eine Übertragung nicht ausgeschöpfter Beträge oder die Verteilung auf andere Monate nicht möglich.

Beleg buchen

Der Arbeitnehmer löst seinen monatlichen Benzingutschein bei der Tankstelle Jette ein. Der Arbeitgeber hat im Vorfeld 10 Gutscheine erworben und in seiner Buchhaltung analog zur Portokasse ein Gutscheinkonto eingerichtet.

Gutscheinkonto	440,00 EUR	
Freiwillige soziale Aufwendung lohnsteuerfrei	44,00 EUR	
an Bank		440,00 EUR
an Gutscheinkonto		44,00 EUR

Das richtige Konto

BGA	IKR	SKR03	SKR04	Kontenbezeichnung (SKR04)
405	6410	4140	6130	Freiw. soziale Aufwendung, LSt.-frei
1511	289	1011	1611	Tankgutscheine (neu anlegen)

BGE
Berufsgenossenschaft
für den ....

BG für den Einzelhandel - 53 102 Bonn

Bezirksverwaltung Bonn
Mitglieder- und Beitragsabteilung

Firma
Horst Starke
Wiesengasse 3
55586 Neustadt

Telefon: (0228) ....
Telefax: (0228) ....
E-Mail: ....bonn@.....de
Datum: 12.06.....

Beitragsbescheid für 20

gem § 168 Abs. 1 Sozialgesetzbuch - Gesetzliche Unfallversicherung - (SGB VII)

Sehr geehrte Unternehmerin, sehr geehrter Unternehmer,
wir haben den Beitrag für Ihr Unternehmen gemäß den umseitig genannten Vorschriften wie folgt berechnet:

I. Beitrag zur Berufsgenossenschaft							
	Unternehmer Versicherungssumme	Ehegatte	Arbeitnehmer Arbeitsentgelt	Gefahrklasse	Beitragseinheiten	Beitragsfuß	Beitrag EUR
	a	b	c	d	e=(a+b+c)xd	f	g=(e x f):1000
Pflicht-Versicheru	22.080	6.850	61.526	3,9	352.778	3,43	1.210,03
Zusatz-Versicheru							
Freiwillige Versicheru							
II. Fremdbeiträge			Diese Beiträge sind von der Berufsgenossenschaft aufgrund gesetzlicher Vorschriften mit einzufordern und an Dritte abzuführen				
Ausgleichslast			Arbeitsentgelt wie I.c. abzüglich Freibetrag von 110.000 EUR				
Insolvenz für die Bundesanstalt für Arbeit			Arbeitsentgelt wie I.c.		61.526	2,34	143,97
Die Beitragsforderung für 20 wird festgesetzt auf							1.354,00
Bitte zahlen Sie (möglichst keine Schecks verwenden)							1.354,00

Der festgesetzte Betrag wird am **15. des nächstens Monats** fällig. Überweisen Sie den Beitrag bitte so frühzeitig, dass er bis zum Fälligskeitstag unserem Bankkonto gutgeschrieben wird. Dies gilt auch, wenn Sie Rückfragen haben oder Widerspruch einlegen.
Bitte benutzen Sie den beigefügten Überweisungsträger. Sie erleichtern uns die Arbeit und helfen uns, Kosten zu sparen. Sie können das Formular bei allen Banken, Sparkassen und der Post, auch für Bareinzahlungen, verwenden.
Sollte die Zahlung nicht bis zum **Fälligkeitstag unserem Bankkonto gutgeschrieben sein**, ist nach § 24 Sozialgesetzbuch - Gemeinsame Vorschriften - (SGB IV) in Verbindung mit § 31 unserer Satzung ein Säumniszuschlag zu zahlen. Er beträgt für jeden angefangenen Monat der Säumnis (SGB IV) 1 v.H. des Rückstandes.
Außerdem haben Sie die Möglichkeit, am **Lastschriftverfahren** teilzunehmen. Falls Sie hiervon Gebrauch machen wollen, füllen Sie bitte, falls noch nicht geschehen, die beigefügte Einzugsermächtigung aus und senden diese so rechtzeitig zurück, dass sie **spätestens 10 Tage vor Fälligkeit bei der Berufsgenossenschaft vorliegt.**

Mit freundliche Grüßen
Berufsgenossenschaft für den Einzelhandel

Abb. 11: Berufsgenossenschaften (Beiträge)

Berufsgenossenschaften (Beiträge)

- Beiträge an Berufsverbände sind abziehbare Betriebsausgaben, wenn die Mitgliedschaft in dem Verband beruflich veranlasst ist (z. B. IHK, Handwerkskammer).
- Beiträge zu Berufsgenossenschaften zählen hingegen zu den sozialen Abgaben.
- Aus den Beiträgen ist kein Vorsteuerabzug möglich.

Tipp:

Beiträge zur Berufsgenossenschaft werden nur ausnahmsweise im Voraus erhoben. Bilden Sie in diesem Fall in der Bilanz eine sonstige Rückstellung.

Beleg buchen

Auf Basis der gemeldeten Arbeitsstunden und der Gefahrenklasse wird der Berufsgenossenschaftsbeitrag in Euro festgesetzt.

Berufsgenossenschaftsbeiträge	1.354,00 EUR	
an Bank		1.354,00 EUR

Das richtige Konto

BGA	IKR	SKR03	SKR04	Kontenbezeichnung (SKR04)
427	692	4380	6420	Beiträge
4041	642	4138	6120	Beiträge zur Berufsgenossenschaft
428	6921	4390	6430	Sonstige Abgaben

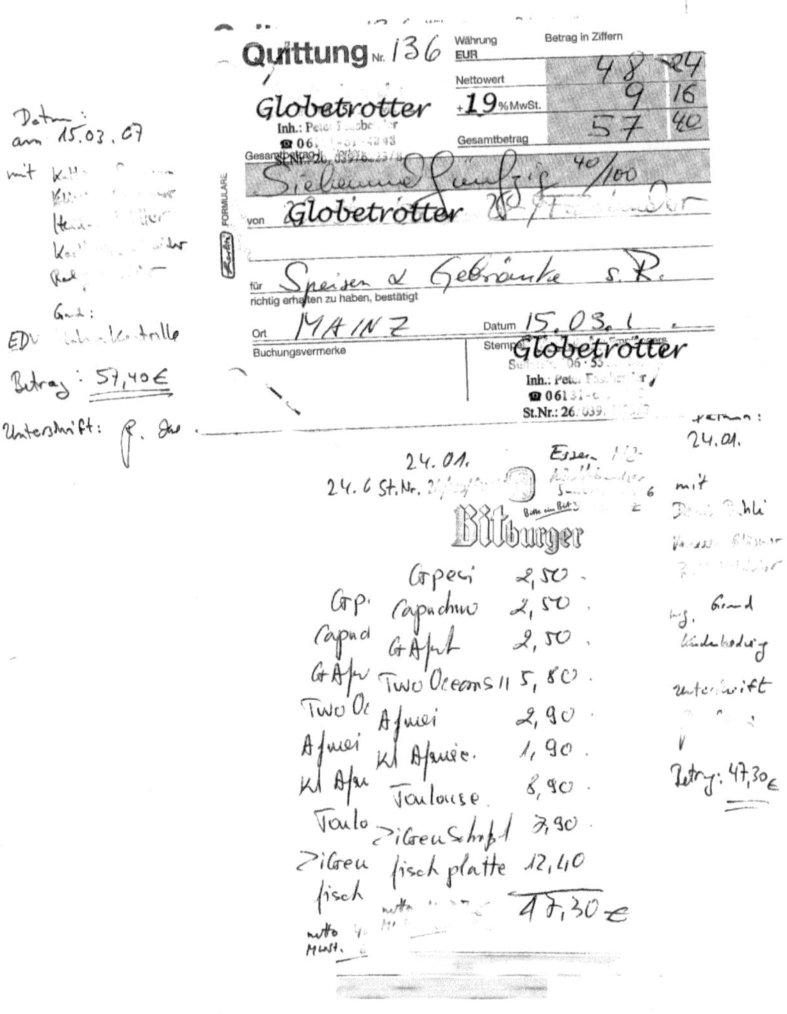

Quittung Nr. 136

Währung EUR | Betrag in Ziffern

Nettowert 48,24

+19 % MwSt. 9,16

Gesamtbetrag 57,40

Globetrotter

Gesamtbetrag in Worten: Siebenundfünfzig 40/100

von Globetrotter

für Speisen & Getränke s. R.

richtig erhalten zu haben, bestätigt

Ort MAINZ | Datum 15.03.

Buchungsvermerke | Stempel/Unterschrift des Empfängers

Datum: am 15.03.07

mit

Grund: EDV

Betrag: 57,40 €

Unterschrift:

Bitburger

24.01.

Gr.peci	2,50
Capuchino	2,50
G.Apfel	2,50
Two Oceans	5,80
Afuei	2,90
Kl Afuie.	1,90
Toulouse	8,90
Zigeunschnitzel	7,90
fisch platte	12,40
	47,30 €

Datum: 24.01.

mit

Grund:

Unterschrift

Betrag: 47,30 €

Abb. 12: Bewirtung von Mitarbeitern

Bewirtung von Mitarbeitern

- Sachleistungen des Arbeitgebers, die auch im gesellschaftlichen Verkehr üblicherweise ausgetauscht werden und zu keiner ins Gewicht fallenden Bereicherung der Arbeitnehmer führen, gehören als bloße Aufmerksamkeiten nicht zum Arbeitslohn.
- Als Aufmerksamkeiten gehören auch Getränke und Genussmittel, die der Arbeitgeber den Arbeitnehmern zum Verzehr im Betrieb unentgeltlich oder teilentgeltlich überlässt, nicht zum Arbeitslohn. Dasselbe gilt für Speisen, die der Arbeitgeber den Arbeitnehmern anlässlich und während eines außergewöhnlichen Arbeitseinsatzes überlässt und deren Wert 44 EUR nicht überschreitet.[11]
- Die Bewirtung eigener Arbeitnehmer durch den Arbeitgeber außerhalb von herkömmlichen Betriebsveranstaltungen führt in der Regel zu einem Zufluss von Arbeitslohn. Bei einem außergewöhnlichen Arbeitseinsatz kann ausnahmsweise der Belohnungscharakter verneint werden, wenn die unentgeltliche Überlassung des Essens für den Arbeitgeber von erheblicher Wichtigkeit ist. Auch hier gilt die Freigrenze für Aufmerksamkeiten von 60 EUR.[12]

Beleg buchen

Die Arbeitsbesprechung zu den aktuellen organisatorischen Problemen mit dem Mahnwesen findet in der Gaststätte *Globetrotter* statt.

Beachten Sie: Der Gaststätteninhaber kann offensichtlich keine maschinelle Rechnung erstellen. Bei einer Bewirtung von Geschäftsfreunden wäre deshalb der Betriebsausgabenabzug gefährdet.

Freiwillige soziale Aufwendung lohnsteuerfrei	57,40 EUR	
an Kasse		57,40 EUR

Das richtige Konto

BGA	IKR	SKR03	SKR04	Kontenbezeichnung (SKR04)
405	6410	4140	6130	Freiw. soziale Aufwendung, LSt.-frei

[11] Vgl. R 73 Lohnsteuerrichtlinien.

[12] BFH, Urteil vom 04.08.1994, VI R 61/92; R 19.6 LStR 2015.

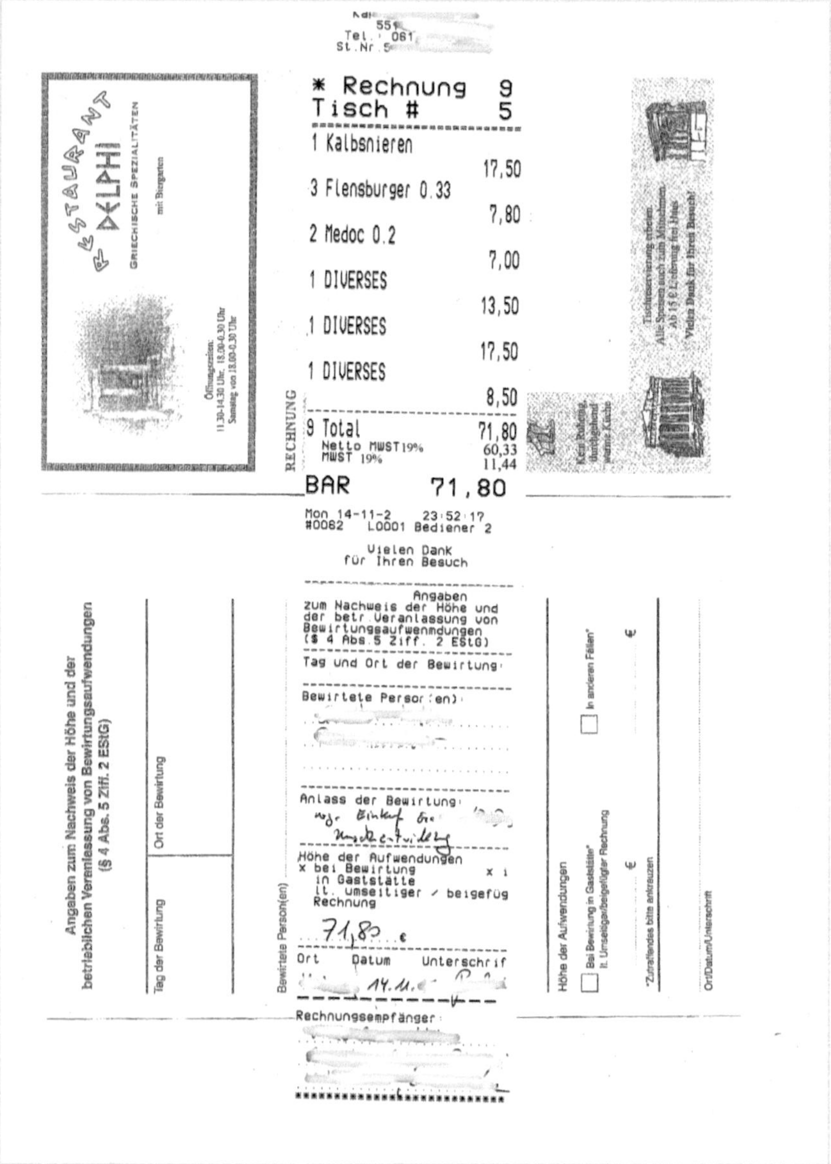

Kal[redacted]
55[redacted]
Tel. 061[redacted]
St.Nr.5[redacted]

* Rechnung 9
Tisch # 5

1 Kalbsnieren	17,50
3 Flensburger 0.33	7,80
2 Medoc 0.2	7,00
1 DIVERSES	13,50
1 DIVERSES	17,50
1 DIVERSES	8,50
9 Total	71,80
Netto MWST19%	60,33
MWST 19%	11,44
BAR	71,80

Mon 14-11-2 23:52:17
#0062 L0001 Bediener 2

Vielen Dank
für Ihren Besuch

Angaben zum Nachweis der Höhe und der betr. Veranlassung von Bewirtungsaufwendungen (§ 4 Abs.5 Ziff. 2 EStG)

Tag und Ort der Bewirtung:

Bewirtete Person(en):
[redacted]

Anlass der Bewirtung:

Höhe der Aufwendungen
x bei Bewirtung in Gaststätte x i
lt. umseitiger / beigefüg Rechnung

71,80 €

Ort Datum Unterschrif
[redacted] 14.11.

Rechnungsempfänger:
[redacted]

Abb. 13: Bewirtungskosten

Bewirtungskosten

- Die angemessenen Aufwendungen für die Bewirtung von Geschäftsfreunden aus geschäftlichem Anlass sind nur dann abziehbar, wenn sie einzeln und getrennt von den sonstigen Betriebsausgaben zeitnah aufgezeichnet werden (§ 4 Abs. 7 EStG). Von den Bewirtungskosten sind 30 % nicht abzugsfähig. Nach einem Urteil des Bundesfinanzhofs können Sie gleichwohl in voller Höhe Vorsteuer abziehen.[13]
- Hat die Bewirtung in einer Gaststätte stattgefunden, genügen Angaben zum Anlass und zu den Teilnehmern der Bewirtung. Es muss sich um eine maschinell erstellte Rechnung handeln, auf der Bewirtungsleistungen nach Art, Umfang, Entgelt und Tag der Bewirtung in der Rechnung gesondert bezeichnet werden. Die Angabe „Speisen und Getränke“ reicht nicht aus. Die Rechnung muss den Namen der Gaststätte und des Gastgebers enthalten, das Nettoentgelt und die ausgewiesene Umsatzsteuer, die Rechnungsnummer und die Steuernummer des Gastwirts. Dies gilt nicht bei Kleinbetragsrechnungen bis 250 EUR.
- Verpflegungsleistungen unterliegen vom 1.7.2020 bis 31.12.2022 dem ermäßigten USt.-Satz. Dies gilt aber nicht für Umsätze aus der Abgabe von Getränken.

Als zeitnahe Erfassung wird der Zeitraum von 10 Tagen gesehen. Bereits im Urteil vom 19.08.1980 hat der Bundesfinanzhof eine monatliche Aufgliederung schon als nicht mehr ausreichend angesehen

Beleg buchen

Bewirtung der Geschäftsfreunde im Restaurant *Delphi*.

Bewirtungskosten	42,33 EUR	
Nicht abzugsfähige Bewirtungskosten	18,00 EUR	
Vorsteuer (hier: 19 %)	11,47 EUR	
an Kasse		71,80 EUR

Das richtige Konto

BGA	IKR	SKR03	SKR04	Kontenbezeichnung (SKR04)
		4650	6640	Bewirtungskosten
2082	6868	4654	6644	Nicht abzugsfähige Bewirtungskosten

[13] BFH, Urteil vom 10.02.2005, V R 76/03.

Buchführungsbüro Pro-Account

Steuerfachgehilfin Erika Sommer
62631 Oppenheim, Daimlerstr. 3 Postfach 1301
info@pro-account.de

Pro-Account 62631 Oppenheim Postfach 1301

Firma
Horst Starke
Wiesengasse 3
55586 Neustadt

Seite: 1 von 1
Kd.b.Lief.:
Kundennr.: 12370
Bearbeiter:
Bestellnr:
Ust.Id.Nr.:
ProjektNr.:
Steuernr.:

Lieferdatum: 05.10.20
Datum: 02.12.20

Rechnung Nr. 2200515

Vielen Dank für Ihren Auftrag !

Pos	Menge	Artikel-Nr.	Text	Einzelpreis	Rabatt	Gesamtpreis
1	2,00	1023	Kontierung lfd. Monatsbuchhaltung September, Oktober 2007	100,00		200,00
6	13,00	1055	Lohnabrechnung September 2007 13 AN	6,90		89,70
8	18,00	1055	Lohnabrechnung Oktober 2007 18 AN	6,90		124,20
7	5,00	1060	Einrichtung Lohnkonten	11,50		57,50
Gesamt Netto						471,40
zzgl. 19,00 % USt. auf					471,40	89,57
Gesamtbetrag						€ 560,97

Vielen Dank für Ihren Auftrag !

Abb. 14: Buchführungskosten

Buchführungskosten

- Die Kosten für die Buchführung durch selbstständige Buchhalter oder Steuerberater sind als Betriebsausgabe abziehbar.
- Buchführungskosten für den Monat Dezember bzw. das 4. Quartal gehören wirtschaftlich in das abgelaufene Jahr und sind als Verbindlichkeiten zu bilanzieren. Die Vorsteuer kann jedoch nicht im alten Jahr abgezogen werden, weil die Buchführungsarbeiten frühestens im Januar des Folgejahres ausgeführt und abgerechnet werden können.

Beleg buchen

Die Rechnung für die Finanz- und Lohnbuchführung September und Oktober in Höhe von 560,97 EUR werden überwiesen:

Buchführungskosten	471,40 EUR	
Vorsteuer	89,57 EUR	
an Bank		560,97 EUR

Das richtige Konto

BGA	IKR	SKR03	SKR04	Kontenbezeichnung (SKR04)
484	677	4950	6825	Rechts- und Beratungskosten
4845	6771	4957	6827	Abschluss- und Prüfungskosten
4846	6176	4955	6830	Buchführungskosten

βETA

Computer & Bürobedarf
Top in Preis und Leistung!

unsere Bestellhotline : 06
unsere Faxnummer : 06

Firma
Horst Starke
Wiesengasse 3
55586 Neustadt

Rechnung

	Seite	1
Rechnungsnummer	10	
Rechnungsdatum	18.05.20	
Kundennummer	100	

Sachbearbeiter	Susanne
Durchwahl	DW:-30 (FAX 8
Versandart	Standard
Versandtart	Internet
USt-ID-Nr.	
Reklamationshotline	06
Fibu - Hotline	06
Zahlungsart	Bankeinzug
e-Mail	

Ihre Internetbestellung

Pos.	Artikel-Nr	Artikelbezeichnung	Menge	Preis	Rab% 1 / Rab% 2	Gesamt/EUR
		S A M M E L B E L E G -> WA-Aufträge Übernahme von Auftrag Nr. 24086759 / 18.05.20				
1	1400471	Papier A4 80g weiß ECONOMY - 5.000 Blatt Packung, Testpreis: Gilt nur 1x je Kunde - Mehrmengen werden zu den aktuellen Staffelpreisen berechnet. Bitte beachten: Bei diesem Papier kaufen wir für Sie immer günstigst zu einer guten Qualität ein. Daher können die Sorten von Lieferung zu Lieferung variieren. - Qualitätspapier im Economy-Bereich mit ansprechender Weiße und ordentlicher Stabilität - mit guten Abbildungs- und Laufeigenschaften auf allen modernen Bürogeräten, auf Hochleistungskopierern inkl. Sorter, Heftung und Falzung - dank seiner universellen Eigenschaften immer dann eine gute Wahl, wenn ökonomische Aspekte absolut im Vordergrund stehen	1	14,90 PE : 5000	2,00	14,60
2	1399905	Canon PIXMA IP 4200 Tinte schwarz (0620b001/CLI-8BK) ...... ohne Umkarton...................................... Canon / PIXMA:MP 800-IP 4200-IP 5200-IP 6600-; - Kapazität: bis zu 450 Seiten bei 5 Prozent Seitendeckung A4	1	7,80	2,00	7,64

* Lieferdatum : 19.05.20

Warenwert	Fracht/Porto		MMZ	Nachnahme	Versicherung
72,68	2,49				
Nettoentgelt	**MwSt 19%**			**Gesamt MwSt**	**Rechnungsbetrag/EUR**
75,17	**14,28**			**14,28**	**89,45**

Zahlungsbedingung
25.05.200 Netto / 89,45 EUR

Bankverbindung
Bankleitzahl
Kontonummer

Der Betrag wird innerhalb von 7 Tagen abgebucht. 2% Bankeinzugsrabatt sind bereits im Feld 'Rab% 2' berücksichtigt.

Gerichtsstand für beide Seiten ist r. Es gilt erweiterter Eigentumsvorbehalt. Steuernummer : 11 UST-ID : DE 8

zbank BLZ 5 Kto. 3 Eingetragen beim AG

Es gelten ausschl. unsere Ihnen bekannten Allgemeinen Verkauf- und Lieferbedingungen. Diese sind unter www. .de abrufbar.

Abb. 15: Bürobedarf

Bürobedarf

Unter Bürobedarf versteht man alle Wirtschaftsgüter, die Verbrauchsmaterial darstellen und deren Anschaffungskosten weniger als 250 EUR/Stück betragen.

Dazu zählen z. B. Aufwendungen für

- allgemeines Papier und Briefpapier,
- Schreibgeräte und Minen,
- Mappen und Ordner,
- Mülleimer,
- Post-it-Blöcke,
- Radiergummis, Tesa, Klebestifte etc.

Diese Aufwendungen werden unter „Bürobedarf" gebucht.

Tipp:

Achten Sie darauf, dass die gekauften Büroartikel vollständig ausgezeichnet sind, damit sich der Steuersatz eindeutig bestimmen lässt.

Beleg buchen

Die Firma *Beta* liefert Druckertoner und Briefkuverts.

Bürobedarf	75,17 EUR	
Vorsteuer	14,28 EUR	
an Bank		89,45 EUR

Das richtige Konto

BGA	IKR	SKR03	SKR04	Kontenbezeichnung (SKR04)
481	6800	4930	6815	Bürobedarf

Tel. (04
Fax (04

Firma Elektro Zapp
Inh. Erwin Zapp
Daimlerstr. 3

46464 Neustadt

Ihre Bestell-Daten:
Auftr.-Nr. ▸ 08/15
vom ▸ 14/02/20

RECHNUNG

Seite 1

Bei Zahlung bitte angeben

Kunden-Nr. ▸ 123456 | **Rechnungs-Nr.** ▸ 7894512 | **Tag** ▸ 14/02/20

Wir lieferten Ihnen und berechnen wie folgt:

Best.-Nr.	Bezeichnung	Farbe	Anzahl	Preis per 100		Preis ges.
D-020	Drahtbindemaschine eco II	weiß	1			599,00
	12 Monate Garantie					
	Birkenbihl "27 Erfolge"	we/r	1	kostenlos		
			1	kostenlos		
	Das Rechnungsdatum entspricht dem Lieferdatum					
***	Vielen Dank für Ihren Auftrag - und empfehlen Sie uns bitte weiter.		***			

▸ Die gelieferte Ware bleibt bis zur vollständigen Bezahlung unser Eigentum.

▸ Zahlung innerhalb 8 Tagen abzüglich 2% Skonto oder innerhalb 30 Tagen netto ohne Abzug.

▸ Unsere UST ID-NR. DE 11

Netto-Warenwert	599,00
Versandspesen einschl. Versicherung	0,00
netto *EUR*	599,00
zzgl. **19%** Mwst.	113,81
gesamt *EUR*	712,81

./. 2 %
698,55

tan 753808

Anschrift **Handelsregister** **Telefon** **Telefax** **Postbank** **Bank**

Abb. 16: Büromaschinen

Büromaschinen

- Büromaschinen unter 250 EUR sind den „Werkzeugen und Kleingeräten" zuzuordnen.
- Büromaschinen wie Kopierer, Faxgeräte, Bindemaschine als selbstständig nutzungsfähige Geräte können bei Anschaffungskosten unter 1.000 EUR als Geringwertige Wirtschaftsgüter (GWG) in einen Sammelposten eingestellt werden, ansonsten sind sie als „Sonstige Betriebs- und Geschäftsausstattung" zu aktivieren.
- Geringwertige Wirtschaftsgüter bis zur Anschaffungswertgrenze von 800 EUR (vor 2018: 410 EUR) können alternativ im Jahr der Anschaffung sofort abgeschrieben werden.
- Nicht selbstständig nutzungsfähige Bürogeräte, wie z. B. Drucker und Computermonitore, sind selbst bei Anschaffungskosten unter 1.000 EUR nicht als GWG zu behandeln. Sie können jedoch wegen der Verkürzung der betriebsgewöhnlichen Nutzungsdauer (BMF-Schreiben vom 26.02.2021) im Jahr der Anschaffung abgeschrieben werden.

Beleg buchen

Die Drahtbindemaschine kostet 599 EUR. Bei Zahlung innerhalb von 8 Tagen kann jedoch 2 % Skonto abgezogen werden, also wird unmittelbar der skontierte Rechnungsbetrag von 698,55 EUR überwiesen.

GWG	587,02 EUR	
Vorsteuer	111,53 EUR	
an Bank		698,55 EUR

Das richtige Konto

BGA	IKR	SKR03	SKR04	Kontenbezeichnung (SKR04)
033	087	0490	0690	Sonstige Betriebs- und Geschäftsausstattung
037	089	0480	0670	GWG bis 800 EUR
037	089	0485	0675	GWG Sammelposten
472	603	4985	6845	Werkzeuge und Kleingeräte

FirmenService

Lieferadresse
Firma
Horst Starke
Wiesengasse 3
55586 Neustadt

Rechnungsanschrift
Firma
Horst Starke
Wiesengasse 3
55586 Neustadt

Rechnung Nr.
Order Nr. 07 -1
Katja Lenz (Firmenservice

Datum 25.02.2
Kunden Nr:
Service Tel: 0

Ihre Lieferung 25.02.2

M	Anz.	Beschreibung	Art.Nr.	Preis	Gesamt
	2	101-00 0		2.500,00	5.000,00
	1	E 60 SCHW	348	4.520,00	4.520,00
	2	E	74	190,00	380,00
	10	E BU	848	200,00	2.000,00

Warenwert gesamt 11.900,00

Gesamtbetr.d. Rechnung Waren u. Service total 11.900,00
MwSt. 19%: EUR 1.900,00 Netto total 10.000,00

Mit Firmen Konto Nr: 11290 werden verrechnet 11.900,00

Liebe -Kundin, lieber Kunde,
hiermit bestätigen wir Ihre Bestellung.

Die Anlieferung erfolgt tagsüber ab 7.00 Uhr.

Ihr

Abb. 17: Büromöbel

Büromöbel

- Nach der amtlichen AfA-Tabelle beträgt die betriebsgewöhnliche Nutzungsdauer von Büromöbeln 13 Jahre.
- Selbstständig nutzungsfähige Büromöbel zwischen 250 EUR und 1.000 EUR Anschaffungskosten sind als Geringwertige Wirtschaftsgüter (GWG) in einen Sammelposten einzustellen.
- Geringwertige Wirtschaftsgüter bis zur Anschaffungswertgrenze von 800 EUR (vor 2018: 410 EUR) können alternativ im Jahr der Anschaffung sofort abgeschrieben werden. Die gewählte Regelung gilt dann einheitlich für sämtliche GWGs des Jahres.
- Etwas anderes gilt z. B. für Stahlregalteile, die Sie neu kombinieren könnten. Ausschlaggebend ist der Wert des zusammenhängenden Regals am Jahresende.

Beleg buchen

Bei den Büromöbeln sind neben den Schränken auch die Schreibtischkombinationen und Regalteile anzusetzen. Die Stühle und Beistelltische im Wert von netto 2.000 EUR sind als GWG zu erfassen.

GWG	2.000,00 EUR	
Büroeinrichtung	8.000,00 EUR	
Vorsteuer	1.900,00 EUR	
an Bank		11.900,00 EUR

Das richtige Konto

BGA	IKR	SKR03	SKR04	Kontenbezeichnung (SKR04)
0332	087	0420	0650	Büroeinrichtung
037	089	0480	0670	GWG bis 800 EUR
037	089	0485	0675	GWG-Sammelposten

LANDRATSAMT BUSSGELDST.
FAX
TEL.: (APP. SIEHE BEI SACHBEARB.)

Buchungs-/Aktenzeichen
Bitte stets angeben

LANDRATSAMT
Herrn, Frau, Firma

Horst Starke
Wiesengasse 3
55586 Neustadt

Schriftliche Verwarnung mit Verwarnungsgeld/Anhörung

RÜCKSENDUNG
INNERHALB EINER WOCHE ERBETEN
AN:

Sehr geehrte Dame, sehr geehrter Herr,

Ihnen wird zur Last gelegt, am , um Uhr in

als Führer/in des PKW,
folgende Ordnungswidrigkeit(en) nach § 24 StVG begangen zu haben:

Sie überschritten die zulässige Höchstgeschwindigkeit innerhalb geschlossener Ortschaften um 6 km/h.
Zulässige Geschwindigkeit: 30 km/h;
Festgestellte Geschwindigkeit (abzgl. Toleranz): 36 km/h.
§ 41 Abs. 2, § 49 StVO; § 24 StVG; 11.3.1 BKat

GESCHWINDIGKEITSMESSUNG/LICHTBILD

Hinweis: wenn Sie sich nicht äußern wollen, kann das Foto mit Ihrem im Pass-/oder Personalausweisregister hinterlegten Foto verglichen werden.

Beweismittel: Foto
FILM:
Zeuge/
Anzeigeerstatter:

Verwarnungsgeld 15,00 €

Wurde die Zahlung für obiges Aktenzeichen bereits geleistet, ist dieses Schreiben gegenstandslos.

Zahlbar innerhalb einer Woche nach Zugang. Verspäteter oder unvollständiger Zahlungseingang kann einen Bußgeldbescheid mit zusätzlichen Verfahrenskosten zur Folge haben.

Mit freundlichen Grüßen

Hinweis:
Keine Eintragung in das Verkehrszentralregister.

bitte wenden ➡

Abb. 18: Bußgelder

Bußgelder

- Für Bußgelder besteht ein steuerliches Abzugsverbot (§ 4 Abs. 5 Satz 1 Nr. 8 Satz 1 EStG).
- Übernimmt ein Arbeitgeber die Zahlung von Verwarnungsgeldern (oder sogar Geldstrafen), die einem Arbeitnehmer aus unterschiedlichsten Gründen auferlegt werden, handelt es sich um Arbeitslohn. Dies gilt z. B. auch für Geschwindigkeitsübertretungen auf Weisung des Arbeitgebers durch angestellte Taxifahrer oder das Überladen eines Lkw, das Überschreiten von Lenkzeiten etc.
- Die Übernahme von Verwarnungsgeldern durch den Arbeitgeber kann ausnahmsweise nicht zu einem Arbeitslohn führen, wenn sie im eigenbetrieblichen Interesse des Arbeitgebers liegt. Bei Paketzustellern können allerdings bewusste rechtswidrige Weisungen von Arbeitgebern keine dauerhafte Betriebsgrundlage bilden.[14] Zumindest bei erheblichen Bußgeldern von 3.000 EUR handelt es sich nicht mehr um Ausnahmefälle.

Beleg buchen

Die Geschwindigkeitsüberschreitung Ihres Mitarbeiters von 6 km/h innerorts auf dem Weg zur Post kurz vor Schalterschluss wird mit 15 EUR geahndet. Im eigenen Interesse übernehmen Sie das Bußgeld, müssen aber die Geldbuße als zusätzlichen Sachbezug ansetzen.

Gehalt	15,00 EUR	
Nicht abzugsfähige Betriebsausgaben	15,00 EUR	
an Bank		15,00 EUR
an verrechnete Sachbezüge		15,00 EUR

Das richtige Konto

BGA	IKR	SKR03	SKR04	Kontenbezeichnung (SKR04)
2082	6868	4645	6645	Nicht abzugsfähige Betriebsausgaben
40	62	4100	6000	Löhne und Gehälter
279	5190	8590	4940	Verrechnete sonstige Sachbezüge

14 BFH, Urteil vom 14.11.2013, VI R 36.

Ges. für Computernetze und Systemlösungen mbH

Zentrale
Tel.
Fax 06

Tel.
Fax

http://www.gr
e-Mail: info@g

Geschäftsführer
Dipl-Informatik

Ust ID-Nr.

Bankverbindungen
Kto.

Volk
Kt

Firma
Horst Starke
Wiesengasse 3
55586 Neustadt

Rechnung Nr. 3

Rechnungsdatum=Lieferdatum

Kunden-Nr. Unser Zeichen den 22.04

Wir danken für Ihre Bestellung und berechnen wie folgt :

Pos.	Menge	Bezeichnung	Einzel-Pr.	Gesamt EUR
1	1,00 Stk.	Siemens L /P-III-1GHz/20GB/256MB/CD-Rom/ Windows 2000 Liz., Restgarantie 6 Mon.	269,00	269,00
2	1,00 Stk.	AVM FRITZ!Card, 32 Bit PCI, passiv inkl. Kommunikationssoftware f. Windows	69,00	69,00
3	1,00 Std.	Installation von Windows 2000 sowie Einrichtung als HAP1 - pauschal	120,00	120,00
4	1,00 Stk.	Fahrtkostenpauschale bis 30 km Anfahrt	30,00	30,00

Betrag netto	EUR	488 , 00
MwSt 19,0%	EUR	92 , 72
Endbetrag	EUR	580 , 72

Zahlungsziel : 8 Tage rein netto
bis 30.04.2 EUR

Überw. 03.05.0
Be

Lieferung ausschließlich zu unseren allg. Geschäftsbedingungen, die unter www agb eingesehen oder bei uns angefordert werden können.

25. April 2

Abb. 19: Computer (Anschaffungskosten)

Computer (Anschaffungskosten)

- Zu den Anschaffungskosten von Computern gehören neben dem Anschaffungspreis auch die einzelnen zurechenbaren Anschaffungsnebenkosten und die nachträglichen Anschaffungskosten.
- Nachträgliche Anschaffungskosten entstehen im Rahmen von Umbauten oder Erweiterungen der Anlage. Dabei kann die Abgrenzung zu Erhaltungsaufwand und Instandsetzung schwierig sein. Als Indiz für nachträgliche Anschaffungskosten dient die Erweiterung der Anlage in zeitlicher Nähe zur Anschaffung, ohne dass ihre Wesensart verändert wird.
- Computerzubehör, wie z. B. Maus, Drucker, Tastatur, Monitor, Scanner, können nicht selbstständig genutzt werden. Daher kommt die Einordnung als geringwertiges Wirtschaftsgut — auch wenn die Anschaffungskosten des einzelnen Gegenstandes zwischen 250 EUR und 1.000 EUR (netto) liegen sollten — im Regelfall nicht infrage.
- Wegen der Verkürzung der betriebsgewöhnlichen Nutzungsdauer von drei Jahren auf ein Jahr (BMF-Schreiben vom 26.02.2021) können Computer, Peripheriegeräte sowie Software ab 2021 sofort abgeschrieben werden.

Tipp:

Beim nachträglichen Austausch von Computerteilen und bei Aufrüstung bzw. Anpassung an den technischen Fortschritt handelt es sich um Reparatur- und Wartungsaufwand, den Sie als Betriebsausgabe direkt abziehen können.

Beleg buchen

Für einen gebrauchten PC betragen die Anschaffungskosten inklusive der Nebenkosten durch Installation und Lieferung 488 EUR.

Sonstige Betriebsausstattung	488,00 EUR	
Vorsteuer	92,72 EUR	
an Bank		580,72 EUR

Das richtige Konto

BGA	IKR	SKR03	SKR04	Kontenbezeichnung (SKR04)
033	087	0490	0690	Sonstige Betriebs- und Geschäftsausstattung
037	089	0480	0670	GWG bis 800 EUR
037	089	0485	0675	GWG-Sammelposten
4831	6165	4806	6495	Wartungskosten für Hard- und Software

EXtrasoft GmbH

Firma Müller GmbH
zHd Geschäftsführer Friedrich Müller
Industriestraße 10

43598 Staade

Gebucht

15.09.20

RECHNUNG

Nummer : 33

Seite : 1

Bezeichnung	Anzahl	Einzelpreis	Gesamt
19" ACER TFT Display AL1511s geliefert mit nach	2	199,80	399,60

Leistung erbracht bzw. Lieferung erfolgte im Monat der Rechnungsstellung.
Zahlungsbedingungen:
Zahlbar ohne Abzug bis 29.09.20

Netto EUR	399,60
19 % Mwst	75,92
Gesamt EUR	475,52

Die Ware bleibt bis zur restlosen Bezahlung Eigentum des Lieferanten. Es gilt der erweiterte Eigentumsvorbehalt.

Anschrift: 2
D
Telefon:
Telefax:

Internet: http://www. oft-gmbh.de
E-Mail: info@ bh.de
Ust.ID-
DE 8

Registergericht: Amtsgericht
HRB

Geschäftsführer:

Bankverbindungen: Sparkas
Konto Konto

Abb. 20: Computermonitore

Computermonitore

- Büromaschinen unter 250 EUR sind den „Werkzeugen und Kleingeräten" zuzuordnen.
- Büromaschinen wie Kopierer, Faxgeräte, Bindemaschine als selbstständig nutzungsfähige Geräte zwischen 250 EUR und 1.000 EUR Anschaffungskosten sind als Geringwertige Wirtschaftsgüter (GWG) in einen Sammelposten einzustellen oder bis 800 EUR (vor 2018: 410 EUR) sofort abzuschreiben, ansonsten als „Sonstige Betriebs- und Geschäftsausstattung" zu aktivieren.
- Nicht selbstständig nutzungsfähige Bürogeräte, wie z. B. Drucker und Computermonitore, sind selbst bei Anschaffungskosten zwischen 250 EUR und 1.000 EUR nicht als GWG zu behandeln. Sie sind über die seit 2021 von drei Jahren auf ein Jahr verkürzte betriebsgewöhnliche Nutzungsdauer im Jahr der Anschaffung abzuschreiben.

Tipp:

Wenn Sie die Bildschirme älteren Computern im Anlagenverzeichnis zuordnen, lassen sie sich über den verkürzten Abschreibungszeitraum absetzen.

Beleg buchen

Die Flachbildschirme von Extrasoft kosten 399,60 EUR. Da sie nur zusammen mit einem Computer, aber nicht selbstständig nutzungsfähig sind, stellen sie keine GWG dar. Die Monitore sind einzeln zu aktivieren.

Sonstige Betriebs- und Geschäftsausstattung	399,60 EUR	
Vorsteuer	75,92 EUR	
an Bank		475,52 EUR

Das richtige Konto

BGA	IKR	SKR03	SKR04	Kontenbezeichnung (SKR04)
033	087	0490	0690	Sonstige Betriebs- und Geschäftsausstattung
037	089	0480	0670	GWG bis 800 EUR
037	089	0485	0675	GWG-Sammelposten
472	603	4985	6845	Werkzeuge und Kleingeräte

Software & Consulting GmbH

Postfach 3
D - 8

D -
Telefon 0
Telefax 08
e-mail info@ de
w w w

Firma
Horst Starke
Wiesengasse 3
55586 Neustadt

Rechnung RE-0
Ihre Kunden-Nr.: 6
Ihre Bestellung: fa
Ihr Bestelldatum: 06.04.20
Es betreut Sie: S **Durchwahl -44**

06.04.20
Rechnungsdatum=Lieferdatum

Pos	Art.-Nr.	Bezeichnung	Menge	EP	Gesamt
1		KalcStar 7.30 Hersteller: Originalartikelnr:	1	743,46 EUR	743,46 EUR

Summe netto	743,46 EUR
+ Versand	12,00 EUR
Zwischensumme netto	755,46 EUR
+ Mwst.	143,54 EUR
Endbetrag	899,00 EUR

20571

Zahlungsbedingung: Bankeinzug
wird abgebucht von

***** Achtung - Neue Versandkosten a Lieferung - Achtung! *****
***** Stellen Sie jetzt um auf Bankeinzug! Versand erfolgt d ****

Dokument-Nr. Seite 1
Die Ware bleibt bis zur vollständigen Bezahlung unser Eigentum.

Geschäftsführer Dipl. | USt.-Id-Nr. DE1 | Kt.-Nr. BLZ 72 | Kt.-Nr. BLZ | Kt.-Nr. BLZ | Kt. BLZ

Abb. 21: Computerprogramme (Software)

Computerprogramme (Software)

- Computerprogramme sind immaterielle Wirtschaftsgüter. Die Anschaffungskosten waren bis einschließlich 2020 über eine betriebsgewöhnliche Nutzungsdauer von drei Jahren abzuschreiben. Wegen der Verkürzung der betriebsgewöhnlichen Nutzungsdauer von drei Jahren auf ein Jahr (BMF-Schreiben vom 26.02.2021) können Computer, Peripheriegeräte sowie Software jedoch seit 2021 sofort abgeschrieben werden.
- Computerprogramme unter 800 EUR (vor 2018: 410 EUR) Anschaffungskosten dürfen als sogenannte Trivialsoftware wie Geringwertige Wirtschaftsgüter (GWG) sofort abgeschrieben werden.

Beleg buchen

Das Artikelkalkulationsprogramm kostet brutto 899 EUR.

Software	755,46 EUR	
Vorsteuer	143,54 EUR	
an Bank		899,00 EUR

Das richtige Konto

BGA	IKR	SKR03	SKR04	Kontenbezeichnung (SKR04)
14	23	27	135	Software
4831	6165	4806	6495	Wartungskosten Hard- und Software
492	651	4822	6200	Abschreibung immaterieller VG
4929	655	4826	6210	Außerplanmäßige Abschreibung immaterieller VG

LEXWARE

Lexware GmbH & Co. KG, Pf 112, D-79001 Freiburg

Firma
Horst Starke
Wiesengasse 3
55586 Neustadt

120003382

Rechnungsnummer:	R20
Kundennummer:	
Rechnungsdatum:	12.01.0
Fälligkeitsdatum:	11.02.0
Lieferdatum:	12.01.0
Seite:	1

Rechnung R200

Artikel	Beschreibung	Menge	VK-Preis	Rabatt	Betrag
8871-020-0400	Lexware faktura plus Update Version 15.2	1 Stück	167,23 EUR		167,23 EUR
	Versandkostenanteil	1	5,90 EUR		5,90 EUR

20514

Total	173,13 EUR
19%MWSt	32,89 EUR
Total inkl. MWSt	206,02 EUR

Bitte nicht überweisen! Abbuchung über: Kto. , BLZ
Zahlungsbedingung **30 Tage rein netto**

Bankverbindung Sparkasse
BLZ
Konto

Unsere USt.-idNr. DE

Abb. 22: Computerprogramme (Updates)

Computerprogramme (Updates)

- Computerprogramme sind immaterielle Wirtschaftsgüter. Die Anschaffungskosten sind über eine betriebsgewöhnliche Nutzungsdauer von drei Jahren, ab 2021 im Jahr der Anschaffung abzuschreiben.
- Updates behandeln Sie in der Regel als Instandhaltungsaufwand, den Sie sofort als Betriebsausgabe absetzen können. Nur wenn die Updates in sich selbstständig lauffähige Programme sind, ohne Abhängigkeit zur Vorläuferversion, ist das Update zu aktivieren (sofern über 250 EUR) und die alte Version abzuschreiben.
- Beim Erwerb eines Updates einer Standard-Software kommt eine außerordentliche Abschreibung der alten Programmversion wegen technischer Abnutzung nicht in Betracht, weil dieses vor Aufspielen des Updates voll funktionsfähig war und jederzeit vom erworbenen Speichermedium wieder auf den PC installiert werden kann.

Beleg buchen

Das Update 15.2 kostet brutto 199 EUR. Auch die Versandkosten werden den Wartungskosten für die Software zugeschlagen.

Wartungskosten Hard- und Software	173,13 EUR	
Vorsteuer	32,89 EUR	
an Bank		206,02 EUR

Das richtige Konto

BGA	IKR	SKR03	SKR04	Kontenbezeichnung (SKR04)
14	23	0027	0135	Software
4831	6165	4806	6495	Wartungskosten Hard- und Software
492	651	4822	6200	Abschreibung immaterieller VG
4929	655	4826	6210	Außerplanmäßige Abschreibung immaterieller VG

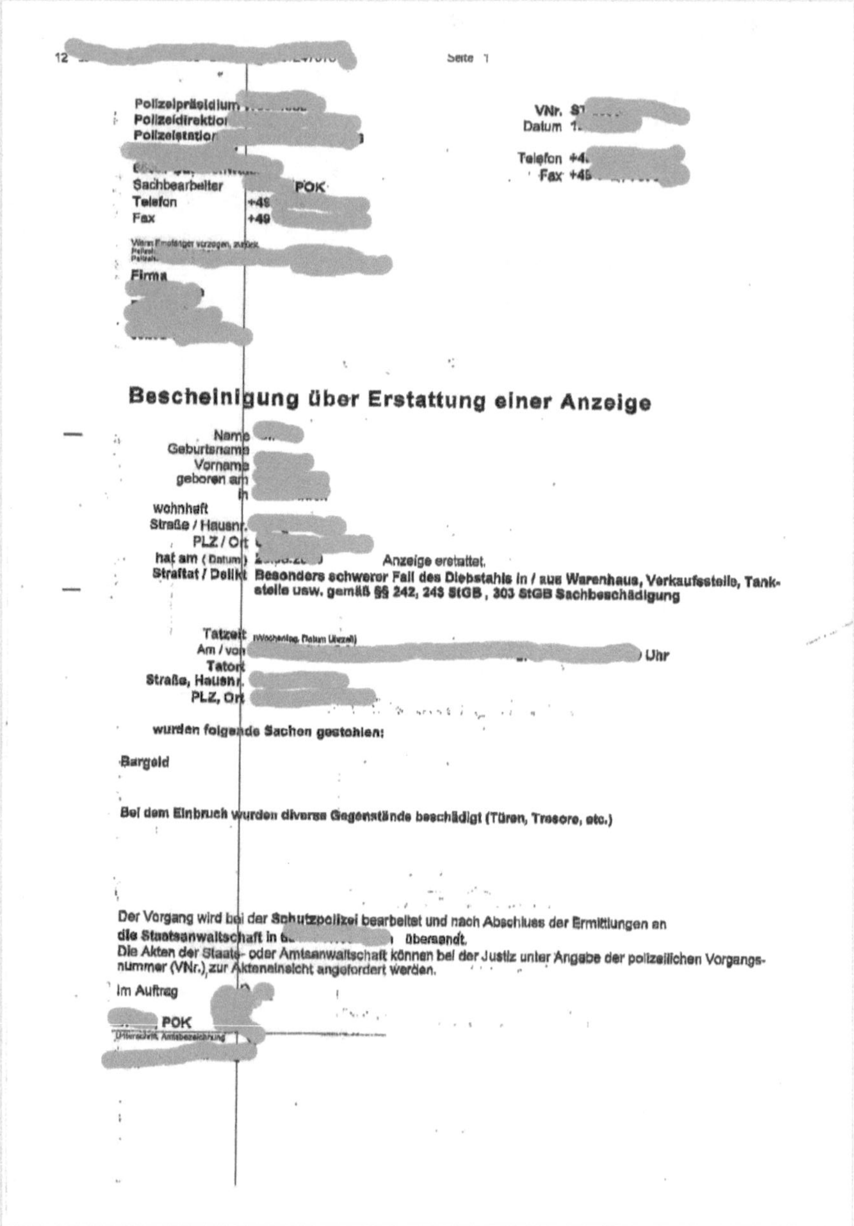

12 [redacted] Seite 1

Polizeipräsidium [redacted]
Polizeidirektion [redacted]
Polizeistation [redacted]
[redacted]
Sachbearbeiter [redacted] POK
Telefon +49 [redacted]
Fax +49 [redacted]

VNr. [redacted]
Datum [redacted]
Telefon [redacted]
Fax [redacted]

Wenn Empfänger verzogen, zurück [redacted]

Firma
[redacted]

Bescheinigung über Erstattung einer Anzeige

Name [redacted]
Geburtsname
Vorname [redacted]
geboren am [redacted]
in [redacted]
wohnhaft
Straße / Hausnr. [redacted]
PLZ / Ort [redacted]
hat am (Datum) [redacted] Anzeige erstattet.
Straftat / Delikt Besonders schwerer Fall des Diebstahls in / aus Warenhaus, Verkaufsstelle, Tankstelle usw. gemäß §§ 242, 243 StGB, 303 StGB Sachbeschädigung

Tatzeit (Wochentag, Datum Uhrzeit)
Am / von [redacted] Uhr
Tatort
Straße, Hausnr. [redacted]
PLZ, Ort [redacted]

wurden folgende Sachen gestohlen:

Bargeld

Bei dem Einbruch wurden diverse Gegenstände beschädigt (Türen, Tresore, etc.)

Der Vorgang wird bei der Schutzpolizei bearbeitet und nach Abschluss der Ermittlungen an die Staatsanwaltschaft in [redacted] übersandt.
Die Akten der Staats- oder Amtsanwaltschaft können bei der Justiz unter Angabe der polizeilichen Vorgangsnummer (VNr.) zur Akteneinsicht angefordert werden.

Im Auftrag

[redacted] POK
Unterschrift, Amtsbezeichnung
[redacted]

Abb. 23: Diebstahlsanzeige

Diebstahlsanzeige

- Keine Buchung ohne Beleg! Bei einem Diebstahl kann jedoch der aus offensichtlichen Gründen notwendige Eigenbeleg für den Nachweis eines Verlustes nicht ausreichen.
- Da eine Falschanzeige beim verdeckten Griff in die eigene Kasse zusätzliche Strafe nach sich ziehen kann, gilt der Diebstahlsverlust als glaubhaft und kann als Betriebsaufwand geltend gemacht werden.

Achtung:

Das aus der Kasse gestohlene Geld stammt in der Regel aus umsatzsteuerpflichtigen Umsatzerlösen. Da der Umsatz durch den Diebstahl nicht rückgängig gemacht wird, wird auch die Umsatzsteuer nicht korrigiert, d. h., der Betriebsaufwand ist umsatzsteuerneutral.

Beleg buchen

Aus der aufgebrochenen Kasse wurde 300 EUR Wechselgeld gestohlen.

Verluste durch außergewöhnliche Schadensfälle	300,00 EUR	
An Kasse		300,00 EUR

Das richtige Konto

BGA	IKR	SKR03	SKR04	Kontenbezeichnung (SKR04)
2014	7604	2007	7552	Verluste durch außergewöhnliche Schadensfälle

Lebensversicherungs-Aktiengesellschaft der -Leben)

Versicherungsnehmer:

GMBH
Personalbüro

Versicherungsschein
Nr. 900/60

Versicherte Person
*09.1

Leistungsempfänger	
im Erlebensfall	S. Erkl. Direktv. v. 17.12.97
im Todesfall	S. Erkl. Direktv. v. 17.12.97
Tarif	A (Gemischte Versicherung)
Versicherungssumme	99.329 DM
Beginn/Ablauf der Versicherung	01.01.1998/01.01.2018 12 Uhr
Dauer der Beitragszahlung	20 Jahre
Tarifbeitrag jährlich	3.705,96 DM
Einlösungsbeitrag vom 01.01.1998 - 01.02.1998	324,27 DM
Folgebeitrag ab 01.02.1998 monatlich	324,27 DM

Der Beitrag wird jeweils zur Fälligkeit abgebucht.

Konto-Nr. — Kontoauszug 6
Sparkasse — Blatt 1

Datum Erläuterungen		Betrag
Kontostand in EUR am 28.04.20 , Auszug Nr. 5		997,86+
02.05 Lastschrift	Wert: 02.05.20 ELV KASSE 2	30,40-
02.05 Lastschrift -LEBENSVERS. AG LEBENSVERSICHERUNG	Wert: 02.05.20 BEITRAG F. 900/604916-D-71	153,10-
02.05 Lastschrift	Wert: 02.05.20 T 481426998.7 05/06 136,21	165,24-
02.05 Zahlungseingang	Wert: 02.05.20 RE. NR. 2200544	23,78+

199 116 03/2006 04802

Abb. 24: Direktversicherung

Direktversicherung

- Eine Direktversicherung ist eine Lebensversicherung auf das Leben eines Arbeitnehmers, die durch den Arbeitgeber abgeschlossen worden ist und bei der der Arbeitnehmer oder seine Hinterbliebenen hinsichtlich der Leistungen des Versicherers bezugsberechtigt sind.
- Die Prämien für eine derartige Direktversicherung, die seitens der Gesellschaft an eine Lebensversicherung gezahlt werden, sind bei der Gesellschaft Betriebsausgaben. Das gilt auch für Einmalbeiträge.
- Versicherungsnehmer ist somit der Arbeitgeber. Versicherte Person und Berechtigter ist der Arbeitnehmer.
- Bei Verträgen mit Kapitalauszahlung, die vor 2005 abgeschlossen wurden, ist eine Pauschalierung der Lohnsteuer möglich. Die Prämien von Neuverträgen ab 2005 sind regulär zu versteuern.

Achtung:

Bei Versicherungsverträgen mit lebenslangen Rentenzahlungen sind die Versicherungsbeiträge zum Teil steuerfrei (2015: bis 2.904 EUR). Bei Verträgen ab 2005 erhöht sich der maximal steuerfreie Betrag um weitere 1.800 EUR.

Beleg buchen

Die monatliche Direktversicherungsprämie eines Vertrages aus 1998 wird abgebucht. Die Firma versteuert zugunsten ihres Arbeitnehmers die Prämien pauschal (zur Vereinfachung Nettolohnverbuchung).

Aufwendungen für Altersversorgung	153,10 EUR	
Pauschale Lohnsteuer für Altersversorgung	30,62 EUR	
an Bank		183,72 EUR

Das richtige Konto

BGA	IKR	SKR03	SKR04	Kontenbezeichnung (SKR04)
406	648	4160	6140	Aufwendungen für Altersversorgung
4064	6461	4167	6147	Pauschale Lohnsteuer für Versicherungen
4061	6481	4168	6148	Aufw. Altersversorg. Mituntern. § 15 EStG

Kaufmannsbank

Filiale

Horst Starke
Wiesengasse 3
55586 Neustadt

Ihr Ansprechpartner:
Alfred Neumann
Tel. 0815 3456-23

Neustadt, den 29.09.20

Auszahlung
Kontonummer
UNIVERSALDARLEHEN über EUR 25.000,00

Wir bestätigen Ihnen die Auszahlung Ihres Darlehens zum 06.10.20

Auszahlung	25.000,00 EUR
- Bearbeitungsentgelt	250,00 EUR
= Auszahlung netto	24.750,00 EUR

Die Auszahlung erfolgt zu Gunsten Konto
Somit ist Ihr Darlehen voll ausgezahlt.

Danach ergibt sich folgender Stand Ihres Darlehens: *

* Saldo	25.000,00 EUR
* Bearbeitungsentgelt gezahlt	250,00 EUR
Laufzeit bis	30.09.20
Anzahl der Annuitätsraten	060
Zinssatz fest vereinbart bis / % p. a.	30.09.20 / 5,10
Zinsmethode	Deutsch 30 / 360

Zahlungen

Annuitätsrate	451,68 EUR	am 30.10.20	
Annuitätsrate	472,93 EUR	ab 30.11.20	monatlich
letzte Rate	472,75 EUR	am 30.09.20	

Die Raten werden zu Lasten Konto gebucht.
Die am 30.09.20 fällige letzte Rate kann in der Höhe abweichend sein.

* geänderte Werte gegenüber dem letzten Buchungs-/Darlehensstand
Im Übrigen gelten die im Darlehensvertrag getroffenen Vereinbarungen.

Diese Mitteilung ist maschinell erstellt worden und ohne Unterschrift gültig.

Abb. 25: Disagio

Disagio

- Ein Disagio ist der Differenzbetrag zwischen dem ausbezahlten Betrag und dem Darlehensnennwert. Das Disagio stellt vorausbezahlte Darlehenskosten dar. Es ist als aktiver Rechnungsabgrenzungsposten in der Bilanz auszuweisen und auf die Darlehenslaufzeit zu verteilen.
- Seit 2006 müssen auch Einnahmenüberschussrechner Disagios auf die Laufzeit der Darlehen verteilen, sofern sie über 5 Jahre laufen.

Beleg buchen

Die Kaufmannsbank schreibt am 06.10.2020 das zugesagte betriebliche Darlehen über 25.000 EUR dem Girokonto gut, zieht jedoch eine Bearbeitungsgebühr von 250 EUR ab. Da das Darlehen über eine Laufzeit von 60 Monaten läuft, beträgt der monatliche Disagioanteil 4,17 EUR:

$$\frac{250\text{ EUR}}{60\text{ Monate}} = 4{,}17\text{ EUR}$$

Bank	24.750,00 EUR	
Disagio	250,00 EUR	
an Darlehen		25.000,00 EUR

Für die verbleibenden 3 Monate 2020 wird zum Jahresende Disagio in Höhe von 3 × 4,17 EUR = 12,51 EUR aufgelöst.

Zinsaufwendungen für langfristige Verbindlichkeiten	12,51 EUR	
an Disagio		12,51 EUR

Das richtige Konto

BGA	IKR	SKR03	SKR04	Kontenbezeichnung (SKR04)
092	290	0986	1940	Disagio
212	7511	2120	7320	Zinsaufwendungen für langfristige Verbindlichkeiten

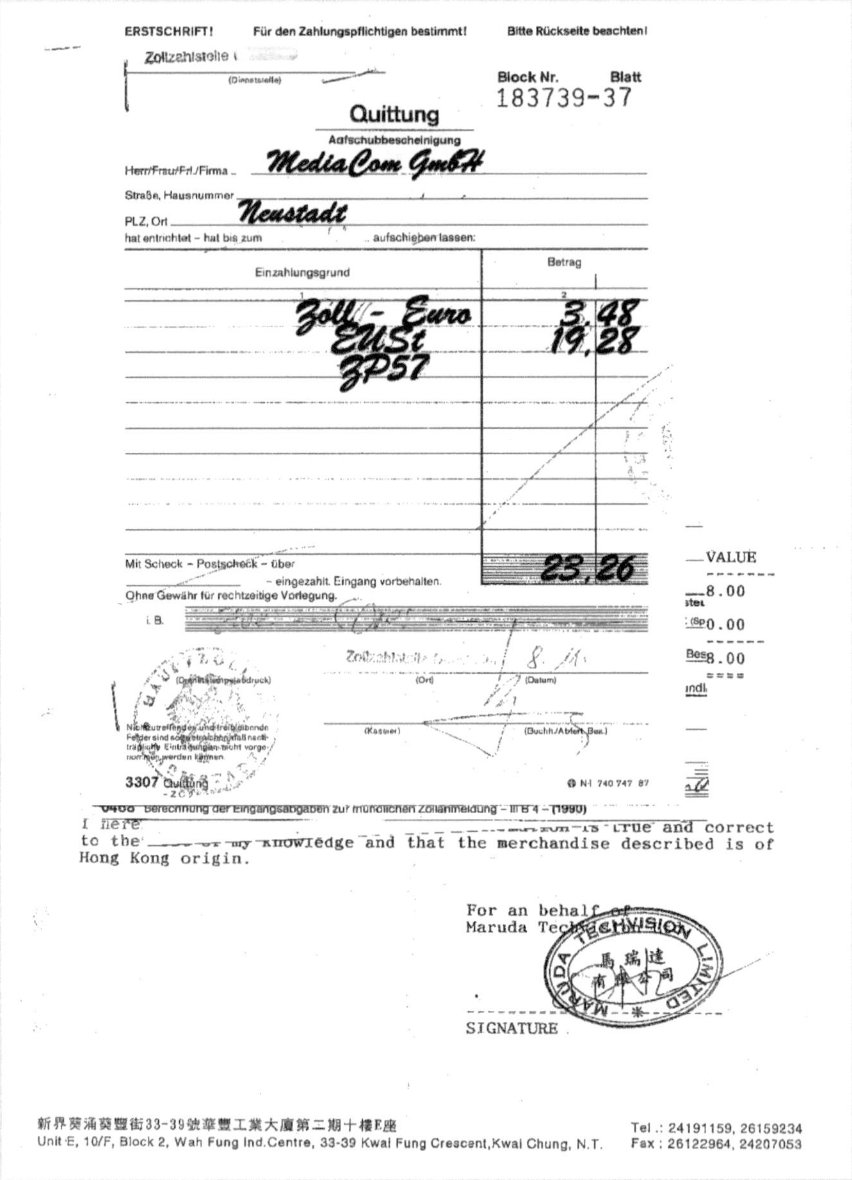

ERSTSCHRIFT! Für den Zahlungspflichtigen bestimmt! Bitte Rückseite beachten!

Zollzahlstelle

(Dienststelle)

Block Nr. Blatt

183739-37

Quittung

Aufschubbescheinigung

Herr/Frau/Frl./Firma MediaCom GmbH

Straße, Hausnummer

PLZ, Ort Neustadt

hat entrichtet – hat bis zum ... aufschieben lassen:

Einzahlungsgrund	Betrag	
1	2	
Zoll – Euro	3	48
EUSt	19	28
ZP57		
	23	26

Mit Scheck – Postscheck – über

– eingezahlt. Eingang vorbehalten.

Ohne Gewähr für rechtzeitige Vorlegung.

i. B.

Zollzahlstelle ... 8. ...

(Dienststempelabdruck) (Ort) (Datum)

Nichtzutreffendes und freibleibende Felder sind so zu streichen, daß nachträglich Eintragungen nicht vorgenommen werden können.

(Kassier) (Buchh./Abfert. Bez.)

3307 Quittung

N-1 740 747 87

0468 Berechnung der Eingangsabgaben zur mündlichen Zollanmeldung – III B 4 – (1990)

VALUE

8.00

0.00

8.00

I here... is true and correct to the ... of my knowledge and that the merchandise described is of Hong Kong origin.

For an behalf of

Maruda Techvision

MARUDA TECHVISION LIMITED

馬瑞達商業公司

SIGNATURE

新界葵涌葵豐街33-39號華豐工業大廈第二期十樓E座

Unit E, 10/F, Block 2, Wah Fung Ind.Centre, 33-39 Kwai Fung Crescent,Kwai Chung, N.T.

Tel.: 24191159, 26159234

Fax: 26122964, 24207053

Abb. 26: Einfuhrumsatzsteuer

Einfuhrumsatzsteuer

- Die Einfuhrumsatzsteuer kann vom Unternehmer wie Vorsteuer abgezogen werden, wenn die Gegenstände für sein Unternehmen in das Inland eingeführt wurden.
- Bemessungsgrundlage ist das Entgelt für die gesamte Dienstleistung (Ware und Versandkosten).
- Soweit im Zollwert noch nicht enthalten, gehören zur Bemessungsgrundlage für die Einfuhrumsatzsteuer auch die Einfuhrabgaben (insbesondere Zölle), die Vermittlungskosten für die Lieferung und die Beförderungskosten bis zum ersten Bestimmungsort im Gemeinschaftsgebiet.
- Zum Abzug der Einfuhrumsatzsteuer ist in der Regel der Abnehmer berechtigt, wenn er im Zeitpunkt der Einfuhr bereits die Verfügungsmacht über den Gegenstand hatte.

Achtung:

Wie auch bei der Vorsteuer, die bereits bei Vorliegen einer ordnungsgemäßen Rechnung abziehbar ist, kann nur die mit Einfuhr entstandene Einfuhrumsatzsteuer abgezogen werden.

Beleg buchen

Die Firma MediaCom GmbH lässt sich aus Taiwan mit der Post ein Warenmuster liefern. Eine Proforma-Rechnung liegt der Lieferung bei und dient dem Zollamt als Bemessungsgrundlage für die Zollabgaben und die Einfuhrumsatzsteuer. Das Paket wird gegen Barzahlung der Steuer und Abgabe direkt beim Zollamt ausgelöst.

Einfuhrumsatzsteuer	19,28 EUR	
Zollabgaben	3,98 EUR	
an Kasse		23,26 EUR

Das richtige Konto

BGA	IKR	SKR03	SKR04	Kontenbezeichnung (SKR04)
143	2628	1588	1433	Entstandene Einfuhrumsatzsteuer
3022	6171	3850	5840	Zölle und Einfuhrabgaben

Finanzamt | 6 | 24.02.

Telefon 0XXXXXXXXX
Telefax 0XXXXXXXXX

Finanzamt
Postf. 1
02.0 0.55 EUR

Steuernummer
0 XXXXXXXXX

Bei allen Zuschriften und Einzahlungen vollständig angeben ! Blatt 1

Konten des Finanzamts

***

Herrn und Frau
Horst und Sabine Starke
Wiesengasse 3
55586 Neustadt

Ausdruck lt. Kontostand v. 21.02. , 0.00 Uhr

Steuerart-(Abgabeart)	Zeitraum	Fälligkeitstag	Betrag €
Einkommensteuer	1.Vj. X	10.03. X	301 00
Kirchenst.ev	1.Vj. X	10.03. X	27 00
		Summe :	328 00

ZAHLUNGSHINWEIS

Sehr geehrte(r) Steuerzahler(in),

wir machen Sie schon jetzt darauf aufmerksam, daß die nebenstehenden Steuer-/ Abgabeforderungen in Kürze fällig werden.
Bitte zahlen Sie die betreffenden Beträge rechtzeitig auf eines der Konten der Finanzamts ein.

Sie erleichtern sich und uns die Arbeit, wenn Sie den vorbereiteten Zahlungsträger verwenden oder mit dem beigefügten Vordruck die Teilnahme am Einzugsermächtigungsverfahren erklären.

Diese Mitteilung ist gegenstandslos, wenn
Sie zwischenzeitlich am Einzugsermächtigungsverfahren teilnehmen.

Mit freundlichen Grüßen
Ihr Finanzamt

Kasse 254d (ED) - Zahlungshinweis - 04.2005 | Bitte beachten Sie die Rückseite ! | Hier abtrennen !

Abb. 27: Einkommensteuerzahlungen

Einkommensteuerzahlungen

- Die Einkommensteuer ist eine Personensteuer. Besteuert wird das Einkommen natürlicher Personen. Aus diesem Grund hat die Einkommensteuer des Einzelunternehmers oder eines Gesellschafters nichts mit dem betrieblichen Bereich zu tun. Daher darf es keine Gewinnauswirkung geben — weder beim Bilanzierer noch für Einnahmenüberschussrechner.
- Wenn Einkommensteuer (Vorauszahlungen, Nachzahlungen und auch Erstattungen) über das betriebliche Bankkonto abgebucht oder per Überweisung bezahlt wird, erfolgt die Buchung über ein gesondertes Privatkonto.

Tipp:

Wenn Gesellschafter während des Jahres keine Entnahmen tätigen, wäre es unfair, sie mit der Steuer auf anteilig zugeordnete Gewinne (auf Papier) zu belasten. In diesem Fall sollte die Gesellschaft die persönlichen Einkommensteuerzahlungen der Gesellschafter übernehmen, soweit sie auf diese Gewinnanteile entfällt.

Beleg buchen

Die Einkommensteuervorauszahlungen des Gesellschafters B der Muster-GmbH & Co. KG werden als Privatentnahmen erfasst.

Privatsteuern Gesellschafter B	328,00 EUR	
an Bank		328,00 EUR

Das richtige Konto

BGA	IKR	SKR03	SKR04	Kontenbezeichnung (SKR04)
163	3022	1811	2151	Privatsteuern Einzelunternehmer
162	3022	1910	2550	Privatsteuern Teilhafter

Kraxi GmbH

Flugzeugallee 17
12345 Papierfeld
Deutschland

Tel. (0123) 4567
Fax (0123) 4568

info@kraxi.com
www.kraxi.com

Kraxi GmbH · Flugzeugallee 17 · 12345 Papierfeld · Deutschland

Papierflieger-Vertriebs-GmbH
Helga Musterfrau
Rabattstr. 25
34567 Osterhausen
Deutschland

Rechnungsnummer: 20...-03

Liefer- und Rechnungsdatum: 11. Juli 20...
Kundennummer: 987-654
Ihre Auftragsnummer: ABC-123
Beträge in EUR

Pos.	Artikelbeschreibung	Menge	Preis	Betrag
1	Superdrachen	2	20,00	40,00
2	Turbo Flyer	5	40,00	200,00
3	Sturzflug-Geier	1	180,00	180,00
4	Eisvogel			
5	Storch			
6	Adler			
7	Kostenlos			

Zahlbar innerhalb von
Rechnungsnummer an

Kraxi GmbH
GF Paul Kraxi

Sitz der
Münche


```
        <ram:PostcodeCode>34567</ram:PostcodeCode>
        <ram:LineOne>Rabattstr. 25</ram:LineOne>
        <ram:CityName>Osterhausen</ram:CityName>
        <ram:CountryID>DE</ram:CountryID>
      </ram:PostalTradeAddress>
    </ram:BuyerTradeParty>
  </ram:ApplicableSupplyChainTradeAgreement>
  <ram:ApplicableSupplyChainTradeDelivery>
    <ram:ActualDeliverySupplyChainEvent>
      <ram:OccurrenceDateTime>
        <udt:DateTimeString format="102">20140711</udt:DateTimeString>
      </ram:OccurrenceDateTime>
    </ram:ActualDeliverySupplyChainEvent>
  </ram:ApplicableSupplyChainTradeDelivery>
  <ram:ApplicableSupplyChainTradeSettlement>
    <ram:PaymentReference>2014-03</ram:PaymentReference>
    <ram:InvoiceCurrencyCode>EUR</ram:InvoiceCurrencyCode>
    <ram:ApplicableTradeTax>
      <ram:CalculatedAmount currencyID="EUR">160.55</ram:CalculatedAmount>
      <ram:TypeCode>VAT</ram:TypeCode>
      <ram:BasisAmount currencyID="EUR">845.00</ram:BasisAmount>
      <ram:ApplicablePercent>19.0</ram:ApplicablePercent>
    </ram:ApplicableTradeTax>
    <ram:SpecifiedTradePaymentTerms>
      <ram:Description>Zahlbar innerhalb von 30 Tagen netto auf unser Konto.
echnungsnummer an. Skontoabzüge werden nicht akzeptiert.</ram:Description>
    </ram:SpecifiedTradePaymentTerms>
    <ram:SpecifiedTradeSettlementMonetarySummation>
      <ram:LineTotalAmount currencyID="EUR">845.00</ram:LineTotalAmount>
      <ram:ChargeTotalAmount currencyID="EUR">0</ram:ChargeTotalAmount>
      <ram:AllowanceTotalAmount currencyID="EUR">0</ram:AllowanceTotal
      <ram:TaxBasisTotalAmount currencyID="EUR">845.00</ram:TaxBasis
      <ram:TaxTotalAmount currencyID="EUR">160.55</ram:TaxTotalAmount
      <ram:GrandTotalAmount currencyID="EUR">1005.55</ram:Grand
      <ram:DuePayableAmount currencyID="EUR">1005.55</ram:DuePa
```


Abb. 28: Elektronische Rechnungen

Elektronische Rechnungen

Die Tage der Papierrechnungen gehen zu Ende. Mit dem neuen Dateiformat ZUGFeRD gibt es einen Standard für elektronische Rechnungen, den das Bundesinnen- und das Bundeswirtschaftsministerium gemeinsam mit dem Branchenverband Bitkom entwickelt haben. Die Abkürzung steht für „Zentraler User Guide Forum elektronischer Rechnung Deutschland".

In diesem Standard ist festgelegt, welche Informationen die Datei enthält und in welchem Format sie ausgelesen werden kann. Dabei handelt es sich vordergründig um eine PDF-Datei, in die jedoch zusätzlich strukturierte Daten des Dokumenteninhalts (XML) eingearbeitet sind (PDF/A-3-Standard).

In der Abbildung sehen Sie eine gewöhnliche PDF-Rechnung sowie eine ZUGFeRD-Beispielrechnung mit XML-Daten, die mit PDFlib 9 erstellt wurde (siehe: http://www.pdflib.com).

Sowohl Rechnungserstellung und Versand als auch der Empfang und das Einlesen von Lieferantenrechnungen werden vereinfacht, da immer mehr Softwareanbieter von Buchhaltungssysteme – federführend die DATEV eG – ZUGFeRD integrieren.

Eine inhaltlich korrekte, nach dem ZUGFeRD-Standard erstellte Rechnung ist rechtsgültig und steuerlich anerkannt. Sie muss als Datei elektronisch archiviert werden und als steuerlicher Beleg ebenso wie die konventionellen Papierrechnungen sechs Jahre lang aufbewahrt werden und während dieser Zeit auffindbar und lesbar sein.

ConEnergy GmbH

Hellers Restaurant
Siegfriedstraße 12

43527 Bergen

Ihr Kundenberater: XXXXXXXXXXXXXX
Telefon 062XXXX
Fax 062XXXX

Kundennummer 37XXXX
Rechnungsdatum 07.09.20
Sammelbesteller: 37XXXXX

Rechnung 20XXXXX

Lieferanschrift: Hellers Restaurant, Siegfriedstraße 12, 43527 Bergen

Wir berechnen Ihnen		Menge/Liter	Preis Euro p. 100 Liter		Gesamtpreis
			ohne MwSt.	inkl. MwSt.	Euro ohne MwSt.
Lieferschein 3	vom 07.09.20				
Heizöl		5.004	51,90		2.597,08
		Rechnungsbetrag			2.597,08
		Rechnungsbetrag inkl. MwSt.			3.090,52

Im Rechnungsbetrag enthalten sind 19 % MwSt. = 493,44 Euro Zahlung gemäß besonderer Vereinbarung
Die umseitig abgedruckten Allgemeinen Geschäftsbedingungen gelten nur für gewerbliche Abnehmer
Wir bedanken uns für Ihren Auftrag!

[illegible]

Abb. 29: Energiekosten (Heizöl)

Energiekosten (Heizöl)

Aufwand für Energiestoffe entsteht entweder in Handel, Verwaltung, Büro und Vertrieb oder als Materialeinsatz (Roh-, Hilfs- und Betriebsstoffe) in der Fertigung, in Werkstätten u. Ä.

Beleg buchen

In Hellers Restaurant wird der 5.000-Liter-Heizöl-Tank einmal jährlich gefüllt. Im Vorjahr betrug der Verbrauch ca. 5.400 Liter. Zunächst wird der Zugang auf einem Bestandskonto aufwandsneutral erfasst. Gastronom Heller ermittelt jeweils den monatlichen Verbrauch an Heizöl zur Beheizung des Lokals, des Lagers und des Büros (2/3) einerseits und seines Privathauses (1/3) andererseits und bucht den betrieblichen Teil als monatlichen Aufwand ein. Der monatliche betriebliche Anteil errechnet sich wie folgt:

$$\frac{5.400 \text{ Liter (jährlicher Gesamtverbrauch)}}{12 \text{ Monate}} \times \frac{1}{3} = 150 \text{ EUR (privater Anteil)}$$

Der monatliche betriebliche Anteil beträgt 300 EUR.

Roh-, Hilfs- und Betriebsstoffe (Bestand)	2.597,08 EUR	
Vorsteuer	493,44 EUR	
an Bank		3.090,52 EUR

Monatlich wird sowohl der Heizölverbrauch von insgesamt 450 EUR als auch die Privatentnahme von 150 EUR gebucht.

Heizung	450,00 EUR	
Privatentnahme	178,50 EUR	
an Roh-, Hilfs- und Betriebsstoffe (Bestand)		450,00 EUR
an Unentgeltliche Wertabgaben		150,00 EUR
an Umsatzsteuer		28,50 EUR

Das richtige Konto

BGA	IKR	SKR03	SKR04	Kontenbezeichnung (SKR04)
431	6933	4230	6320	Heizung
396	20	3970	1000	Roh-, Hilfs- und Betriebsstoffe
871	542	8910	4600	Unentgeltliche Wertabgaben
3016	605	3090	5190	Energiestoffe

Antrag auf Erstattung nach dem Aufwendungsausgleichsgesetz (AAG) für Arbeitgeberaufwendungen bei Arbeitsunfähigkeit - U1

Angaben zum Arbeitgeber

Betriebsnummer

Beitragskontonummer

Name 1 [illegible] GmbH

Name 2

Straße [illegible]

PLZ [illegible]

Ansprechpartner/in [illegible]

Telefon [illegible] Telefax

E-Mail [illegible].de

Angaben zum Arbeitnehmer / zur Arbeitnehmerin

Name [illegible]

Rentenversicherungsnummer (falls nicht bekannt Geburtsdatum) [illegible]

Vorname Beata

☐ PKV versichert ☐ LKK versichert (jeweils bitte Kopie der AU-Bescheinigung beifügen) ☐ Geringfügige Beschäftigung (Minijob)

Beschäftigt seit dem 01.03.20

Bitte immer ausfüllen! Erstattungszeitraum vom 14.07.20 bis 11.08.20

☒ Endabrechnung ☐ Zwischenabrechnung ☐ Korrektur ☐ Stornierung

Ist die Arbeitsunfähigkeit auf einen Unfall oder eine Berufskrankheit zurückzuführen? ☐ Ja ☒ Nein

War der Arbeitnehmer wegen Schädigung durch einen Dritten arbeitsunfähig? ☐ Ja ☒ Nein

Wurde am 1. Tag der Arbeitsunfähigkeit noch gearbeitet? ☐ Ja, Stunden ☐ Nein

Letzter Arbeitstag / von Bord am

Stundenlohn Monatslohn 2.500,00 Akkordlohn

Monatliches Bruttoarbeitsentgelt / bei Seeleuten Durchschnitts-Heuer-Kennzahl Höhere BBG-RV KBS gilt ☐

Ausgefallene: Kalendertage 29 Arbeitstage Stunden Arbeitszeit: wöchentlich 40,00 täglich

Fortgezahltes Bruttoarbeitsentgelt (ohne Einmalzahlung, ohne Überstundenvergütung, ohne Arbeitgeberanteile) 2.416,67

Gegebenenfalls Beitragsanteil des Arbeitgebers (eventuell pauschaliert)

Erstattungssatz in vom Hundert 70,00 Erstattungsbetrag 1.691,67

Das Entgelt ist nach den Bestimmungen des EFZG gezahlt. Die Erstattung erfolgt seitens der Krankenkasse unter dem Vorbehalt der späteren Prüfung. Zu Unrecht erstattete Beträge werden zurückgezahlt. Der mit der Entgeltfortzahlung nach § 6 EFZG übergegangene Ersatzanspruch wird nach § 5 AAG an die Krankenkasse abgetreten. Der Erstattungsanspruch kann mit einem bestehenden Beitragsrückstand verrechnet werden. Die Angaben sind richtig, vollständig und stimmen mit den Entgeltunterlagen überein. Umlagebeträge werden abgeführt.

Der Erstattungsbetrag ☐ soll dem Beitragskonto gutgeschrieben werden.
☐ wird/wurde mit Beitragsnachweis für verrechnet.
☒ soll auf das untenstehende Konto überwiesen werden.

Name des Geldinstituts [illegible] Kontoinhaber [illegible] GmbH

IBAN Bankleitzahl [illegible] Kontonummer [illegible] BIC

Verwendungszweck

04.08.20

Datum / Unterschrift / Stempel des Arbeitgebers oder des Bevollmächtigten

Abb. 30: Entgeltfortzahlung

Entgeltfortzahlung

- Der Arbeitgeber ist gesetzlich verpflichtet, erkrankten Arbeitnehmern die vereinbarten Lohn- oder Gehaltsansprüche bis zur Dauer von sechs Wochen weiter zu bezahlen. Dauert die Erkrankung länger, so leistet die Krankenversicherung das sog. Krankentagegeld. Geleistete Zahlungen im Rahmen der Entgeltfortzahlung im Krankheitsfall sind Betriebsausgaben.
- Voraussetzung ist das Vorliegen einer unverschuldeten Erkrankung, die den Arbeitnehmer daran hindert, seine Arbeitsleistung zu erbringen.
- Gesetzlich vorausgesetzt ist, dass das Arbeitsverhältnis mindestens vier Wochen besteht.
- Die Entgeltfortzahlung gilt für Vollzeitbeschäftigte wie für Teilzeitbeschäftigte und Minijobber (450-Euro-Beschäftigte).
- Entsprechend dem Lohnausfallprinzip erhält der Arbeitnehmer den Betrag, den er regulär verdient hätte. Dies beinhaltet z. B. auch regelmäßig anfallende Überstundenentlohnungen, nicht aber in der Fehlzeit anfallende Sonderüberstunden.
- Da es sich um einen Bruttoanspruch handelt, müssen auch für das krankheitshalber weiterzuzahlende Entgelt Sozialabgaben und Steuern abgeführt werden.

Beleg buchen

Der Arbeiter Huber wird für 29 Tage krankgeschrieben. In dieser Zeit bezieht er den vereinbarten Bruttolohn von 29/30 von 2.500 EUR = 2.416,67 EUR, die als Betriebsausgaben abzugsfähig sind. Die Krankenkasse erstattet auf Antrag 70 % des Bruttoentgelts.

Bank	1.691,67 EUR	
an Lohnfortzahlung – Erstattungen		1.691,67 EUR

Das richtige Konto

BGA	IKR	SKR03	SKR04	Kontenbezeichnung (SKR04)
1186	2667	1520	1369	Forderungen ggü. Krankenkassen aus Umlagen (AAG)
2675	5432	2749	4972	Erstattungen Krankenkassen aus Umlagen (AAG)

terrashop.de Terrashop GmbH, Lise-Meitner-Str. 8, 53332 Bornheim Tel.: 02227-9292-0
Internet: www.terrashop.de E-Mail: service@terrashop.de Fax: 02227-9292-1

Firma

Firma
Horst Starke
Wiesengasse 3
55586 Neustadt

4518

Rechnung
Nr. 4518
Kunden-Nr. 0005

Rechnungs-/Lieferdatum: 06.04.20
Vielen Dank für Ihre Bestellung vom 06.04.20

Bearbeiter: SPIM

Stk.	Bestell-Nr.	Gr.	Titel	Lagerpl.	MwSt %	Einzelpreis	Gesamtpreis
1	49961204		C# - Universell programmieren von Anfang an	A 02 3	7	1.95	1.95
1	82661392		Das Nukebook	C 02 1	7	5.99	5.99
1	81582436		VHS-Kasetten auf DVD	K 04 3	7	1.95	1.95
1	89996447	A	Alexander der Große	N 07 1	7	2.95	2.95
1	82726153		Perl - easy	O 03 1	7	1.95	1.95
1	90849094		Auf der Suche im Internet	O 03 5	7	1.00	1.00
1	81550504		ASP 3.0/ASP+ - WebBook	P 03 4	7	1.95	1.95
1	92664257	A	Lao-tzu	Q 01 2	7	2.95	2.95
1	BEST_ID		281735				

Gesamt EUR 20.69

abgebucht EUR 20.69

Enthaltene Mwst/Netto: 7.00% = 1.35/19.33

Gesamtstückzahl	Gewicht	Versandart
8	3.640	Postpaket

12 Komm. 5 Kontrolle

Steuer-Nr. 222/5718/1380 Handelsregister: Amtsgericht Bonn Bank: Kreissparkasse Köln
Geschäftsführer: Helmut Frey HRB 9379 - Ust-IdNr. DE 214366298 Konto 0184004087 BLZ 37050299 Bitte wende

Abb. 31: Fachliteratur

Fachliteratur

- Für Zeitschriften, Zeitungen und Bücher gibt es ein separates Konto „Zeitschriften, Bücher".
- Der Vermerk „Fachliteratur" auf dem Beleg anstatt einer Titelangabe reicht in der Regel nicht aus, den betrieblichen Zweck nachzuvollziehen.[15] Mit Ausnahme der Zeitung „Handelsblatt" werden die Aufwendungen für eine (überregionale) Tageszeitung nicht als Betriebsausgabe anerkannt.
- Generell gilt: Je enger der betriebliche Zusammenhang mit dem Inhalt der Zeitschrift ist, z. B. Computerfachzeitschrift für ein IT-Unternehmen, medizinische Forschungsreview für Ärzte, desto leichter kann man eine Betriebsausgabe (sofortiger Aufwand) geltend machen.
- Fachbücher und -zeitschriften sind in der Regel mit 7 % besteuert.

Tipp:

Werbefachzeitschriften unterliegen der regulären Umsatzsteuer und sind unter Werbekosten zu erfassen.

Beleg buchen

Der Versandbuchhändler *Terrashop* GmbH liefert mehrere Restpostenbücher an den Programmentwickler Silbermann. Damit dieser in den Genuss einer versandkostenfreien Lieferung kommt, sind auch einige private Bücher dabei. *Terrashop* bucht den Rechnungsbetrag vom Bankkonto ab.

Fachliteratur	12,00 EUR	
Privatentnahme	7,85 EUR	
Vorsteuer	0,84 EUR	
an Bank		20,69 EUR

Das richtige Konto

BGA	IKR	SKR03	SKR04	Kontenbezeichnung (SKR04)
4815	681	4940	6820	Zeitschriften, Bücher

15 BFH, Urteil vom 16.02.1990, VI R 144/86, BFH/NV 1990, S. 763.

Hesse t
Forst

Betrieb und Dienstleistungen

Horst Starke
Wiesengasse 3
55586 Neustadt

Datum: 18.03.

Schulungskurs der schule
in der Zeit vom 08.03.20 bis 09.03.20

Verwaltungskostenordnung vom

Rechnung über Lehrgangsgebühren

Re.-Nr.: 1156050303

Für die Teilnahme an dem o. a. Lehrgang sind folgende Kosten zu berechen:	Anzahl	Satz €	Summe: €
Teilnehmer: Herr K			
Lehrgangsgebühren (70,00 €/Tag)	2	70,00	140,00
		Rechnungsbetrag	140,00

Den Rechnungsbetrag bitte ich bis zum **08.04.** an

4900

Empfänger: H 6
Konto-Nr.: 9
BLZ: 5 bank H

unter Angabe der o.a. Rechungsnummer zu überweisen.

bez. 6.4.

bei Rückfragen:

Abb. 32: Fortbildungskosten

Fortbildungskosten

- Als Fortbildung bezeichnet das Bundesarbeitsgericht jede Maßnahme zur Erlangung von Fähigkeiten und Erfahrungen, die generell für einen Arbeitnehmer von Nutzen sind oder die darin besteht, bereits vorhandene Kenntnisse zu verbessern oder durch tatsächliche praktische Übungen zu vervollkommnen.
- Zu den abziehbaren Kosten gehören insbesondere die Lehrgangskosten, Aufwendungen für Kurse, Repetitorien, Prüfungen, Kosten für die erforderlichen Fachbücher, Schreibmaterialien und andere Hilfsmittel. Fahrtkosten des Arbeitnehmers sind mit den tatsächlichen Kosten bzw. 0,30 EUR je gefahrenen Kilometer abziehbar. Auch Verpflegungsmehraufwendungen können bei entsprechend langer Abwesenheit von der Wohnung des Arbeitnehmers mit den gesetzlichen Pauschbeträgen berücksichtigt werden.

Beleg buchen

Für eine berufliche Fortbildung beim staatlichen Forstamt an zwei Tagen betragen die Seminargebühren 140 EUR (umsatzsteuerfrei). Der Arbeitnehmer war an beiden Tagen mehr als 8 Stunden außer Haus und fuhr die Strecke von 100 km mit seinem eigenen Wagen. Der Arbeitgeber überweist die Lehrgangsgebühr und ersetzt dem Arbeitnehmer die Reisekosten von 2 × 14 EUR + 4 × 100 × 0,30 EUR = 148 EUR.

Fortbildungskosten	284,00 EUR	
an Bank (Forstamt)		140,00 EUR
an Bank (Arbeitnehmer)		148,00 EUR

Das richtige Konto

BGA	IKR	SKR03	SKR04	Kontenbezeichnung (SKR04)
4855	6941	4945	6821	Fortbildungskosten

Quittung

EINZAHLUNG V bank eG

Kto.-Inhaber	Unterschrift
Erwin Stein	E. Stein

Kto.-Nr.	Datum	PN-Nr./lfd. Nr.	Einz.	Betrag EUR
				2.000,00

Diese Quittung gilt nur mit dem Aufdruck der Kassenmaschine und der Unterschrift des Kassierers oder mit Zeichnung in der durch Aushang bekanntgegebenen Form.

ank eG

Abb. 33: Geldtransit

Geldtransit

Das Geldtransit-Konto ist ein Verrechnungskonto für Geld, das aus der Kasse bzw. vom Bankkonto entnommen, aber noch nicht auf dem jeweiligen Empfängerkonto gutgeschrieben ist. In der Buchhaltung braucht man dieses Hilfskonto

1. zu Kontrollzwecken und
2. zur Vermeidung von doppelter Erfassung.

Mit diesem Konto gehen Sie sicher, dass das Geld im Transit von einem Konto auch beim anderen Konto ankommt.

- Wenn die Verrechnungsstelle „Geldtransit" nicht nachvollziehbar ausgeglichen wird, hakt es irgendwo. Eine Eintragung wurde vergessen, es liegen Additionsfehler oder Buchungsfehler vor oder es ist tatsächlich Geld abhandengekommen.
- Ohne das Hilfskonto „Geldtransit" würden Sie ein und denselben Vorgang doppelt erfassen, zum einen auf dem Kassenkonto und ein zweites Mal beim Verbuchen der Bankbewegung.

Beleg buchen

Der Bankbeleg über 2.000 EUR dient als Auszahlungsbeleg für die Kasse.

Geldtransit	2.000,00 EUR	
an Kasse		2.000,00 EUR

Bei der Eingangsbuchung des Kontoauszugs wird das Geldtransitkonto wieder glattgestellt.

Bank	2.000,00 EUR	
an Geldtransit		2.000,00 EUR

Das richtige Konto

BGA	IKR	SKR03	SKR04	Kontenbezeichnung (SKR04)
159	2667	1360	1460	Geldtransit

GEMA

BEZIRKSDIREKTION
STUTTGART

Stuttgart
AG Stuttgart (BLZ)
Konto
Telefon: (07 11) 2
Telefax: (07 11) 2
Steuernummer: 2

Stuttgart, 03.12.0

GEMA · Bezirksdirektion Stuttgart ·

Herrn

BITTE IMMER ANGEBEN

Ä N D E R U N G S M I T T E I L U N G zum Vertrag

Die Vergütungssätze haben sich geändert.
Die lt. Ziff.2 zu zahlende Pauschalrate beträgt ab 01.02.0 :

Pos.2.01 jährlich R I 1.a bis 100qm je Raum
im o.g. Betrieb

- GEÄNDERT! -		
GEMA	WR	68,20
GVL	WR	17,73
VGW	WR	13,64

GEMA	GVL	VGW/ZWF	GSVT-NL	NETTO	7,0% UST	BRUTTO
68,20	17,73	13,64	19,91	79,66	5,58	85,24

Alle Beträge sind in EURO ausgewiesen.
- K E I N E Z A H L U N G S A U F F O R D E R U N G -
Ein Fälligkeitshinweis bzw. Abbuchung vom Konto erfolgt zur Fälligkeit.

Abb. 34: GEMA-Abgaben

GEMA-Abgaben

- Gaststätten, Kinos und Videotheken müssen Urheberrechtsabgaben an die GEMA zahlen.
- GEMA-Abgaben fallen auch an, wenn Sie z. B. eine Betriebsfeier musikalisch unterlegen.
- Möglicher Vorsteuerabzug: die Abgaben unterliegen dem ermäßigten Umsatzsteuersatz.
- GEZ-Gebühren/Rundfunkbeiträge sind dagegen umsatzsteuerfrei.

Beleg buchen

Die GEMA setzt neue Beiträge fest und bucht sie ab. Diese Änderungsmitteilung berechtigt für sich alleine genommen nicht zum Vorsteuerabzug trotz Ausweis der Vorsteuer, da wesentliche Bestandteile einer Rechnung fehlen. Liegt ein Rahmenvertrag vor mit den Grundangaben wie u. a. der hier fehlenden Steuernummer der GEMA und Rechnungsnummer, ist die Vorsteuer abziehbar.

Beiträge	85,24 EUR	
an Bank		85,24 EUR

Das richtige Konto

BGA	IKR	SKR03	SKR04	Kontenbezeichnung (SKR04)
427	692	4380	6420	Beiträge

Versand GmbH

Tel.: 097 Fax: 097
Internet: www. eMail:

RECHNUNG

Horst Starke
Wiesengasse 3
55586 Neustadt

geben Sie bei Zahlung im Verwendungszweck 1 ausschliesslich diese Ziffernfolge ein: 00004

en-Nr.	Bestellangaben	Bestellart	Versandart	fällig bis	Rechnungsdatum	Rechnung Nr.
142	20-03-20	Fax-Schein	DPD-Paketd. 8.66 kg	10-04-20	20-03-20	490 Seite: 1/1

ellt durch: Herrn

l	Produktbezeichnung	*VPE Anzahl	*VPE Preis EUR	Betrag EUR
	Sayung FAXoMAT 5.40	1	389.00	389.00

Beiliegend unser Aktionspräsent:
Voicerecorder 1
****

Warenwert netto	389.00
Versandspesen	10.00
Zwischensumme netto	399.00
MwSt. 19.0 %	75.81
Gesamtbetrag EUR	474.81

Verpackungseinheit

NGSDATUM = RECHNUNGSDATUM (siehe oben)
tten Sie, den oben stehenden Rechnungsbetrag
alb von 20 Tagen ohne Abzug zu begleichen.
nkäufe bei uns gelten grundsätzlich unsere ABG,
r Ihnen auf Wunsch gern schicken/faxen/mailen.

Bitte geben Sie bei Zahlung im Verwendungszweck 1 ausschliesslich diese Ziffernfolge ein:
00004

Sie Fragen haben oder telefonisch bestellen möchten: wir sind montags bis freitags zwischen
hr und 18 Uhr persönlich erreichbar. Danach nimmt der Anrufbeantworter Ihre Nachricht entgegen
erte Ware bleibt bis zur vollständigen Bezahlung der Rechnung in unserem Eigentum.
Steuer-Nr. (laut § 14 UStG) lautet: 97. Der Gerichtsstand ist n.

USt.-Ident-Nr.: DE
Registergericht Sc 2 Geschäftsführer sind:
Kto. (BLZ)

Abb. 35: Geringwertige Wirtschaftsgüter

Geringwertige Wirtschaftsgüter

Bewegliche abnutzbare Vermögensgegenstände des Anlagevermögens bis zu Nettoanschaffungskosten von 800 EUR (vor 2018: 410 EUR) (GWG) können sofort im Jahr der Anschaffung abgeschrieben werden – unabhängig von ihrer tatsächlichen Nutzungsdauer.

GWG mit Anschaffungskosten zwischen 250 EUR und 1.000 EUR können dazu alternativ in einen Sammelposten eingestellt werden, der über fünf Jahre mit jeweils einem Fünftel Gewinn mindernd aufzulösen ist. Scheidet ein Geringwertiges Wirtschaftsgut aus dem Betriebsvermögen aus, so vermindert sich der Sammelposten trotzdem nicht.

Dabei ist zu beachten, dass pro Wirtschaftsjahr für jedes neu angeschaffte Wirtschaftsgut die gleiche Regel anzuwenden ist, d. h. wenn für ein Wirtschaftsgut die 800-Euro-Regel angewandt wird, so gilt dies für alle weiteren Wirtschaftsgüter in diesem Geschäftsjahr. Ein Wechsel innerhalb des Jahres zum Sammelposten (und umgekehrt) wäre dann nicht mehr möglich.

Beleg buchen

Das neue Faxgerät kostet 399 EUR netto (zzgl. USt.). Der Rechnungsbetrag wird sofort überwiesen.

Geringwertige Wirtschaftsgüter	399,00 EUR	
Vorsteuer	75,81 EUR	
an Bank		474,81 EUR

Die Anschaffungskosten werden sofort im Jahr der Anschaffung abgeschrieben.

Sofortabschreibung Geringwertige Wirtschaftsgüter	399,00 EUR	
an Geringwertige Wirtschaftsgüter		399,00 EUR

Das richtige Konto

BGA	IKR	SKR03	SKR04	Kontenbezeichnung (SKR04)
037	089	0485	0675	GWG Sammelposten
037	089	0480	0670	GWG bis 800 EUR

Handelsvertretungen
Großhandel

Neumann

Brillant-, Gold- und Silberschmuck

Erwin Scholz
Generalvertretung
Mittelstr. 10

56728 Brohl

Telefon
Autotelefon
Faxnumme

RECHNUNG Nr.872 ,den 17. November 20

Rechnungsdatum gleich Lieferdatum

Stück	Nummer	Bezeichnung	Leg.	EZ-Preis	Ges-Preis in EUR
3	23.66275.6	Armband	925	65,00	195,00

	Netto	195,00
zzgl.	19 % MwSt	37,05
	Gesamt	232,05

Zahlungsbedingungen: 30 Tage 5 % Skonto

Bankverbindung Konto N (BLZ)
Steuernumme

Abb. 36: Geschenke an Geschäftsfreunde

Geschenke an Geschäftsfreunde

Geschenke an Geschäftsfreunde können Sie nach wie vor steuerlich geltend machen, wenn Sie die folgenden Punkte beachten:

- Entscheidend für den Abzug als Betriebsausgabe ist, wann das Geschenk überreicht wurde.
- Die beschenkte Person darf nicht Arbeitnehmer des Steuerpflichtigen sein. Handelsvertreter oder andere Personen in ständiger Geschäftsbeziehung (z. B. durch Werkverträge als Subunternehmer) gelten nach dieser Vorschrift nicht als Arbeitnehmer.
- Die Obergrenze von 35 EUR ist kein Freibetrag, sondern eine Freigrenze: Übersteigt die Summe der Geschenkaufwendungen je Empfänger den Betrag von 35 EUR im Wirtschaftsjahr, entfällt jeglicher Abzug.
- Seit dem 01.01.2007 gibt es die Möglichkeit, einheitlich sämtliche Geschenke – auch die unter 35 EUR – mit einem Pauschalsteuersatz von 30 % (+ Solidaritätszuschlag + Kirchensteuer) zu versteuern (§ 37b EStG). Die Pauschalierung ist je Empfänger und Wirtschaftsjahr bis zu einem Betrag von 10.000 EUR möglich.

Tipp:

Aufwendungen für Geschenke gleicher Art können in einer Buchung zusammengefasst werden, wenn die Namen der Empfänger der Geschenke aufgelistet werden.

Beleg buchen

Geschenke, nicht abzugsfähig	195,00 EUR	
Vorsteuer, nicht abzugsfähig	37,05 EUR	
an Bank		232,05 EUR

Das richtige Konto

BGA	IKR	SKR03	SKR04	Kontenbezeichnung (SKR04)
442	6871	4630	6610	Geschenke, abzugsfähig
4422	6872	4631	6611	Geschenke, abzugsfähig § 37b EStG
2081	6875	4635	6620	Geschenke, nicht abzugsfähig

GETRÄNKE Kleinert

GMBH & CO KG
XXXXXXXXX
XXXXXXXXX
TEL. 0XXXXXXXXX
UST.-ID-NR. DE 11XXXXXX
ST.-NR. 0XXXXXXXXX
XXXXXXX BANK
BLZ 5XXXXX
KTO.-NR. 7XXXXXXX

Horst Starke
Wiesengasse 10

55586 Neustadt

STAMM-NR. 00XXXXXXX
DATUM 11.05.20
RECHNUNGS-NR.: 1 XXXXXXX
SEITE 001

TTE BEI ZAHLUNG ANGEBEN: STAMM-NR. 00XXXXXXX DATUM 11.05.20 RECHN.-NR.: 03XXXXXXX

TIKEL-. BEZEICHNUNG		EAN	MENGE	PREIS EUR	BRUTTO- EUR-BETR	NETTO- EUR-BETR	MW ST

DATUM 11.05.20 LIEFERSCHEIN-NR.: 1 XXXXXXX
REF-LIEFERSCHEIN:
CHNUNGS-SUMME: 1 LIEFERUNG(EN) BIS 11.05.20 , 1 LIEFERNACHWEIS(E) ANBEI

42 MEZZO MIX	24X0,50PETM	5449000101358	1	14,60	14,60	V
90 NESTEA LEM	NR 12X0,50	5000112545845	1	7,62	7,62	V
89 NESTEA PEAC	NR 12X0,50	5000112545869	1	7,62	7,62	V
88 NESTEA WALDFR	NR 12X0,50	5000112545821	2	7,62	15,24	V
45 CHERRY COKE	12X0,50PETM	5449000026118	1	7,30	7,30	V
		WARENWERT -------------------->			52,38	*

	GEL.	ZURUCK	DIFF.			
35 KPL. LGT PET 05/24ER KI	1	1-	0	5,10	0,00	V
36 KPL. LGT PET 05/12ER KI	1	1-	0	3,30	0,00	V
74 KUNSTSTOFFKASTEN 24/0,33	0	2-	2-	1,50	3,00-	V
1' LEERGUT NR-PFAND 3,00EU	4	0	4	3,00	12,00	V
LEERGUT -------------------->					9,00	*

NETTO-BETRAG, GESAMT (V)	EUR	61,38	*
ZZGL. MEHRWERTSTEUER 19 %	EUR	11,66	V
RECHNUNGSBETRAG	EUR	73,04	*

ILUNG ERFOLGT DURCH BANKEINZUG VON IHREM KONTO 1[illegible]

LIEFER- UND LEISTUNGSZEITPUNKT ENTSPRICHT DEM LIEFERSCHEINDATUM

Abb. 37: Getränke (Personal)

Getränke (Personal)

- Getränke für das Personal sind Annehmlichkeiten am Arbeitsplatz, die steuerfrei bleiben.
- Zu den freiwilligen sozialen Aufwendungen gehören auch Snacks und kleine Geschenke u. Ä. sowie die Anschaffung und Überlassung von typischer Arbeitskleidung an Arbeitnehmer. Bleibt der Besitz beim Unternehmen, buchen Sie auf das Konto „(sonstiger) Betriebsbedarf“.
- Der steuerfreie geldwerte Vorteil bei Betriebsveranstaltungen darf beim einzelnen Arbeitnehmer zweimal pro Jahr jeweils 110 EUR nicht übersteigen.

Tipp:

Bei sogenannten „Arbeitsessen“ außerhalb von herkömmlichen Betriebsveranstaltungen liegt Arbeitslohn vor, wenn es in einer Gaststätte am Sitz des Unternehmens mit der Geschäftsführung und leitenden Angestellten ca. zehn Mal jährlich durchgeführt wird.[16] Diese Vorteile sind bei einzelnen Teilnehmern nur dann steuerfrei, wenn sie von auswärtigen Niederlassungen angereist waren.

Beleg buchen

Der Getränkehändler liefert in den Pausenraum Getränke für die Mitarbeiter und zieht den Rechnungsbetrag vom Bankkonto ein.

Freiwillige soziale Aufwendungen	61,38 EUR	
Vorsteuer	11,66 EUR	
an Bank		73,04 EUR

Das richtige Konto

BGA	IKR	SKR03	SKR04	Kontenbezeichnung (SKR04)
405	6410	4140	6130	Freiwillige soziale Aufwendungen, lohnsteuerfrei

[16] BFH, Urteil vom 04.08.1994, VI-R-61/92, BStBl II 1995, S. 59.

DER GEMEINDEVORSTAND
DER GEMEINDE

Gemeindevorstand

Firma

Firma Elektro Zapp
Inh. Erwin Zapp
Daimlerstr. 3

46464 Neustadt

Sprechzeiten Rathaus:

Sachbearbeiter
Telefon
e-mail
Sachbearbeiterin
Telefon
e-mail
Amt:
Telefax

Gewerbesteuer - Veranlagungsbescheid
für 20

Wirtschaftsjahr: 01.01.2 -31.12.20

Abgaben-Nr.: **(bitte stets vollständig angeben)**
Aktenzeichen:

Messbescheid-Datum: 16.06.20

1. Festsetzung der Gewerbesteuer

Messbetrag	208,00 EUR
Hebesatz	310,00 %
Steuerbetrag	644,00 EUR
minus Vorauszahlung	0,00 EUR
Nachforderung fällig am 01.08.20	**644,00 EUR**

2. Stand Ihres Kontos berücksichtigt bis 28.06.20

Reste aus Vorjahr	0,00 EUR
Bisher angefordert im Kalenderjahr	0,00 EUR
Heutige Anforderung	644,00 EUR
Gesamtanforderung	644,00 EUR
Bisher bezahlt	0,00 EUR
Noch zu zahlen	**644,00 EUR**

3. Fälligkeiten in 20

01.08.20 644,00 EUR

Gebucht

Bitte nutzen Sie die Vorteile des Bankeinzugsverfahrens, erteilen Sie uns eine Abbuchungsermächtigung.

Bitte aufbewahren, dieser Bescheid gilt bis zur Erteilung eines neuen Bescheides, ggf. auch für die folgenden Jahre.
Der Bescheid ist maschinell erstellt und ohne Unterschrift gültig.
Erläuterungen und Rechtsbehelfsbelehrung siehe Rückseite.

Konten
der
Gemeindekonten

Abb. 38: Gewerbesteuer

Gewerbesteuer

- Ab 2008 ist die Gewerbesteuer nicht mehr als Betriebsausgabe abziehbar (§ 4 Abs. 5b EStG).
- Für eine über die Vorauszahlungen hinaus zu leistende Gewerbesteuerabschlusszahlung ist eine Rückstellung in der Bilanz zu bilden.

Beleg buchen

Ihre Gemeinde fordert Sie im Jahr 2020 auf, für das Jahr 2019 Gewerbesteuer in Höhe von 644 EUR an die Gemeinde als Abschlusszahlung zu entrichten. Die hierfür gebildete Rückstellung in Höhe von 700 EUR ist buchungstechnisch wie folgt zu behandeln:

Gewerbesteuerrückstellung, § 4 Abs. 5b EStG	700,00 EUR	
an Bank		644,00 EUR
an Erträge aus der Auflösung von Gewerbesteuerrückstellungen, § 4 Abs. 5b EStG		56,00 EUR

Als laufende Vorauszahlung für das Jahr 2021 sind ebenfalls 644 EUR zu zahlen:

Gewerbesteuer	644,00 EUR	
an Bank		644,00 EUR

Das richtige Konto

BGA	IKR	SKR03	SKR04	Kontenbezeichnung (SKR04)
421	770	4320	7610	Gewerbesteuer
722	380	956	3035	Gewerbesteuerrückstellung, § 4 Abs. 5b EStG
2216	776	2281	7641	Gewerbesteuernachzahlungen und -erstattungen für Vorjahre, § 4 Abs. 5b EStG
2435	5492	2283	7643	Erträge aus der Auflösung von Gewerbesteuerrückstellungen, § 4 Abs. 5b EStG

DER GEMEINDEVORSTAND
DER GEMEINDE

Gemeindevorstand

Firma Elektro Zapp
Inh. Erwin Zapp
Daimlerstr. 3

46464 Neustadt

Sprechzeiten Rathaus:
montags bis freitags von 8.00 bis 12.00 Uhr
u. mittwochs von 13.00 bis 18.00 Uhr
Außenstelle
dienstags von 15.00 bis 18.00 Uhr

Sachbearbeiter
Telefon
e-mail
Sachbearbeiterin
Telefon
e-mail
Amt:
Telefax

Abgaben-Nr.: 100
(bitte stets vollständig angeben)

Grundbesitzabgaben-Bescheid 20

Die Gemeindevertretung hat in ihrer Sitzung vom 01.10.20 die Erhöhung der Hebesätze für Grundsteuer A von 220% auf 270% sowie für Grundsteuer B von 265% auf 280% beschlossen.

für: **Fl. 5 Flst.**

, den 26.01.20 **Blatt: 1**

Art	Berechnungsgrundlage/ Aktenzeichen VZ= Vorauszahlung	Bemessung	Einheit	Hebe- und Gebührensatz		Zeitraum von- bis/ Jahr MM- MM/ JJJJ	Abgabenbetrag	Gutschrift/ Nachforderung
202	Grundsteuer B	11,63	EUR	280,00	%	01 - 12 / 200	32,56 EUR	32,56 EUR

Offene Forderungen und Fälligkeiten 20

Datum	Betrag in EUR
01.03.20	8,14
15.05.20	8,14
15.08.20	8,14
15.11.20	8,14

Kontoauszug 20

Insgesamt Gutschrift/Nachforderung	32,56 EUR
Bisherige Festsetzung	0,00 EUR
Reste aus Vorjahren	0,00 EUR
Insgesamt zu zahlen	32,56 EUR
Zahlungen bis 14.01.20	0,00 EUR
Noch zu zahlen	32,56 EUR

(siehe nebenstehende Fälligkeiten)

Bitte nutzen Sie die Vorteile des Bankeinzugsverfahrens - erteilen Sie uns eine Einzugsermächtigung.

Bitte aufbewahren, dieser Bescheid gilt bis zur Erteilung eines neuen Bescheides, ggf. auch für die folgenden Jahre.
Der Bescheid ist maschinell erstellt und ohne Unterschrift gültig.
Erläuterungen und Rechtsbehelfsbelehrung siehe Rückseite.

Gebucht

Konten
der
Gemeindekonten

USt-IdNr.
DE
Rechnungsnr.:

ORTSTEILE:

Abb. 39: Grundsteuer

Grundsteuer

- Grundsteuer wird von der Gemeinde auf Grundbesitz erhoben.
- Zum Grundbesitz gehören Grund und Boden, Gebäude, Außenanlagen, Erbbaurechte, Wohnungseigentum, Gebäude auf fremdem Grund und Boden, land- und forstwirtschaftliche Betriebe sowie betriebliche Grundstücke.
- Falls der Zahlungszeitraum nicht mit dem Wirtschaftsjahr übereinstimmt, ist in der Bilanz ein aktiver Rechnungsabgrenzungsposten zu bilden, in der die Beträge ausgewiesen werden, die nicht auf das Wirtschaftsjahr entfallen. Zur Abgrenzung von Bagatellbeträgen bis zur GWG-Grenze sind Sie allerdings nicht verpflichtet.

Beleg buchen

Die Gemeinde erhebt für das Betriebsgelände eine geringe Grundsteuer.

Grundsteuer	32,56 EUR	
an Bank		32,56 EUR

Das richtige Konto

BGA	IKR	SKR03	SKR04	Kontenbezeichnung (SKR04)
423	702	2375	7680	Grundsteuer

Gerichtskasse
platz
tadt
Tel: 0
Fax: 06
Landesbank BLZ: Kto.:

Datum: 29. April 20

KOSTENBERECHNUNG

RZB
Nr. 187

Gerichtskasse

IT Consult GmbH
Geschäftsführer
Horst Starke
Wiesengasse 3
55586 Neustadt

Ihr Zeichen: nicht bekannt

Aktenzeichen: 4 HRB Amtsgericht
Bez.d.Sache: Handelsregistersache

Text laut Kostenordnung (KostO §§)	Wert	Anteil
137 Ziff. 5, Kosten der öffentlichen Bekanntmachung	0,00	55,38
137 Ziff. 5, Kosten der öffentlichen Bekanntmachung	0,00	78,81
137 Ziff. 5, Kosten der öffentlichen Bekanntmachung	0,00	66,35
79 Abs. 1, Eintragung in das Handelsregister	1500,00	18,00

Summe	218,54
abzüglich Vorschüsse und Erledigungen	300,00
abzüglich Verrechnungsbetrag	0,00
Verbleibender Überschuss in EUR	81,46

Sehr geehrte Dame, sehr geehrter Herr!

|X| Der oben genannte Überschuss ist an Sie zurückzuzahlen und wird Ihnen überwiesen.

|_| Der oben genannte Überschuss wurde in Höhe von ________ EUR auf die fällige Kostenschuld zu Kassenzeichen ____________ verrechnet. Nach Verrechnung sind noch zu zahlen: ________ EUR

|_| Der Restbetrag in Höhe von ________ EUR wird Ihnen überwiesen.

Mit freundlichen Grüßen
GERICHTSKASSE

Abb. 40: Gründungskosten (Handelsregister)

Gründungskosten (Handelsregister)

- Das Konto „Sonstige betriebliche Aufwendungen“ verwenden Sie für die Verbuchung von Aufwand, den Sie sonst nicht zuordnen können, z. B. Safemiete, GEZ-Zahlungen u. a. Hingegen bezeichnet „Sonstiger Betriebsbedarf“ den Verbrauch von Gegenständen.
- Einmalige Aufwendungen, wie z. B. Gründungskosten, können auf „Sonstige Aufwendungen, unregelmäßig“ oder „Rechts- und Beratungskosten“ kontiert werden.
- Als sonstiger Betriebsbedarf gilt auch die typische Berufskleidung, wie z. B. schwarzer Anzug oder Frack des Kellners oder der Büromantel des Architekten.
- Vorsicht bei falschen Gebührenanforderungen — Stichwort: Handelsregister (Fake)

Beleg buchen

Der Kostenvorschuss für die Handelsregistereintragung ist bereits als „Sonstige, unregelmäßige Aufwendungen“ erfasst worden. Der eingehende Überschuss von 81,46 EUR wird als Kostenerstattung im Haben gebucht.

Bank	81,46 EUR	
an Sonstige Aufwendungen, unregelmäßig		81,46 EUR

Das richtige Konto

BGA	IKR	SKR03	SKR04	Kontenbezeichnung (SKR04)
473	693	4900	6300	Sonstige betriebliche Aufwendungen
4739	6992	2309	6969	Sonstige Aufwendungen, unregelmäßig
484	677	4950	6825	Rechts- und Beratungskosten
4725	6074	4980	6850	Sonstiger Betriebsbedarf

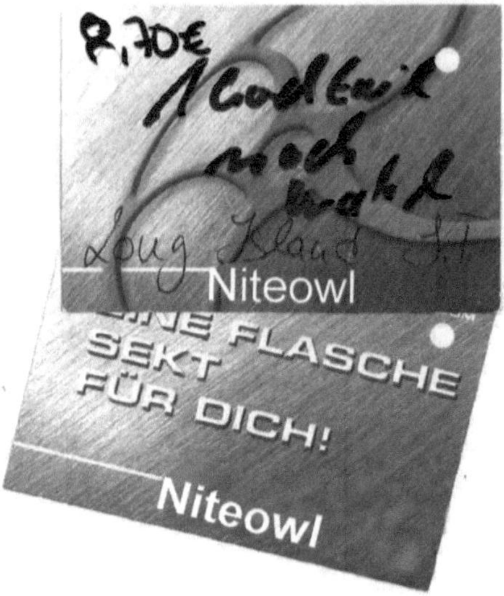

Abb. 41: Gutscheine

Gutscheine

- Mehrzweck-Gutschein: Werden Gutscheine ausgegeben, die nicht zum Bezug von hinreichend bezeichneten Leistungen berechtigen, handelt es sich nur um den Umtausch eines Zahlungsmittels (z. B. Bargeld) in ein anderes Zahlungsmittel (Gutschein). Die Hingabe des Gutscheins selbst stellt keinen Umsatz dar. Eine Anzahlung liegt auch nicht vor, da die künftige Leistung nicht hinreichend konkretisiert ist. Erst bei Einlösung des Gutscheins entsteht Umsatzsteuer, abhängig von der dann erbrachten Leistung.
- Bei Waren- oder Dienstleistungsgutscheinen, auf denen Leistung und Unternehmer konkret bezeichnet sind („1 × Haarschnitt in unserem Salon", „50 Brötchen aus unserer Bäckerei"), liegt aus Sicht der Finanzverwaltung eine Anzahlung vor. Der maßgebliche Steuersatz (7 % oder 19 %) richtet sich nach der auf dem Gutschein konkret bezeichneten Leistung. Aufgrund einer EU-Richtlinie gilt ab 2019 dieser sogenannte Einzweck-Gutschein bereits als eigentliche Leistung und fiktiv als ausgeführter Umsatz.
- Gutscheine berechtigen demgegenüber nicht zum Bezug von hinreichend bezeichneten Leistungen, wenn es sich lediglich um den Umtausch eines Zahlungsmittels (z. B. Bargeld) in ein anderes Zahlungsmittel (Gutschein) handelt. Umsatzsteuer entsteht folglich erst bei Einlösung des Gutscheins, abhängig von der dann erbrachten Leistung.

Beleg buchen

Die Disko *Nliteowl* verschenkt Gutscheine, mit denen das aufgedruckte Getränk — anstelle von gängigen Zahlungsmitteln — bezahlt werden kann. Ein Gast erhält gegen Vorlage eines Gutscheins einen Cocktail im Wert von 8,90 EUR und eine Flasche Sekt im Wert von 12,00 EUR. Der zunächst an der Theke registrierte Umsatz von 20,90 EUR wird nach Auszählung und Abrechnung der Kasse ausgebucht.

Erlösschmälerung 19 % USt. (Gutscheine)	20,90 EUR	
an Kasse		20,90 EUR

Das richtige Konto

BGA	IKR	SKR03	SKR04	Kontenbezeichnung (SKR04)
473	693	4900	6300	Sonstige betriebliche Aufwendungen
4739	6992	2309	6969	Sonstige Aufwendungen, unregelmäßig
484	677	4950	6825	Rechts- und Beratungskosten
4725	6074	4980	6850	Sonstiger Betriebsbedarf

Unternehmensinformationen Verwaltung und Auskunft
Behörden- und Kammerunabhängige Firmenveröffentlichung

Kontakt
info@[redacted].de

Sprechzeiten
Mo – Do, 11:00 – 14:00 Uhr

[redacted]

DV 10 0,70 Deutsche Post

[redacted] GmbH [redacted]

Betreff
Veröffentlichungsofferte

Handelsregistereintrag
HR[redacted]

Firmenname
[redacted] GmbH [redacted]

Referenznummer
Nr. [redacted]

Bitte dringend bearbeiten!

Die Veröffentlichung firmenrelevanter Daten Ihres Unternehmens wurde unter anderem im Bundesanzeiger bekannt gemacht. Dieser Datensatz kann, wenn Sie dies wünschen, in die Datenbank von [redacted] aufgenommen werden. Bei Annahme dieser Offerte wird Ihr Datensatz, inkl. eigener Website, auf unserer Datenbank [redacted] veröffentlicht. Nach vollständigem Zahlungseingang werden Ihre Daten veröffentlicht.

Bitte beachten: Eine Veröffentlichung kann erst erfolgen wenn ein vollständiger Zahlungseingang auf unserem Konto vorliegt. Der Betrag ist voll fakultativ auf unser Konto zu errichten. Wenn keine Annahme bzw. Zahlung erfolgt, behalten wir uns vor Ihre Daten zu löschen. Rückfragen richten Sie bitte an oben genannte Kontaktdaten zu unseren Sprechzeiten. Vielen Dank.

Nr.	Kosten/Veröffentlichung	Wert EUR	Faktor	Betrag
01	Veröffentlichung HRB [redacted]	420,00	1/1	420,00
02	Bearbeitungspauschale	58,00		58,00
		Gesamtbetrag		478,00
		Umsatzsteuer 19%		90,82
		Endbetrag		**568,82**

Sie werden gebeten, binnen 7 Tagen, den Gesamtbetrag in Höhe von 568,82 zu zahlen, bzw. rechtzeitig zu veranlassen.

IBAN: DE[redacted]
BIC: [redacted]
Verwendungszweck: Ihre Referenznummer

Überweisungsträger / QR-Code Banking-App siehe Seite 2

Mit freundlichen Grüßen

Dieses Schreiben wurde mit Hilfe einer Datenverarbeitungsanlage erstellt und ist daher nicht unterzeichnet.

Seite 1 von 2

Abb. 42: Handelsregistereintrag (Fake)

Handelsregistereintrag (Fake)

- Insbesondere neu gegründete Firmen werden schnell das Opfer von Branchenbuch-Anbietern, die mit ihren Angebotsschreiben amtliche Formulare vortäuschen, entweder als Zahlungsaufforderung oder als Eintragungsformular verbunden mit einem Abonnement für die Veröffentlichung über 2 Jahre.
- Zwar hat der BGH bereits 2001 geurteilt, dass, wer Angebotsschreiben planmäßig durch Verwendung typischer Rechnungsmerkmale (insbesondere durch die hervorgehobene Angabe einer Zahlungsfrist) so abfasst, dass der Eindruck einer Zahlungspflicht entsteht, dem gegenüber die — kleingedruckten — Hinweise auf den Angebotscharakter völlig in den Hintergrund treten, begeht eine (versuchte) Täuschung i. S. d. § 263 I StGB (BGH, Urteil vom 26.04.2001, 4 StR 439/00).
- Allerdings gibt es immer noch einzelne Urteile zugunsten der Branchenbuch-Anbieter. So entschied das Landgericht Düsseldorf[17], dass dem Unternehmer durch sorgfältiges Lesen hätte bewusst sein können, dass mit der Rücksendung des ausgefüllten und unterschriebenen Formulars ein wirksamer Vertrag zustande gekommen sei.

Beleg buchen

Es ist nun doch passiert: In der Eile wurde dieser Zahlungsaufforderung nachgekommen und die Überweisung rausgeschickt. Und tatsächlich erfolgt der Eintrag der Fake-Opfer in der Internet-Datenbank. Da die für eine ordentliche Rechnung wesentlichen Bestandteile fehlen, ist darüber hinaus der Vorsteuerabzug nicht zulässig.

Werbekosten	568,82 EUR	
an Bank		568,82 EUR

Das richtige Konto

BGA	IKR	SKR03	SKR04	Kontenbezeichnung (SKR04)
441	687	4600	6600	Werbekosten
473	693	4900	6300	Sonstige betriebliche Aufwendungen

[17] LG Düsseldorf, Urteil vom 31.07.2013, 23 S 316/12.

HANDWERKSKAMMER
RHEIN-MAIN

Handwerkskammer Rhein-Main • Postfach 10 07 41 • 64207 Darmstadt
Vertraulich - nur für Geschäftsleitung

Firma Elektro Zapp
Inh. Erwin Zapp
Daimlerstr. 3

46464 Neustadt

Handwerkskammer Rhein-Main
Hauptverwaltung Darmstadt
Hindenburgstraße 1
64295 Darmstadt
Telefon: (0 61 51) 30 07 - 0
Telefax: (0 61 51) 30 07 - 289
Bankkonto nur für Beitragszahlungen:
Konto 111155, Volksbank Darmstadt eG, BLZ 508 900 00

Betriebsnummer	Datum
1415534	14.02.20
Bitte bei Zahlung/Schriftverkehr angeben	

Beitragsbescheid 2 0

Blatt 1 von 2

Beitrags-jahr		Gesamtbeitrag EUR	bereits veranlagt EUR	Gesamtbetrag bzw. Abweichung EUR
20	siehe Blatt 2	422,00	0,00	422,00

Hinweis
Dieser Beitragsbescheid ergeht wegen der Möglichkeit der Nachveranlagung des in Abhängigkeit vom Gewerbeertrag gestaffelten Grundbeitrages und des Zusatzbeitrages gem. § 7 der Beitragsordnung der Handwerkskammer Rhein-Main vorläufig. Liegt der Gewerbeertrag **2001** nicht vor, wird zunächst auf den letzten vorliegenden Gewerbeertrag zurückgegriffen.

Beitragsfestsetzung 20

1. Grundbeitrag

Gewerbeertrag 20 -umgerechnet in EURO-	Natürliche Personen und Personengesellschaften	Juristische Personen und Personengesellschaften mit Beteiligung einer juristischen Person
- 18.500	133,00 EUR	307,00 EUR
18.501 - 21.500	159,00 EUR	359,00 EUR
21.501 - 24.500	174,00 EUR	389,00 EUR
24.501 - 27.500	189,00 EUR	419,00 EUR
27.501 - 38.000	204,00 EUR	449,00 EUR
38.001 - 49.000	219,00 EUR	479,00 EUR
49.001 - 61.500	234,00 EUR	509,00 EUR
über 61.500	249,00 EUR	539,00 EUR

2. Zusatzbeitrag

Der Zusatzbeitrag beträgt 0,9% des Gewerbeertrages oder des Gewinns aus Gewerbebetrieb 20 Er ist auf volle EURO-Beträge aufzurunden.

Bei der Berechnung des Zusatzbeitrages wird bei natürlichen Personen und Personengesellschaften (ohne Beteiligung einer juristischen Person) ein Freibetrag von EUR 12.800,00, der bei Teilungen mit Industrie- und Handelskammern anteilig in Ansatz gebracht wird, abgezogen.

Vollständiger Beitragsbeschluß und weitere Hinweise auf der Rückseite!

Summe der Veranlagung einschl. Vorjahre	422,00
abzüglich davon bereits bezahlt	
noch offener Beitrag	
noch offene Mahngebühren früherer Veranlagungen	
Zu zahlender Gesamtbetrag Wir bitten Sie, den Betrag innerhalb von 14 Tagen mit beigefügtem Überweisungsträger zu überweisen oder uns die Einzugsermächtigung ausgefüllt zurückzusenden.	EUR 422,00
Guthaben Guthaben werden bei der nächsten Beitragsrechnung berücksichtigt.	EUR
Nicht überweisen Betrag wird gemäß der uns vorliegenden Einzugsermächtigung vom unten angegebenen Konto abgebucht. BLZ: Konto:	EUR

Rechtsmittelbelehrung

Gegen diesen Bescheid können Sie binnen eines Mona nach Zustellung Widerspruch bei der Handwerkskamm erheben. Der Widerspruch ist schriftlich oder zur Niede schrift bei der Handwerkskammer einzulegen. Er hat gemä § 80 Abs. 2 Nr. 1 der Verwaltungsgerichtsordnung keine di **Zahlung aufschiebende Wirkung.** Zahlungen sind unal hängig davon zu leisten.

HANDWERKSKAMMER RHEIN-MAIN

Abb. 43: Handwerkskammer (Beiträge)

Handwerkskammer (Beiträge)

Beiträge an Berufsverbände sind abziehbare Betriebsausgaben, wenn die Mitgliedschaft in dem Verband beruflich veranlasst ist (z. B. IHK, Handwerkskammer). Voraussetzung für die Abzugsfähigkeit von Beiträgen als Betriebsausgaben ist, dass diese einen betrieblichen Bezug aufweisen. Nicht abzugsfähig sind:

- Beiträge und Spenden an Sportvereine, sonstige Vereine und Organisationen
- Spenden und Beiträge an Parteien
- Beiträge zur Handwerkskammer stehen gleich: Kammerbeiträge z. B. zur Rechtsanwaltskammer oder zur Steuerberaterkammer
- Beiträge zur Berufsgenossenschaft gehören zu den Sozialaufwendungen

Aus den Beiträgen ist kein Vorsteuerabzug möglich.

Tipp:

Handwerksbeiträge werden gewöhnlich für das laufende Kalenderjahr fällig. Anderenfalls sind jedoch die Beiträge abzugrenzen.

Beleg buchen

Auf Basis des Gewerbeertrags des Vorjahres wird der Beitrag für die Handwerkskammer Rhein Main auf 422 EUR festgesetzt.

Beiträge	422,00 EUR	
an Bank		422,00 EUR

Das richtige Konto

BGA	IKR	SKR03	SKR04	Kontenbezeichnung (SKR04)
427	692	4380	6420	Beiträge
4041	642	4138	6120	Beiträge zur Berufsgenossenschaft
428	6921	4390	6430	Sonstige Abgaben

SÄHMANN

CD – TV – HIFI – VIDEO – PC – ELEKTRO

STR. · TEL. (/ FAX

Horst Starke
Wiesengasse 3
55586 Neustadt

, den 30.10.20

Rechnung 10
Bei Zahlung bitte angeben

Telefon:0

Sie erhielten von uns

Pos.	Menge	Beschreibung	Preis	Gesamtpreis EUR
1	1	3310 Mit 1Jahr Garantie	99,00	99,00
		Zahlbar rein netto		**99,00 EUR**

Im Betrag sind 19% MwSt.= 16,81 EUR enthalten.

Zahlbar rein netto

Liefertermin:30.10.20 von __.00 bis __.00 Uhr

Ware ordnungsgemäß erhalten: Betrag dankend erhalten:

Die gelieferte Ware bleibt bis zur vollständigen Bezahlung unser Eigentum.

Es gelten die in unseren Räumen aushängenden Geschäftsbedingungen.
Ust.-IdNr. DE

Bankverbindung:
Volksbank
(BLZ Konto-Nr.

Handelsregister:
HRA

Abb. 44: Handyvertrag

Handyvertrag

- Die verbilligte Überlassung eines Handys beim Abschluss eines Mobilfunkvertrages führt zu Einnahmen beim Leistungsempfänger in Höhe des üblichen Verkaufspreises ohne Vertragsbindung abzüglich der Zuzahlung. Diese Einnahmen sind grundsätzlich über die Vertragslaufzeit passiv abzugrenzen.
- Ein passiver Rechnungsabgrenzungsposten braucht allerdings dann nicht gebildet werden, wenn der Wert des Handys (ohne Vertragsbindung) unter 250 EUR bzw. 800 EUR bleibt (GWG).[18]

Beleg buchen

Das übernommene Handy ohne Vertragsbindung wird regulär zum Nettopreis von 562,19 EUR verkauft. Beim Abschluss eines Vertrages über zwei Jahre beträgt die Zuzahlung hier jedoch laut Beleg lediglich brutto 99 EUR. Der Handykunde aktiviert in seiner Bilanz die Anschaffung zum regulären Wert und muss sich im Gegenzug Einnahmen in Höhe von 480 EUR zurechnen lassen. Die Zahlung erfolgt über EC-Karte.

Geringwertige Wirtschaftsgüter, Sammelposten	562,19 EUR	
Vorsteuer	16,81 EUR	
an Bank		99,00 EUR
an Passive Rechnungsabgrenzung		480,00 EUR

Für die Monate Oktober bis Dezember sind drei von 24 Monaten ertragswirksam einzubuchen.

Passive Rechnungsabgrenzung	60,00 EUR	
an Sonstige betriebliche Erträge		60,00 EUR

Das richtige Konto

BGA	IKR	SKR03	SKR04	Kontenbezeichnung (SKR04)
033	087	0490	0690	Sonstige Betriebs- und Geschäftsausstattung
037	089	0480	0670	GWG bis 800 EUR
093	49	0990	3900	Passive Rechnungsabgrenzung
27	54	8600	4830	Sonstige betriebliche Erträge

18 BMF, Schreiben vom 20.06.2005 — IV B 2-S 2134-17/05.

[redacted]
DE-6[redacted] Deutschland

bisis budget HOTELS

Tel: +49(0)[redacted] - Email: [redacted]

Rechnungs Nr: A[redacted]
Ausstellungsdatum: [redacted]
Ga/Us: [redacted] / SP

Seite 1 von 1

[redacted] GmbH
[redacted]
Deutschland

Reservierungs Nr [redacted] vom: [redacted]
bis: [redacted].20[redacted]
Sie haben bezahlt: 1 Nacht/Nächte insgesamt

Datum	*Leistung*	*Anzahl*	*Netto Einzel*	*Brutto Einzel*	*Preis Cde*	*MwSt Cde*	*Betrag Netto*	*Betrag Brutto*
[redacted]	Standard 1P N[redacted]	1	47,66	51,00	F	X	47,66	51,00

Zahlungsart	*Betrag*
[redacted]	-51,00

Netto	*MwSt*	*MwSt %*	*Betrag MwSt*
47,66	X	7,00%	3,34

[redacted] Germany GmbH
[redacted] / DE[redacted]
Handelsregister: Mu[redacted] HRB [redacted]911
Geschä
- Aufsic
Aufsich
Ust.-Idt

Betrag Brutto EURO:	51,00
Betrag bezahlt:	**51,00**
Unterschrift:	

Abb. 45: Hotelkosten

Hotelkosten

- Der Unternehmer kann Übernachtungskosten auf Geschäftsreisen als Betriebsausgaben geltend machen.
- Bei Übernachtungen des Arbeitnehmers muss die Rechnung ebenfalls auf den Arbeitgeber als Leistungsempfänger ausgestellt sein.
- Auf Hotelleistungen gilt eine ermäßigte Mehrwertsteuer von 7 %, bei anderen Leistungen des Beherbergungsbetriebs, wie etwa dem Frühstück, Parken u. ä., ein Satz von weiterhin 19 %. In 2021 bis 2022 gilt für das Frühstück ebenfalls der ermäßigte Steuersatz von 7 %. Aus einer Rechnung für einen Arbeitnehmer mit einem Sammelposten der Beherbergungsleistung einschließlich Frühstück lässt sich das Frühstück mit 4,80 EUR herausrechnen und der Restbetrag dieses Sammelpostens als Reisenebenkosten (R 9.8 LStR) erstatten.

Tipp:

Nach § 7 Abs. 1 Bundesreisekostengesetz ist ein pauschales Übernachtungsgeld von 20 EUR steuerfrei vom Arbeitgeber erstattungsfähig, wenn keine höheren Übernachtungskosten nachgewiesen werden können.

Beleg buchen

Beispiel:

Die Übernachtung ihres Geschäftsführers im BISIS budget Hotel – coronabedingt ohne Frühstück – kostet der XY GmbH 51,00 EUR brutto.

Übernachtungskosten Arbeitnehmer	47,66 EUR	
Vorsteuer 7 %	3,34 EUR	
an Verrechnungskonto GmbH-Geschäftsführer		51,00 EUR

Er zahlt bar aus eigener Tasche.

Das richtige Konto

BGA	IKR	SKR03	SKR04	Kontenbezeichnung (SKR04)
4450	6855	4666	6660	Reisekosten AN Übernachtungsaufwand
4452	6850	4664	6664	Reisekosten AN Verpflegungsmehraufwand
4462	6857	4676	6680	Reisekosten UN Übernachtungsaufwand
4461	6851	4674	6674	Reisekosten UN Verpflegungsmehraufwand

Moskwa Inkasso und Auskunftei

Firma Elektro Zapp
Inh. Erwin Zapp
Daimlerstr. 3

46464 Neustadt

Aktenzeichen bitte
immer angeben:

Ihr Bearbeiter:
Herr
Tel.:
von 9-12 und 14-16 Uhr

13.11.20

Auftraggeber-Nr.: Rechnung-Nr.:

Hinweis: Die Adresse hat sich verändert.
Geburtsdatum:

Kd.-Nr.: / Ihre Re-Nr.:
Endabrechnungsgrund: Vollzahlung

Übergebene Forderung in EUR gegen den Schuldner:	
Hauptsache:	363.00
Hauptsache-Zinsen:	2.75
Ihre Mahnauslagen:	5.00
Summe:	370.75

ENDABRECHNUNG in EUR

Überschuß aus Schuldnerzahlung gesamt:		373.75
Vom Schuldner direkt an Sie bezahlt:		0.00
Ihre Kosten:		0.00
Davon Auslagen ohne Umst:	0.00	
19.00% Umst. auf vom Schuldner erstattete Kosten *) und		
19.00% Umst. auf Ihre Kosten	0.00	-5.37
40.00% EP mit Kostenrisiko aus	373.75	-149.50
19.00% Umsatzsteuer hierauf		-28.41
Gutschrift:		190.47
Mit Ihnen bereits abgerechnet:		0.00
Aktueller Endsaldo an Sie auszuzahlen:		190.47
Ihre Umsatzsteuer:		33.78

*) Gemäß BFH-Urteil (Beschl. v. 6.3.1990 - VII E 9/89) trägt bei vorsteuerabzugsberechtigten Auftraggebern dieser die Umsatzsteuer auf vom Schuldner erstattete Kosten.

Mit freundlichen Grüßen

Telefon:
Telefax:
E-Mail:
WWW:

Als Ink...
Gesch...
Sitz der ...

Steuernummer

Abb. 46: Inkassoabrechnung

Inkassoabrechnung

- Von den eingezogenen Forderungen ziehen Inkassobüros ihre Kosten ab.
- Die auf die Kosten entfallende Umsatzsteuer trägt der Auftraggeber. Er kann sie als Vorsteuer geltend machen.
- Zahlt Ihr säumiger Schuldner nur einen Teil einer bereits versteuerten Forderung, lässt sich der uneinbringliche Teil ausbuchen.

Tipp:

Bei Ratenzahlung der Schuldner oder separatem Gebührenausweis der Inkassobüros kann es auf den Abrechnungen recht unübersichtlich werden. Beachten Sie, dass nicht nur die eingehenden Zahlungen, sondern auch die ausgewiesene Vorsteuer und die Inkassokosten umsatzsteuerpflichtige Erlöse darstellen.

Beleg buchen

Der Schuldner zahlt die noch nicht versteuerte Forderung und sämtliche Inkassokosten an das Inkassobüro in voller Höhe. Nach Abzug der Kosten überweist das Inkassobüro den Betrag von 190,47 EUR.

Bank	190,47 EUR	
Nebenkosten des Geldverkehrs	149,50 EUR	
Vorsteuer	33,78 EUR	
an Verkaufserlöse		373,75 EUR

Das richtige Konto

BGA	IKR	SKR03	SKR04	Kontenbezeichnung (SKR04)
486	675	4970	6855	Nebenkosten des Geldverkehrs

OHG – Elektrogroßhandel

Telefon 06
Telefax 06
e-mail f @t-online

F OHG * I trasse 40 *

Firma
Horst Starke
Wiesengasse 3
55586 Neustadt

RECHNUNG

Bei Zahlung bitte angeben:

Kunden-Nr.	Rechnungs-Nr.	Datum	Seite
10	21	29.07.20	1

Ihre Auftrags-Nr.: Herr O

Ihr Ansprechpartner	Telefon	Telefax	E-Mail
	06	06	f @t-online.de

Pos.	Artikel-Nr. / Bezeichnung	Menge	Einh.	Einzelpreis	Art.Gr.		Gesamtpreis
	Lieferschein 15 vom 26.07.20						
1 0	O60 WDK6(32MTR WAND+DECKENK.M.O. 60X 60 WEISS	32	Meter	9,25	45,00 00071	%	162,80

Gebucht

Warenwert €	Mwst-%	Mwst €	Endbetrag €
162,80	19,00	30,93	193,73

Zahlungsbedingung :

8.08.20	2,00	%	3,87	189,86
28.08.20	netto Kasse			193,73

Steuernr.: 3

Bankverbindung:

Sitz der Gesellschaft: Mannheim
Amtsgericht HRB
Gerichtsstand n

Umsatzsteuer-ID-Nummer
2

Abb. 47: Instandhaltungskosten

Instandhaltungskosten

Instandhaltungskosten sind Kosten, die infolge von Abnutzung, Alterung und Witterung zur Erhaltung des bestimmungsgemäßen Gebrauchs von baulichen Anlagen aufgewendet werden müssen.

- Wenn eine Deckenbeleuchtung mit dem Gebäude verbunden und damit zu einem Teil des Hauses wird, kann sie nicht mehr als selbstständige „bewegliche" Sache betrachtet werden.[19]
- Mietereinbauten und Mieterumbauten sind dagegen in der Bilanz des Mieters zu aktivieren, wenn es sich um (gegenüber dem Gebäude) selbstständige Wirtschaftsgüter handelt, für die der Mieter Herstellungskosten aufgewendet hat. Die Höhe der Absetzung für Abnutzung (AfA) wird nach den für Gebäude geltenden Grundsätzen bestimmt, also maximal 50 Jahre.[20]

Die große Gefahr für Mietereinbauten bei unbefristeten Mietverträgen liegt in der Qualifizierung als unselbstständiger Gebäudebestandteil mit einem Abschreibungszeitraum von 50 Jahren! Sie können dies verhindern, indem Sie mit dem Vermieter Restwertvergütungen für den Auszug in 5 Jahren, 10 Jahren, 20 Jahren usw. vereinbaren.

Beleg buchen

Der Mieter ersetzt mit eigenem Personal nach fünf Jahren die Deckenbeleuchtung durch neue Lichtleisten. Eine Totalrenovierung oder Umbau der Mieträume findet nicht statt. Bei den hier vorliegenden geringen Materialwerten handelt es sich um Instandhaltungskosten.

Instandhaltung betrieblicher Räume	162,80 EUR	
Vorsteuer	30,93 EUR	
an Bank		193,73 EUR

Das richtige Konto

BGA	IKR	SKR03	SKR04	Kontenbezeichnung (SKR04)
0249	080	0450	0680	Einbauten in fremde Grundstücke
4711	6933	4260	6335	Instandhaltung betrieblicher Räume

[19] BFH, Urteil vom 17.05.1968, VI R 227/67.

[20] BFH, Urteil vom 15.10.1996, VIII R 44/94.

Ihre Kundennummer 70230
Ihre Rechnungsnummer 30

Rechnungsdatum 17.04.20
Seite 1 von 6

Kundenservice Center
Postfach

Telefon: 01805-
Telefax: 0800
E-Mail: Kundenservice@ de

Firma
Horst Starke
Wiesengasse 3
55586 Neustadt

Sehr geehrte Damen und Herren,

wir bedanken uns für Ihr Vertrauen und die Nutzung unserer Leistungen. Wir erlauben uns, die von Ihnen genutzten Leistungen nachfolgend zu berechnen:

Ihre Rechnung vom April 20

Kabelanschluss	12,50 €
Kabel Internet	25,78 €
Telefonie	19,23 €
Nettobetrag	**57,51 €**
MwSt. 19%	10,93 €
Gesamtbetrag	**68,44 €**

Hinweise zur Zahlung dieser Rechnung finden Sie auf der Rückseite.

Mit freundlichen Grüßen

Ihr

Zahlen Sie immer noch Monat für Monat Grundgebühr für Ihren Telefonanschluss? Mit können Sie das ändern! Mit einem **K** **9,90 Euro*** können Sie nicht nur einfach und flatrate-günstig mit 64 Kbit surfen, sondern erhalten einen **Telefonanschluss ohne zusätzliche Grundgebühr,** mit dem Sie auch noch bei den Gesprächen sparen können. Und es geht noch weiter! Wenn Sie bis 30.04.20 **Internet** Kunde werden, erhalten Sie ein **schnurloses Telefon** geschenkt**. Informieren Sie sich jetzt über die Kabel Internet Verfügbarkeit in Ihrem Wohnort unter **www. de** oder unter der Hotline **01805-** (0,12 Euro/ Min). (*Preis pro Monat, Mindestvertragslaufzeit 12 Monate; **Aktion befristet bis 30.04.20)

Abb. 48: Internetgebühr

Internetgebühr

- Bei einem betrieblichen Internetanschluss können Sie die Kosten als Betriebsausgaben ansetzen und ggf. die Vorsteuer abziehen.
- Bei privater Mitnutzung durch Arbeitnehmer bleibt der Betriebsausgabenabzug bestehen (Steuerbefreiung für die Nutzung von Telekommunikationsgeräten § 3 Nr. 45 EStG).
- Bei privater Mitnutzung durch den Unternehmer sollten Sie die privat veranlassten Kosten mit einem pauschalen Abschlag berücksichtigen.[21]
- Vorsteuerabzug ist nur aus Originalrechnungen möglich. Eine elektronische Rechnung im PDF-Format gilt für sich genommen nicht als Original, da sie beliebig oft ausgedruckt und bearbeitet (verfälscht?) werden kann. Für einen Vorsteuerabzug nach § 14 Abs. 3 UStG sind jedoch lediglich die Identität des Rechnungsausstellers zu gewährleisten und dass die Rechnungsangaben während der Übermittlung nicht geändert worden sind.

Achtung:

Bei elektronischen Rechnungen ist eine qualifizierte Signierung nicht mehr erforderlich.

Beleg buchen

Der Kabelbetreiber bucht die monatliche Grundgebühr für Kabel, Internet und Telefon ab.

Internetgebühren	57,51 EUR	
Vorsteuer	10,93 EUR	
an Bank		68,44 EUR

Das richtige Konto

BGA	IKR	SKR03	SKR04	Kontenbezeichnung (SKR04)
4822	6822	4925	6810	Internetkosten
4821	6821	4920	6805	Telefon

[21] BMF, 06.05.2002, IV A 6 — S 2144 — 19/02.

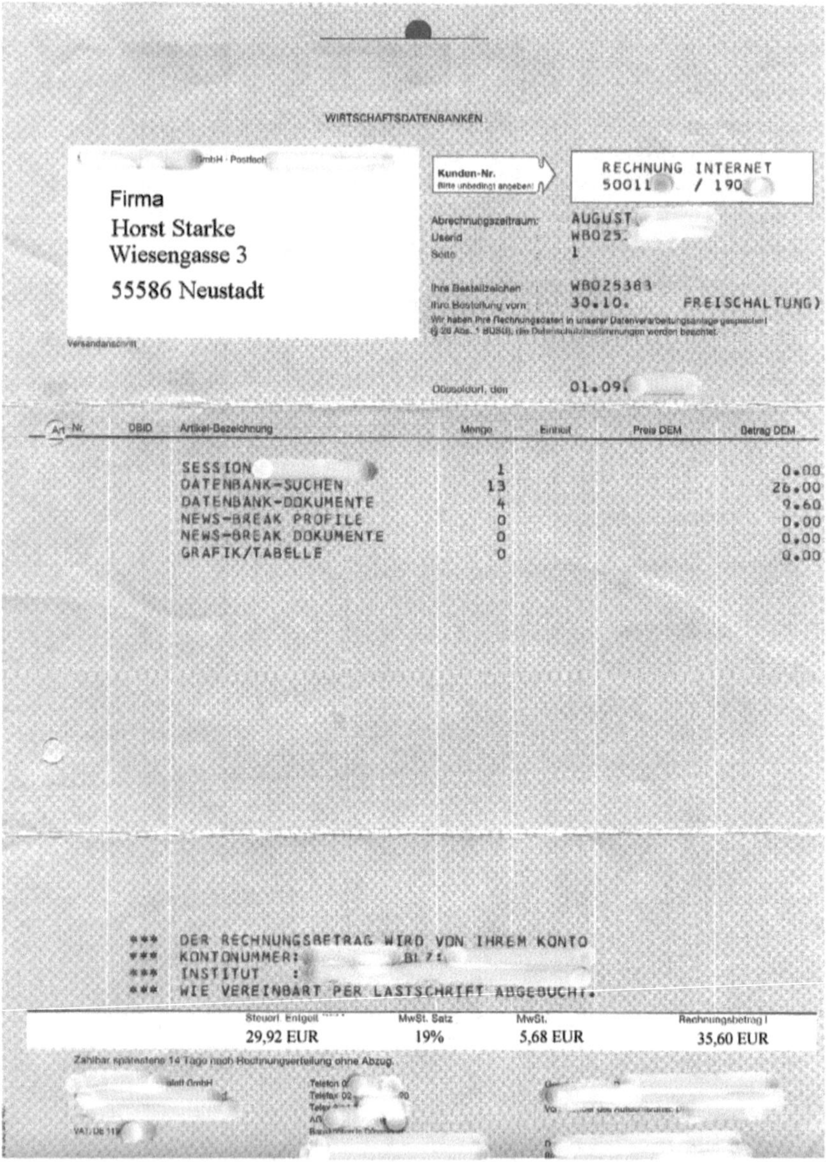

WIRTSCHAFTSDATENBANKEN

GmbH · Postfach

Firma
Horst Starke
Wiesengasse 3
55586 Neustadt

Versandanschrift

Kunden-Nr. Bitte unbedingt angeben!

RECHNUNG INTERNET
50011 / 190

Abrechnungszeitraum: AUGUST
Userid: WB025
Seite: 1

Ihre Bestellzeichen: WB025383
Ihre Bestellung vom: 30.10. FREISCHALTUNG)

Wir haben Ihre Rechnungsdaten in unserer Datenverarbeitungsanlage gespeichert (§ 28 Abs. 1 BDSG), die Datenschutzbestimmungen werden beachtet.

Düsseldorf, den 01.09.

Art	Nr.	DBID	Artikel-Bezeichnung	Menge	Einheit	Preis DEM	Betrag DEM
			SESSION	1			0.00
			DATENBANK-SUCHEN	13			26.00
			DATENBANK-DOKUMENTE	4			9.60
			NEWS-BREAK PROFILE	0			0.00
			NEWS-BREAK DOKUMENTE	0			0.00
			GRAFIK/TABELLE	0			0.00

*** DER RECHNUNGSBETRAG WIRD VON IHREM KONTO
*** KONTONUMMER: BLZ:
*** INSTITUT :
*** WIE VEREINBART PER LASTSCHRIFT ABGEBUCHT.

Steuerl. Entgelt	MwSt. Satz	MwSt.	Rechnungsbetrag
29,92 EUR	19%	5,68 EUR	35,60 EUR

Zahlbar spätestens 14 Tage nach Rechnungserteilung ohne Abzug.

Abb. 49: Internetkosten (Datenbankrecherche)

Internetkosten (Datenbankrecherche)

- Der Zugriff auf Datenbanken und Dokumente, die Nutzung von Online-Programmen und Recherchediensten im Internet können kostenpflichtig sein.
- In der Regel können diese Dienste unter „Internetkosten" erfasst werden.
- Bei erheblichen oder regelmäßigen Ausgaben sind die Kosten sachlich zuzuordnen, z. B. den Personalkosten, Werbekosten, Rechtsberatungskosten, Buchhaltungskosten etc.

Achtung:

Prüfen Sie, aus welchem Land Ihr Internetdienstleister tätig ist. Als inländischer Leistungsempfänger eines ausländischen Unternehmers schulden Sie die Umsatzsteuer nach § 13b UStG. Auf der Rechnung muss ein entsprechender Hinweis erfolgen.

Beleg buchen

Die *Danes GmbH* holt bei einem Datenbanksystem Registerauskünfte über konkurrierende Firmen ein.

Internetkosten	29,92 EUR	
Vorsteuer	5,68 EUR	
an Bank		35,60 EUR

Das richtige Konto

BGA	IKR	SKR03	SKR04	Kontenbezeichnung (SKR04)
4822	6822	4925	6810	Internetkosten

Transport Gmbh

Kaution

KFZ Nummer: MG - WS 508 Sprinter 520,- €

von Thorsten Frings, M G

Wir werden den Betrag wie vereinbart am 25.09.07 .ten des Monats einziehen.

erh. am 29.09.

Abb. 50: Kautionen

Kautionen

In der Buchhaltung wird unterschieden, ob es sich um erhaltene oder geleistete Sicherheitsleistungen handelt.

- Erhaltene Kautionen sind bei den „Sonstigen Verbindlichkeiten“ auszuweisen.
- Geleistete Kautionen werden bei den „Sonstigen Vermögensgegenständen“ ausgewiesen. Kautionen für langfristige Verträge, die auf unbestimmte Zeit abgeschlossen sind, werden bei den „Sonstigen Ausleihungen“ im Anlagevermögen ausgewiesen.

Tipp:

Auch bei innergemeinschaftlichen Lieferungen von Neufahrzeugen ist eine Kaution in Höhe der Umsatzsteuer üblich. Sie wird dem Abnehmer erst erstattet, wenn er die Zulassung oder die Besteuerung im anderen EU-Staat nachweist.

Beleg buchen

Die Mietkaution für den Lkw beträgt 520 EUR und wird vom Bankkonto des Mieters eingezogen

Geleistete Kautionen	520,00 EUR	
an Bank		520,00 EUR

Das richtige Konto

BGA	IKR	SKR03	SKR04	Kontenbezeichnung (SKR04)
117	266	1525	1350	Geleistete Kautionen
172	4863	1732	3550	Erhaltene Kautionen
046	16	0540	0930	Sonstige Ausleihungen

PRP

[redacted]

Rundfunk GmbH & Co. KG
[redacted]
Tel [redacted]
Fax 06[redacted]
http://[redacted]

RECHNUNG/

Rechnungsdatum 31.12.20
Rechnungsnummer [redacted]

Preisliste 201 . - Gültig ab 1.1.201

Angebotsform	[redacted] Regional Studio [redacted]
Abrechnungszeitraum	November 20[redacted]
Werbungtreibender	13[redacted] GmbH
Auftrag / Produkt	20[redacted] Oktoberfest
Zusatzinfo	Gegengeschäft - ohne Geldfluß

lt. Kompansatins Vertrag 201[redacted] Oktoberfest 31.10.- 16.11.1	13.331,25

Gegengeschäft

Rechnung wird verrechnet mit Gegenrechnung.
Bitte teilen Sie uns Ihre Steuernummer mit.

Bruttosumme	13.331,25
0,00 % Mengenrabatt ./.	0,00
Summe	13.331,25
75,00 % Sonderrabatt ./.	9.998,44
Summe	3.332,81
0,00 % AE-Provision ./.	0,00
Rechnungsnetto	3.332,81
19,00 % MwSt. zuzügl.	633,23
Rechnungsbetrag (EUR)	**3.966,04**

Abb. 51: Kompensationsgeschäfte

Kompensationsgeschäfte

In Zeiten knappen Geldes besinnen sich kleinere Unternehmen auf den ursprünglichen Tauschhandel. Während ausländische Firmen bei Devisenknappheit sog. Barter-Geschäfte im Tausch von Smartphones gegen Manganknollen realisieren, tauschen Start-ups und Mittelständler Webdesign gegen Büromöbel.

- Der Tauschhandel verbessert die Umsatzzahlen und das Rating und bleibt dabei steuerneutral.
- Allerdings dürfen dazu die Geschäfte weder unter den Tisch fallen noch Mondpreise angesetzt werden, sonst drohen Steuerbelastungen auf beiden Seiten ohne spiegelbildliche Entlastung.
- Sie können sich damit Produkte und Dienste leisten, die ansonsten Ihren Kredit belastet hätte. Mit einem vorteilhaften Tausch erzielen Sie sogar einen Zusatzgewinn.
- Beim Ringtausch zwischen mehreren Unternehmern oder unterschiedlichen Werten kann eine Barzuzahlung erfolgen, um den Tausch möglich zu machen.

Tipp:

Fragen kostet nichts. Im Annoncenteil von Zeitungen gibt es kurz vor Redaktionsschluss häufig freie Werbeflächen, die sich zu regulären Preisen gegen Ihre hochwertigen Dienste oder Produkte tauschen lassen.

Beleg buchen

Für sein Oktoberfest bucht der Eventveranstalter beim Sender PRP Radiospots. Als Ausgleich darf der Sender als Sponsor auf Plakaten, Bannern und Fahnen das Oktoberfest quasi als eigene Veranstaltung präsentieren.

Vorsteuer	633,23 EUR	
Werbekosten	3.332,81 EUR	
an Einnahmen aus Werbung		3.332,81 EUR
an Umsatzsteuer		633,23 EUR

Das richtige Konto

BGA	IKR	SKR03	SKR04	Kontenbezeichnung (SKR04)
441	687	4600	6600	Werbekosten
8012	510	4410	8410	Werbeeinnahmen 19 % USt, neu anlegen

Finanzamt
Kraftfahrzeugsteuernummer
(Bitte bei Rückfragen angeben)

Telefon 0
Telefax 06

03.04.20

Finanzamt 201
Postf.

04.	0.55 EUR

Bescheid

über

Kraftfahrzeugsteuer

Der Bescheid ist nach § 12 Abs. 2 Nr. 3 Kraftfahrzeugsteuergesetz geändert.

Festsetzung	€
Die Steuer wird für das Fahrzeug mit dem amtlichen Kennzeichen festgesetzt: für die Zeit vom 16.07.20 bis 27.03.20 auf	336,00

Abrechnung (Stichtag 29.03.20)	€	€
Steuer für die Zeit vom 16.07.20 bis 27.03.20 . .	336,00	
davon bereits getilgt	481,00	
verbleiben	-145,00	-145,00
Summe		-145,00

Das Guthaben von 145,00 € wird erstattet auf das Konto

Grundlagen der Festsetzung

Fahrzeugart . . . . Personenkraftwagen
Erstzulassungsdatum 03.01.1989
Hubraum . . . . 2975 cm³, entspricht 30 angefangene 100 cm³
Kraftstoffart/Energiequelle 0002 Diesel
Emissionsklasse . . . . . . 0425 SCHADSTOFFARM EURO 2
Steuersatz . . . . 16,05 € je angefangene 100 cm³ nach § 9 Abs. 1 Nr. 2 Buchst. b KraftStG

Angaben zur Kraftstoffart/Energiequelle und zur Emissionsklasse ergeben sich aus der seit dem 01.10.2005 anzuwendenden Richtlinie 1999/37/EG. Hierdurch hat sich die Steuer nicht geändert.

S t e u e r b e r e c h n u n g	€ gerundet
vom 16.07.20 bis 27.03.20 : 16,05 € x 30 angefangene 100 cm³ x 255 Tage : 365 Tage	336,00

Sonstige Erläuterungen

Die Steuerpflicht endete am 28.03.20 .

Wenn Sie bei einer Wiederzulassung dieses Fahrzeugs oder der Zulassung eines anderen Fahrzeugs wieder am Lastschrifteinzugsverfahren teilnehmen wollen, müssen Sie die Teilnahme erneut schriftlich erklären.

Das Finanzamt (Finanzkasse) hat folgende Konten:
Konto-Nr.: Kreditinstitut: BLZ:

Abb. 52: Kraftfahrzeugsteuer

Kraftfahrzeugsteuer

- Für die Kfz-Steuer ist ein eigenes Konto nicht unter „Fahrzeugkosten“, sondern unter „Sonstige Steuern“ vorgesehen.
- Diese Steuer gehört zu den Betriebssteuern, wenn die Fahrzeuge für betriebliche Zwecke genutzt werden.
- Falls der Zahlungszeitraum nicht mit dem Wirtschaftsjahr übereinstimmt, ist in der Bilanz ein aktiver Rechnungsabgrenzungsposten zu bilden (zwingend erst ab 800 EUR) und dort die nicht auf das Wirtschaftsjahr entfallenden Beträge auszuweisen.
- Erstattungen sind gegen diesen Abgrenzungsposten oder ggf. beim Aufwandskonto im Haben zu buchen.

Beleg buchen

Im Abgrenzungsposten für Kfz-Steuer in der Bilanz zum 31.12.20XX waren 240 EUR eingestellt (6 Monate von 480 EUR). Nach der Abmeldung des Pkws zum 27.03. des Folgejahres beträgt die Erstattung 145 EUR.

Bank	145,00 EUR	
Kfz-Steuer	95,00 EUR	
an Aktive Rechnungsabgrenzungsposten		240,00 EUR

Das richtige Konto

BGA	IKR	SKR03	SKR04	Kontenbezeichnung (SKR04)
422	703	4510	7685	Kfz-Steuer
091	29	0980	1900	Aktive Rechnungsabgrenzungsposten

Futura Versicherung

Futura Versicherung AG, 61407 Oberursel

Futura Versicherung AG
Hauptstelle
61407 Oberursel

Firma
Elektro Zapp
60234 Frankfurt

Telefon: 06171 / ....
Telefax: 06171 / ....

Oberursel, 22.06.

Kraftfahrtversicherung Nr. A0111000222 F-YZ 888 Pkw-Kombi

Hersteller	Ty-Nr.	KW	Fahrzeug-Ident-Nr.	Vers.Beginn	jährl. km-Leistung	Zahlungsweise
Opel	531	100	16001600	01.03.20	30.000	jährlich

Beitragserstattung wegen Fahrzeugabmeldung

Haftpflichtversicherung					
Personenschäden	Sachschäden	Vermögensschäden	Regio.-/Typklasse	Beitragsklasse	Beitrag
6,5 Mio. €/Person	unbegrenzt	unbegrenzt	N5/16	35%	95,40 €
Vollkaskoversicherung			Regio.-/Typklasse	Beitragsklasse	Beitrag
650 € Selbstbeteiligung und 300 € Teilkasko-Selbstbeteiligung			N3/29	40%	142,80 €
Beitragserstattung :	für den Zeitraum 01.03.20 bis 16.06.20			gesamt	238,20 €

Den Erstattungsbetrag werden wir auf Ihr Kto A-Bank Frankfurt, BLZ 54036000, Nr. 10057890 überweisen.

Abb. 53: Kraftfahrzeugversicherung

Kraftfahrzeugversicherung

- Für Kfz-Versicherungen ist ein eigenes Konto unter den Fahrzeugkosten vorgesehen.
- Versicherungsentschädigungen für Unfallschäden sind auf einem gesonderten Konto zu erfassen.
- Eine Erstattung von Versicherungsbeiträgen sollte nicht als zusätzlicher Ertrag, sondern als Teilstorno der ursprünglichen Aufwandszahlung verstanden werden.

Tipp:

Beachten Sie, dass Sie Versicherungszahlungen, die auch für das Folgejahr geleistet werden, zum Jahresende aktiv abgrenzen müssen. Beispiel: Sie zahlen am 28.10. Jahr 1 Kraftfahrzeugversicherung für den betrieblichen Fuhrpark für die Zeit vom 01.10. Jahr 1 bis 30.09. Jahr 2 in Höhe von 10.000 EUR. Lediglich in Höhe von 2.500 EUR (drei von zwölf Monate) gehört dies zum Aufwand des Jahres 1. Deshalb müssen Sie in der Bilanz zum 31.12. Jahr 1 in dieser Höhe einen aktiven Rechnungsabgrenzungsposten in Höhe von 7.500 EUR bilden. Zur Abgrenzung von Bagatellbeträgen bis zur GWG-Grenze sind Sie allerdings nicht verpflichtet.

Beleg buchen

Sie melden einen Firmenwagen ab und teilen der Versicherungsgesellschaft mit, dass Sie keine Verrechnung mit künftigen Prämienzahlungen wünschen. Daraufhin wird die überzahlte Prämie von 238,20 EUR überwiesen.

Bank	238,20 EUR	
an Versicherungen		238,20 EUR

Das richtige Konto

BGA	IKR	SKR03	SKR04	Kontenbezeichnung (SKR04)
4261	691	4520	6520	Kfz-Versicherungen
267	5431	2742	4970	Versicherungsentschädigungen
91	29	0980	1900	Aktive Rechnungsabgrenzung

MasterCard VISA

Firma
Horst Starke
Wiesengasse 3
55586 Neustadt

Karteninhaberservice / Sperrhotline: 0180

Umsatzaufstellung vom 03.03. bis 28.04. Seite: 1
MasterCard 5486

Ihr Verfügungsrahmen: 2.500 EUR

Buchungsdatum	Belegdatum	Umsatzinformationen	Betrag in Euro
		SALDO VORMONAT	0,00+
15.03.	15.03.	Deutsche Bahn AG Berlin	59,50-
03.04.	03.04.	MASTERCARD JAHRESGEBUEHR	18,00-
		NEUER SALDO	77,50-

UMSATZSUMME SEIT:04.20 0,00

Ihr Konto Nr 00 wird in den nächsten Tagen mit o. g. Saldo belastet.
Diese Aufstellung enthält alle Umsätze, die bis zum Erstellungsdatum eingegangen sind.
Wir bitten, diese zu prüfen und evtl. Unstimmigkeiten unverzüglich mitzuteilen.

045674

Abb. 54: Kreditkartenabrechnung

Kreditkartenabrechnung

- Die Sammelabbuchung der monatlichen Kreditkartenabrechnung ist in Einzelbuchungen aufzusplitten. Für die Zahlungen über Kreditkarte können Sie auch ein separates Verrechnungskonto verwenden.
- Nutzen Sie als Firmeninhaber die Kreditkarte, um damit betriebliche Vorgänge zu bezahlen. Buchen Sie die Kreditkartengebühr auf das Konto „Nebenkosten des Geldverkehrs".

Beleg buchen

Auf der Kreditkartenabrechnung März finden sich neben der Jahresgebühr noch die Kosten für die Bahnfahrkarte (Beleg siehe dort).

Reisekosten Unternehmer Fahrtkosten	50,00 EUR	
Vorsteuer	9,50 EUR	
Nebenkosten des Geldverkehrs	18,00 EUR	
an Kreditkartenabrechnung		77,50 EUR

Bei Abbuchung vom Bankkonto wird das Konto „Kreditkartenabrechnung" ausgeglichen.

Kreditkartenabrechnung	77,50 EUR	
an Bank		77,50 EUR

Das richtige Konto

BGA	IKR	SKR03	SKR04	Kontenbezeichnung (SKR04)
174	4890	1730	3610	Kreditkartenabrechnung
486	675	4970	6855	Nebenkosten des Geldverkehrs

KÜNSTLER
SOZIALKASSE

P DV 03 0,55 Deutsche Post
*K4031*1675*0003646*

MBH

Abgabenummer / Sachgebiet
- bitte stets angeben -

Wilhelmshaven, 29.03.

Sachbearbeiter/in:
HERR

Durchwahl: 04421/7543
Mo.- Mi. u. Fr.: 9-12 Uhr
Donnerstag : 9-15 Uhr
Fax : 04421/7543
www.kuenstlersozialkasse.de

A B R E C H N U N G der Künstlersozialabgabe 201

Entgelte 201	%-Satz	Künstlersozialabgabe 201
36522,00 EUR	3,90	1424,36 EUR

V O R A U S Z A H L U N G E N für März 2012 bis Februar 2013

Entgelt 201	%-Satz	abgpfl. Monate im Jahr 201	monatlich zu zahlen
36522,00 EUR	3,90	12	118,70 EUR

Der laufende Vorauszahlungsbetrag wird spätestens zum Zehnten des Folgemonats von dem von Ihnen genannten Konto abgebucht, falls ein Rückstand von mindestens 5 ,- E U R erreicht ist.

Zahlungsverkehr

Ihr a k t u e l l e r Kontostand beträgt 508,58 EUR Haben.

Die Auszahlung des Guthabens an Sie wird veranlasst.

KÜNSTLERSOZIALKASSE eine Abteilung der Unfallkasse des Bundes
Postanschrift: 26380 Wilhelmshaven - Hausanschrift: Gökerstr. 14, 26384 Wilhelmshaven
Konten: Hamburger Sparkasse (BLZ 200 505 50) Kto.-Nr. 1280 12 33 55 - Postbank-AG (BLZ 250 100 30) Kto.-Nr. 36 1950 303
SEB AG, Bremen - Wilhelmshaven (BLZ 280 101 11) Kto.-Nr. 1 263 800 500

Abb. 55: Künstlersozialabgaben (KSK)

Künstlersozialabgaben (KSK)

- Verlage, Theater, Orchester, Chöre, Rundfunk, Fernsehen, Hersteller von bespielten Bild- und Tonträgern, Galerien, der Kunsthandel, Firmen für Werbung oder Öffentlichkeitsarbeit für Dritte, Varieté- und Zirkusunternehmen, Museen u. ä. Unternehmen sind verpflichtet, Künstlersozialabgaben zu zahlen.
- Daneben müssen sämtliche Unternehmer an die Künstlersozialkasse zahlen, die nicht nur gelegentlich Aufträge an selbstständige Künstler oder Publizisten als freie Mitarbeiter oder zur Werbung und Öffentlichkeitsarbeit erteilen.
- Bis zum 31. März eines jeden Jahres müssen die Unternehmen der KSK die Entgelte mitteilen, die sie im abgelaufenen Kalenderjahr an selbstständige Künstler und Publizisten gezahlt haben (Bemessungsgrundlage).
- Der Abgabesatz zur Künstlersozialversicherung beträgt seit 2018 4,2 %.

Beleg buchen

Die laufenden Beitragsvorauszahlungen bemessen sich an den Honoraren des Vorjahres. Für das Jahr 20XX sind von der Diskothek „Downtown" zu hohe Künstlersozialbeiträge vorausgezahlt worden. Das Guthaben kommt im Laufe des März im Folgejahr zurück.

Bank	508,58 EUR	
an Periodenfremde Erträge		508,58 EUR

Das richtige Konto

BGA	IKR	SKR03	SKR04	Kontenbezeichnung (SKR04)
427	692	4380	6420	Beiträge
243	549	2520	4960	Periodenfremde Erträge

EINGANG

Personal·Leasing ®

Hauptverwaltung/Sitz der Gesellschaft
GmbH

Telefon: (+49)
Fax: (+49)
e-mail: info@

Geschäftsführerin
HRB. NR.:
Registergericht
UST.-IDNR.: DE
St.-Nr.:
Finanzamt

Unsere Geschäftsstellen in Deutschland, Österreich, England und Tschechischen Republik finden Sie auf der Rückseite.

GmbH

Rechnung

Datum : 28.08
Rechnungs-Nr :
Kunden-Nr. :
Seite : 1

Leistung	Woche	Stunden	EUR/Std	Gesamt EUR
Normalstunden	33	40,00	20,80	832,00
Normalstunden	34	40,00	20,80	832,00

F.023-01/08 RE

BZA

BPV

Fax:

PERSONAL·LEASING

Nettobetrag:	EUR	1.664,00
19 % MwSt:	EUR	316,16
Gesamtbetrag:	EUR	1.980,16

*** Zahlbar sofort ohne Abzug ***
Bitte geben Sie bei Ihrer Zahlung Kunden- und Rechnungsnummer an.

Unsere Bankverbindungen:
BLZ: Kto.: IBAN DE BLZ Kto.: IBAN DE

Abb. 56: Leiharbeit (Arbeitnehmerüberlassung)

Leiharbeit (Arbeitnehmerüberlassung)

- Man unterscheidet zwischen Fremdleistungen als „Aufwand für bezogene Leistungen" und Fremdarbeiten von freien Mitarbeitern und Leiharbeiter in Produktion/Verwaltung oder im Vertrieb andererseits, die statt eigenem Personal herangezogen werden.
- Zwar kommt es zwischen Entleiher und Leiharbeitnehmer zu keinem rechtlichen Arbeitsverhältnis. Der Entleiher kann jedoch den Leiharbeitnehmer für die vertraglich festgelegten Arbeiten einteilen und ihn auch versetzen und muss ihn über seine Aufgaben und Verantwortung sowie über die Art seiner Tätigkeit und ihre Einordnung in den Arbeitsablauf informieren.
- Umgekehrt ist der Leiharbeitnehmer verpflichtet, Krankheit und andere persönliche Verhinderungen auch dem Entleiher anzuzeigen. Verursacht er bei Ausübung seiner Tätigkeit schuldhaft einen Schaden, ist er dem Entleiher zum Schadensersatz verpflichtet.

Achtung:

Für den Unternehmer können sich Haftungsrisiken ergeben, wenn die Leiharbeitsfirma die Lohnsteuer und Sozialversicherungsbeiträge für den Leiharbeitnehmer nicht abführt.

Beleg buchen

Um den dringlichen Installationsauftrag abwickeln zu können, greift Elektro Zapp für 14 Tage auf einen Leiharbeitservice zurück.

Fremdarbeiten	1.664,00 EUR	
Vorsteuer	316,16 EUR	
an Bank		1.980,16 EUR

Das richtige Konto

BGA	IKR	SKR03	SKR04	Kontenbezeichnung (SKR04)
4731	610	4909	6303	Fremdarbeiten (freier Mitarbeiter)
465	610	4780	6780	Fremdarbeiten (Vertrieb)
37	610	3100	5900	Fremdleistungen

Deutsche Post

Geschäftsbereich Vertrieb Brief

Rechnung

Deutsche Post AG GB Vertrieb Brief West / ZKAM
BO Kundenservice Nord Abrechnung Brief 30136 Hannover

He. Druckerei und Verlag GmbH
5

Bei Zahlung oder Rückfragen bitte angeben:

Rechnungsnummer	171
Rechnungsdatum	20
ausgestellt am	04.2
Kundennummer	3261

Sehr geehrte Kundin, sehr geehrter Kunde,
vielen Dank für Ihren Auftrag und das in uns gesetzte Vertrauen. Die erbrachten Leistungen rechnen wir hiermit wie folgt ab:

Abrechnungsnummer: 32618
AM-Auftrag: 00 05 Postcard: 32618 1
Absender / Leistungsempfänger:
POSTCARD
Mailling A 11
Leistungserstellung vom

Produkt	Gewicht	Menge	Einh.	USt-Kz.	Einzel Preis	Gesamtbetrag (EUR)
Infopost Groß	118 g	5.427	ST	C1	0.65	3.527.55

Gesamtsumme Positionen:					3.527.55
Umsatzsteuer	19.00	%	von	3.527.55	670.23
C1: voller Steuersatz					
Rechnungsbetrag					4.197.78

Zahlungsbedingungen: sofort zahlbar
Der Rechnungsbetrag wird von Ihrem Konto 2 BLZ: abgebucht.
Mit freundlichen Grüßen
Ihre Deutsche Post

Hausadresse:
Gradestraße 22
30163 Hannover
Telefon 0180 2 001427
Mo.-Fr. von 8:00 bis 18:00 Uhr
(6 Cent je Anruf aus den deutschen Festnetzen; max. 42 Cent je angel. 60 Sek. aus den dt. Mobilfunknetzen)
Telefax 0511 3720 -434
www.deutschepost.de

Kontoverbindung
Deutsche Post AG
Shared Service Center
Accounting Köln
Postbank Stuttgart
Konto-Nr. 379 090 700
BLZ 600 100 70
IBAN:
DE64600100700379090700
BIC: PBNKDEFF600

Vorstand
Dr. Frank Appel, Vorsitzender
Ken Allen
Roger Crook
Bruce Edwards
Jürgen Gerdes
Lawrence A. Rosen
Walter Scheurle

Vorsitzender des Aufsichtsrates
Prof. Dr. Wulf von Schimmelmann

Sitz Bonn
Registergericht Bonn
HRB 6792
USt-IdNr.
DE 169838187
St.Nr 5205/5777/1510

Abb. 57: Mailing

Mailing

Anders als bei Paketsendungen von Versandhändlern (siehe Stichwort „Portokosten“) handelt es sich bei weiterberechneten Portokosten von Mailings um durchlaufende Posten.

- Ab dem 01.07.2010 unterliegen viele Postleistungen der Umsatzsteuer, so auch die sogenannte Infopost. Die Zahlung erfolgt meistens sofort durch den Einlieferer.
- Dem Auftraggeber von Mailingaktionen (nicht dem Einlieferer) steht ein Vorsteuerabzug zu, wenn er auf der Rechnung als Auftraggeber/Absender bezeichnet ist. In diesem Fall handelt es sich bei den Zahlungen durch den Einlieferer (Marketingunternehmer, Druckerei o. Ä.) um durchlaufende Posten.
- Weist der Einlieferer unberechtigt die auf das Porto entfallene Umsatzsteuer gesondert aus, schuldet er diese nach § 14c Abs. 2 UStG, da er keine Leistung erbringt.[22] Der Empfänger dagegen hat keinen Vorsteuerabzug aus der unrichtigen Rechnung.

Beleg buchen

Die Druckerei Heckler übernimmt im Auftrag eines Wettbüros Druck und Mailing von 5.427 Flyern. Die Zahlung bei Einlieferung wird über die Postcard bei der Bank abgebucht. Die Portorechnung reicht die Druckerei im Original an ihren Auftraggeber weiter.

Durchlaufende Posten	4.197,78 EUR	
an Bank		4.197,78 EUR

Das richtige Konto

BGA	IKR	SKR03	SKR04	Kontenbezeichnung (SKR04)
4820	6821	4910	6800	Porto
1595	2663	1590	1370	Durchlaufende Posten

[22] OFD Frankfurt a. M., Verfügung vom 26.07.2011, S-7200 A — 180 — St 111.

EINGANG
23. SEP.

einfach gut

Schweißtechnik
Technische Gase
Sauerstoff für Technik u. Medizin
Propangas - Carbid
Schweisstechn. Geräte und Zubehör
Gasgeräte für Camping u. Freizeit

GmbH

Rechnung

Rechnungsnr:

Datum: 22.09.

Kundennr.: **Auftragsnr.:** **Versandadresse:** Eig.
Bestellnr.:

Lieferschein		Bezeichnung	Art.-Nr.	Menge	Preis	Rabatt	Gesamt
2836	17.09.	Füllung Argon 300 bar	99999	1 Stück	80,00 €		80,00 €
							0,00 €

		80,00 €
	Nebenkosten	
Steuernummer FA	**MwSt. 19%**	15,20 €
Umsatzsteuer-Id-Nr.: DE	**Rechnungsbetrag**	**95,20 €**

Lieferscheindatum entspricht Lieferdatum.
Die Ware bleibt bis zur vollständigen Bezahlung unser Eigentum. Zahlbar innerhalb 10 Tagen abzügl. 2 % Skonto, oder 30 Tage netto.
Propan/Treibgas zahlbar sofort nach Rechnungserhalt ohne Abzug.

Handelsregister · HRB-Nr · Geschäftsführer: Steuer-Nr. · UST.-IDNR. DE
Medien
Telefon
Telefax
E-MAIL @ .COM
Banken
Volksbank

Abb. 58: Materialeinkauf (Roh-, Hilfs- und Betriebsstoffe)

Materialeinkauf (Roh-, Hilfs- und Betriebsstoffe)

- Zu den Anschaffungsnebenkosten beim Material- und Wareneinkauf zählen auch innerbetriebliche Kosten für den Transport mit eigenen Arbeitskräften und Fahrzeugen bis zum Lagereingang. Als Einzelkosten gelten hier Lohnkosten, Sozialabgaben und Kraftstoffverbrauch, während damit verbundene Gemeinkosten wie Hilfslöhne und Abschreibungen sowie innerbetriebliche Beförderungskosten und Kosten der Lagerung bis Lagerausgang nicht berücksichtigt werden.
- Der Materialeinkauf kann in der vereinfachten Buchhaltung als aufwandswirksamer Materialeinsatz/-verbrauch erfasst werden.
- Bei der Materialverbrauchsermittlung durch Umbuchung ist zuerst der Einkauf von Materialien als aufwandsneutrale Bestandserhöhung einzusteuern. Zusätzlich wird gegen Monatsende als Materialaufwand der tatsächliche Verbrauch verbucht.

Beleg buchen

Der Einkauf von Schweißgas wird auf dem Materialeinkaufskonto erfasst. Das Buchhaltungssystem behandelt den Einkauf aufwandsneutral. Zum Monatsende wird mithilfe einer separaten Lagerbuchführung der gesamte Materialverbrauch mit 5.000 EUR ermittelt.

Materialeinkauf (aufwandsneutral)	80,00 EUR	
Vorsteuer	15,20 EUR	
an Bank		95,20 EUR

Aufwendungen Roh-, Hilfs- und Betriebsstoffe	5.000,00 EUR	
an Verrechnete Stoffkosten		5.000,00 EUR

Das richtige Konto

BGA	IKR	SKR03	SKR04	Kontenbezeichnung (SKR04)
301	60	4000	5000	Aufwendungen Roh-, Hilfs- und Betriebsstoffe
3015	600	3000-3095	5100-5195	Einkauf Roh-, Hilfs- und Betriebsstoffe
3022	6171	3990	5860	Verrechnete Stoffkosten

D-6… n

RECHNUNG

17.10.

BETRIFFT: **Materiallieferungen**

OBJEKT: **/ Pil…**

KONTAKTPERSON: **Herr …**
Tel. 0049 …
Fax 0049 …

Zusammenstellung:

REG…				4'404.30
Brutto-Betrag				4'404.30
Mehrwertsteuer	%	8.000	4'404.30	352.35
Nettobetrag inkl. 8.0% MWST				**4'756.65**

Materiallieferungen vom 19.09.20 bis 05.10.20 (Rapporte A1 - A3)

Netto innert 30 Tagen

Unberechtigte Skontoabzüge werden nachgefordert.

8% Verzugszins nach Ablauf der Zahlungsfrist

Besten Dank für Ihren geschätzten Auftrag.

… AG
Telefon …
Telefax …
info@…

Weitere Geschäftsstellen

www.….ch
ISO 9001 : 2008
MWST-…

Ein Mitglied der:

Abb. 59: Materialeinkauf im Ausland

Materialeinkauf im Ausland

- Beim Materialeinkauf im Ausland besteht für den Unternehmer grundsätzlich die Möglichkeit zur Erstattung der gezahlten Vorsteuer. Die Anträge auf Umsatzsteuervergütung sind elektronisch über das Online-Portal des Bundeszentralamts für Steuern (BZSt) einzureichen. Das BZSt prüft nur die Unternehmereigenschaft des Antragstellers und leitet den Antrag dann an den EU-Mitgliedstaat weiter, in dem die Umsatzsteuer erhoben wurde. Dieser EU-Mitgliedstaat bearbeitet die Anträge und erstattet die gezahlte Umsatzsteuer.
- Auch die Schweiz erstattet ausländischen Unternehmern die Vorsteuer. Als Einkäufer dürfen sie jedoch im Inland (Schweiz und Liechtenstein) weder steuerlich registriert sein noch Leistungen erbringen. Nur ein Antrag pro Kalenderjahr kann gestellt werden bei einem Mindestbetrag pro Kalenderjahr von 500 Franken rückzahlbarer Steuern.

Beleg buchen

Bei einem Bauvorhaben in der Schweiz lässt sich die deutsche Dachdeckerfirma den benötigten Baubedarf vor Ort anliefern. Der Schweizer Lieferer weist Mehrwertsteuer aus. Da jedoch die Dachdeckerfirma in der Schweiz Arbeiten ausführt, kann sie keine Vorsteuervergütung beantragen. Die Bank setzt einen Umrechungskurs von 1,10 Franken = 1 EUR an.

Materialeinkauf	4.324,23 EUR	
an Bank		4.324,23 EUR

Das richtige Konto

BGA	IKR	SKR03	SKR04	Kontenbezeichnung (SKR04)
301	60	4000	5000	Aufwendungen Roh-, Hilfs- und Betriebsstoffe
3015	600	3000-3095	5100-5195	Einkauf Roh-, Hilfs- und Betriebsstoffe
3022	6171	3990	5860	Verrechnete Stoffkosten

Fahrzeug-Mietkaufvertrag
- Antrag des Mieters -

MV-Nr.: 245361 11.05.
Lieferdatum 11.05.

Mieter	Firma/Name	Horst Starke		
	Branche	IT-Berater		
	Straße, Nr.	Wiesengasse 3	Telefon	XXXXXXXXXXX
	PLZ/Ort	55586 Neustadt	Telefax	XXXXXXXXXXX
Lieferant	Firma/Name	EASY Leasing AG	Steuernummer	DE 098XXXXXX
	Straße, Nr.	Opelstr. 5	Telefon	XXXXXXXXXXX
	PLZ/Ort	64530 Eschersbach	Telefax	XXXXXXXXXXX

Fahrzeug

Anzahl 1 XXXXXXXXXXXXXXXXXXXXXXXXXX KOMBI, 5 Türen, 132 KW

fabrikneu ja ☐ nein ☒

☐ Lieferumfang und Ausstattung gemäß beiliegender Anlage "Spezifizierung des Fahrzeuges"

Soweit nachfolgend keine abweichende Angabe erfolgt, wird als Standort des Fahrzeuges die oben genannte Anschrift des Mieters vereinbart.

Konditionen
Anpassung gem. nachfolgender Ziffer 4 möglich

Laufzeit **36** Monate	%	EUR
Berechnungsgrundlage	100	16.380,00
Miete monatlich	3,1665	518,68
Differenzabsicherung monatlich		3,00
einmalige Sonderzahlung fällig mit erster Miete	0,0000	0,00
letzte erhöhte Miete		
gesetzl. USt. auf die Gesamtmietforderung u. Differenzabsicherung (mit der ersten Miete sofort und in voller Höhe zu zahlen)		3.568,34

Bankeinzug

Der Mieter ermächtigt den Vermieter, die Mieten und alle sonstigen nach dem Vertrag geschuldeten Zahlungen von folgendem Konto im Lastschriftverfahren einzuziehen:

BLZ XXXXXXXXXXXXXXXXX Kto.-N XXXXXXXXXXXXXXXXX

Bank XXXXXXXXXXXXXXXXXXXXXXXXXXXXXXXXXX

Diese Einzugsermächtigung erstreckt sich auch auf einen Forderungseinzug durch einen Dritten, an den der Leasinggeber die Forderungen zu Refinanzierungszwecken abtritt oder durch einen von diesem beauftragten Dritten.

Der Mieter beantragt bei der EASING AG - im folgenden Vermieter genannt - **zu den vorstehenden und nachfolgenden Bedingungen** den Abschluss eines Mietkaufvertrages über das o.g. Mietobjekt. Er hält sich an seinen Antrag bis 1 Monat nach dessen Eingang beim Vermieter gebunden

11.05.
, **den**

Ort, Datum (Stempel und Unterschrift des Mieters)

EASING AG Hauptverwaltung Regionalverwaltung Regionalverwaltung Vorstand Aufsichtsratsvorsitzender

Abb. 60: Mietkauf (Kaufleasing)

Mietkauf (Kaufleasing)

- Bei Leasinggegenständen können sich in Grenzfällen Zuordnungsprobleme ergeben. In den meisten Verträgen ist gewollt, dass der Leasingnehmer kein Eigentümer wird, so dass er als Aufwand nicht die AfA, sondern die Leasingraten und die anteilige Sonderzahlung berücksichtigen kann.
- Erfolgt die Zuordnung zum Leasingnehmer, handelt es sich um Kaufleasing.
- Bei „Mietverträgen“, die im Ergebnis Mietkaufverträge sind, wird dem Mieter vertraglich das Recht eingeräumt, den gemieteten Gegenstand unter Anrechnung der gezahlten Miete auf den Kaufpreis zu erwerben.
- Auf die Bezeichnung in den Verträgen kommt es nicht an. Allerdings ist kein Vorsteuerabzug aus dem gesamten Kaufpreis möglich, wenn sie nur bei den einzelnen Raten ausgewiesen ist.

Beleg buchen

Die Leasinggesellschaft schließt einen Mietkaufvertrag ab. Auf den Kaufpreis von 16.380 EUR und einem Finanzierungsanteil von 2.400,48 EUR werden 3.568,34 EUR Umsatzsteuer fällig, die im Vertrag ausgewiesen sind. Die Umsatzsteuer wird zusammen mit der ersten Rate von 518,68 EUR überwiesen.

Pkw	16.380,00 EUR	
Vorsteuer	3.568,34 EUR	
Aktive Rechnungsabgrenzung	2.400,48 EUR	
Darlehen	521,68 EUR	
an Bank		4.090,02 EUR
Darlehen		18.780,75 EUR

Das richtige Konto

BGA	IKR	SKR03	SKR04	Kontenbezeichnung (SKR04)
1962	4876	1707	3564	Darlehen 1–5 Jahre
034	0841	0320	0520	Pkw
91	29	0980	1900	Aktive Rechnungsabgrenzung

Energie-Vertriebsgesellschaft mbH

Energie-Vertriebsgesellschaft mbH

Firma Elektro Zapp
Inh. Erwin Zapp
Daimlerstr. 3

46464 Neustadt

Servicenummer (08 00)
Montag – Freitag 07:00 – 19:00 Uhr

Telefax
E-Mail info@
Bankverbindung
BLZ
Konto
Datum

Bitte bei Zahlungen und Rückfragen Vertragskontonummer angeben:

Kundennummer
Vertragskontonummer
Rechnungsnummer

Ihre Jahresrechnung

Sehr geehrter Herr Zapp,

als unser Kunde erhalten Sie sicher und zuverlässig Energie. Gerne sind wir der kompetente Energieversorger in Ihrer Nähe. Mit Abschluss des Abrechnungszeitraums informieren wir Sie nun über Ihre exakten Verbrauchs- und Abrechnungsdaten. Vielen Dank für Ihr Vertrauen.

Mit freundlichen Grüßen

Ihre Energie-Vertriebsgesellschaft mbH

Zeitraum 01.01.20 -31.12.20

Abrechnung Strom EUR	Nettobetrag	Umsatzsteuer	Bruttobetrag
Ihr Verbrauch kostet	1.100,00	209,00	1.309,00
bereits gezahlt haben Sie	1.000,00	190,00	1.190,00
noch zu zahlen	100,00	19,00	119,00

Abrechnungsbetrag 119,00 EUR

Noch zu zahlen sind **119,00 EUR**

Den Betrag werden wir mit der nächsten, fälligen Forderung erheben.

Hier finden Sie uns:

Energie-Vertriebsgesellschaft mbH
Sitz der Gesellschaft:
Registergericht HRB Nr.
Steuernummer

Vorsitzender des Aufsichtsrats:
Geschäftsführer:

1/3

Unsere Internetadresse:
www.

Abb. 61: Mietnebenkosten (Strom, Gas, Wasser)

Mietnebenkosten (Strom, Gas, Wasser)

- Aufwand für Strom, Gas und Wasser entsteht entweder (wie im folgenden Beispiel) in Handel, Verwaltung, Büro und Vertrieb oder als Materialeinsatz (Roh-, Hilfs- und Betriebsstoff) in der Fertigung, in Werkstätten u. Ä.
- Für Gas, Strom und Wasser werden in der Regel während des Jahres Abschlagszahlungen geleistet und meist vom Versorger per Lastschrift eingezogen.
- In einer Jahresendabrechnung wird der tatsächliche Verbrauch des abgelaufenen Jahres den Abschlagszahlungen gegenübergestellt. Daraus ergibt sich eine Rückerstattung, die Sie entsprechend unter „Forderungen“, bzw. eine Nachzahlung, die Sie unter „Verbindlichkeiten/Rückstellungen“ bilanzieren.
- Achten Sie auf den ggf. verminderten USt.-Ausweis für Leistungen im 2. Halbjahr 2020.

Beleg buchen

Wenn der Jahresabschluss aufgestellt wird, liegt die Nachzahlungsrechnung für 2020 vor. Zum Jahresende wird die Verbindlichkeit erfasst ...

Strom, Gas, Wasser	100,00 EUR	
Vorsteuer im Folgejahr abziehbar	19,00 EUR	
an Sonstige Verbindlichkeiten		119,00 EUR

... und bei Zahlung im Folgejahraufgelöst.

Sonstige Verbindlichkeiten	119,00 EUR	
an Bank		119,00 EUR

Das richtige Konto

BGA	IKR	SKR03	SKR04	Kontenbezeichnung (SKR04)
432	6933	4240	6325	Gas, Strom, Wasser
3016	605	3090	5190	Energiestoffe (Fertigung)
101	24	1410	1210	Forderungen aus Lieferungen und Leistungen
171	44	1610	3310	Verbindlichkeiten aus Lieferungen und Leistungen
0724	39	0970	3070	Sonstige Rückstellungen

Eurocar

RECHNUNG

RECHNUNGSNR.BITTE ANGEBEN: 24
Rechnungsdatum: 09.02.
Erstellungsdatum: 09.02.
Mietvertragsnummer: 10

AUTOVERMIETUNG GMBH

NEUES KUNDENKONTO: 28

Contract: 43

Tel:0 Fax:0
Handelsregister: HRB
USt.-Id-Nummer: DE81

Kunden-Referenz: -

Fahrer							
	Tatsaechlich		Berechnet				
Anmietung	09.02.2	~~10:41~~	~~09.02.20~~	10:41	24H OPEN		*RY*
Rueckgabe	09.02.20	16:23	09.02.20	16:23	24H OPEN		*RY*
Fahrzeug	:				Telefoneinheiten:		0
Kennzeichen				CDIKASTEN	Gefahrene Kilometer:		31

Berechnung:	Anzahl	Einheit	Preis/Einh EUR	Betrag EUR
Tarif/Produkt:D -TAG INKL. 100 KM				
Grundpreis	1	Tage à	42.02	42.02
im Grundpreis enthaltene Km	100	Km		
Mehrwertsteuer 19.00 % auf 42.02				7.98
			Rechnungsbetrag:	50.00

Zu zahlen bis : 23.02.20 Faelliger Betrag:EUR 50.00

Reservierungs Nr.: 157

-----------------------------------(Hier abtrennen)-----------------------------------

Rechnungsdatum : 09.02
NEUES KUNDENKONTO :
RECHNUNGSNR.BITTE ANGEBEN:
Mietvertragsnummer :

Zu zahlen bis : 23.02.20
Faelliger Betrag: EUR 50.0

Zahlung mit RECHNUNGSNUMMER an: AUTOVERMIETUNG GMBH

Bank/BLZ/Kontonummer:
BANK AG

Abb. 62: Mietwagen

Mietwagen

- Bei Nutzung eines Mietwagens sind die Aufwendungen in der nachgewiesenen Höhe abzugsfähig.
- Auch wenn der Wagen vom Arbeitnehmer angemietet wird, muss die Rechnung ebenfalls auf den Arbeitgeber als Leistungsempfänger ausgestellt sein. In Kleinbetragsrechnungen mit einem Gesamtbetrag bis zu höchstens 250 EUR muss der Leistungsempfänger nicht benannt werden. Wenn jedoch der Arbeitnehmer als Leistungsempfänger bezeichnet ist, ist der Vorsteuerabzug nicht mehr möglich.
- Im Gegensatz zu dem Taxenverkehr ist der Verkehr mit Mietwagen nicht steuerermäßigt. Der Mietwagenverkehr unterscheidet sich im Wesentlichen vom Taxenverkehr dadurch, dass nur Beförderungsaufträge ausgeführt werden dürfen, die am Betriebssitz oder in der Wohnung des Unternehmers eingegangen sind (§ 49 Abs. 4 PBefG).

Beleg buchen

Die Leihwagenpauschale beträgt brutto 50 EUR und wird vom Unternehmer mit Kreditkarte gezahlt.

Fremdfahrzeuge	42,02 EUR	
Vorsteuer	7,98 EUR	
an Kreditkartenabrechnung		50,00 EUR

Das richtige Konto

BGA	IKR	SKR03	SKR04	Kontenbezeichnung (SKR04)
4130	6885	4595	6595	Fremdfahrzeuge
4716	6884	4570	6560	Leasingwagen
174	4890	1730	3610	Kreditkartenabrechnung

Zusatz: Ab Januar 2007 sind 19% Mehrwertsteuer = 330,60 EUR, somit monatlich insgesamt 2.070,60 EUR zu zahlen

§ 3 – Miete und Nebenkosten

	EUR
1. ☒ Die **Netto-Kaltmiete** (ausschließlich Betriebskosten, Heizung und Warmwasser) beträgt	
☐ Die **Brutto-Kaltmiete** (einschließlich Betriebskosten, ausschließlich Heizung und Warmwasser) beträgt	1500,–
2. Neben der Miete sind monatlich zu entrichten für:	
Betriebskostenvorschuss gemäß Abs. 3 ______ zzt.	
Heizkostenvorschuss gemäß § 5 ______ zzt.	
Zusatz: Ab Januar 2007 sind 19% MWSt = 330,60 EUR	240,–
somit monatlich insges. 2.070,60 EUR zu zahlen + 16 % Mehrwertsteuer zzt.	278,40
monatlich insgesamt zzt.	2018,40

3. Die **Betriebskosten** gemäß Betriebskostenverordnung in der jeweils geltenden Fassung, ermittelt aufgrund der letzten Berechnung des Vermieters vom ______

☐ sind in der gem. Abs. 1 vereinbarten Brutto-Kaltmiete ausschließlich Heizung und Warmwasser anteilig **enthalten**.

☒ sind in der gem. Abs. 1 vereinbarten Netto-Kaltmiete **nicht enthalten**.

Hierbei handelt es sich insbesondere um:

- die laufenden öffentlichen Lasten des Grundstücks, insbesondere Grundsteuer
- die Kosten der Wasserversorgung
- die Kosten der Entwässerung
- die Kosten des Betriebs des Personen- oder Lastenaufzugs
- die Kosten der Straßenreinigung und Müllbeseitigung
- die Kosten der Gebäudereinigung und Ungezieferbekämpfung
- die Kosten der Gartenpflege
- die Kosten der Beleuchtung
- die Kosten der Schornsteinreinigung
- die Kosten der Sach- und Haftpflichtversicherung
- die Kosten für den Hauswart
- die Kosten des Betriebs der Gemeinschafts-Antennenanlage oder der mit einem Breitbandkabelnetz verbundenen privaten Verteilanlage
- die Kosten des Betriebs der Einrichtungen für die Wäschepflege
- sonstige Betriebskosten
- Umlageausfallwagnis

______

Der Mieter ist verpflichtet, seinen entsprechenden Anteil an den Betriebskosten zu übernehmen. Erhöhungen bzw. Ermäßigungen dieser Betriebskosten werden vom Vermieter auf die Mieter umgelegt.

4. Auf Verlangen des Vermieters hat der Mieter neben der Miete Mehrwertsteuer zu zahlen. In diesem Fall ist der Vermieter verpflichtet, dem Mieter die erforderlichen Vorsteuerbelege zu erteilen.

5. a) ☐ Der Mieter hat zur Kenntnis genommen, dass der Vermieter zur **Umsatzsteuer** optiert hat und bestätigt, dass er mit seiner Tätigkeit, wie in § 1 Abs. 1 beschrieben, umsatzsteuerpflichtige Umsätze erzielt.

b) ☐ Der Mieter verpflichtet sich, den Vermieter über den etwaigen späteren Wegfall umsatzsteuerpflichtiger Umsätze unverzüglich zu informieren.

c) ☐ In diesem Fall verpflichten sich Vermieter und Mieter, die Miethöhe neu zu verhandeln.

d) ☐ Der Mieter ist dem Vermieter zum Schadensersatz verpflichtet, falls dem Vermieter der Vorsteuerabzug aufgrund des Sachverhaltes gemäß 5. b) versagt wird.

6. Die **Schönheitsreparaturen** und den Ersatz von Glasscheiben übernimmt der ☐ Mieter ☐ Vermieter.

Der Verpflichtete hat die Schönheitsreparaturen regelmäßig und fachgerecht vorzunehmen.

7. **Kleine Instandsetzungen** sind während der Dauer der Mietzeit vom ☐ Mieter ☐ Vermieter auf dessen Kosten auszuführen, soweit die Schäden nicht vom anderen Vertragspartner zu vertreten sind. Die kleinen Instandsetzungen umfassen das Beheben kleinerer Schäden sowie die Wartung an Leitungen und Anlagen für Wasser, Elektrizität, Gas und Heizung, an sanitären Einrichtungen, an Verschlüssen von Fenstern und Türen, an Rollläden, Jalousien und Markisen. – Kleinere Schäden sind Schäden, deren Behebung insgesamt nicht mehr als 5 v. H. der Jahresnettokaltmiete ausmachen.

§ 4 – Zahlung der Miete und der Nebenkosten

1. Die Miete und Nebenkosten sind monatlich im Voraus, spätestens am dritten Werktag des Monats kostenfrei an den Vermieter zu zahlen.

☒ Die Miete und Nebenkosten sind auf das Konto Nr. 2______ bei ______ bank Mainz ______ (BLZ 50______) einzuzahlen. Für die Rechtzeitigkeit der Zahlung kommt es nicht auf die Absendung, sondern auf die Ankunft des Geldes an.

☐ Miete und Nebenkosten werden im Lastschrift-Einzugsverfahren von einem vom Mieter zu benennenden Konto abgebucht. Der Mieter verpflichtet sich, dem Vermieter eine Einzugsermächtigung zu erteilen. Bei Kontenänderung verpflichtet sich der Mieter jeweils eine neue Einzugsermächtigung zu erteilen.

2. Die Heiz- und Betriebskosten gem. § 3 werden in Form monatlicher Abschlagszahlungen erhoben und sind jährlich nach dem Stichtag vom ______ jeden Jahres für die Heizkosten und nach dem Stichtag vom ______ jeden Jahres für die Betriebskosten mit dem Mieter abzurechnen. Der Ausgleich der Nachzahlung bzw. der Gutschrift hat zu dem auf die Abrechnung folgenden Mietzahlungstermin zu erfolgen.

3. Bei verspäteter Zahlung kann der Vermieter Mahnkosten in Höhe von EUR ______ je Mahnung, unbeschadet von Verzugszinsen, erheben. Bei Mahnkosten und Verzugszinsen handelt es sich um pauschalierten Schadensersatz. Der Mieter kann nachweisen, dass ein niedrigerer Schaden entstanden ist.

§ 5 – Sammelheizung und Warmwasserversorgung

1. Der Vermieter ist verpflichtet, die Sammelheizung, soweit es die Außentemperaturen erfordern, mindestens aber in der Zeit vom 1. Oktober bis 30. April, in Betrieb zu halten. Die Warmwasserversorgung hat ständig zu erfolgen. Ein Anspruch des Mieters auf Versorgung mit Sammelheizung und Warmwasser besteht für Sonnabende – Sonntage – gesetzliche Feiertage – nicht.

2. Der Mieter ist verpflichtet, die anteiligen Betriebs- und Wartungskosten zu bezahlen.

3. Die Betriebs- und Wartungskosten werden vom Vermieter entsprechend den gesetzlichen Abrechnungsmaßstäben umgelegt. Werden Wärmezähler und/oder Warmwasserkostenverteiler verwandt, so wird ein fester Anteil der Kosten nach dem Verbrauch aufgeteilt, nämlich ______ v. H.*)

Auf den Umlegungsbetrag für die Betriebs- und Wartungskosten sind monatlich Vorauszahlungen zu leisten, deren Höhe der Vermieter jeweils angemessen festsetzt und über die nach der Heizperiode abzurechnen sind.

______

*) mindestens 50 v. H., höchstens 70 v. H. (§ 7 Heizkosten-VO. vom 20. 01. 1989).

Abb. 63: Mietzahlungen

Mietzahlungen

- Werden Gebäude oder Räume aus betrieblichem Anlass angemietet, sind die Aufwendungen für die Miete abziehbar.
- Bei Vermietungen kann im Mietvertrag auf die Umsatzsteuerfreiheit der Vermietung verzichtet werden, sofern es sich nicht um Wohnraum handelt (Option nach § 9 UStG). Dabei gilt der Mietvertrag als Rechnung im Sinne von § 14 UStG.
- Als Rechnung ist auch ein Vertrag anzusehen, der die in § 14 Abs. 4 UStG geforderten Angaben enthält. Im Vertrag fehlende Angaben müssen in anderen Unterlagen enthalten sein, auf die im Vertrag hinzuweisen ist. So muss in Mietverträgen, die ab 01.01.2004 geschlossen werden, die Steuernummer des Vermieters enthalten und mit einer eindeutigen Vertragsnummer versehen sein.[23]
- Für das 2. Halbjahr 2020 sind Mietverträge durch ergänzende Unterlagen, die alle erforderlichen Informationen zum Entgelt und Steuersatz für den Zeitraum vom 1. Juli 2020 bis zum 31. Dezember 2020 enthalten, anzupassen.[24]

Beleg buchen

Der monatliche Mietzins beträgt laut Mietvertrag 1.500 EUR und 240 EUR „zzgl. 16 % MwSt. 278,40 EUR“. Wegen der Erhöhung des USt.-Satzes zum 01.01.2007 wird der Vertrag rechtzeitig angepasst.

Miete	1.740,00 EUR	
Vorsteuer	330,60 EUR	
an Bank		2.070,60 EUR

Der Vermieter verbucht die Mieteinnahmen.

Bank	2.070,60 EUR	
an Mieterträge		1.740,00 EUR
an Umsatzsteuer		330,60 EUR

Das richtige Konto

BGA	IKR	SKR03	SKR04	Kontenbezeichnung (SKR04)
411	670	4210	6310	Miete
80	510	8200	4200	Mieterlöse

23 BMF, Schreiben vom 29.01.2004, IV B 7 — S 7280 — 19/04 Nr. 40 und 43.

24 3.3.1. des BMF-Schreibens III C 2 -S 7030/20/10009.

HAUFE.
AKADEMIE

Haufe Service Center GmbH, Postfach 10 01 21, 79120 Freiburg

Die rechtsgeschäftliche Durchführung (Auslieferung, Abrechnung etc.) erfolgt durch die **Haufe Service Center GmbH** im eigenen Namen für Rechnung Dritter (Kommission).
Kommittenten sind unter anderem:
Haufe-Lexware GmbH & Co.KG
Haufe Akademie GmbH & Co.KG
Haufe Lexware Real Estate AG
VCW Verlag für ControllingWissen AG.

Fragen zur Rechnung:
0761 595339-05
KS-Backoffice@haufe-akademie.de

Rechnung

Kundennummer	Rechnungsnummer	Rechnungsdatum	
2XXXXXXX	7XXXXXXXX	19.01.2021	Bitte bei Zahlung unbedingt angeben

Ihre Zeichen: Bestellnummer 450XXXXXX

Haufe Akademie
Online Essential: Der erfolgreiche Führungseinstieg
Leistungszeitraum: 12.01.2021 bis 08.02.2021
Distance Learning

Teilnehmer		Einzelpreis EUR	MwSt. %
Name		1.190,00	19,00
Summe Positionen		1.190,00	
19,00% Mehrwertsteuer	1.190,00	226,10	
Der Rechnungsbetrag ist sofort ohne Abzug fällig.		Rechnungsbetrag 1.416,10	EUR

Haufe Service Center GmbH
Munzinger Straße 9
D-79111 Freiburg
Postfach 100 121
D-79120 Freiburg
www.haufe.de
www.lexware.de
www.haufe-akademie.de

Registergericht Freiburg HRB 5718
Geschäftsführer: Tobias Lagatz,
Markus Steinberger,
Christa van der Burgh,
Harald Wagner

Abb. 64: Onlineseminar

Onlineseminar

- Als **Fortbildung** bezeichnet das Bundesarbeitsgericht jede Maßnahme zur Erlangung von Fähigkeiten und Erfahrungen, die generell für einen Arbeitnehmer von Nutzen ist oder die darin besteht, bereits vorhandene Kenntnisse zu verbessern oder durch tatsächliche praktische Übungen zu vervollkommnen.
- Handelt es sich dabei um die Vermittlung von rechtlichen oder organisatorischen Kenntnissen des Unternehmens selbst, können solche spezifischen Schulungsmaßnahmen auch als Beratungskosten berücksichtigt werden.

Beleg buchen

Die Inhouse-Schulung angehender Führungskräfte ist von der Haufe-Akademie inhaltlich nach Vorgaben des Unternehmens abgestimmt und findet als Online-Seminar statt.

Beratungskosten	1..190,00 EUR	
Vorsteuer	226,10 EUR	
an Bank (Arbeitnehmer)		1..416,10 EUR

Das richtige Konto

BGA	IKR	SKR03	SKR04	Kontenbezeichnung (SKR04)
4855	6941	4945	6821	Fortbildungskosten
484	677	4950	6825	Beratungskosten

AUTO Becker

VORFUEHR- / GESCHAEFTSFAHRZEUG
RECHNUNG

Firma Elektro Zapp
Inh. Erwin Zapp
Daimlerstr. 3

46464 Neustadt

RECHNUNGS-NR

RECHNUNGSDATUM
17.01.20
DEBITORENKONTO

FAHRZEUG-IDENT-NR
WDB
KENNZ-NL:
KM-STAND:

AUFTRAGSNUMMER

LIEFERDATUM

LAGERNUMMER

BESTELLUNG:
ERSTZULASS:

	WIR LIEFERTEN IHNEN EINEN GEBRAUCHTEN	EUR
		39.900,00
	INCLUSIVE SONDERAUSSTATTUNG	
19,00%	UMSATZSTEUER	7.581,00

	GESAMTBETRAG EUR	47.481,00 *

GEBUCHT

BLZ :
KONTO :

UST-IDNR.:
STEUERNUMMER
16 00

Abb. 65: Pkw-Anschaffung

Pkw-Anschaffung

- Zu den Anschaffungskosten zählen der Netto-Kaufpreis des Pkws und darüber hinaus sämtliche Aufwendungen, um es betriebsüblich nutzen zu können. Nebenkosten, wie Überführungskosten, Nummernschilder usw., gehören ebenso dazu wie Extras (z. B. Partikelfilter) und nachträgliche Anschaffungskosten, sofern sie dem Pkw einzeln zugerechnet werden können und mit Einbau ihre körperliche und wirtschaftliche Eigenart endgültig verloren haben.
- Bei der Inzahlungnahme handelt es sich üblicherweise um einen Tausch mit Wertausgleich in bar. Beim Betriebsvermögen von Kaufleuten unter sich sind beide Teile dieses Geschäfts umsatzsteuerpflichtig (Ausnahme: Differenzbesteuerung nach § 25a UStG). Am sichersten fahren beide Unternehmer mit zwei getrennten Rechnungen über den Verkauf des Neuwagens und den Verkauf des Altfahrzeugs.

Beleg buchen

Mit einem Scheck wurde am 01.06. der neue Kombi (Tageszulassung) zum Preis von brutto 39.900 EUR gekauft.

Pkw	39.900,00 EUR	
Vorsteuer	7.581,00 EUR	
an Bank		47.481,00 EUR

Das richtige Konto

BGA	IKR	SKR03	SKR04	Kontenbezeichnung (SKR04)
034	0841	0320	0520	Pkw

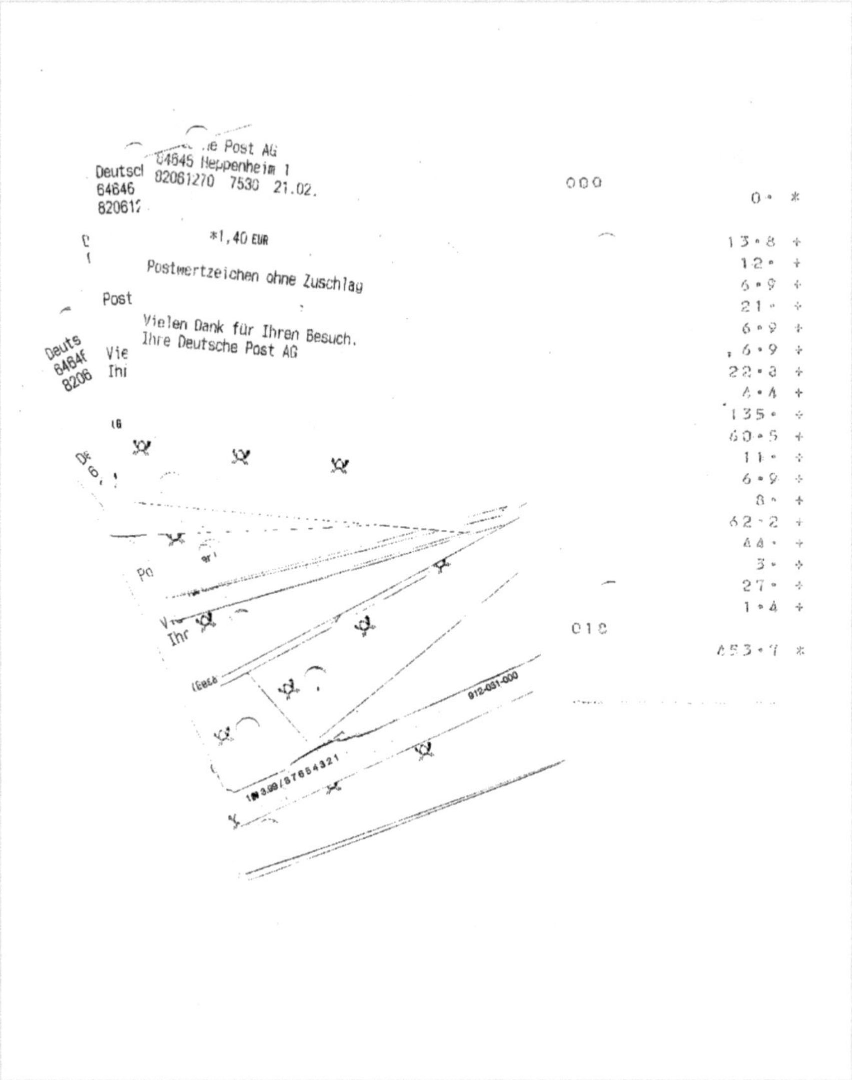

Abb. 66: Portokosten

Portokosten

Auf Paketsendungen sind Versandhandelsunternehmen als Absender genannt. Folglich liegen unmittelbare Rechtsbeziehungen zwischen ihnen und der Deutschen Post AG vor. Selbst eine „unfreie“ Versendung oder eine Versendung „per Nachnahme“ führt nicht zu Rechtsbeziehungen zwischen dem Empfänger des Pakets und der Post AG. Die von Versandhandelsunternehmen weiterberechneten Portokosten sind deshalb keine durchlaufenden Posten (siehe dazu auch Stichwort „Mailing“).

- Auch über das Ende des Briefmonopols zum 31.12.2007 hinaus bleiben die Freimarken der Post umsatzsteuerfrei. Seit dem 05.03.2010 können nun auch private Postdienstleister von der Steuerbefreiung profitieren, wenn sie zumindest einen Teil der allgemeinen Leistungen wie den Transport von Paketen ständig und flächendeckend anbieten. Zugleich unterliegen ab dem 01.07.2010 viele Postleistungen voll der Umsatzsteuer, die bei der Deutschen Post bislang steuerbegünstigt waren.
- Bei vielen Einzelbelegen bietet sich eine „Portokasse“ an: Zunächst werden Portokosten aus eigener Tasche ausgelegt und monatlich die gesammelten Belege addiert und in einer Summe erstattet.

Beleg buchen

Die gesammelten Einzelbelege Juni addieren sich zu 453,70 EUR. Sie werden bar erstattet.

Porto	453,70 EUR	
an Kasse		453,70 EUR

Das richtige Konto

BGA	IKR	SKR03	SKR04	Kontenbezeichnung (SKR04)
4820	6821	4910	6800	Porto
1595	2663	1590	1370	Durchlaufende Posten

cards4mobil

GmbH

Firma Elektro Zapp
Inh. Erwin Zapp
Daimlerstr. 3

46464 Neustadt

Abrechnung Nr.

Datum:	12.03.2
Kundennummer:	
VP-Nummer:	
Abrechnungszeitraum:	06.03.20 bis 12.03.2
Zahlungsbedingungen:	Gesamtbetrag sofort fällig
Ihre Steuernummer:	1
Bei Rückfragen:	Fon: 0700 /
	Fax:
	fico@ de

Seite 1/1

Sehr geehrter Vertriebspartner,

in der abgelaufenen Periode wurden auf Ihrem Vertriebskonto folgende abrechnungswirksame Bewegungen registriert:

Pos.	Stück	Bezeichnung	Ust.	Einzelbetrag	Betrag
1	4	D1 Xtra-Cash 15 EUR (EL)	keine	15,0000	60,0000
2	4	D1 Xtra-Cash 15 EUR Provision (EL)	19,00 %	-0,7800	-3,1200
3	7	D2 CallNow 15 EUR	keine	15,0000	105,0000
4	7	D2 CallNow 15 EUR Provision	19,00 %	-0,6600	-4,6200
5	2	O2 Loop Cash 15 EUR	keine	15,0000	30,0000
6	2	O2 Loop Cash 15 EUR Provision	19,00 %	-0,8400	-1,6800
Summe Positionen					**185,58 €**
		Umsatzsteuer	keine	195,00 €	0,00 €
		Umsatzsteuer auf Gutschrift	19,00%	-9,42 €	1,79 €
Endbetrag					**183,79 €**

Zahlungsart: Abbuchung

Geschäftsführer
HRB
USt-IdNr. DE

Bankverbindung

Fax
Info
www

Abb. 67: Provisionen

Provisionen

- Die vermittelten Umsätze im Namen und auf Rechnung eines anderen Unternehmers sind steuerfrei, die Provisionen für die Agenturtätigkeit (Verkaufskommission) jedoch in der Regel steuerpflichtig.
- Wird ein Händler in die Abgabe einer Telefonkarte eingeschaltet, so erbringt er keine eigene Telekommunikationsleistung an den Kunden. Die Differenz zwischen dem gezahlten und dem erhaltenen Betrag ist eine Vermittlungsprovision.[25] Beim Verkauf von Einzweck-Prepaid-Telefonkarten nehmen Finanzverwaltung[26] und BFH[27] hingegen eigenständige Telekommunikationsleistungen des im eigenen Namen handelnden Zwischenhändlers an.

Beleg buchen

Der Kioskbetreiber verkauft Guthabencodes für Handykarten.

Kasse	195,00 EUR	
an Agenturwarenabrechnung		195,00 EUR

Die Handyvertriebsfirma übermittelt wöchentlich die eingenommenen Gelder und bucht nach Abzug der Provisionen und Umsatzsteuer ab.

Agenturwarenabrechnung	195,00 EUR	
an Bank		183,80 EUR
an Provisionen		9,42 EUR
an USt.		1,78 EUR

Das richtige Konto

BGA	IKR	SKR03	SKR04	Kontenbezeichnung (SKR04)
1597	2664	1521	1375	Agenturwarenabrechnung
872	5411	8510	4560	Provisionserlöse

25 BMF-Schreiben vom 3.12.2001, IV B 7 — S 7100 — 292/01.

26 BMF, Schreiben vom 24.09.2012, IV D 2 — S 7100/08/10004: 004.

27 BFH, Urteil vom10.08.2016, V R 4/16.

REINIGUNG

NACH HAUSFRAUENART

für Büro - Geschäft - Privat

rasse 25

asse 25

Firma
Horst Starke
Wiesengasse 3
55586 Neustadt

Telefon (0
Fax (0
Email @t-online.de

Rechnung

Rechnungs.Nr: RE-0
Kunden.Nr : 1
Datum : 01.11.20
Kunde seit : 20

Menge	Erbrachte Leistungen	USt. %	EP	GP
9,75	Sonderstunden a`30,- Euro	19	30,00	292,50
	Teppichreinigung			
1,00	One Step Fleckenentferner 0,5 Liter	19	6,20	6,20
1,00	Entschäumer 1,0 Liter	19	8,74	8,74
8,00	Sapur Teppichshampo	19	7,20	57,60
1,00	Rechnungsdatum gleich Lierferdatum		0,00	0,00

Währung	Summe Netto	Mwst	Gesamtsumme
EURO	365,04	69,36	434,40
		- Anzahlung	EURO 0,00
		Zahlbetrag	EURO 434,40

Netto innerhalb von 8 Tagen (bis zum 09.11.20): 434,40 EURO

✓ 07.11.

Sparkasse
(BLZ 5 Kto.-Nr.

Bank eG
(BLZ Kto.-Nr.

Steuernummer.
Gerichtsstand:

Abb. 68: Reinigungskosten

Reinigungskosten

- Kosten für die Gebäudereinigung können entweder für eigenes Personal oder für eine Reinigungsfirma anfallen.
- Ab 2011 wurde die Steuerschuldnerschaft des Leistungsempfängers auf bestimmte Gebäude- und Fensterreinigungen erweitert. Gebäudereinigungsfirmen fallen dann unter die Regelung des § 13b UStG, wenn es sich um Leistungen von Subunternehmen handelt.

Beleg buchen

In der Mannheimer Filiale übernimmt eine Reinigungsfirma die Reinigung des Teppichbodens.

Reinigungskosten	365,04 EUR	
Vorsteuer	69,36 EUR	
an Bank		434,40 EUR

Das richtige Konto

BGA	IKR	SKR03	SKR04	Kontenbezeichnung (SKR04)
4731	6933	4280	6345	Sonstige Raumkosten
4732	6933	2350	6350	Sonst. Grundstücksaufwendungen
4711	6933	4250	6330	Reinigung
403	624	4195	6035	Löhne für Minijobs

Reisekostenabrechnung 20

Name und Adresse des Abrechnenden: Erwin Lindemann
Wiesenstraße 4 44688 Gelsenkirchen
Kostenstelle:

Beginn der Reise: Oktober um ______ Uhr; **Ende:** ______ um ______ Uhr

Anlass/Zielort der Dienst-/Geschäftsreise: ______

☒ Inlandsreise ☐ Auslandsreise ☐ Zusammenstellung besuchte Länder siehe Auslandsreisekostenabrechnung

Reisemittel: ☐ Dienstwagen ☒ Privat-Pkw ☐ Bahn ☐ Flugzeug

			Brutto-ausgaben	USt- (Vorsteuer)	Netto-aufwand
Fahrtkosten					
Bahnfahrkarten/Fahrausweise lt. Anlage	EUR				
Flugkarten lt. Anlage	EUR				
Autokosten (Kraftstoff/Öl usw.) lt. Anlage	EUR				
Kilometersatz bei Privat-/Arbeitnehmer-Kfz					
Zuschlag für ____ Mitfahrer ____ km X 0,02 EUR/km					
2806 km x 0,30	EUR = EUR	841,80	841,80		841,80
Aufwendungen für Unterbringung					
nach beigefügten Belegen ☐ ohne Frühstück	EUR				
☐ Kürzung Frühstück um 4,80 EUR/Tag bzw. 20 % bei Auslandsübernachtung	./. EUR				
oder Pauschbeträge ____ Tage x ____	EUR = EUR	0,00	0,00		0,00
Pauschbeträge für Verpflegungsmehraufwand					
____ Tage (24 Std.) zu 24	EUR = EUR	0,00			
____ Tage (mindestens 8 Std.) zu 12	EUR = EUR	0,00			
____ zu ____	EUR = EUR	0,00			
	Summe EUR	0,00	0,00		0,00
Reisenebenkosten lt. Formular „Reisenebenkostenabrechnung"					
______	EUR	0,00	0,00		0,00
Verrechnung mit geldwertem Vorteil aus Arbeitnehmerbewirtung					
lt. Untenstehender Aufstellung	./. EUR	0,00	0,00		0,00
Abrechnung erstellt:	**Summe**		841,80	0,00	841,80
	./. Vorschüsse			Buchungsvermerke:	
	Restzahlung/Überzahlung		841,80		

Datum Unterschrift Reisender

Datum Unterschrift Vorgesetzter

Nachrichtlich: **Geldwerter Vorteil aus Arbeitnehmerbewirtung:**

Ich habe vom Arbeitgeber unentgeltlich erhalten:

____ **x Frühstück à** 1,63 **EUR** **insgesamt EUR** 0,00

____ **x Mittagessen** ____ **x Abendessen je** 3,00 **EUR** **insgesamt EUR** 0,00 **EUR** 0,00

☐ Verrechnung mit Reisekosten ☐ Versteuerung als laufender Arbeitslohn

Erstellt von Haufe Mediengruppe, Hindenburgstraße 64, 79102 Freiburg

Abb. 69: Reisekosten

Reisekosten

- Auch Fahrtkosten mit dem Privatwagen können Sie abrechnen.
- Die Fahrtkosten aus beruflichen Dienstreisen (Arbeitnehmer) bzw. Geschäftsreisen (Unternehmer) können Sie seit 2002 unverändert niedrig — mit 0,30 EUR pro Kilometer — steuerfrei erstatten.
- Aus diesem Kilometergeld kann keine Vorsteuer abgezogen werden.
- Die Pauschale wurde für Reisekosten im Jahr 2021 nicht erhöht. Nur bei Entfernungspauschalen kommt es ab dem 21. Kilometer zum erhöhten Betrag von 0,35 EUR.

Tipp:

Im Gegensatz zu den strengen Anforderungen an ein Fahrtenbuch für den Nachweis der beruflichen und privaten Fahrten können die Fahrtkosten mit dem privaten Pkw auch geschätzt werden.

Beleg buchen

Der Einzelunternehmer rechnet monatlich die geschäftlichen Fahrten mit seinem Privatwagen ab und überweist das Kilometergeld für Oktober auf sein Privatkonto.

Reisekosten Unternehmer	841,80 EUR	
an Bank		841,80 EUR

Das richtige Konto

BGA	IKR	SKR03	SKR04	Kontenbezeichnung (SKR04)
4461	6856	4668	6668	Kilometergelderstattung AN
4463	6854	4673	6673	Unternehmer Fahrtkosten

Kundenservice
Beratung/Verkauf

Deutschland GmbH

0800
0800
www. .de

Modernste Geräte nutzen und dabei Kosten senken. Mit einer Hilti Flottenmanagement-Partnerschaft wird auch Ihr Unternehmen profitieren.
Ihr Verkaufsberater informiert Sie gerne über die vielen Vorteile eines Flottenmanagement-Vertrages.

EINGANG
20 OKT

Deutschland GmbH

DV 10 0,55

Warenempfänger:
Deutschland GmbH
Fa

Auftragsbestätigung und Servicerechnung

Seite: 1(2)

Kunden-Nr.:
Auftrags-Nr.:
Lieferschein-Nr.:
Bestellzeichen:

Rechnungs-Datum: 16.10.
Auftrags-Datum: 15.10.
Lieferdatum (UStG): 16.10.

Erfasser:
Auftrag erteilt: Herr
Lieferung an:

Gerätetyp: Pendelhubstichsäge W
Geräte-Nr.: 7
Reparaturzentrum: Reparatur Cente

Servicevereinb.: Keine Kosten
Kunden Inv. Nr.:
Paket Nr.:

Artikel-Nr.	Bezeichnung	Menge	Einh.	Preis-einh.	Einzelpreis in €	Gesamtpreis in €	Nettopreis in €
372011	Hochspannungs-/Isolationsprüfung nach VDE 0701-01 / BGV A3	1	ST				
	Summe Materialkosten						0,00
	Summe Lohnkosten / Service						47,65

Total Positionen	**EUR**	**47,65**
- Kulanz	**EUR**	**-29,65**
Versandkosten	**EUR**	**9,90**
Summe vor MWST	**EUR**	**27,90**
MWST 19 %	**EUR**	**5,30**
Gesamtbetrag	**EUR**	**33,20**

Geschäftsführer: Sitz der Gesellschaft Amtsgericht
Postanschrift Telefon Fax USt.-IdNr.: DE
Bankverbindung BLZ Kto. BIC IBAN

Abb. 70: Reparatur und Wartung

Reparatur und Wartung

Eine defekte Säge wird überprüft und neu isoliert.

Beleg buchen

Reparaturkosten Betriebs- und Geschäftsausstattung	27,90 EUR	
Vorsteuer	5,30 EUR	
an Bank		33,20 EUR

Das richtige Konto

BGA	IKR	SKR03	SKR04	Kontenbezeichnung (SKR04)
4710	668	4809	6450	Reparaturen und Instandhaltungen von Bauten
4711	6061	4800	6460	Reparatur/Instandh. Anlagen und Maschinen
4713	6062	4805	6470	Reparatur/Instandh. Betriebs- und Gesch.
4712	6063	4809	6485	Reparaturen und Instandhaltungen andere Anlagen
4716	6064	4809	6490	Sonst. Reparaturen und Instandhaltungen
4717	6066	4806	6495	Wartungskosten für Hard- und Software
4714	6881	4540	6540	Kfz-Reparaturen

ARD® ZDF Deutschlandradio

BEITRAGSSERVICE BR

Seite 16 von 18
GmbH & Co. Autovermietung KG
26.07.20

Anzahl	Objekt	Monatlicher Rundfunkbeitrag	Vierteljährlicher Rundfunkbeitrag
	Betriebsstätte(n) nach Staffel 1 zu je 5,99 € monatlich		
	Betriebsstätte(n) nach Staffel 2 zu je 17,98 € monatlich		
	Betriebsstätte(n) nach Staffel 3 zu je 35,96 € monatlich		
Summe Rundfunkbeiträge für Ihre Betriebsstätten			

Rundfunkbeiträge für beitragspflichtige Kraftfahrzeuge für das I. Quartal 20

I	beitragspflichtige Kraftfahrzeuge zu je 5, 99 €	Monatliche Rundfunkbeiträge	I. Quartal 20

Säumniszuschlag:

Zuzüglich Säumniszuschlag in Höhe von 1 % der geschuldeten Rundfunkbeiträge	7.108,03 €
Zu zahlender Gesamtbetrag	**717.911,89 €**

Diese Berechnung beruht auf den von Ihnen gemachten Angaben:

Die Zahlung der Rundfunkbeiträge für das erste Quartal 20 war zum 15.02.20 fällig.

Der Säumniszuschlag in Höhe von 1 % der geschuldeten Rundfunkbeiträge wird festgesetzt, da diese nicht innerhalb einer Frist von vier Wochen nach der Fälligkeit in voller Höhe entrichtet wurden.
Der zwischenzeitliche Schriftverkehr lässt diese Frist unberührt.

Abb. 71: Rundfunkbeitrag/GEZ-Gebühren

Rundfunkbeitrag (bis 2013: GEZ-Gebühren)

- Die Neuordnung zum 01.01.2013 sieht eine allgemeine Abgabe ohne Abzählen der einzelnen Geräte vor. Kleine Unternehmen mit bis zu acht Mitarbeitern an einem Standort werden mit einem Mindestbeitrag von 5,83 EUR zur Kasse gebeten. Ab neun Mitarbeitern sind es schon 17,50 EUR, ab 20 Mitarbeitern 35,00 EUR und so weiter.
- Im Hinblick auf den Fuhrpark beträgt die Abgabe pro betrieblich genutztem Kraftfahrzeug 5,83 EUR — allerdings ist pro Betriebsstätte ein Fahrzeug beitragsfrei.
- Im Gegensatz zu der GEMA-Abgabe sind die Rundfunkbeiträge umsatzsteuerfrei.
- Die Rundfunkbeiträge können Sie als „Sonstige betriebliche Aufwendungen" oder als „Sonstige Abgaben" erfassen.

Achtung:

Es waren unzählige Klagen gegen den neuen Rundfunkbeitrag anhängig, da er — anders als eine Gebühr für eine staatliche Leistung — als unzulässige Steuer zu qualifizieren sei. Auch gingen aus den Bescheiden eindeutig weder Gläubiger noch ausstellende Behörden hervor. Ein wissenschaftliches Gutachten aus dem Bundesfinanzministerium empfiehlt denn auch die Abschaffung dieser anachronistischen Zwangsabgabe.

Beleg buchen

Der Autovermieter Seventh sollte für seine Flotte und seine Vermietstationen im Quartal 710.803,86 EUR sowie Säumniszuschläge von 1 % zahlen. Die Firma klagte dagegen durch alle Instanzen und bildete eine Steuerrückstellung.

Sonstige Abgaben	717.911,89 EUR	
an Steuerrückstellung		717.911,89 EUR

Das richtige Konto

BGA	IKR	SKR03	SKR04	Kontenbezeichnung (SKR04)
722	28	0955	3020	Steuerrückstellung
473	693	4900	6300	Sonstige betriebliche Aufwendungen
427	692	4390	6430	Sonstige Abgaben

Plus BÜRO
Ihr Service für den Kunden

Horst Starke
Wiesengasse 3
55586 Neustadt

FON 05
FAX 05

Rechnung 11

Bearbeiter: Kunden-Nr.: 3 Datum: 01.11.

Pos	Artikel	Menge	E-Preis EUR	G-Preis EUR	USt EUR
1	Grundgebühr **Plus**Büro November(=Leistungszeitraum)	1	149,00	149,00	19,00%
2	Sekretariatsarbeiten (Einzelkostennachweis siehe Anlage)	1	158,76	158,76	19,00%
3	externe Gesprächsvermittlung Grundgebühr	1	35,00	35,00	19,00%
	Gesamtbetrag			342,76	
	zuzüglich MwSt 19 % aus 342,76 = 65,13			65,13	
	Endbetrag			407,89	

Der Betrag wird von Ihrem Konto abgebucht

Büro ist eine eingetragene Marke
Bankverbindung:
Internet: http://www. .de - eMail: info
Steuernummer

Abb. 72: Sekretariatsdienst

Sekretariatsdienst

Man unterscheidet zwischen

- Fremdleistungen als „Aufwand für bezogene Leistungen" für Erzeugnisse und andere Leistungserstellung (z. B. von Subunternehmern oder externen Dienstleistern) einerseits und
- Fremdarbeiten von freien Mitarbeitern und Leiharbeitern in Produktion/Verwaltung oder im Vertrieb andererseits, die für betriebsinterne Zwecke statt eigenem Personal herangezogen werden.

Achtung:

Achten Sie auf die aktuelle Gesetzeslage zum Thema „Scheinselbstständigkeit und arbeitnehmerähnliche Beschäftigungen"! So vermeiden Sie mögliche Nachzahlungen an Sozialversicherungsbeiträgen für den vermeintlich „freien" Mitarbeiter.

Beleg buchen

Der externe Sekretariatsservice *Plusbüro* übernimmt anfallende Büroarbeiten gegen eine monatliche Grundgebühr und Einzelabrechnungen der erbrachten Leistungen.

Fremdleistungen	342,76 EUR	
Vorsteuer	65,13 EUR	
an Bank		407,89 EUR

Das richtige Konto

BGA	IKR	SKR03	SKR04	Kontenbezeichnung (SKR04)
4731	610	4909	6303	Fremdarbeiten (freier Mitarbeiter)
465	610	4780	6780	Fremdarbeiten (Vertrieb)
37	610	3100	5900	Fremdleistungen

EXtrasoft GmbH

EXtrasoft D

Firma
Horst Starke
Wiesengasse 3
55586 Neustadt

15.02.20

R E C H N U N G — Nummer : 33 /20
Seite : 1

Bezeichnung	Anzahl	Einzelpreis	Gesamt
Hot-Line-Service 1. Quartal 20			
Service Hotline : +49 (0)6			
bzw. Mobil : 01			
Premium-Service (1. Inst.) für	1	95,70	95,70
Premium-Service (2. Inst.) für	1	39,60	39,60
Premium-Service (3. Inst.) für	1	39,60	39,60
Premium-Service (4. Inst.) für	1	39,60	39,60
Premium-Service (5. Inst.) für	1	39,60	39,60
Premium-Service (6. Inst.) für	1	39,60	39,60
Premium-Service (7. Inst.) für	1	39,60	39,60
Premium-Service (8. Inst.) für	1	39,60	39,60

Zahlungsbedingungen:
Zahlbar ohne Abzug bis 01.03.20

Netto EUR 372,90
19 % Mwst 70,85
Gesamt EUR 443,75

Die Ware bleibt bis zur restlosen Bezahlung Eigentum des Lieferanten. Es gilt der erweiterte Eigentumsvorbehalt.

Anschrift:

Internet:
http://www. .de
E-Mail:
info@ .de
Ust ID-Nr.
DE

Registergericht:
Amtsgericht Bad Kreuznach
HRB
Geschäftsführer:

Bankverbindungen:
Postbank Sparkasse

Abb. 73: Softwaremiete/Softwareleasing

Softwaremiete/Softwareleasing

Wenn Sie Computerprogramme mieten anstatt zu kaufen, schont dies die Liquidität. Gleichzeitig sorgt eine regelmäßige Softwarepflege dafür, dass Ihre Programme aktuell bleiben. Dies ist besonders wichtig bei Steuer- und Rechtssoftware, die sich häufig ändert, aber auch bei komplexer, störanfälliger Software.

- Aufwendungen für die Miete und Wartung von Hardware und Software sind sofort abzugsfähige Betriebsausgaben. Dies gilt auch für Software, die auf einem fremden Server läuft, z. B. Datenbankserver, Terminalserver in einem Rechenzentrum.
- Anschaffungskosten entstehen nur dann, wenn über die laufenden Kosten eines Servicevertrags hinaus einmalig die Grundversion erworben wird.
- Aufwendungen für einen Server, auf dem ein Internetauftritt präsentiert und zugänglich gemacht wird, können unter „Mieten für Einrichtungen“ erfasst werden.

Beleg buchen

Für Lizenz, Wartung und Hotline-Service in Störfällen sind im ersten Quartal beim Einsatz von acht Kassensystemen 372,90 EUR zu zahlen.

Wartungskosten Software	372,90 EUR	
Vorsteuer	70,85 EUR	
an Bank		443,75 EUR

Das richtige Konto

BGA	IKR	SKR03	SKR04	Kontenbezeichnung (SKR04)
14	23	0027	0135	Software
4831	6165	4806	6495	Wartungskosten Hard- und Software
4117	6705	4960	6835	Mieten für Einrichtungen

24 Bewachung

Bewachung GmbH

Firma
Horst Starke
Wiesengasse 3
55586 Neustadt

RECHNUNG
Bei Zahlung bitte immer angeben !
Nummer : 000005
Kunde : D 82
Datum : 31.07.20

Steuer Nr. : 3
Fakturierung : R
Telefon : 0
E-Mail : p. line.de

Ihre Bestellnr.:
ID-Nr. :
Objekt : "div. Objekte"

Für die Überwachung Ihrer Alarmanlage berechnen wir Ihnen:

Pos.	Artikelnummer	Menge	Einzelpreis	Gesamtpreis S
	Abrechnungsmonat: Juli 20			
1	DE 100 301 Alarmaufschaltung	1 Mon	20,00	20,00 1
2	308 Bereitschaft Alarmverfolger	1	6,50	6,50 1
3	DE 100 301 Alarmaufschaltung und Bereitschaft Alarmverfolger	1 Mon	25,00	25,00 1
4	DE 100 301 Alarmaufschaltung und Bereitschaft Alarmverfolger	1 Mon	25,00	25,00 1

Gebucht

bank , Kto 0)

Netto USt. 1	USt. 19,00%	Netto USt. 2	USt.	%	Netto USt. 0	**Endbetrag**
76,50						89,21 EUR

14 Tage netto
Zahlung bis 14.08. = 89,21 EUR

Bewachung GmbH Tel.: 0 Fax.: 0 nline.de line.de Handelsregist HRB Geschäftsführung bank KtoNr BL Qualitätsmanagement DQS-zertifiziert nach DIN EN ISO 9001

Abb. 74: Sonstige Raumkosten (Bewachungsservice)

Sonstige Raumkosten (Bewachungsservice)

- „Sonstige Raumkosten“ bezeichnen den Aufwand, den Sie anderweitig nicht zuordnen können.
- Sämtliche Aufwendungen außerhalb der geschlossenen Räume bucht man auf „Sonstige Grundstückskosten“.
- Die Kosten für freie Mitarbeiter, z. B. Hausmeisterservice, lassen sich auf dem Konto „Fremdleistungen/Fremdarbeiten“ erfassen.

Beleg buchen

Die Südwestbewachung zieht die monatliche Rechnung für Alarmaufschaltung und Bereitschaft für das gesamte Firmengelände ein.

Sonstige Grundstücksaufwendungen	76,50 EUR	
Vorsteuer	14,54 EUR	
an Bank		89,21 EUR

Das richtige Konto

BGA	IKR	SKR03	SKR04	Kontenbezeichnung (SKR04)
4731	6933	4280	6345	Sonstige Raumkosten
4732	6933	2350	6350	Sonst. Grundstücksaufwendungen
453	615	4909	6303	Fremdleistungen/Fremdarbeiten

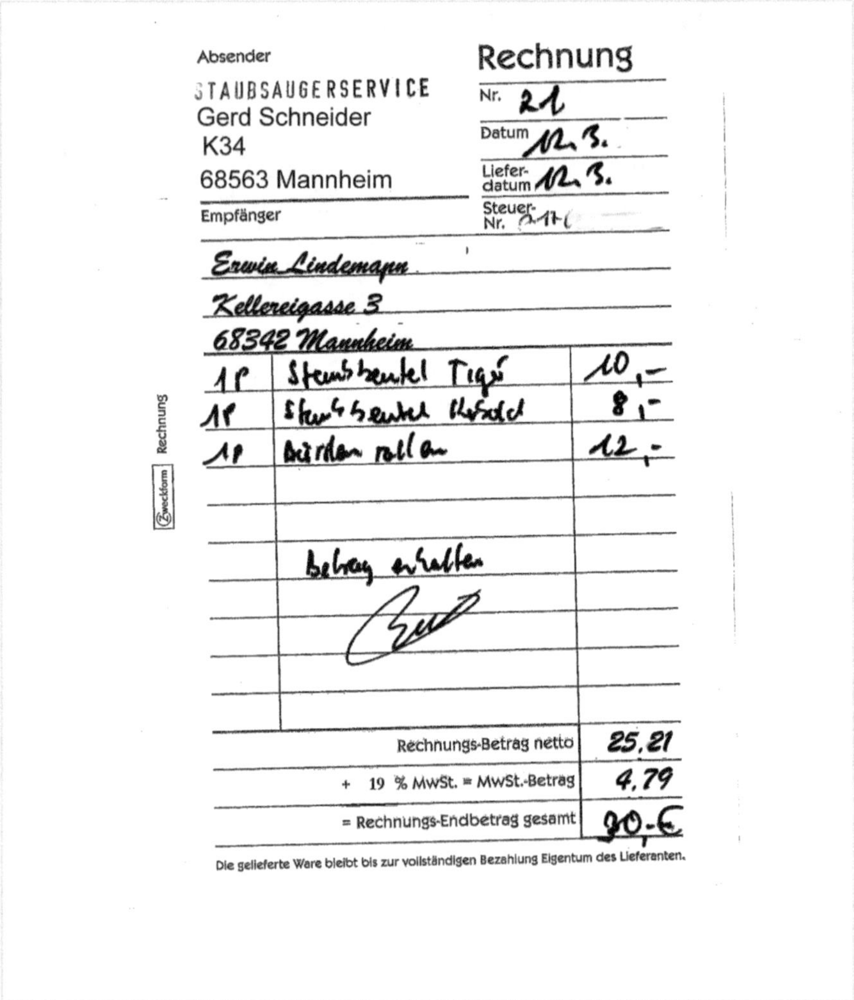

Absender

STAUBSAUGERSERVICE
Gerd Schneider
K34
68563 Mannheim

Rechnung

Nr. 21
Datum 12.3.
Liefer-datum 12.3.
Steuer-Nr. [illegible]

Empfänger

Erwin Lindemann
Kellereigasse 3
68342 Mannheim

1P	Staubbeutel Tiger	10,-
1P	Staubbeutel [illegible]	8,-
1P	Bürstenrollen	12,-

Betrag erhalten

Rechnungs-Betrag netto	25,21
+ 19 % MwSt. = MwSt.-Betrag	4,79
= Rechnungs-Endbetrag gesamt	30,-

Die gelieferte Ware bleibt bis zur vollständigen Bezahlung Eigentum des Lieferanten.

Rechnung

Abb. 75: Sonstige Raumkosten (Teppichbodenreinigung)

Sonstige Raumkosten (Teppichbodenreinigung)

- „Sonstige Raumkosten“ bezeichnen den Aufwand, den Sie anderweitig nicht zuordnen können.
- Sämtliche Aufwendungen außerhalb der geschlossenen Räume bucht man auf „Sonstige Grundstückskosten“.

Beleg buchen

Für die Teppichbodenreinigung der Mannheimer Filialen werden Staubsaugerbeutel angeschafft und bar bezahlt.

Sonstige Raumkosten oder Reinigung	25,21 EUR	
Vorsteuer	4,79 EUR	
an Kasse		30,00 EUR

Das richtige Konto

BGA	IKR	SKR03	SKR04	Kontenbezeichnung (SKR04)
4731	6933	4280	6345	Sonstige Raumkosten
4732	6933	2350	6350	Sonstige Grundstücksaufwendungen
4711	6933	4250	6330	Reinigung

Arbeitgeber	Betriebsnummer des Arbeitgebers
[illegible]	[illegible]

		Tag	Monat	Jahr
Zeitraum	von	01	05	20
	bis	31	05	20

Rechtskreis * Ost: [ ] West: [X]

IKK Classic in [illegible]
[illegible]
[illegible]

Dauer-Beitragsnachweis * [ ]

bisheriger Dauer-Beitragsnachweis gilt erneut ab nächsten Monat * [ ]

Beitragsnachweis enthält Beiträge aus Wertguthaben, das abgelaufenen Kalenderjahren zuzuordnen ist * [ ]

Korrektur-Beitragsnachweis für abgelaufene Kalenderjahre * [ ]

Beitragsnachweis	Beitrags-gruppe	Euro	Cent
Beiträge zur Krankenversicherung - allgemeiner Beitrag	**1000**	152	72
Beiträge zur Krankenversicherung - erhöhter Beitrag	**2000**		
Beiträge zur Krankenversicherung - ermäßigter Beitrag	**3000**		
Beiträge zur Krankenversicherung für geringfügig Beschäftigte	**6000**		
Beiträge zur Rentenversicherung der Arbeiter - voller Beitrag	**0100**	203	96
Beiträge zur Rentenversicherung der Angestellten - voller Beitrag	**0200**		
Beiträge zur Rentenversicherung der Arbeiter - halber Beitrag	**0300**		
Beiträge zur Rentenversicherung der Arbeiter für geringfügig Beschäftigte	**0500**		
Beiträge zur Rentenversicherung der Angestellten für geringfügig Beschäftigte	**0600**		
Beiträge zur Arbeitsförderung - voller Beitrag	**0010**	28	70
Beiträge zur Arbeitsförderung - halber Beitrag	**0020**		
Beiträge zur Insolvenzgeldumlage	**0050**	4	20
Beiträge zur sozialen Pflegeversicherung	**0001**	22	54
Umlage nach dem Aufwendungsausgleichsgesetz (AAG) für Krankheitsaufwendungen	**U1**	11	27
Umlage nach dem Aufwendungsausgleichsgesetz (AAG) für Mutterschaftsaufwendungen	**U2**	1	64
Gesamtsumme		425	03

		Euro	Cent
Es wird bestätigt, dass die Angaben mit denen der Lohn- und Gehaltsunterlagen übereinstimmen und in diesen sämtliche Entgelte enthalten sind.	Beiträge zur Krankenversicherung für freiwillig Krankenversicherte **		
	Beiträge zur Pflegeversicherung für freiwillig Krankenversicherte **		
	abzüglich Erstattung gemäß §§ 1 - 3 AAG		
	zu zahlender Betrag/Guthaben	425	03

Datum, Unterschrift

* Zutreffendes ankreuzen
** freiwillige Angabe des Arbeitgebers

Abb. 76: Sozialversicherungsabgaben

Sozialversicherungsabgaben

Sozialversicherungsabgaben bezeichnen die gesetzlichen Pflichtabgaben, soweit sie der Arbeitgeber trägt, nicht jedoch freiwillige oder tarifliche Zuschüsse.

Beleg buchen

Bei Nettolohnverbuchung sind folgende Buchungen durchzuführen:

Gesetzliche Sozialaufwendungen	425,03 EUR	
an Bank		425,03 EUR

In der Bruttolohnliste (hier nicht abgedruckt) sind die annähernd hälftigen Arbeitnehmer- und Arbeitgeberbeiträge aufgegliedert. Allerdings trägt der Arbeitgeber die Umlagen alleine, der Arbeitnehmer trägt ggf. einen Zuschlag zur Krankenversicherung.

Lohn und Gehalt	213,72 EUR	
Gesetzliche Sozialaufwendungen	211,31 EUR	
an Verbindlichkeiten soziale Sicherheit		425,03 EUR

Bei Abbuchung ist zu buchen:

Verbindlichkeiten soziale Sicherheit	425,03 EUR	
an Bank		425,03 EUR

Das richtige Konto

BGA	IKR	SKR03	SKR04	Kontenbezeichnung (SKR04)
192	484	1742	3740	Verbindlichkeiten soziale Sicherheit
1921	4841	1759	3759	Voraussichtliche Beitragsschuld gegenüber den Sozialversicherungsträgern
404	640	4130	6110	Gesetzliche Sozialaufwendungen

Rotes Kreuz
Körperschaft des öffentlichen Rechts

Kreisverband

Tel.: 0

Zuwendungsbestätigung

Art der Zuwendung: **Mitgliedsbeitrag**

Mitgl.-Nr.: 0501000

Erwin Neumann, Kellereigasse 3, 65789 Neustadt
Name und Anschrift des Zuwendenden

200,00 EUR	ZWEI NULL NULL	200
Betrag/Wert in Ziffern	Betrag/Wert der Zuwendung in Worten	Jahr der Zuwendung

Es handelt sich nicht um den Verzicht auf Erstattung von Aufwendungen oder Leistungen.

Bestätigung über Zuwendungen im Sinne des § 10 b des Einkommensteuergesetzes an inländische juristische Personen des öffentlichen Rechts oder inländische öffentliche Dienststellen.

Es wird bestätigt, dass die Zuwendung nur zur Förderung der satzungsgemäßen Zwecke des BRK (Förderung der freien Wohlfahrtspflege) im Sinne der Anlage-1 zu § 48 EStDV Abschnitt A Nr. 6 verwendet wird.

Die Zuwendung wird von uns unmittelbar für den angegebenen Zweck verwendet.

Diese Zuwendungsbestätigung berechtigt nicht zum Spendenabzug im Rahmen des erhöhten Vomhundertsatzes nach § 10b Abs. 1 Satz 2 EStG / § 9 Abs. 1 Nr. 2 Satz 2 KStG oder zum Spendenrücktrag bzw. -vortrag nach § 10b Abs. 1 Satz 3 EStG / § 9 Abs. 1 Nr. 2 Satz 3 KStG. Entsprechendes gilt auch für den Spendenabzug bei der Gewerbesteuer (§ 9 Nr. 5 GewStG).

HINWEIS: Wer vorsätzlich oder grob fahrlässig eine unrichtige Zuwendungsbestätigung erstellt oder wer veranlasst, dass Zuwendungen nicht zu den in der Zuwendungsbestätigung angegebenen steuerbegünstigten Zwecken verwendet werden, haftet für die Steuer, die dem Fiskus durch einen etwaigen Abzug der Zuwendungen beim Zuwendenden entgeht (§ 10b Absatz 4 EStG, § 9 Absatz 3 KStG, § 9 Nr. 5 GewStG). Diese Bestätigung wird nicht als Nachweis für die steuerliche Berücksichtigung der Zuwendung anerkannt, wenn das Datum des Freistellungsbescheides länger als fünf Jahre bzw. das Datum der vorläufigen Bescheinigung länger als drei Jahre seit Ausstellung der Bestätigung zurück liegt (BMF v. 15.12.1994 BStBl I S.884).

18.02.20
Ort, Datum

Dieser Beleg wurde maschinell erstellt und trägt daher keine Unterschrift

Abb. 77: Spenden

Spenden

- Spenden sind freiwillige unentgeltliche Leistungen und in der Regel nicht als Betriebsausgabe abziehbar. Einzelunternehmer und (Personen-)Gesellschafter können sie gleichwohl wie Privatspenden als Sonderausgabe ansetzen.
- Betriebliche Spenden mindern aber zusätzlich den Gewerbeertrag und damit die zu zahlende Gewerbesteuer.
- Davon zu unterscheiden ist das Sponsoring. Aufwendungen eines Sponsors sind Betriebsausgaben, wenn sie zur Erhöhung seines unternehmerischen Ansehens beitragen können.[28]

Achtung:

Sachspenden sind steuerlich unerheblich, da dem Abzug als Sonderausgabe ein umsatzsteuerpflichtiger Erlös durch „Unentgeltliche Wertabgabe“ in gleicher Höhe entgegensteht.

Beleg buchen

Die Inhaberin des Kinderladens *Zauberburg* kann ihren Mitgliedsbeitrag von 200 EUR beim Roten Kreuz als Spende abziehen.

Privatspende	200,00 EUR	
an Bank		200,00 EUR

Das richtige Konto

BGA	IKR	SKR03	SKR04	Kontenbezeichnung (SKR04)
165	3026	1840	2250	Privatspenden
1651	3027	1940	2250	Privatspenden Teilhafter
2073	6869	2381	6391	Spenden für wissenschaftliche/ kulturelle Zwecke
2074	6869	2382	6392	Spenden für mildtätige Zwecke
2075	6869	2383	6393	Spenden für kirchliche/religiöse/ gemeinnützige Zwecke
2076	6869	2384	6394	Spenden an politische Parteien

[28] BFH, Urteil vom 03.02.1993, I R 37/91, BStBl II1993, S. 441, 445.

KULTUR- UND SPORTVEREINIGUNG 1848
[redacted] e. V.

[redacted]
www.ksv[redacted]

KSV [redacted]

[redacted]
Herr [redacted]
[redacted]

[redacted]

[redacted], 18.[redacted]

Rechnung Nr. 20[redacted]

Sehr geehrter Herr [redacted],

wir erlauben uns, nach Ihrer freundlichen Zusage die Rechnung für Unterstützung / Sponsoring

Open Air am [redacted] KSV [redacted]

zu stellen.

Bitte überweisen Sie den Betrag von

€ 500,00 (i.W. fünfhundert)

innerhalb der nächsten 14 Tage auf unser Konto.

Auf Diesem Wege möchten wir uns noch einmal ganz herzlich bei Ihnen bedanken.

Mit freundlichen Grüßen

[redacted] 1. Vorsitzender

BEZAHLT
[redacted]

Kein Ausweis der Umsatzsteuer, Kleinunternehmerregelung nach §19 Abs. 1 UStG..

Bankverbindung
[redacted]
IBAN: DE[redacted]
BIC: [redacted]

Steuernummer: [redacted] / [redacted]
Registernummer: [redacted]
Amtsgericht [redacted]
1. Vorsitzender: [redacted]

Abb. 78: Sponsoring

Sponsoring

- Aufwendungen beim Sponsoring sind Betriebsausgaben, wenn sie zur Erhöhung seines unternehmerischen Ansehens beitragen können.[29]
- Im Gegensatz dazu handelt es sich bei Spenden um freiwillige unentgeltliche Leistungen ohne erfolgte Gegenleistungen.

Achtung:

Der Sponsor muss nach außen erkennbar sein, z. B durch ein Firmenlogo auf dem Sporttrikot.

Beleg buchen

Zur Ausrichtung des diesjährigen Open-Air-Festivals erhält die Kultur und Sportvereinigung 1848 eine Unterstützungszahlung von 500 EUR. Als Gegenleistung wird der Sponsor auf dem Werbebanner namentlich benannt („powered by ...“). Er bucht daher die Zahlung als Werbeaufwand.

Werbekosten	500,00 EUR	
an Bank		500,00 EUR

Das richtige Konto

BGA	IKR	SKR03	SKR04	Kontenbezeichnung (SKR04)
441	6886	4610	6600	Werbekosten

[29] BFH, Urteil vom 03.02.1993, I R 37/91, BStBl II1993, S. 441, 445.

Dipl.-Kfm. Heinz Wilhelm

Steuerberater/vereidigter Buchprüfer

Dipl.-Kfm. Heinz Wilhelm, Benzstr. 25, 54347 Klewe

Firma
Horst Starke
Wiesengasse 3
55586 Neustadt

Rechnung Nr.: 6 Datum: 11.05.20

Das Leistungsdatum entspricht dem Rechnungsdatum, sofern nicht anders angegeben.
Für folgende in Ihrem Auftrag ausgeführte Leistungen erlaube ich mir gemäß Steuerberatergebührenverordnung (StBGebV) zu berechnen:

Angelegenheit	Zeit-raum	StBGebV §(Abs.)Nr.	Gegenstandswert	Satz	Tab.	Betra
Erkl. zur gesonderten Feststellung der Einkünfte	20	24(I)Nr.2	7.820,--	2/10	A	82,40 EU
Gewerbesteuererklärung	20	24(1)Nr.5a	8.539,--	1,75/10	A	78,58 EU
Umsatzsteuererklärung	20	24(1)Nr.8	86.749,--	1/10	A	127,70 EU

Summe Nettobeträge	288,68 EUR
Umsatzsteuerbetrag 19 %	54,85 EUR

Rechnungsbetrag	343,53 EUR
	==========

Bitte begleichen Sie den Rechnungsbetrag durch Überweisung auf das unten angegebene Konto
Nach § 7 der StBGebV ist die Vergütung zur Zahlung fällig.

Mit freundlichen Grüßen

Wilhelm, StB/vBP

Telefax 0 6
Telefon 0 6

Bankverbindung:
St.Nr.: 00

Abb. 79: Steuerberatungskosten

Steuerberatungskosten

Steuerberatungskosten wurden in der Vergangenheit ohne Prüfung als Betriebsausgabe anerkannt. Da aber der Abzug der Beratung als Sonderausgabe nicht mehr zulässig ist, ist die genaue Zuordnung zu den Betriebsausgaben und Werbungskosten erforderlich.

Tipp:

Für Jahresabschlussarbeiten sind in der Bilanz Rückstellungen zu bilden, bis eine Rechnung vorliegt. Aus einer ordnungsgemäßen Rechnung können Sie Vorsteuer abziehen.

Beleg buchen

Für die Kosten der Jahressteuererklärungen sind zum Jahresabschluss des Vorjahres 350 EUR zurückgestellt. Bei Zahlung der vorliegenden Rechnung kann Vorsteuer abgezogen werden.

Sonstige Rückstellungen	350,00 EUR	
Vorsteuer	54,85 EUR	
an Bank		343,53 EUR
an Erträge aus der Auflösung von Sonstigen Rückstellungen		61,32 EUR

In die Bilanz des laufenden Jahres werden für Abschlusskosten 400 EUR eingestellt.

Abschluss- und Prüfungskosten	400,00 EUR	
an Sonstige Rückstellungen		400,00 EUR

Das richtige Konto

BGA	IKR	SKR03	SKR04	Kontenbezeichnung (SKR04)
484	677	4950	6825	Rechts- und Beratungskosten
4845	6771	4957	6827	Abschluss- und Prüfungskosten
4846	6176	4955	6830	Buchführungskosten
276	5481	2735	4930	Erträge aus der Auflösung von Rückstellungen

SB-Tankcenter Peter Schmitt

Kraftstoffe ☆ Waschstation ☆ Service ☆ Reparaturen ☆ Reifen

Firma
Elektro Zapp
60234 Frankfurt

Monatsabrechnung : Juni 30.06.20

Kartennummer: 2361 **Kennzeichen:** F - YZ 888

Datum	Kraftstoff	Abgabe / Liter	€ / Liter	Gesamt €
02.06.	Super bleifrei	56,82	1,075	61,08 €
05.06.	Super bleifrei	51,14	1,075	54,98 €
09.06.	Super bleifrei	50,93	1,075	54,75 €
14.06.	Super bleifrei	57,70	1,089	62,84 €
20.06.	Super bleifrei	55,01	1,089	59,91 €
23.06.	Super bleifrei	54,68	1,089	59,55 €
29.06.	Super bleifrei	55,54	1,089	60,48 €
	Zwischensumme	381,82		413,58 €

Kartennummer: 2374 **Kennzeichen:** F - XZ 888

Datum	Kraftstoff	Abgabe / Liter	€ / Liter	Gesamt €
01.06.	Diesel	58,36	1,039	60,64 €
03.06.	Diesel	64,41	1,039	66,92 €
08.06.	Diesel	59,82	1,039	62,15 €
12.06.	Diesel	62,87	1,039	65,32 €
16.06.	Diesel	69,08	1,048	72,40 €
19.06.	Diesel	59,51	1,048	62,37 €
21.06.	Diesel	64,70	1,048	67,81 €
25.06.	Diesel	63,12	1,048	66,15 €
28.06.	Diesel	68,58	1,048	71,87 €
30.06.	Diesel	61,33	1,048	64,27 €
	Zwischensumme	631,78		659,90 €

Summe Abrechnung	netto	1.073,47 €
19 % Mehrwertsteuer		203,96 €
	brutto	1.277,43 €

Bankeinzug:
A-Bank Frankfurt, Bankleitzahl 540 360 00, Konto-Nummer 10 057 890

SB-Tankcenter Peter Schmitt 60234 Frankfurt

Abb. 80: Tankquittung

Tankquittung

- Unter den laufenden Kfz-Kosten sind u. a. Benzin, Diesel oder Öl zu erfassen.
- Insbesondere wegen dem Handel mit Tankquittungen bei Ebay und anderen Online-Marktplätzen wurde zum 01.01.2008 nach § 379 Abs. 1 Satz 1 Nr. 2 AO auch der Verkauf von Belegen unter Strafe gestellt (Geldstrafe bis zu 5.000 EUR).

Achtung:

Wenn in der Buchführung des Steuerpflichtigen Tankquittungen von Tagen erfasst sind, an denen der Pkw gemäß den Angaben im Fahrtenbuch nicht bewegt worden ist, entspricht das Fahrtenbuch wegen Nichtaufzeichnung aller Fahrten nicht den formellen Voraussetzungen.[30]

Beleg buchen

Das SB-Tankcenter Peter Schmitt stellt seine Monatsrechnung für Juni und zieht den Betrag vom Bankkonto ein.

Laufende Kfz-Kosten	1.073,47 EUR	
Vorsteuer	203,96 EUR	
an Bank		1.277,43 EUR

Das richtige Konto

BGA	IKR	SKR03	SKR04	Kontenbezeichnung (SKR04)
434	6881	4530	6530	Laufende Kfz-Betriebskosten

[30] FG Münster, Urteil vom 18.02.2005, 11 K 5218/03 E,U.

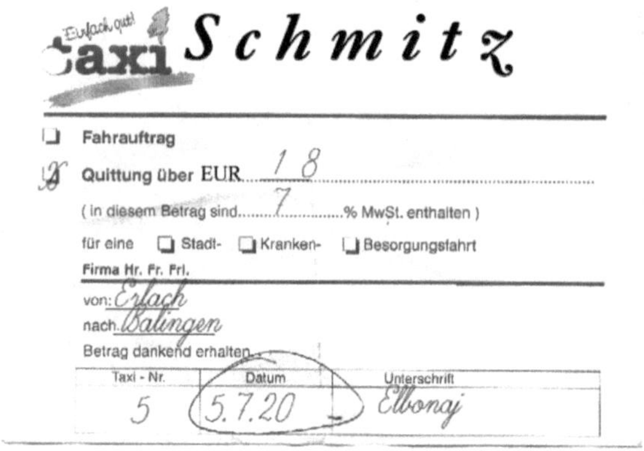

Taxi Schmitz

Einfach gut!

- [ ] Fahrauftrag
- [x] Quittung über EUR 18

(In diesem Betrag sind 7 % MwSt. enthalten)

für eine ☐ Stadt- ☐ Kranken- ☐ Besorgungsfahrt

Firma Hr. Fr. Frl.

von: Erlach

nach: Balingen

Betrag dankend erhalten

Taxi - Nr.	Datum	Unterschrift
5	5.7.20	Elbonaj

Abb. 81: Taxiquittung

Taxiquittung

- Im Gegensatz zu ermäßigt besteuerten Bahnfahrten gibt es für Taxifahrten zwei Steuersätze: Stadtfahrten werden mit der ermäßigten Umsatzsteuer von 7 % berechnet, die anderen zum regulären Steuersatz von 19 %.
- Um eine Stadtfahrt handelt es sich nach § 12 Abs. 2 Nr. 10 UStG, wenn die Fahrt innerhalb einer Gemeinde (Ortsschild) stattfindet oder die Beförderungsstrecke unter 50 km lang ist.
- Im Gegensatz zu dem Taxenverkehr ist der Verkehr mit Mietwagen nicht steuerermäßigt.[31] Der Mietwagenverkehr unterscheidet sich im Wesentlichen vom Taxenverkehr dadurch, dass nur Beförderungsaufträge ausgeführt werden dürfen, die am Betriebssitz oder in der Wohnung des Unternehmers eingegangen sind (§ 49 Abs. 4 PBefG).

Beleg buchen

Die Taxifahrt zu einem Geschäftstermin in den Nachbarort kostet 18 EUR und wird nach Vorlage dieses Belegs bar erstattet.

Reisekosten	15,13 EUR	
Vorsteuer	2,87 EUR	
an Kasse		18,00 EUR

Das richtige Konto

BGA	IKR	SKR03	SKR04	Kontenbezeichnung (SKR04)
4450	6850	4663	6663	Reisekosten Arbeitnehmer Fahrtkosten
4460	6851	4673	6673	Reisekosten Unternehmer Fahrtkosten

[31] BFH, Urteil vom 30.10.1969, V R 99/69, BStBl II 1970, S. 78; BVerfG vom 11.02.1992, 1 BvL 29/87; BVerfGE 85, 238 und Abschn. 173 Abs. 9 UStR.

TELCOM
Ihre Rechnung

Postfach

01. 0,55 EUR

Firma Elektro Zapp
Inh. Erwin Zapp
Daimlerstr. 3

46464 Neustadt

Datum 11.01.
Seite 1 von 4

Kundennummer 127
Rechnungsnummer 931
Buchungskonto 472

Haben Sie noch Fragen zu Ihrer Rechnung? Sie erreichen Ihren Kundenservice kostenfrei unter:

Telefon freecall 080
Telefax freecall 0800

Ihre Rechnung für Januar 20

Die Leistungen im Überblick (Summen)		Beträge (Euro)
Monatliche Beträge		34,98
Verbindungen		4,45
Beträge anderer Anbieter		2,46
Sonstige Leistungen des Konzerns		5,98
Summe der oben angeführten Beträge		**47,87**
Umsatzsteuer 19 % auf ...	47,87 Euro	9,10
Rechnungsbetrag		**56,97**

Der Rechnungsbetrag wird nicht vor dem 7. Tag nach Zugang der Rechnung von Ihrem Konto abgebucht.

Ihre Rechnung im Detail und weitere Hinweise finden Sie auf der Rückseite und den folgenden Seiten.

Vielen Dank!

AG. Postfach
Kto.Nr.
IBAN DE SWIFT
USt-IdNr.: DE Inkasso

Fortsetzung auf der Rückseite 014723

Abb. 82: Telefon- und Telefaxkosten

Telefon- und Telefaxkosten

- Von den Finanzbehörden wird grundsätzlich angenommen, dass das Telefon, wenn kein extra privater Anschluss zur Verfügung steht, vom Unternehmer auch zu privaten Telefonaten genutzt wird. Bei Einzelaufzeichnungen der Gespräche können Sie den privaten Anteil an den Gesamtkosten aus Telefonanlage, Grundgebühr und Gesprächsgebühren ermitteln. Alternativ lässt sich der Privatanteil auch mit 30 % bzw. 240–360 EUR (zzgl. 19 % USt.) pro Jahr (20–30 EUR pro Monat) ansetzen.
- Mit dem Ansatz des Privatanteils für Telefonkosten wird der Einzelunternehmer schlechter gestellt als der GmbH-Gesellschafter-Geschäftsführer bzw. die Arbeitnehmer, die ihre Internet-, Mobilfunk- und Telefoneinrichtungen privat ohne Ansatz eines Sachbezugs steuerfrei nutzen können (§ 3 Nr. 45 EStG).

Beleg buchen

Im Heimbüro fallen für Januar 2018 Telefonkosten von brutto 56,97 EUR an. Der Unternehmer setzt eine private Nutzung von netto 20 EUR an.

Telefonkosten	47,87 EUR	
Vorsteuer	9,10 EUR	
Privatentnahmen	23,80 EUR	
an Bank		56,97 EUR
an Verwendung von Gegenständen		20,00 EUR
an USt.		3,80 EUR

Das richtige Konto

BGA	IKR	SKR03	SKR04	Kontenbezeichnung (SKR04)
4822	6822	4925	6810	Internet- und Faxkosten
4821	6821	4920	6805	Telefon
2782	5424	8921	4645	Verwendung von Gegenständen 19 % USt. (Telefonnutzung)

Guten Tag Quickbookseller,

dies ist Ihre elektronische Umsatzsteuer-Abrechnung fuer 1/20.. ueber Ihre bei Aragon.de Tradingplace, Auktionen und YShops gezahlten Verkaeufergebuehren.

Ihre elektronische Umsatzsteuer-Abrechnung:

Abrechnungsdatum: 31.01.20..
Abrechnungsnr.: 123456789
Name des Anbieters: Aragon Services Europe S.à.r.l.
Adresse des Anbieters: 60, Boulevard Fotal, L-2449, Luxembourg
USt.-IdNr. des Anbieters: LU1123456
Name des Verkaeufers: Quickbookseller
Adresse des Verkaeufers: Irgendwo in Deutschland
Telefonnr. des Verkaeufers: 01234-56789
USt.-IdNr. des Verkaeufers: DE123456

Datum	Dienst-leistung	Preis (ohne USt.) in EUR	USt. in %	USt. in EUR	Gesamt in EUR	Begruendung
03.01.	Verkaeufer-gebuehren	13,47	0 %	0,00	13,47	Angebot fuer elektronisch zur Verfuegung gestellte Dienstleistungen ausserhalb der in Luxemburg geltenden Umsatzsteuer nach Artikel 17.2.e des luxemburgischen Umsatzsteuer-Gesetzes.
17.01.	Verkaeufer gebuehren	14,22	0 %	0,00	14,22	Angebot fuer elektronisch zur Verfuegung gestellte Dienstleistungen ausserhalb der in Luxemburg geltenden Umsatzsteuer nach Artikel 17.2.e des luxemburgischen Umsatzsteuer-Gesetzes.
31.01.	Verkaeufer gebuehren	14,22	0 %	0,00	14,22	Angebot fuer elektronisch zur Verfuegung gestellte Dienstleistungen ausserhalb der in Luxemburg geltenden Umsatzsteuer nach Artikel 17.2.e des luxemburgischen Umsatzsteuer-Gesetzes.
Gesamt		**41,91**		**0,00**	**41,91**	

Für die Abführung der Umsatzsteuer aus den aufgefuehrten Lieferungen ist der Kunde verantwortlich (Bezugnahme auf: Artikel 21 (1) b, Sixth Council Directive 77/388/EEC vom 17.05.1977).

Bitte beachten Sie, dass diese Abrechnung keine Zahlungsaufforderung ist. Eine fortgeschrittene digitale Signatur wurde dieser elektronischen Umsatzsteuer-Abrechnung beigefuegt.

Abb. 83: Umsatzsteuer (von ausländischen Unternehmern nach § 13b UStG)

Umsatzsteuer (von ausländischen Unternehmern nach § 13b UStG)

- Nach § 13b Abs. 2 UStG schulden Unternehmer als Leistungsempfänger für bestimmte im Inland ausgeführte steuerpflichtige Umsätze ausländischer Unternehmer die Steuer. Die Steuer wird sowohl von im Inland ansässigen als auch von im Ausland ansässigen Leistungsempfängern geschuldet. Ist der Empfänger einer elektronisch erbrachten Leistung ein Unternehmer, wird die Leistung dort ausgeführt, wo der Empfänger sein Unternehmen betreibt (§ 3a Abs. 3 Satz 1 UStG).
- Der ausländische Unternehmer darf in seiner Rechnung die Steuer nicht gesondert ausweisen, muss jedoch auf die Steuerschuldnerschaft des Leistungsempfängers hinweisen (§ 14a Abs. 4 Satz 2 und Satz 3 UStG).

  Der abzugsberechtigte Leistungsempfänger kann die von ihm nach § 13b Abs. 2 UStG geschuldete Umsatzsteuer als Vorsteuer abziehen, wenn er die Lieferung oder sonstige Leistung für sein Unternehmen bezieht.
- Auch ohne ordnungsgemäße Rechnung kann der Leistungsempfänger als Steuerschuldner sein Vorsteuerabzugsrecht ausüben.[32]
- Auf der Rückseite der Umsatzsteuervoranmeldung (Zeile 48 in Kennziffer 52 und 53) werden der „fiktive Umsatz“ und die Umsatzsteuer ausgewiesen. In der Zeile 58 kann der Unternehmer Vorsteuer in gleicher Höhe abziehen.

Achtung:

Anstelle des Umsatzsteuerausweises muss sinngemäß folgender Hinweis erfolgen: „Die Umsatzsteuer ist von Ihnen als Leistungsempfänger anzumelden und abzuführen (§ 13b UStG).“

Bei Softwarebezug aus dem Ausland über das Internet wird zwischen Offline-Umsätzen und Online-Umsätzen unterschieden.

[32] EuGH, Urteil vom 01.04.2004, C-90/02.

Sofern keine Standard-Software auf einem Datenträger, wie CD-ROM, DVD oder Disketten, physisch verschickt wird (Offline-Umsätze), handelt es sich bei den elektronischen Dienstleistungen allesamt umsatzsteuerlich um sonstige Leistungen nach § 3a Abs. 4 UStG.

Beispiel:

Die deutsche Werbefirma *E-Point* bezieht ihre neuesten Grafikprogramm-Updates direkt nach Erscheinen über Download aus den USA. Die amerikanische Firma weigert sich unter Berufung auf den „Internet Tax Freedom Act“, in der Rechnung von umgerechnet 10.000 EUR auf die deutsche Umsatzsteuer und die Steuerschuldnerschaft hinzuweisen.

Beleg buchen

Der in Deutschland ansässige Versandbuchhändler *Quickbookseller* hat über die Internetplattform von *Aragon.de* Bücher verkauft. *Aragon.de* überweist den Verkaufserlös zuzüglich einer Versandkostenerstattung, jedoch abzüglich der Vermittlungskosten. Da *Aragon.de* die Vermittlungsleistungen für *Quickbookseller* von Luxemburg aus erbringt, schuldet der in Deutschland ansässige Leistungsempfänger die Umsatzsteuer nach § 13b UStG.

Während die Buchverkäufe zum ermäßigten Steuersatz von 7 % besteuert werden, unterliegen die Vermittlungsleistungen 19 % USt. Der Leistungsempfänger kann jedoch ebenfalls 19 % Vorsteuer abziehen.

Leistungen ausländischer Unternehmer 19 %Vorsteuer und Umsatzsteuer	41,91 EUR	
Vorsteuer § 13b 19 % aus Leistungen ausländischer Unternehmer	7,96 EUR	
an Umsatzerlöse zu 7 % USt.		39,17 EUR
an Umsatzsteuer 7 %		2,74 EUR
an USt. § 13b 19 % aus Leistungen ausländischer Unternehmer		7,96 EUR

Das richtige Konto

BGA	IKR	SKR03	SKR04	Kontenbezeichnung (SKR04)
3711	6101	3115	5915	Leistungen ausländischer Unternehmer 7 % Vorsteuer und 7 % USt.
3715	6105	3125	5925	Leistungen ausländischer Unternehmer 19 % Vorsteuer und 19 % USt.
146	2608	1579	1409	Abziehbare Vorsteuer § 13b 19 %
1811	4822	1758	3833	USt. § 13b 19 % aus Leistungen ausländischer Unternehmer

Steuernummer
11

20

Finanzamt

Postfach

30 Eingangsstempel oder -datum

Antrag auf Dauerfristverlängerung
Anmeldung der Sondervorauszahlung
(§§ 46 bis 48 UStDV)

Unternehmer - ggf. abweichende Firmenbezeichnung - Anschrift - Telefon - E-Mail-Adresse

Firma Elektro Zapp
Inh. Erwin Zapp
Daimlerstr. 3

46464 Neustadt

Zur Beachtung
für Unternehmer, die ihre Voranmeldungen **vierteljährlich** abzugeben haben:
Der Antrag auf Dauerfristverlängerung ist nicht zu stellen, wenn Dauerfristverlängerung bereits gewährt worden ist. Er ist nicht jährlich zu wiederholen. Eine Sondervorauszahlung ist nicht zu berechnen und anzumelden.

I. Antrag auf Dauerfristverlängerung
(Dieser Abschnitt ist gegenstandslos, wenn Dauerfristverlängerung bereits gewährt worden ist.)

Ich beantrage, die Fristen für die Abgabe der Umsatzsteuer-Voranmeldungen und für die Entrichtung der Umsatzsteuer-Vorauszahlungen um einen Monat zu verlängern.

II. Berechnung und Anmeldung der Sondervorauszahlung auf die Steuer für das Kalenderjahr 20 von Unternehmern, die ihre Voranmeldungen monatlich abzugeben haben

Berichtigte Anmeldung (falls ja, bitte eine "1" eintragen) 10

		volle EUR	Ct
1. Summe der verbleibenden Umsatzsteuer-Vorauszahlungen **zuzüglich** der angerechneten Sondervorauszahlung für das Kalenderjahr 20		6.482	
2. Davon 1 / 11 = **Sondervorauszahlung 20**	38	589	

Verrechnung des Erstattungsbetrages erwünscht / Erstattungsbetrag ist abgetreten (falls ja, bitte eine "1" eintragen) 29

Geben Sie bitte die Verrechnungswünsche auf einem besonderen Blatt an oder auf dem beim Finanzamt erhältlichen Vordruck "Verrechnungsantrag".

Die **Einzugsermächtigung** wird ausnahmsweise (z. B. wegen Verrechnungswünschen) für die Sondervorauszahlung dieses Jahres **widerrufen** (falls ja, bitte eine "1" eintragen) 26

Ein ggf. verbleibender Restbetrag ist gesondert zu entrichten.

Hinweis nach den Vorschriften der Datenschutzgesetze:
Die mit der Steueranmeldung angeforderten Daten werden auf Grund der §§ 149 ff. der Abgabenordnung und des § 18 des Umsatzsteuergesetzes erhoben.
Die Angabe der Telefonnummern und der E-Mail-Adressen ist freiwillig.

Bei der Anfertigung dieser Steueranmeldung hat mitgewirkt:
(Name, Anschrift, Telefon, E-Mail-Adresse)

- nur vom Finanzamt auszufüllen -

11 19

Bearbeitungshinweis
1. Die aufgeführten Daten sind mit Hilfe des geprüften und genehmigten Programms sowie ggf. unter Berücksichtigung der gespeicherten Daten maschinell zu verarbeiten.
2. Die weitere Bearbeitung richtet sich nach den Ergebnissen der maschinellen Verarbeitung.

Datum, Namenszeichen

Kontrollzahl und/oder Datenerfassungsvermerk

Erwin Zapp

Datum, Unterschrift

USt 1 H - Antrag auf Dauerfristverlängerung/Anmeldung der Sondervorauszahlung 20 -

Abb. 84: Umsatzsteuersonderzahlungen

Umsatzsteuersonderzahlungen

- Für eine Dauerfristverlängerung zur Abgabe von Voranmeldungen um jeweils einen Monat ist eine Umsatzsteuersonderzahlung (1/11 der Vorjahresumsatzsteuerschuld) zu leisten. Diese Zahlung stellt eine unverzinsliche Steuerkaution dar, weil das Finanzamt auf die sofort nach Monatsablauf fällige Umsatzsteuer warten muss.
- Wer Voranmeldungen im Quartal abgeben muss, braucht für die Dauerfristverlängerung keine Sonderzahlung zu leisten.

Achtung:

Die Sonderzahlung ist spätestens mit Abgabe der Voranmeldung Dezember des Vorjahres fällig, also zum 10. Januar bzw. bei schon bestehender Dauerfristverlängerung zum 10. Februar.

- In der Einnahmenüberschussrechnung wirken sich Vorauszahlungen als Ausgaben und Erstattungen als Einnahmen aus.
- In der Gewinnermittlung durch Betriebsvermögensvergleich stellen in der Bilanz Vorauszahlungen Forderungen und Erstattungen Verbindlichkeiten gegenüber dem Finanzamt dar.

Beleg buchen

Die gesamten Umsatzsteuervoranmeldungen des Vorjahres betrugen 6.482 EUR. Davon sind für die Dauerfristverlängerung 1/11, also 589 EUR als Sondervorauszahlung des neuen Jahres fällig.

Umsatzsteuersonderzahlung	589,00 EUR	
an Bank		589,00 EUR

Das richtige Konto

BGA	IKR	SKR03	SKR04	Kontenbezeichnung (SKR04)
182	4821	1781	3830	Umsatzsteuervorauszahlung 1/11

Consulting Steuernummer: 0

Übertragungsprotokoll

G899IHPCTZVSXTX6QZASHYL1J89VBPY5

Empfangsdatum: 20.04.20 /12:43:30 Uhr

Umsatzsteuer-Voranmeldung

Voranmeldungszeitraum

März 20

Übermittelt von:
Firma Elektro Zapp
Inh. Erwin Zapp
Daimlerstr. 3

46464 Neustadt

	Kz	Bemessungsgrundlage	Kz	Steuer

Anmeldung der Umsatzsteuer-Vorauszahlung

Lieferungen und sonstige Leistungen (einschl. unentgeltlicher Wertabgaben)

Steuerpflichtige Umsätze

	Kz	Bemessungsgrundlage	Kz	Steuer
zum Steuersatz von 19 %	51	12.064		
zum Steuersatz von 7 %	86	2.785		

Abziehbare Vorsteuerbeträge

	Kz	Bemessungsgrundlage	Kz	Steuer
Vorsteuerbeträge aus Rechnungen von anderen Unternehmern (§ 15 Abs. 1 Satz 1 Nr. 1 UStG), aus Leistungen im Sinne des § 13a Abs. 1 Nr. 6 UStG (§ 15 Abs. 1 Satz 1 Nr. 5 UStG) und aus innergemeinschaftlichen Dreiecksgeschäften (§ 25b Abs. 5 UStG)			66	
Vorsteuerbeträge, die nach allgemeinen Durchschnittssätzen berechnet sind (§§ 23 und 23a UStG)			63	75,41
Verbleibende Umsatzsteuer-Vorauszahlung bzw. verbleibender Überschuss			83	1.969,91

Hinweis zu Säumniszuschlägen

Wird die angemeldete Steuer durch Hingabe eines Schecks beglichen, fallen Säumniszuschläge an, wenn dieser nicht am Fälligkeitstag bei der Finanzkasse vorliegt (§ 240 Abs. 3 Abgabenordnung). Um Säumniszuschläge zu vermeiden wird empfohlen, am Lastschriftverfahren teilzunehmen.
Die Teilnahme am Lastschriftverfahren ist jederzeit widerruflich und völlig risikolos. Sollte einmal ein Betrag zu Unrecht abgebucht werden, können Sie diese Abbuchung bei Ihrer Bank innerhalb von 6 Wochen stornieren lassen. Zur Teilnahme am Lastschriftverfahren setzen Sie sich bitte mit Ihrem Finanzamt in Verbindung.

Dieser Protokollausdruck ist nicht zur Übersendung an das Finanzamt bestimmt. Die Angaben sind auf ihre Richtigkeit hin zu prüfen. Sofern eine Unrichtigkeit festgestellt wird, ist eine berichtigte Steueranmeldung abzugeben.

Seite 1 von 1

Abb. 85: Umsatzsteuervoranmeldungen

Umsatzsteuervoranmeldungen

- Unterjährige Umsatzsteuervoranmeldungen führen zu Umsatzsteuer-Vorauszahlungen oder -erstattungen.
- Auch Erstattungen sind ebenfalls auf dem Konto „Umsatzsteuer-Vorauszahlungen“ im Haben zu erfassen.

Achtung:

Die Voranmeldungen und Zahlungen sind spätestens 10 Tage nach Ablauf eines Monats bzw. Quartals fällig. Bei Dauerfristverlängerung verlängert sich die Abgabefrist um einen ganzen Monat, also zum 10. des Folgemonats.

- In der Einnahmenüberschussrechnung wirken sich Vorauszahlungen als Ausgaben und Erstattungen als Einnahmen aus.
- In der Gewinnermittlung durch Betriebsvermögensvergleich stellen in der Bilanz Vorauszahlungen Forderungen und Erstattungen Verbindlichkeiten gegenüber dem Finanzamt dar.

Tipp:

Um sämtliche Voranmeldungen abzustimmen (Vorauszahlungssoll), wird die zum Jahresende noch nicht vorausgezahlte Umsatzsteuer aus Dezember und ggf. November als „Umsatzsteuer laufendes Jahr“ eingebucht.

Beleg buchen

Das Vorauszahlungssoll für den März beträgt 1.969,91 EUR.

Umsatzsteuer-Vorauszahlung	1.969,91 EUR	
an Bank		1.969,91 EUR

Das richtige Konto

BGA	IKR	SKR03	SKR04	Kontenbezeichnung (SKR04)
182	482	1780	3820	Umsatzsteuer-Vorauszahlungen
182	4821	1781	3830	Umsatzsteuer-Vorauszahlung 1/11
1821	4824	1789	3840	Umsatzsteuer laufendes Jahr

Finanzamt   6   27. 2.20

Steuernummer: 4
(Bitte bei Rückfragen angeben)

Telefon (06
Telefax (06

Finanzamt

Firma Elektro Zapp
Inh. Erwin Zapp
Daimlerstr. 3

46464 Neustadt

Bescheid

über die Festsetzung der
Umsatzsteuer-Vorauszahlung
für den Monat Dezember 20

Festsetzung
Die am 7. 2.20 eingegangene Steueranmeldung steht einer Steuerfestsetzung unter dem Vorbehalt der Nachprüfung gleich. Die Steuerfestsetzung ist nach § 164 Abs. 2 AO geändert. Der Vorbehalt der Nachprüfung bleibt bestehen.

	Umsatzsteuer €
Festgesetzt werden Anrechnung (Abzug) der fest- gesetzten Sondervorauszahlung Verbleiben	2.884,38 1.192,00 1.692,38
Abrechnung **(Stichtag: 13.02.)** Abzurechnen sind Bereits getilgt	 1.692,38 0,00
Unterschiedsbetrag Ausgleich durch Verrechnung	1.692,38 0,00
Noch zu zahlen	1.692,38
B i t t e z a h l e n S i e sofort (soweit noch nicht getilgt) die am 10.02. in Höhe von fällig gewesenen Beträge spätestens am 09.03.	 1.579,56* 112,82*

Die mit * gekennzeichneten Forderungen werden vom Konto Nr bei (BL) abgebucht.

0000137

****** Fortsetzung siehe Seite 2 ******

Konten der Finanzkasse
Institut : Sparkasse
Kontonummer :
Bankleitzahl :

* ABS-Nr.: 0000.0000 *RT*1302 *

EDV-Form BW4061 04.95
AnmSt-Bescheid (Original)

Abb. 86: Umsatzsteuerzahlungen

Umsatzsteuerzahlungen

- Umsatzsteuer-Vorauszahlungen, -Nachzahlungen und -Erstattungen aus Vorjahren werden gesondert von den Zahlungen für das laufende Jahr gebucht.
- In der Dezembervoranmeldung wird von der Umsatzsteuerschuld die Sondervorauszahlung vom Jahresbeginn abgezogen.
- Umsatzsteuernachzahlungen aus der Umsatzsteuer(jahres-)erklärung sind unaufgefordert innerhalb eines Monats nach Abgabe der Erklärung fällig.
- In der Einnahmenüberschussrechnung wirken sich Nachzahlungen als Ausgaben und Erstattungen als Einnahmen aus. Dies gilt auch rückwirkend für Zahlungen bis zum 10. Januar des Folgejahres.
- In der Gewinnermittlung durch Betriebsvermögensvergleich stellen Nachzahlungen Forderungen und Erstattungen Verbindlichkeiten gegenüber dem Finanzamt dar.

Beleg buchen

Die Umsatzsteuerschuld für den Monat Dezember betrug 2.884,38 EUR, von denen eine Sondervorauszahlung zum Jahresbeginn in vermeintlicher Höhe von 1.304,86 EUR abgezogen wurde. Nach diesem Bescheid betrug die tatsächlich geleistete Sondervorauszahlung nur 1.192,00 EUR. Neben der erklärten Vorauszahlung in Höhe von 1.579,56 EUR sind weitere 112,82 EUR zu zahlen.

Umsatzsteuer Vorjahr	1.692,38 EUR	
an Bank		1.692,38 EUR

Das richtige Konto

BGA	IKR	SKR03	SKR04	Kontenbezeichnung (SKR04)
1822	4825	1790	3841	Umsatzsteuer Vorjahr
1822	4826	1791	3845	Umsatzsteuer frühere Jahre

7

Rechnungsdatum
02.März 20
Kundennr.
Rechnungsnr.
Seite: 1 von 2
Kunden USt-ID-Nr.:
USt-ID-Nr.
Steuernummer

Rechnung

…el Service Deutschland In…
0000007

Firma
Horst Starke
Wiesengasse 3
55586 Neustadt

Diese Seite enthält eine Übersicht über Ihre Versandaktivitäten bis einschließlich 28.Februar 20

Bei Fragen zu dieser Rechnung wenden Sie sich an 0800 Montag bis Freitag von 8:00 - 18:00
hr
Service

Vielen Dank für Ihr Vertrauen.

Erhalten Sie einfache Kontrolle über die Versandausgaben …echnungsdaten, ein System mit elektronischen Rechnungsdaten, hilft Ihnen, Kosten zuzuordnen und zu sparen. Mehr unter ww… …om.

Diese Rechnung ist sofort und ohne Abzug zahlbar. Bei verspäteten Zahlungen kan… …b dem 7. Tag nach Rechnungseingang Verzugszinsen in Höhe von 6,5% p.a. und eine Säumnisgebühr in Höhe von bis zu 15 EUR. erheben. Es gelten die aktuellen Beförderungsbedingungen Stand 01.

Übersicht

Frachtbriefe - Innerdeutsch		13,36
Servicepauschale		3,20
MwSt.-pflichtig		16,56
19 % MwSt.		3,15
Fälliger Gesamtbetrag	EUR	19,71

- -

rvice

IHRE ZAHLUNG ERFOLGT DURCH BANKEINZUG

BLZ: Kontonummer

Rechnungsnummer
28

Fälliger Gesamtbetrag
EUR 19,71

Abb. 87: Versandkosten

Versandkosten

- Versandkosten können sowohl beim Warenbezug als auch beim Warenverkauf anfallen. Sie werden entweder jeweils als Nebenleistung zusammen mit der Eingangsrechnung gebucht oder als gesonderte Rechnung des Paketdienstes auf separaten Versandkonten. Liegen Verwaltungskosten vor, können Sie das Konto „Porto" verwenden.
- Im Gegensatz zu den Versanddiensten der Deutschen Post sind die Leistungen der privaten Paketdienste umsatzsteuerpflichtig.

Beleg buchen

Die wöchentliche Abrechnung des Paketdienstes enthält zwei Versendungen an Kunden.

Ausgangsfrachten	16,56 EUR	
Vorsteuer	3,15 EUR	
an Bank		19,71 EUR

Das richtige Konto

BGA	IKR	SKR03	SKR04	Kontenbezeichnung (SKR04)
302	614	3800	5800	Anschaffungsnebenkosten
462	6145	4730	6730	Ausgangsfrachten
4820	6821	4910	6800	Porto

Zweite Allgemeine Versicherung AG

Telefon + 49(0)
Telefax + 49(0)
e-mail: E

ersicherung AG - D-

Betreuung dieses Vertrages erfolgt durch:

Vertretung:

Gerd Schneider
K34
68563 Mannheim

Tel.: 0
Fax: 0

Beitragsrechung zur
Multiline-Versicherung

Versicherungsschein-Nr.
229

Datum 16.12.20

Sehr geehrte Damen und Herren,

der Beitrag zu o.g. Versicherung für den Zeitraum 01.01.20 bis 01.01.20 ist fällig.

Versicherungsumfang **IVD-Versicherungskonzept**	Nettobeitrag in Euro	Vers.-Steuer in Euro	Bruttobeitrag in Euro
Gesamtbetrag	**375,38**	**71,32**	**446,7**

Dieser Betrag wird per 01.01.20 von Ihrem Konto abgebucht : **Euro 446,70**
Kto: 000 BLZ: 56

Bitte beachten Sie auch die weiteren wichtigen Hinweise auf der Rückseite.

Mit freundlichen Grüßen

Allgemeine Versicherung AG

Allgemeine Versicherung AG
Aufsichtsratsvorsitzender:
Vorstand:

Rechtsform: Aktiengesellschaft, Sitz: Steuernummer
Bankverbindung: Dresdner Bank, Bankle Konto

Abb. 88: Versicherungsbeiträge

Versicherungsbeiträge

- Als Betriebsausgaben sind nur Beiträge zu solchen Versicherungen abziehbar, die den betrieblichen Bereich betreffen (betriebliche Haftpflichtversicherung, betriebliche Gebäudeversicherung usw.).
- Für Kfz-Versicherungen und Gebäudeversicherungen sind jeweils eigene Konten unter den Fahrzeugkosten bzw. Gebäudekosten vorgesehen.
- Versicherungsentschädigungen für Unfallschäden sind auf einem gesonderten Konto zu erfassen.
- Eine Erstattung von Versicherungsbeiträgen sollte nicht als zusätzlicher Ertrag, sondern als Teilstorno der ursprünglichen Aufwandszahlung verstanden werden.
- Die Versicherungssteuer ist keine Vorsteuer und darf nicht auf dem Vorsteuerkonto gebucht werden.

Achtung:

Beachten Sie, dass Sie Versicherungszahlungen, die auch für das Folgejahr gezahlt werden, zum Jahresende aktiv abgrenzen müssen. Zur Abgrenzung von Bagatellbeträgen bis zur GWG-Grenze sind Sie allerdings nicht verpflichtet.

Beleg buchen

Die Betriebshaftpflichtversicherung in Höhe von 446,70 EUR ist regelmäßig zum 01.01. eines Jahres fällig und muss deshalb nicht abgegrenzt werden.

Versicherungen	446,70 EUR	
an Bank		446,70 EUR

Das richtige Konto

BGA	IKR	SKR03	SKR04	Kontenbezeichnung (SKR04)
426	690	4360	6400	Versicherungen
4261	6869	4366	6405	Gebäudeversicherungen
4261	691	4520	6520	Kfz-Versicherungen
267	5431	2742	4970	Versicherungsentschädigungen
91	29	0980	1900	Aktive Rechnungsabgrenzung

UBIGROS

RECHNUNG 00 0 SEITE 1

GMBH

LIEFER- UND RECHNUNGSDATUM 27.05.20

8:41

TELEFON 018 TELEFAX

USt-IdNr.: DE

Steuernr. Finanzamt:

Kiosk Endstation
Bahnhofsplatz 1
34567 Neustadt

KUNDE: 0

L.R.:

M

ZAHLBETRAG FUER LIEFERSCHEIN 157,93

EAN	ART.-NR.	ARTIKEL BEZEICHNUNG	EINZEL-PR.	INH.KOL	KOLLI-PR.	MENGE	W	GESAMTPREIS	MR
0058 1 023 822 9		LEERGUT-BON			6,00	1		6,00-	A
8713800252556	006928.6	FRUCHTGUMMI- SMILE 100ST	3,550	1	3,55	2		7,10	B
4017100740800	008783.3	ERDNUSS-LOCKEN CLASSIC 250G	1,350	1	1,35	4		5,40	B
5410601508259	055995.5	RED BAND STCK.ART.10 FRUCHT Z	3,550	1	3,55	3		10,65	B
[illegible]001686390542	112895.8	PHANTASIA 1KG	3,490	1	3,49	1		3,49	B
[illegible]037000440192	136141.9	PRINGLES TEXAS BARBECUE 200G	1,190	1	1,19	4	W	4,76	B
5410076002894	140829.3	PRINGLES HOT&SPICY 200G	1,190	1	1,19	4	W	4,76	B
4001686309025	148345.2	HARIBO FRUCHT 150 ST HAPPY CH	4,350	1	4,35	1		4,35	B
4001686315613	148349.4	HARIBO FRUCHT 150 ST HAPPY-CO	4,350	1	4,35	1		4,35	B
4001686333044	148358.5	HARIBO FRUCHT 150 ST SCHLUEMP	4,350	1	4,35	1		4,35	B
4001686334027	148359.3	HARIBO FRUCHT 150 ST RIESEN-E	4,350	1	4,35	1		4,35	B
4001686378519	148531.7	HARIBO FRUCHT 150 ST COLA-SCH	4,350	1	4,35	1		4,35	B
4001686576021	148956.6	MAOAM KRACHER 300 ST COLA	4,190	1	4,19	1		4,19	B
4037[illegible]00502144	149508.4	BRAUNE RATTEN- SCHWAENZE 200S	6,450	1	6,45	1		6,45	B
4009900365673	158289.9	**WRIGLEY'S EXTRA WHITE 7 MIN	0,370	36	13,32	1		13,32	B
4001686395028	192479.4	HARIBO FRUCHT 150 ST KIRSCH-C	4,350	1	4,35	1		4,35	B
4001686329214	235198.9	HARIBO FRUCHT 150 ST FISCH BE	4,350	1	4,35	1		4,35	B
4018077670015	317715.1	CRUNCHIPS 200G PAPRIKA	1,450	1	1,45	4		5,80	B
4018077685910	317716.9	CRUNCHIPS 200G CHEESE&ON	1,450	1	1,45	4		5,80	B
4018077685019	317717.7	CRUNCHIPS 200G RED CHILI	1,450	1	1,45	4		5,80	B
4018077695216	317718.5	CRUNCHIPS 200G LIMITED E	1,450	1	1,45	4		5,80	B
4018077688515	318565.9	CRUNCH.CRUST THAI S.CHILI 175	1,450	1	1,45	4		5,80	B
	057007.7	0,25 DPG DS RED BULL 24ER	1,050	24	25,20	1		25,20	A
+	031210.8	DPG-PFAND 24X0,25 EUR	6,000	1	6,00	1		6,00	A

NETTO 144,77

A 19,00 % MWST 25,20 4,79

B 07,00 % MWST 119,57 8,37

KOLLI GES.: 49 KOLLI GEW.: 0

SUMME EUR 157,93

BAR EUR 160,00

RUECKGELD EUR 2,07-

00041 135,25	00000 0,00	00000 0,00	00000 0,00	00048 119,57	00000 0,00
NETTOWERT O WERB.	NONFOOD	KONSERVEN	NAEHRMITTEL	SUESSWAREN KAFFEE	FEINKOST MILCH
00001 25,20	00000 0,00	00000 0,00	00000 0,00	00000 0,00	
SPIRITUOSEN WEIN	WASCHMITTEL	FLEISCH WURST	OBST GEMUESE	TABAK	

W = WERBEARTIKEL

Abb. 89: Wareneinkauf

Wareneinkauf

- Die Wareneinkäufe müssen Sie nach Steuersätzen getrennt erfassen.
- Der unterjährige Wareneinkauf wird als Wareneinsatz behandelt. Hierbei unterstellen die Buchhalter für die Monatserfolgsrechnung, dass die gleiche Menge zugekauft wie abverkauft wird.
- Sie können geringe Pfandkosten als Warenbeschaffungskosten bzw. als Kostenersatz behandeln. Nur erhebliche Beschaffungskosten erfassen Sie auf separatem Konto.
- Im Lebensmitteleinzelhandel ebenso wie in Bäckereien, Gaststätten usw. werden die Privatentnahmen auf der Grundlage der amtlichen Richtsätze und der Anzahl der Personen im Haushalt ermittelt.

Beleg buchen

Im Großmarkt *Ubigros* kauft der Kioskinhaber Waren zu 7 % und 19 % ein und zahlt bar. Lebensmittel für den persönlichen Bedarf entnimmt er sofort.

Wareneinkauf 7 %	119,57 EUR	
Wareneinkauf 19 %	25,20 EUR	
Vorsteuer	13,16 EUR	
Privatentnahme	21,40 EUR	
an Kasse		157,93 EUR
an Unentgeltliche Zuwendung von Waren 7 % USt.		20,00 EUR
USt. 7 %		1,40 EUR

Das richtige Konto

BGA	IKR	SKR03	SKR04	Kontenbezeichnung (SKR04)
301	608	3200	5200	Wareneingang
3011	6081	3300	5300	Wareneingang 7 % VSt.
3012	6085	3400	5400	Wareneingang 19 % VSt.
2782	5428	8940	4680	Unentgeltliche Zuwendung Waren 19 % USt.
2781	5427	8945	4670	Unentgeltliche Zuwendung Waren 7 % USt.

Telefonbuch24Direct

stfach

Erwin Scholz
Generalvertretung
Mittelstr. 10

56728 Brohl

Konto
BLZ

Sparkasse
Konto
BLZ

Konto
BLZ

Rechnung

Kunden Nr.
Rechnung Nr.
vom

Bei Zahlung bitte unbedingt angeben!

Gemäß Ihrer Bestellung vom 15.08.20 berechnen wir Ihren Werbeeintrag.
Telefonbuch Ausgabe 20 /20

Artikel	Region	Menge Stück/mm	Stückpreis EUR	Summe EUR
010 Zeilen-Print/Online-Paket		4		
020 Zeilen-Print/Online-Paket		4		
030 Zeilen-Print/Online-Paket		4		

Nettobetrag EUR	733,04
MwSt 19% EUR	139,28
Bruttobetrag EUR	**872,32**

Zahlbar zum 24.04.20 ohne Abzug.
Erscheinungs-/Liefertermin: April 20
Gemeinsame Herausgeber und Verleger
Beauftragte
Telefon Telefax www de
Vorstand Aufsichtsratsvorsitzende
Sitz Amtsgericht HRB Erfüllungsort und Gerichtsstand ist, soweit gesetzlich zulässig, USt-IdNr.: DE
Es können sich Entgeltminderungen aufgrund von Rabattvereinbarungen ergeben.

überw.
19.04.
Ie

Überweisung/Zahlschein

Name und Sitz des überweisenden Kreditinstituts | Bankleitzahl

Den Vordruck bitte nicht beschädigen, knicken, bestempeln oder beschmutzen.

Begünstigter: Name, Vorname/Firma (max. 27 Stellen)
Postfach

Konto-Nr. des Begünstigten | Bankleitzahl

Kreditinstitut des Begünstigten

EUR | Betrag: Euro, Cent 872,32

Kunden-Referenznummer - Verwendungszweck, ggf. Name und Anschrift des Überweisenden - (nur für Begünstigten)

noch Verwendungszweck (insgesamt max. 2 Zeilen à 27 Stellen)

Kontoinhaber/Einzahler: Name, Vorname/Firma, Ort (max. 27 Stellen, keine Straßen- oder Postfachangaben)

Konto-Nr. des Kontoinhabers | 18

Abb. 90: Werbekosten

Werbekosten

Werbekosten bezeichnet Aufwendungen, um Produkte und Dienstleistungen einer Öffentlichkeit bekannt zu machen. Sie dienen somit der allgemeinen Vermarktung und nicht der Pflege einer speziellen Geschäftsbeziehung.

- Einzelnen Produkten oder Aufträgen direkt zurechenbare Vertriebskosten sind stattdessen auf dem Konto „Kosten der Warenabgabe" zu erfassen.
- Ausgaben für die Werbung, z. B. Plakatwerbung oder Anzeigenwerbung in Tageszeitungen, Fachzeitschriften u. Ä., Rundfunk- und Fernsehwerbung gehören zum sofort abzugsfähigen Aufwand und mindern im Jahr der Ausgabe in voller Höhe den Gewinn. Auch Kosten für einen Messeauftritt gehören zu den Werbekosten (z. B. Standmiete, Reisekosten für Standpersonal).
- Wegen der besonderen Aufzeichnungspflicht für Geschenke und Bewirtungen sollten Sie hier Fehlbuchungen unbedingt vermeiden. Geschenke und Bewirtungen dürfen nicht auf anderen als auf den vorgesehenen Konten verbucht werden. Sie haben also unter „Werbekosten" nichts verloren.

Achtung:

Für Werbemaßnahmen können Sie keinen aktiven Rechnungsabgrenzungsposten bilden. Hier zählt auch nicht die Begründung, dass sich der Erfolg ebenfalls erst im kommenden Jahr einstellen wird.

Beleg buchen

Werbekosten	733,04 EUR	
Vorsteuer	139,28 EUR	
an Bank		872,32 EUR

Das richtige Konto

BGA	IKR	SKR03	SKR04	Kontenbezeichnung (SKR04)
441	687	4600	6600	Werbekosten
46	6145	4700	6700	Kosten der Warenabgabe

WERBEPROFIS

Rechnung

Lieferanschrift (falls von Rechng.-Anschrift abweichend)

bitte abtrennen

Firma Elektro Zapp
Inh. Erwin Zapp
Daimlerstr. 3

46464 Neustadt

Zapp

HERR Zapp 96 45	*Bei Bezahlung und Rückfragen bitte unbedingt angeben*		
▲ *Name des Bestellers* ▲			

Rechnungs-Datum	*Rechnungs-Nummer*	*Lieferungs-Datum*	*Kunden-Nummer*
6. 11.	929	6. 11.	230

Bestell-Nummer	*Stück*	*Artikel-Bezeichnung*	*Einzelpreis*	*Gesamtpreis*
399998	100	Schlüsselanh. "Tool-Box"	2,49	249,00
399998	100	Werbedruck	0,40	40,00
399998	1	Grundkosten	34,00	34,00
		Versand- und Verpackungskosten für gesamt 2,000 KG		11,00

Vielen Dank für Ihren Auftrag

Bitte benutzen Sie die vorbereiteten Bankbelege:
Bank , Kto.-Nr. BLZ

	Nettobetrag	*MwSt.*	*Rechnungsbetrag*
ohne Abzüge zahlbar bis 6. 12.	334,00	63,46	397,46

Die Ware bleibt bis zur vollständigen Zahlung des Kaufpreises unser Eigentum. Ergänzend gelten unsere Verkaufs-, Liefer- und Zahlungsbedingungen aus dem jeweiligen Katalog in seiner neuesten Fassung.

• *Telefon:* 0 • *Telefax:* • *USt-IdNr.:*

Abb. 91: Werbematerial

Werbematerial

- Zugaben – Gegenstände von geringem Wert – werden zu Hunderten oder Tausenden bei der Warenabgabe kostenlos beigegeben. Sie sind deshalb Kosten der Warenabgabe.
- Im Gegensatz dazu sind Streuartikel Geschenke von geringem Wert, bei denen kein unmittelbarer Zusammenhang mit dem Verkauf von Waren besteht.

Beleg buchen

Die Schlüsselanhänger sind als Zugaben bei jeder Weihnachtsbestellung vorgesehen.

Streuartikel und Zugaben	334,00 EUR	
Vorsteuer	63,46 EUR	
an Bank		397,46 EUR

Das richtige Konto

BGA	IKR	SKR03	SKR04	Kontenbezeichnung (SKR04)
2081	6873	4632	6612	Zugaben
441	687	4600	6600	Werbekosten
46	6145	4700	6700	Kosten der Warenabgabe

Konto-/Wertpapierinformationen

Postfach

SEITE 1

Horst Starke
Wiesengasse 3
55586 Neustadt

Konto-Nummer : 07
07
Ertragsart : KONTOKORRENT-KONTO

Konto-Inhaber:

VERMERK DER BANK: 1000
00

Jahressteuerbescheinigung für 20 in EUR

NUERNBERG, 30.12.20

ZAHLUNGSTAG	ZEITRAUM	HÖHE DER KAPITALERTRÄGE	ANRECHENBARER ZINSABSCHLAG	ANRECHENBARER SOLIDARITÄTSZUSCHLAG
31.12 20	01.01.20 -31.12.20	863,27 EUR	258,98 EUR	14,24 EUR

*Finanzamt, an das der Zinsabschlag und der Solidaritätszuschlag abgeführt worden sind:
RAL, Steuernummer Z
Wir versichern, dass für oben genannte Erträge keine Einzelsteuerbescheinigungen ausgestellt wurden.
Für Ihre Steuererklärung bitten wir vorstehende Steuerbescheinigung sorgfältig aufzubewahren.

ZWEIGNIEDERLASSUNG DEUTSCHLAND

Diese Bescheinigung ist maschinell erstellt und wird nicht unterschrieben
*** Kapitalerträge sind einkommensteuerpflichtig ***

Zweigniederlassung Deutschland · Ust-IdNr.
DE. Fon info@ www. de

Abb. 92: Zinserträge

Zinserträge

Zu den Zinserträgen gehören ebenfalls die Zinsabschläge und der anrechenbare Solidaritätszuschlag.

Beleg buchen

Während des Jahres wurden lediglich die Nettozinserträge erfasst. Auf dem Bankkonto sind 590,05 EUR gutgeschrieben worden.

Bank	590,05 EUR	
an Zinserträge		590,05 EUR

Laut Jahressteuerbescheinigung zu den Zinserträgen wurden 258,98 EUR Zinsabschlag und 14,24 EUR anrechenbarer Solidaritätszuschlag einbehalten.

Zinsabschläge	258,98 EUR	
anrechenbarer Solidaritätszuschlag	14,24 EUR	
an Zinserträge		273,22 EUR

Das richtige Konto

Die nachfolgenden vier Konten sind ausschließlich Kapitalgesellschaften vorbehalten, da der Einkommensteuerbereich (inkl. Solidaritätszuschlag, Zinsabschlag u. Ä.) bei den Privatkonten des Unternehmers bzw. Personengesellschafters erfasst wird.

Das richtige Konto

BGA	IKR	SKR03	SKR04	Kontenbezeichnung (SKR04)
2216	776	2215	7635	Zinsabschlagsteuer
2217	775	2210	7607	Solidaritätszuschlag für Vorjahre Erstattungen
2215	774	2208	7608	Solidaritätszuschlag
2217	775	2209	7609	Solidaritätszuschlag für Vorjahre Nachzahlungen
163	3022	1810	2150	Privatsteuern

30.06.2[redacted]	IBAN D[redacted]6 DIE UST-PFLICHTIGE LEISTUNG WURDE FÜR DEN INHABER DES KONTOS [redacted]HT.	31,18	EUR	-5,92	835 - Sonstiger Gesc
30.06.2[redacted]	IBAN D [redacted]20RECHN.ZINS TILG./ENTG. 353,68 TILGUNG PER 30.06.20[redacted]	71,58	EUR	-425,26	835 - Sonstiger Gesc
30.06.2[redacted]	IBAN DE[redacted]38RECHN.ZINS TILG./ENTG. 515,82 TILGUNG PER 30.06.2[redacted]	29,18	EUR	-545,00	835 - Sonstiger Gesc
30.06.2[redacted]	27.06/19.31UHR[redacted]EUR 200,00		EUR	-200,00	005 - Lastschrift (E
30.06.2[redacted]	29.06/09.42UHR [redacted] EUR 150,00		EUR	-150,00	005 - Lastschrift (E

Abb. 93: Zins- und Tilgungszahlungen

Zins- und Tilgungszahlungen

- Regelmäßig zum Monats-/Quartals-/Jahresende werden zulasten des Geschäftskontos Zinsen und Tilgungen von Annuitätendarlehen in einer Rate abgebucht. Hierbei bleibt die Rate gleich hoch, im Laufe der Zeit nimmt jedoch der Zinsanteil zugunsten des Tilgungsanteils ab.
- Kundenfreundliche Banken weisen die jeweiligen Anteile auf dem Kontoauszug aus, besonders freundliche sogar den verbleibenden Darlehensstand.
- Kontokorrentzinsen fallen für vereinbarte und geduldete Überziehungen des Geschäftskontos an.

Achtung:

Zinszahlungen sind grundsätzlich umsatzsteuerfrei und berechtigen nicht zum Vorsteuerabzug. Allerdings kann die Bank zur Steuer optieren. Die zusätzliche Umsatzsteuer wird ebenfalls auf dem Kontoauszug ausgewiesen und kann in diesem Fall vom Kunden als Vorsteuer geltend gemacht werden.

Beleg buchen

Die beiden Darlehen mit Endnummern 20 und 38 werden getilgt. Der jeweilige Zins- und Tilgungsanteil für Juni ist auf dem Kontoauszug ausgewiesen.

Darlehen XXXXX20	353,68 EUR	
Zinsen langfristige Verbindlichkeiten	71,58 EUR	
an Bank		425,26 EUR
Darlehen XXXXX38	515,82 EUR	
Zinsen langfristige Verbindlichkeiten	29,18 EUR	
an Bank		545,00 EUR

Das richtige Konto

BGA	IKR	SKR03	SKR04	Kontenbezeichnung (SKR04)
196	4874	1705	3560	Darlehen
1961	4875	1706	3561	Darlehen bis 1 Jahr
1962	4876	1707	3564	Darlehen 1–5 Jahre
1963	4877	1708	3567	Darlehen g. 5 Jahre
211	7512	2118	7318	Kontokorrentzinsen
2127	7583	2120	7320	Zinsaufwendungen f. lfr.Verbindlichkeit.
2129	7585	2126	7326	Zinsen zur Finanzierung Anlagevermögen

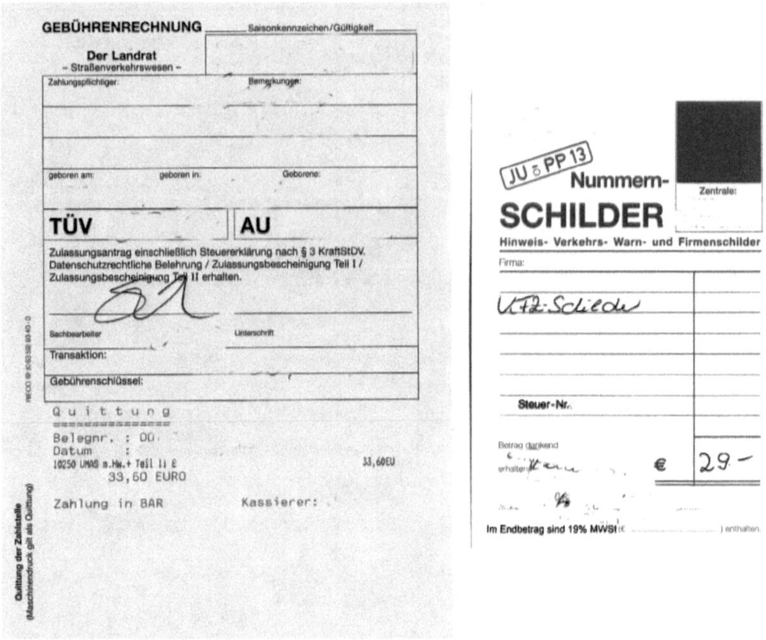

GEBÜHRENRECHNUNG Saisonkennzeichen/Gültigkeit

Der Landrat
– Straßenverkehrswesen –

Zahlungspflichtiger: Bemerkungen:

geboren am: geboren in: Geborene:

TÜV | AU

Zulassungsantrag einschließlich Steuererklärung nach § 3 KraftStDV. Datenschutzrechtliche Belehrung / Zulassungsbescheinigung Teil I / Zulassungsbescheinigung Teil II erhalten.

Sachbearbeiter Unterschrift

Transaktion:

Gebührenschlüssel:

Quittung

Belegnr. : 00

Datum :

10250 UMAS m.Hw.+ Teil II E 33,60EU

33,60 EURO

Zahlung in BAR Kassierer:

Quittung der Zahlstelle (Maschinendruck gilt als Quittung)

JU PP 13

Nummern-

SCHILDER

[redacted]

Zentrale:

Hinweis- Verkehrs- Warn- und Firmenschilder

Firma:

Kfz-Schilder

Steuer-Nr.

Betrag dankend erhalten € 29,–

Im Endbetrag sind 19% MWSt (€) enthalten.

Abb. 94: Zulassungskosten

Zulassungskosten

Zu den Anschaffungskosten zählen der Netto-Kaufpreis des Pkws und darüber hinaus sämtliche Aufwendungen, um es betriebsüblich nutzen zu können. Nebenkosten wie Überführungskosten, Nummernschilder usw. gehören ebenso dazu wie Extras (z. B. Partikelfilter) und nachträgliche Anschaffungskosten, sofern sie dem Pkw einzeln zugerechnet werden können und mit Einbau ihre körperliche und wirtschaftliche Eigenart endgültig verloren haben.

Achtung:

Gebühren sind umsatzsteuerfrei und berechtigen nicht zum Vorsteuerabzug.

Beleg buchen

Die Zulassungskosten für den neuen Kombi — Gebühren 33,60 EUR und Nummernschilder 29,00 EUR — werden bar bezahlt.

Pkw	57,97 EUR	
Vorsteuer	4,63 EUR	
an Kasse		62,60 EUR

Das richtige Konto

BGA	IKR	SKR03	SKR04	Kontenbezeichnung (SKR04)
034	0841	0320	0520	Pkw

LWV[redacted]

EINGEGANGEN
[redacted]

Landes[redacted]
Postfac[redacted]

[redacted]
[redacted] GmbH
[redacted]g [redacted]
[redacted]8 [redacted]

Landes[redacted]
Der [redacted]
Kreise und [redacted] Städte

Der [redacted]schuss
Dezern[redacted]stu[redacted]
Fachber[redacted]
Integrati[redacted]amt

Datum [redacted]
Auskunft Frau [redacted]
Telefon [redacted]
Telefax [redacted]
E-Mail [redacted].de
Zeichen 2[redacted]8

Leistungen nach dem Hessischen Perspektivprogramm zur Verbesserung der Arbeitsmarktchancen schwerbehinderter Menschen (HePAS II)

- Einstellungsprämie nach § 6 HePAS II für Frau [redacted] für eine Beschäftigung von über 30 Wochenstunden
- Ihr Antrag vom [redacted] (eingegangen am [redacted])

Sehr geehrte Damen und Herren,

wir freuen uns, Ihnen mitteilen zu können, dass wir Ihnen – unter Voraussetzung der erfüllten Anforderungen – **für die Einstellung von Frau [redacted] nach § 6 HePAS II** eine einmalige Prämie

in Höhe von insgesamt 8.000,00 € [redacted]

bewilligen.

Die Förderung setzt sich nach § 6 Abs. 3 HePAS II wie folgt zusammen:

Grundprämie:	6.000,00 €
Zusatzprämie	2.000,00 €
Gesamt:	8.000,00 €

Bei dem bewilligten Betrag handelt es sich um eine einmalige Prämie zur Würdigung und Anerkennung der Zurverfügungstellung des Arbeitsplatzes für einen schwerbehinderten Menschen.

Nebenbestimmungen:

1. Die Auszahlung der Einstellungsprämie erfolgt in zwei Teilbeträgen zu je 4.000,00 € auf die von Ihnen angegebene Bankverbindung.

   Die erste Auszahlung erfolgt nach Ablauf von sechs Beschäftigungsmonaten (frühestens am [redacted]) und die zweite Auszahlung nach Ablauf von 17 Beschäftigungsmonaten (frühestens am [redacted]). Bitte beachten Sie den Fragebogen, der mit dem zweiten Mittelabruf an uns zurückgesandt werden soll.

Seite 1 von 3

[redacted] Bi[redacted]ür Gehörlose [redacted] Te[redacted] Besucheranschrift [redacted] Bankverbindung Kto-Nr. BLZ Landes[redacted] IBAN BIC [redacted]

Abb. 95: Zuschüsse

Zuschüsse

- „Echte" Zuschüsse sind Förderzahlungen von Institutionen oder anderen Unternehmen für einen bestimmten Zweck ohne gegenseitigen Leistungstausch. Sie können mit Anschaffungen wie z. B. von energetischen Heizungen, Leistungen wie z. B. zu Werbemaßnahmen im Rahmen des Stadtmarketings zusammenhängen. Auch Wirtschaftshilfen wie die Coronasoforthilfe gelten als Zuschüsse.
- Zuschüsse sind grundsätzlich als umsatzsteuerfreie Einnahmen zu behandeln.
- Bei Investitionszuschüssen gibt es ein Ansatzwahlrecht. Sie können sie entweder als Betriebseinnahmen ansetzen oder ihren Betrag direkt von den Anschaffungs- oder Herstellungskosten abziehen. Wenn der Zuschuss von den Anschaffungs-/Herstellungskosten abgezogen wird, vermindern sich die Abschreibungen für die folgenden Jahre.

Achtung:

Nachträgliche Preisnachlässe werden nicht einfach dadurch umsatzsteuerfrei, dass man sie als „Zuschuss" deklariert.

Beleg buchen

Für eine Mitarbeiterin mit Schwerbehinderung erhält das Unternehmen von der Arbeitsagentur einen Zuschuss zur Wiedereingliederung in den Arbeitsmarkt. Die erste Rate geht auf dem Bankkonto ein.

Bank	4.000,00 EUR	
an Zuschuss Arbeitsagentur		4.000,00 EUR

Das richtige Konto

BGA	IKR	SKR03	SKR04	Kontenbezeichnung (SKR04)
27	54	2709	4839	Sonstige Erträge unregelmäßig
268	5433	2743	4975	Investitionszuschüsse
4045	6285	4155	6075	Zuschüsse der Agenturen für Arbeit

Anhang

Eigenbelege

Geschenke an Geschäftsfreunde

Hier hat es Einschränkungen gegeben, aber Sie können die Aufwendungen nach wie vor steuerlich geltend machen, wenn Sie diese Punkte beachten:

- Sie brauchen die Empfänger von Geschenken nicht aufzulisten, wenn durch Art und geringer Wert des Geschenks (z. B. Taschenkalender, Kugelschreiber und dgl.) die Vermutung besteht, dass die Freigrenze von 35 EUR bei dem einzelnen Empfänger im Wirtschaftsjahr nicht überschritten wird.
- Die beschenkte Person darf nicht Arbeitnehmer des Steuerpflichtigen sein. Handelsvertreter oder andere Personen in ständiger Geschäftsbeziehung (z. B. durch Werkverträge als Subunternehmer) gelten zumindest nach dieser Vorschrift nicht als Arbeitnehmer.
- Der Wert sämtlicher Geschenke an einen Empfänger darf 35 EUR nicht übersteigen — nach Abzug von Rabatten und ggf. dem Vorsteuerabzug, aber zuzüglich z. B. der Kosten für Werbeaufschriften. Diese Obergrenze von 35 EUR ist kein Freibetrag, sondern eine Freigrenze: Übersteigt die Summe der Geschenkaufwendungen je Empfänger den Betrag von 35 EUR im Wirtschaftsjahr, entfällt jeglicher Abzug.
- Seit 2007 gibt es die Möglichkeit, einheitlich sämtliche Geschenke — auch die unter 35 EUR — mit einem Pauschalsteuersatz von 30 % (+ Solidaritätszuschlag + Kirchensteuer) zu versteuern (§ 37b EStG). Die Pauschalierung ist je Empfänger und Wirtschaftsjahr bis zu einem Betrag von 10.000 EUR möglich.
- Juristische Personen wie GmbHs, und Behörden können als solche nicht beschenkt werden. Die Benennung der Firma dient bei vielen Empfängern und hohen Einzelkosten jedoch als Gedächtnisstütze, um bei der genügenden Anzahl der beschäftigten Arbeitnehmer unter der 35-Euro-Grenze zu bleiben.
- Aufwendungen für Geschenke gleicher Art können in einer Buchung zusammengefasst werden, wenn die Namen der Empfänger der Geschenke aufgelistet werden.

Formular: Geschenkeliste

Geschenke

Empfängerliste gemäß Abschn. 22 Abs. 2 EStR

	Empfänger	Geschenk	Wert EUR	Überreicht am:
1.				
2.				
3.				
4.				
5.				
6.				

Sammelbuchung bei gleichartigen Gegenständen

	Empfängerliste
1.	
2.	
3.	
4.	
5.	
6.	
7.	
8.	
9.	
10.	
11.	
12.	
13.	
14.	
15.	

Unternehmen	
Geschenk	
Gesamtwert EUR	
Gesamtzahl der Empfänger	
Wert pro Empfänger	
Überreicht am:	

Formular: Quittung/Quittungskopie

Quittung

Netto	
19 % **MwSt.**	
Brutto	

EUR

EUR, Cent

von:

für:

dankend erhalten

Ort: Datum:

Buchungsvermerke Unterschrift Zahlungsempfänger

Quittungskopie

Netto	
19 % **MwSt.**	
Brutto	

EUR

EUR, Cent

von:

für:

dankend erhalten

Ort: Datum:

Buchungsvermerke Unterschrift Zahlungsempfänger

Fahrtenbuch

Kann ein Unternehmer für seinen Firmenwagen kein vorschriftsmäßiges Fahrtenbuch vorlegen, unterstellt das Finanzamt stets, dass dieses auch privat genutzt wurde. Ohne Aufzeichnungen des Unternehmers schätzt das Finanzamt eine monatliche Privatnutzung mit 1 % des Neulistenpreises (auch bei Gebrauchtwagen). Nur wenn Sie oft privat unterwegs sind und einen preiswerten Wagen fahren, sollten Sie sich ggf. schätzen lassen, aber in folgenden Fällen lohnt sich die Mühe, ein Fahrtenbuch zu führen:

- Die laufenden Pkw-Kosten sind sehr niedrig und der Listenpreis des privat genutzten Fahrzeugs ist bei der Erstzulassung sehr hoch gewesen.
- Sie nutzen Ihren betrieblichen Pkw so gut wie nie zu Privatfahrten.
- Verwenden Sie Ihren betrieblichen Pkw zu weniger als 5 % privat, können Sie 100 % der Vorsteuern abziehen.

Der Ermittlung des Privatanteils nach tatsächlichen Kosten wird der Prüfer des Finanzamts nur zustimmen, wenn das Fahrtenbuch bestimmte Mindestvoraussetzungen erfüllt. Die Fahrten mit dem betrieblichen Pkw müssen vom ersten bis zum letzten Kilometer eines Wirtschaftsjahres nachvollziehbar sein (lückenlose Aufzeichnungen). Hierzu sind folgende Mindestangaben notwendig:

- Datum
- Kilometerstand zu Beginn und zum Ende jeder Fahrt
- Reisezweck, Reiseziel und aufgesuchte Kunden bzw. Geschäftspartner. Die bloße Straßennennung genügt nach dem strengen Urteil des BFH vom 01.03.2012, VI R 33/10, nicht den Anforderungen, sicher auf den Geschäftspartner schließen zu können. Ebenso sei die bloße Nennung des Geschäftspartners ohne Adresse auch zu unbestimmt — etwa bei mehreren Filialen.
- Reiseroute
  - bei Privatfahrten genügt die Kilometerangabe
  - bei Fahrten zwischen Wohnung und Betrieb genügt die Kilometerangabe und ein Vermerk, dass Fahrten zwischen Wohnung und Betrieb vorliegen

Neben diesen Mindestangaben legt die Finanzverwaltung großen Wert darauf, dass die Aufzeichnungen zeitnah geführt werden. Angreifbar sind somit Fahrtenbücher „aus einem Guss“ mit demselben Stift und einheitlicher Schriftform. Wenn jedoch aus den Aufzeichnungen eines Notizbuchs nachträglich ein Fahrtenbuch erstellt wurde, darf das Finanzamt das Fahrtenbuch nur dann verwerfen, wenn es zusätzlich auch inhaltliche Fehler aufweist (ganze Tage vergessen, Urlaubsfahrt nicht berücksichtigt etc.).

Achtung:

Vorsicht auch bei mehreren Anfahrtszielen, die nicht in das Formular passen. Wenn die dadurch verkürzte Gesamtstrecke in drei Stichproben nicht mit den aufgezeichneten Kilometern übereinstimmt, folgt das Aus für das Fahrtenbuch: Dann wird die Privatnutzung nach der 1%-Methode geschätzt.

Für ein und dasselbe Fahrzeug darf ein Unternehmer in einem Wirtschaftsjahr entweder die Fahrtenbuch-Methode oder die 1%-Regelung anwenden. In jedem neuen Jahr können Sie anders entscheiden.

Überprüfung des Fahrtenbuchs

Gehört nur ein Pkw zum Betriebsvermögen, dienen zur Überprüfung des Fahrtenbuchs Tankquittungen. Schnell ist entlarvt, wer in Hamburg getankt hat, obwohl er sich laut Fahrtenbuch in München aufgehalten haben soll. Sind in der Buchführung des Steuerpflichtigen Tankquittungen von Tagen erfasst, an denen der Pkw gemäß den Angaben im Fahrtenbuch nicht bewegt worden ist, entspricht das Fahrtenbuch wegen Nichtaufzeichnung aller Fahrten nicht den formellen Voraussetzungen.[33]

Anhand der Reisekosten und der aufgezeichneten Bewirtungsbelege lassen sich ebenfalls Rückschlüsse ziehen, ob die Aufzeichnungen des Fahrtenbuchs korrekt sind oder nicht. Anhand von Werkstattrechnungen kann der Prüfer des Finanzamts überprüfen, ob der angegebene Kilometerstand dem des Fahrtenbuchs entspricht.

[33] FG Münster, Urteil vom 18.02.2005, 11 K 5218/03 E,U.

Formular: Fahrtenbuch

Route		km-Stand		gefahrene km		Datum/Zeit		Reisezweck
Abfahrtsort	Zielort	Start	Ziel	geschäftl.	privat	Abfahrt	Ankunft	Anlass der Reise und besuchte Personen/Firmen/Behörden

Achtung:

Diese Tabelle dient nur zur Berechnung der gefahrenen Kilometer. Sie ist nicht als ordnungsgemäßes Fahrtenbuch zugelassen, da dieses tatsächlich eine „buchförmige" Gestalt aufweisen muss, z. B. gebunden oder geheftet, um nachträglichen Austausch einzelner Blätter zu verhindern.

Die Erfassung der Privatfahrten von Arbeitnehmern mit firmeneigenem Kfz in einer Excel-Tabellenkalkulation erfüllt nicht die Anforderungen an ein ordnungsgemäßes Fahrtenbuch, da durch dieses Programm nachträgliche Änderungen weder verhindert noch hinreichend dokumentiert werden.[34]

Reisekostenabrechnung (Inland)

Bei den Reisekosten von Unternehmern und Arbeitnehmern liegen zwar grundsätzlich Betriebsausgaben vor. Nicht korrekte Buchungen und Belege bieten dem Finanzamt jedoch den Vorwand, den Abzug zu verweigern oder den Vorsteuerabzug nicht zuzulassen. Ob die Reisekostenabrechnung eines Arbeitnehmers formell in Ordnung ist oder nicht, entscheidet außerdem darüber, ob ihm die Spesen lohnsteuerfrei oder pauschalversteuert ersetzen werden können.

[34] BFH, Urteil vom 16.11.2005, VI R 64/04; FG Düsseldorf, Urteil vom 21.09.2004, 9 K 1073/04 H.

<table>
<tr><th>Fahrtkosten</th><th>Verpflegungsmehr-aufwendungen pauschal</th><th colspan="2">Übernachtungskosten</th></tr>
<tr><td colspan="4">Einsatzwechseltätigkeit</td></tr>
<tr><td>tatsächliche Aufwendungen, mit eigenem Pkw
▪ bei Entfernung Wohnung-Einsatzstelle von mehr als 30 km: 0,30 EUR je km
▪ bei Entfernung von 30 km oder weniger ebenso
▪ nach Ablauf von 3 Monaten und Fahrten zu einer Abholstelle: 0 EUR</td><td>bei einer Abwesenheit von mindestens
▪ 24 Stunden: 28 EUR
▪ 8 Stunden: 14 EUR
▪ unter 8 Stunden: 0 EUR</td><td colspan="2">im Fall der Übernachtung liegt eine doppelte Haushaltsführung vor</td></tr>
<tr><td colspan="4">Fahrtätigkeiten</td></tr>
<tr><td>0 EUR
Ausnahme:
Fahrten zur Fahrzeugübernahme (Bus, Lkw), falls diese an ständig wechselnden Orten erfolgt, wie bei Einsatzwechseltätigkeit</td><td>siehe Einsatzwechseltätigkeit</td><td>In der nachgewiesenen Höhe</td><td>bei Inlandsübernachtung: 20 EUR
Ausnahme:
bei Übernachtung im Fahrzeug keine Pauschalbeträge zulässig</td></tr>
<tr><td colspan="4">Dienstreise (Inland) vorübergehende Auswärtstätigkeit außerhalb der ersten Arbeitsstätte und der Wohnung</td></tr>
<tr><td>Tatsächliche Aufwendungen, die bei Benutzung eines eigenen Pkw auf 0,30 EUR je km geschätzt werden. Zusätzlich werden Unfallkosten, u. U. anteilige Aufwendungen für einen Austauschmotor, berücksichtigt.</td><td>Eintägige Dienstreisen:
▪ ab 8 Stunden: 14 EUR
▪ unter 8 Stunden: 0 EUR
Mehrtäg. Dienstreisen:
▪ 24 Stunden: 28 EUR
▪ An- und Abreisetag wie eintägige Dienstreisen</td><td colspan="2">In der nachgewiesenen Höhe</td></tr>
</table>

Formular Reisekosten

Name und Adresse des Abrechnenden:

____

Beginn der Reise: ______ ___ ______ Uhr **Ende der Reise:** ______ ___ ______ Uhr

Anlass/Zielort der Dienst-/Geschäftsreise:

____

Reisemittel: [ ] Dienstwagen [ ] Privat-Pkw [ ] Bahn [ ] Flugzeug

		Bruttoausgaben	**Vorsteuer**	**Nettoaufwand**
Fahrtkosten				
Bahnfahrkarten/Fahrausweise lt. Anlage	EUR ______	______	______	______
Flugkarten lt. Anlage	EUR ______	______	______	______
Autokosten (Kraftstoff/Öl usw.) lt. Anlage	EUR ______	______	______	______
Kilometersatz bei Privat-/Arbeitnehmer-Kfz				
Zuschlag für __ Mitfahrer __ × 0,02 EUR/km ___ km × ___ EUR =	EUR ______	______	______	______
Aufwendungen für Unterbringung				
nach beigefügten Belegen [ ] ohne Frühstück	EUR ______			
[ ] Kürzung Frühstück um 20 % der Übernachtungskosten/Tag	./. EUR ______	______	______	______
oder Pauschbeträge _____ × ______ EUR =	EUR ______			
Pauschbeträge für Verpflegungsmehraufwand				
___ Tage (24 Std.) zu 28 EUR =	EUR ______			
___ Tage (mindestens 8 Std.) zu 14 EUR =	EUR ______			
Summe	EUR ______	______	______	______
Reisenebenkosten	EUR ______	______	______	______
Verrechnung mit geldwertem Vorteil aus Arbeitnehmerbewirtung		______	______	______
lt. untenstehender Aufstellung	./. EUR ______	______	______	______
Abrechnung erstellt:	**Summe**	______	______	______
	./. Vorschüsse	______	______	______
	Rest-/ Überzahl.	______		
______________________			Buchungsvermerke:	
(Datum, Unterschrift)			______________	
Nachrichtlich: **Geldwerter Vorteil aus Arbeitnehmerbewirtung**				
Ich habe vom Arbeitgeber unentgeltlich erhalten:				
_____ × Frühstück à 1,80 EUR (2020)	insges. EUR ______			
_____ × Mittagsessen à 3,40 EUR (2020) _____ × Abendessen à 3,40 EUR (2020)	insges. EUR ______		EUR ______	
[ ] Verrechnung mit Reisekosten	[ ] Versteuerung als lauf. Arbeitslohn			

Inventarkarte

Die Inventarkarte ist ein Überbleibsel aus der handschriftlichen Anlagenverwaltung. Für jedes Anlagegut wurde eine Karteikarte angelegt und neben Beschreibungen und Identifikationsmerkmalen auch ein Abschreibungsplan erfasst. Damit war das „Leben" des Anlageguts von der Anschaffung bis zur Verschrottung aufgezeichnet.

Die Beschreibung des Anlageguts, Angaben zum Hersteller, die Anlagennummer und Bestimmung des Standorts dienen zur schnellen Identifizierung auch vieler gleichartiger Gegenstände. Das Sachkonto aus der Buchhaltung führt zur richtigen Zuordnung bei Abschreibungen und Bilanzpositionen.

Zur Berechnung machen Sie auf den Inventarkarten zusätzlich folgende Angaben:

Anschaffungsdatum	Tag, Monat, Jahr
Anschaffungskosten in EUR	
Nutzungsdauer	1 bis 25 Jahre
Abschreibungsart	1 für linear, 2 für degressiv mit 25 % vom jeweiligen Buchwert, jedoch auf das Zweifache der linearen AfA begrenzt. Bei Anschaffung 2009 und 2010 liegen die Werte automatisch bei 25 % und dem Zweieinhalbfachen der linearen AfA. Der Übergang von der degressiven zur linearen AfA findet automatisch statt.
Sonderabschreibung nach § 7g EStG	1 für die Schlüsselung, bewirkt eine Sonder-Abschreibung von 20 % im ersten Jahr
Abschreibung im ersten Jahr	Hier setzt das Programm automatisch den Schlüssel 2 für eine Abschreibung pro rata temporis, d. h. für jeden Monat. Sie können diese Werte aber überschreiben, z. B. 0 bei Sofortabschreibung von GWG, die im zweiten Halbjahr angeschafft wurden (Nutzungsdauer 1 Jahr). Die Halbjahresvereinfachung (bei Anschaffung im ersten Halbjahr Schlüssel 0 für die volle Jahres-AfA und ansonsten 1 für die Halbjahres-AfA) ist seit 2004 abgeschafft.

Beispiel:

Im folgenden Beispiel wurde eine Maschine mit Nutzungsdauer von 10 Jahren im Juli 2014 angeschafft.

Die vorgegebene Abschreibung pro rata temporis wird akzeptiert. Bei der Sonderabschreibung nach § 7g EStG wählen Sie anstelle der vorgegebenen maximalen Abschreibung von 20 % der Anschaffungskosten (2.000 EUR) im ersten Jahr eine Verteilung auf die Jahre 2014 (1.000 EUR), 2015 (250 EUR) und 2017 (750 EUR). Sobald Sie abweichende Beträge eingeben, trägt das Programm in die Folgejahre jeweils das restliche Volumen an Sonderabschreibung vor.

Gegenstand:	Masak Drehmaschine	**Anlagen-Nr.:**		97PR07156
Beschreibung	Modell ASA-PX3	**Sachkonto:**		440
steht wo?	PR7/Halle A3	**Normal AFA:**		1.000,00
Hersteller:	Masak GmbH, Hamburg	**Gesamtkosten:**		10.000,00
angeschafft:	02.07.2014	volle Jahres-AfA = 0 1/2 Jahr—AfA = 1 pro rata temporis = 2		2
Nutzungsdauer:	10	**Anschaffungsjahr:**	2014	
AFA lin. = 1 degr. 2	1	§ 7g Abschreib. = 1	1	

Nach Ablauf des Begünstigungszeitraums von fünf Jahren errechnet das Programm eine neue AfA auf Basis der verbleibenden Nutzungsdauer (5 Jahre) und des Restwertes (3.500 EUR).

Datum	Betrag	AfA	§ 7g Absetzung	Restwert
2014	10.000,00	500,00	1.000,00	8.500,00
2015	8.500,00	1.000,00	250,00	7.250,00
2016	7.250,00	1.000,00		6.250,00
2017	6.250,00	1.000,00	750,00	4.500,00
2018	4.500,00	1.000,00		3.500,00
2019	3.500,00	700,00		2.800,00
2020	2.800,00	700,00		2.100,00
2021	2.100,00	700,00		1.400,00
2022	1.400,00	700,00		700,00
2023	700,00	700,00		

Formular: Abschreibungstabelle

Gegenstand:		**Anlagen-Nr.:**	
Beschreibung		**Sachkonto:**	
steht wo?		**Normal AFA:**	
Hersteller:		**Gesamtkosten:**	

angeschafft:		pro rata temporis Anzahl der Monate		
Nutzungsdauer:		**Anschaffungsjahr:**		
AFA linear = 1 degressiv = 2		§ 7g Abschreibung		

Datum	**Buchungstext**	**Betrag**	**Abschreibung**	**§ 7g Abschreibung**	**Restwert**
	Anschaffung				

Kassenberichte

In Zeiten von elektronischen Registrierkassen geraten (Klein-)Unternehmer mit sogenannten offenen Ladenkassen zunehmend in Generalverdacht, einen Teil der Umsätze zu „vergessen". Bei der kleinsten Unregelmäßigkeit droht vom Finanzamt eine Hinzuschätzung von Umsätzen. Eine solche Kasse ohne elektronische Kontrolle muss deshalb zwingend täglich zum Geschäftsende ausgezählt werden. Dies geschieht z. B. über ein Zählbrett. Zu Ihrer Sicherheit muss die genaue Stückzahl der vorhandenen Geldscheine und -münzen in einem Zählprotokoll festgehalten werden.[35]

In täglichen Kassenberichten werden die Tageseinnahmen **nach** – **nicht vor (!)** – einem Kassensturz ausgerechnet. Hier gilt folgende Rechnung:

	Kassenbestand bei Geschäftsschluss
+	Kassenausgaben im Laufe des Tages
–	Kassenendbestand des Vortages
–	sonstige Kasseneinnahmen
=	Tageseinnahmen

Die Bareinnahmen sind in der Regel umsatzsteuerpflichtig. Ziehen Sie deshalb vom Kasseneingang sämtliche steuerfreien Einnahmen ab wie:

1. Privateinlagen aus der Brieftasche des Unternehmers, weil nicht genug Geld in der Kasse liegt.
2. Bar gezahlte Kundenrechnung, die bereits als steuerpflichtige Einnahme verbucht wurde (Kundenforderung).
3. Zurückgezahlte Vorschüsse. Wenn Sie den kompletten Vorschuss formell einlegen und den Auslagenbeleg abrechnen, stimmt die Kasse wieder. (Hinweis: Vorschusszahlungen sind Sonstige Ausgaben, die noch zur späteren Abrechnung offenstehen.)

Beispiel:

Für den Einkauf im Baumarkt wurden am Vorabend 200 EUR entnommen und am nächsten Tag ein Beleg über 156 EUR vorgelegt. Der sonstigen Ausgabe von 200 EUR stehen einen Tag später sonstige Einnahmen in gleicher Höhe gegenüber. Die sonstige Ausgabe über 156 EUR ist erfasst und das Wechselgeld von 44 EUR wieder eingelegt.

[35] BFH, Urteile vom 25.03.2015, X R 20/13 und vom 16.12.2016, X B 41/16.

Muster: Kassenbericht

Kassenbericht	Datum:	01.07.20 …	Nr. 1
Kassenbestand bei Geschäftsschluss		924,45	① **Vermerke**
Betriebsausgaben im Laufe des Tages	**Betrag**		
Wareneinkauf Fa. Müller, Hagen	575,00		5.400
Baumarkt, Material	156,00		
		731,00	
Privatentnahmen			
Privatentnahme	300,00		2.100
		300,00	
Sonstige Ausgaben			
Nachttresor	7.000,00		
		7.000,00	
	Summe	8.955,45	
Abzüglich Kassenendbestand des Vortages		799,45	
Kasseneingang		8.156,00	
Abzüglich sonstiger Einnahmen			
② Kundenrechnung Müller Rg. 1428	560,00		1.1255
③ Vorschuss Vortag	200,00		1.460
		760,00	
④ **Bareinnahmen (Tageslosung)**		7.396,00	
Kundenzahl	**Unterschrift** *Arnold Schmitt*		

① In der Spalte „Vermerke" könnten Sie schon am selben Tag die richtige Kontenzuordnung vornehmen.

② Bar gezahlte Kundenrechnung (z. B. Kunde Müller Rg. 1428 über 560,00 EUR), die bereits als steuerpflichtige Einnahme verbucht wurde.

③ Zurückgezahlte Vorschüsse. Wenn Sie den kompletten Vorschuss formell einlegen und den Auslagenbeleg abrechnen, stimmt die Kasse wieder.

④ Die Bareinnahmen sind in der Regel umsatzsteuerpflichtig. Ziehen Sie deshalb vom Kasseneingang sämtliche steuerfreien Einnahmen ab wie: Privateinlagen aus der Brieftasche des Unternehmers, weil nicht genug Geld in der Kasse liegt.

Tipp:

Geben Sie grundsätzlich nur Geld gegen Quittung heraus, sonst laufen Sie beim Buchen den Belegen hinterher.

Formular: Kassenbericht

Kassenbericht	**Datum:**		**Nr.**
Kassenbestand bei Geschäftsschluss			
Betriebsausgaben im Laufe des Tages	**Betrag**		
Privatentnahmen			
Sonstige Ausgaben			
	Summe		
Abzüglich Kassenendbestand des Vortages			
Kasseneingang			
Abzüglich sonstiger Einnahmen			
Bareinnahmen (Tageslosung)			
Kundenzahl	**Unterschrift**		

Formular: Rechnung

Name:				Datum:		
Adresse:				Auftragsnr.:		
PLZ Ort:				Verkäufer:		
Land:				Lieferdatum:		
				Lieferart:		
Vielen Dank für Ihren Auftrag		RECHNUNG			Nr.	
Anzahl	Beschreibung			Einzelpreis	USt.	Gesamt
				Zwischensumme		
		Entgelte zu	19 % USt.		19 %	
		Entgelte zu	7 % USt.		7 %	
				Summe		
Zahlungsbedingungen:		30 Tage rein netto				
Bei Zahlung bis		Skonto		Skonto		
		Skonto zu	19 % USt.		19 %	
		Skonto zu	7 % USt.		7 %	
				Skontobetrag		

Kontenrahmen

DATEV-Kontenrahmen nach dem Bilanzrichtlinien-Gesetz Standardkontenrahmen (SKR) 03 – (Abschlussgliederungsprinzip) mit Positionen der HGB- und E-Bilanz Gültig ab 2021

Kontenfunktionen

Automatische Umsatzsteuerfunktionen
Vom DATEV-System sind bereits etliche Konten im SKR mit Automatikfunktionen zu Umsatzsteuerberechnungen ausgestattet. Wenn Sie den Kontenrahmen zur Hand nehmen, sehen Sie zu Beginn etlicher Kontenklassen eine Box mit Kontenbereichen, markiert durch KU, M oder V. Unmittelbar vor den einzelnen Kontennummern stehen die Buchstaben AM und AV.
Das Kürzel AV vor der Kontonummer bedeutet, dass die Vorsteuer aus dem auf diesem Konto gebuchten Bruttobetrag herausgerechnet und automatisch auf dem Vorsteuerkonto verbucht wird. Das Kürzel AM steht für die automatische Verbuchung der Mehrwertsteuer, wenn Sie die so gekennzeichneten Erlöskonten ansprechen.

Als weitere Kontenfunktionen, eingearbeitet in den DATEV-Kontenrahmen, sind hier zu erwähnen:
USt-Zusatzfunktionen:

KU	=	Keine Umsatzsteuer
V	=	Nur Vorsteuerabzug/Korrektur möglich
M	=	Nur Mehrwertsteuer/Korrektur möglich

Eine Sonderrolle bilden die mit S gekennzeichneten Konten Verbindlichkeiten bzw. Forderungen aus Lieferungen und Leistungen. Da auf diesen Konten automatisch die Salden der Personenkonten erscheinen, können sie als einzige Sammelkonten nicht direkt bebucht werden. Dieser Schutz verhindert eventuelle Differenzen zwischen dem Sachkonto und den entsprechenden Personenkonten.

Ebenfalls nicht bebucht werden können die mit R reservierten Konten. Hier behält sich die DATEV vor, zukünftig Konten mit neuen Merkmalen festzulegen. Beispielsweise wurden viele Konten mit 15 % und 16 % USt für die Umsatzsteuererhöhung in 2007 gesperrt und neu belegt.

Konten mit dem Kürzel F machen auf spezielle Funktionen, z. B. die Abfrage und das Einsteuern in die USt-Voranmeldung oder die Zusammenfassende Meldung aufmerksam.

Der Hinweis „NEU" markiert die neuen Konten des 2. Halbjahrs 2020 und 2021.

0 Anlagevermögenskonten

HGB-Posten nach § 266 u. § 275 HGB	E-Bilanz Taxonomie	Funktionen	Konto	SKR03 2021 Beschriftung
		R	**0001**	**Buchungssperre**
	Rückständige fällige Einzahlungen auf Geschäftsanteile		0005	Rückständige fällige Einzahlungen auf Geschäftsanteile
				Immaterielle Vermögensgegenstände Entgeltlich erworbene immaterielle Vermögensgegenstände
Entgeltlich erworbene Konzessionen, gewerbliche Schutzrechte und ähnliche Rechte und Werte sowie Lizenzen an solchen Rechten und Werten	Entgeltlich erworbene Konzessionen, gewerbliche Schutz- und ähnliche Rechte und Werte sowie Lizenzen an solchen Rechten und Werten		**–0010**	**Entgeltlich erworbene Konzessionen, gewerbliche Schutzrechte und ähnliche Rechte und Werte sowie Lizenzen an solchen Rechten und Werten**
			0015	Konzessionen
			0020	Gewerbliche Schutzrechte
			0025	Ähnliche Rechte und Werte
			0027	EDV-Software
			0030	Lizenzen an gewerblichen Schutzrechten und ähnlichen Rechten und Werten
Geschäfts- oder Firmenwert	Geschäfts-, Firmen- oder Praxiswert		**0035**	**Geschäfts- oder Firmenwert**
Geleistete Anzahlungen	Geleistete Anzahlungen (immaterielle Vermögensgegenstände)		**0038**	**Anzahlungen auf Geschäfts- oder Firmenwert**
			0039	**Geleistete Anzahlungen auf immaterielle Vermögensgegenstände**
Geschäfts- oder Firmenwert	Geschäfts-, Firmen- oder Praxiswert		**0040**	**Verschmelzungsmehrwert**
Selbst geschaffene gewerbliche Schutzrechte und ähnliche Rechte und Werte	Selbst geschaffene gewerbliche Schutzrechte und ähnliche Rechte und Werte		**0043**	**Selbstgeschaffene immaterielle Vermögensgegenstände**
			0044	EDV-Software
			0045	Lizenzen und Franchiseverträge
			0046	Konzessionen und gewerbliche Schutzrechte
			0047	Rezepte, Verfahren, Prototypen
			0048	Immaterielle Vermögensgegenstände in Entwicklung
				Sachanlagen
Grundstücke, grundstücksgleiche Rechte und Bauten einschließlich der Bauten auf fremden Grundstücken	Übrige Grundstücke, nicht zuordenbar		**0050**	**Grundstücke, grundstücksgleiche Rechte und Bauten einschließlich der Bauten auf fremden Grundstücken**
	Bauten auf eigenen Grundstücken und grundstücksgleichen Rechten		0059	Grundstücksanteile des häuslichen Arbeitszimmers
	Grundstücksgleiche Rechte ohne Bauten		**0060**	**Grundstücksgleiche Rechte ohne Bauten**
	Unbebaute Grundstücke		0065	Unbebaute Grundstücke
	Grundstücksgleiche Rechte ohne Bauten		0070	Grundstücksgleiche Rechte (Erbbaurecht, Dauerwohnrecht, unbebaute Grundstücke)
	Unbebaute Grundstücke		0075	Grundstücke mit Substanzverzehr
Geleistete Anzahlungen und Anlagen im Bau	Geleistete Anzahlungen und Anlagen im Bau		0079	Anzahlungen auf Grundstücke und grundstücksgleiche Rechte ohne Bauten
Grundstücke, grundstücksgleiche Rechte und Bauten einschließlich der Bauten auf fremden Grundstücken	Bauten auf eigenen Grundstücken und grundstücksgleichen Rechten		**0080**	**Bauten auf eigenen Grundstücken und grundstücksgleichen Rechten**
			0085	Grundstückswerte eigener bebauter Grundstücke
			0090	Geschäftsbauten
			0100	Fabrikbauten
			0110	Garagen

0 Anlagevermögenskonten				
HGB-Posten nach § 266 u. § 275 HGB	**E-Bilanz Taxonomie**	**SKR03 2021**		
		Funktionen	**Konto**	**Beschriftung**
Grundstücke, grundstücksgleiche Rechte und Bauten einschließlich der Bauten auf fremden Grundstücken	Bauten auf eigenen Grundstücken und grundstücksgleichen Rechten		0111	Außenanlagen für Geschäfts-, Fabrik- und andere Bauten
			0112	Hof- und Wegebefestigungen
			0113	Einrichtungen für Geschäfts-, Fabrik- und andere Bauten
			0115	Andere Bauten
Geleistete Anzahlungen und Anlagen im Bau			0120	Geschäfts-, Fabrik- und andere Bauten im Bau auf eigenen Grundstücken
			0129	Anzahlungen auf Geschäfts-, Fabrik- und andere Bauten auf eigenen Grundstücken und grundstücksgleichen Rechten
Grundstücke, grundstücksgleiche Rechte und Bauten einschließlich der Bauten auf fremden Grundstücken			0140	Wohnbauten
			0145	Garagen
			0146	Außenanlagen
			0147	Hof- und Wegebefestigungen
			0148	Einrichtungen für Wohnbauten
			0149	Gebäudeteil des häuslichen Arbeitszimmers
Geleistete Anzahlungen und Anlagen im Bau	Geleistete Anzahlungen und Anlagen im Bau		0150	Wohnbauten im Bau auf eigenen Grundstücken
			0159	Anzahlungen auf Wohnbauten auf eigenen Grundstücken und grundstücksgleichen Rechten
Grundstücke, grundstücksgleiche Rechte und Bauten einschließlich der Bauten auf fremden Grundstücken	Bauten auf fremden Grundstücken		**0160**	**Bauten auf fremden Grundstücken**
			0165	Geschäftsbauten
			0170	Fabrikbauten
			0175	Garagen
			0176	Außenanlage
			0177	Hof- und Wegebefestigungen
			0178	Einrichtungen für Geschäfts-, Fabrik- und andere Bauten
			0179	Andere Bauten
Geleistete Anzahlungen und Anlagen im Bau	Geleistete Anzahlungen und Anlagen im Bau		0180	Geschäfts-, Fabrik- und andere Bauten im Bau auf fremden Grundstücken
			0189	Anzahlungen auf Geschäfts-, Fabrik- und andere Bauten auf fremden Grundstücken
Grundstücke, grundstücksgleiche Rechte und Bauten einschließlich der Bauten auf fremden Grundstücken	Bauten auf fremden Grundstücken		0190	Wohnbauten
			0191	Garagen
			0192	Außenanlagen
			0193	Hof- und Wegebefestigungen
			0194	Einrichtungen für Wohnbauten
Geleistete Anzahlungen und Anlagen im Bau	Geleistete Anzahlungen und Anlagen im Bau		0195	Wohnbauten im Bau auf fremden Grundstücken
			0199	Anzahlungen auf Wohnbauten auf fremden Grundstücken
Technische Anlagen und Maschinen	Technische Anlagen und Maschinen		**0200**	**Technische Anlagen und Maschinen**
			0210	Maschinen
			0220	Maschinengebundene Werkzeuge
			0240	Technische Anlagen
			0260	Transportanlagen und Ähnliches
			0280	Betriebsvorrichtungen
Geleistete Anzahlungen und Anlagen im Bau	Geleistete Anzahlungen und Anlagen im Bau		0290	Technische Anlagen und Maschinen im Bau

0 Anlagevermögenskonten

HGB-Posten nach § 266 u. § 275 HGB	E-Bilanz Taxonomie	Funktionen	Konto	Beschriftung
				SKR03 2021
Geleistete Anzahlungen und Anlagen im Bau	Geleistete Anzahlungen und Anlagen im Bau		0299	Anzahlungen auf technische Anlagen und Maschinen
Andere Anlagen, Betriebs- und Geschäftsausstattung	Andere Anlagen, Betriebs- und Geschäftsausstattung		**0300**	**Andere Anlagen, Betriebs- und Geschäftsausstattung im Bau**
			0310	Andere Anlagen
			0320	PKW
			0350	LKW
			0380	Sonstige Transportmittel
			0400	Betriebsausstattung
			0410	Geschäftsausstattung
			0420	Büroeinrichtung
			0430	Ladeneinrichtung
			0440	Werkzeuge
			0450	Einbauten
			0460	Gerüst- und Schalungsmaterial
			0480	Geringwertige Wirtschaftsgüter
			0485	Wirtschaftsgüter (Sammelposten)
			0490	Sonstige Betriebs- und Geschäftsausstattung
Geleistete Anzahlungen und Anlagen im Bau	Geleistete Anzahlungen und Anlagen im Bau		0498	Andere Anlagen, Betriebs- und Geschäftsausstattung im Bau
			0499	Anzahlungen auf andere Anlagen, Betriebs- und Geschäftsausstattung
				Finanzanlagen
Anteile an verbundenen Unternehmen	Anteile an verbundenen Unternehmen, nach Rechtsform nicht zuordenbar		0500	Anteile an verbundenen Unternehmen (Anlagevermögen)
	Anteile an Personengesellschaften		0501	Anteile an verbundenen Unternehmen, Personengesellschaften
	Anteile an Kapitalgesellschaften		0502	Anteile an verbundenen Unternehmen, Kapitalgesellschaften
			0503	Anteile an herrschender oder mehrheitlich beteiligter Gesellschaft, KapG
	Anteile an verbundenen Unternehmen, nach Rechtsform nicht zuordenbar		0504	Anteile an herrschender oder mehrheitlich beteiligter Gesellschaft
Ausleihungen an verbund. Unternehmen	Ausleihungen an verbund. Unternehmen nach Rechtsform nicht zuordenbar		0505	Ausleihungen an verbundene Unternehmen
	Ausleihungen an verbund. Unternehmen, soweit Personengesellschaften		0506	Ausleihungen an verbundene Unternehmen, Personengesellschaften
	Ausleihungen an verbund. Unternehmen, soweit Kapitalgesellschaften		0507	Ausleihungen an verbundene Unternehmen, Kapitalgesellschaften
	Ausleihungen an verbund. Unternehmen, soweit Einzelunternehmen		0508	Ausleihungen an verbundene Unternehmen, Einzelunternehmen
Anteile an verbundenen Unternehmen	Anteile an Personengesellschaften		0509	Anteile an herrschender oder mehrheitlich beteiligter Gesellschaft, Personengesellschaften
Beteiligungen	Sonstige Beteiligungen, nicht zuordenbar		0510	Beteiligungen
	Typisch stille Beteiligungen		0513	Typisch stille Beteiligungen
	Atypische stille Beteiligungen		0516	Atypische stille Beteiligungen
	Beteiligungen an Kapitalgesellschaften		0517	Beteiligungen an Kapitalgesellschaften
	Beteiligungen an Personengesellschaften		0518	Beteiligungen an Personengesellschaften
	Beteiligungen an Kapitalgesellschaften		0519	Beteiligung einer GmbH & Co. KG an einer Komplementär GmbH

0 Anlagevermögenskonten

HGB-Posten nach § 266 u. § 275 HGB	E-Bilanz Taxonomie	SKR03 2021 Funktionen	Konto	Beschriftung
Ausleihungen an Unternehmen, mit denen Beteiligungsverhältnis besteht	Ausleihungen an Unternehmen, mit denen Beteiligungsverhältnis besteht, nicht nach Rechtsform zuordenbar		0520	Ausleihungen an Unternehmen, mit denen Beteiligungsverhältnis besteht
	Ausleihungen an Personengesellschaften		0523	Ausleihungen an Unternehmen mit denen Beteiligungsverhältnis besteht, PerG
	Ausleihungen an Kapitalgesellschaften		0524	Ausleihungen an Unternehmen mit denen Beteiligungsverhältnis besteht, KapG
Wertpapiere des Anlagevermögens	Wertpapiere des Anlagevermögens		**0525**	**Wertpapiere des Anlagevermögens**
			0530	Wertpapiere mit Gewinnbeteiligungsansprüchen, die dem Teileinkünfteverfahren unterliegen
			0535	Festverzinsliche Wertpapiere
	Ausleihungen an Kapitalgesellschaften		0538	Anteile einer GmbH & Co. KG an einer Komplementär-GmbH
Sonstige Ausleihungen	Sonstige Ausleihungen		**0540**	**Sonstige Ausleihungen**
			0550	Darlehen
Genossenschaftsanteile	Genossenschaftsanteile (langfristiger Verbleib)		**0570**	**Genossenschaftsanteile zum langfristigen Verbleib**
Sonstige Ausleihungen	--- *(aufzulösender Auffangposten lt. DATEV-E-Bilanz-Zuordnungstabelle)*		0580	Ausleihungen an Gesellschafter
	Ausleihungen an GmbH-Gesellschafter und stille Gesellschafter		0582	Ausleihungen an GmbH-Gesellschafter
			0583	Ausleihungen an stille Gesellschafter
	Ausleihungen an persönlich haftende Gesellschafter		0584	Ausleihungen an persönlich haftende Gesellschafter
	Ausleihungen an Kommanditisten		0586	Ausleihungen an Kommanditisten
	Sonstige Ausleihungen		0590	Ausleihungen an nahe stehende Personen
Rückdeckungsansprüche aus Lebensversicherungen	Rückdeckungsansprüche aus Lebensversicherungen (langfristigen Verbleib)		**0595**	**Rückdeckungsansprüche aus Lebensversicherungen zum langfristigen Verbleib**
				Verbindlichkeiten
Anleihen	Anleihen	**KU**	**0600**	**Anleihen nicht konvertibel**
		KU	0601	– Restlaufzeit bis 1 Jahr
		KU	0605	– Restlaufzeit 1 bis 5 Jahre
		KU	0610	– Restlaufzeit größer 5 Jahre
		KU	0615	Anleihen konvertibel
		KU	0616	– Restlaufzeit bis 1 Jahr
		KU	0620	– Restlaufzeit 1 bis 5 Jahre
		KU	0625	– Restlaufzeit größer 5 Jahre
Verbindlichkeiten gegenüber Kreditinstituten oder Kassenbestand, Bundesbankguthaben, Guthaben bei Kreditinstituten und Schecks	Verbindlichkeiten gegenüber Kreditinstituten	**KU**	**0630**	**Verbindlichkeiten gegenüber Kreditinstituten**
		KU	0631	– Restlaufzeit bis 1 Jahr
		KU	0640	– Restlaufzeit 1 bis 5 Jahre
		KU	0650	– Restlaufzeit größer 5 Jahre
		KU	0660	Verbindlichkeiten gegenüber Kreditinstituten aus Teilzahlungsverträgen
		KU	0661	– Restlaufzeit bis 1 Jahr
		KU	0670	– Restlaufzeit 1 bis 5 Jahre
		KU	0680	– Restlaufzeit größer 5 Jahre
		KU	0690 –0698	Verbindlichkeiten gegenüber Kreditinstituten, für Restlaufzeitdifferenzierung (nur Bilanzierer)
Verbindlichkeiten gegenüber Kreditinstituten		KU	0699	Gegenkonto 0630-0689 bei Aufteilung der Konten 0690-0698

0 Anlagevermögenskonten				
HGB-Posten nach § 266 u. § 275 HGB	**E-Bilanz Taxonomie**	**SKR03 2021**		
		Funktionen	**Konto**	**Beschriftung**
Verbindlichkeiten gegenüber verbundenen Unternehmen oder Forderungen gegen verbundene Unternehmen	Verbindlichkeiten gegenüber verbundenen Unternehmen	**KU**	**0700**	**Verbindlichkeiten gegenüber verbundenen Unternehmen**
		KU	0701	– Restlaufzeit bis 1 Jahr
		KU	0705	– Restlaufzeit 1 bis 5 Jahre
		KU	0710	– Restlaufzeit größer 5 Jahre
Verbindlichkeiten gegenüber verbundenen Unternehmen, mit denen ein Beteiligungsverhältnis besteht oder Forderungen gegen Unternehmen, mit denen ein Beteiligungsverhältnis besteht	Verbindlichkeiten gegenüber verbundenen Unternehmen, mit denen ein Beteiligungsverhältnis besteht	**KU**	**0715**	**Verbindlichkeiten gegenüber verbundenen Unternehmen, mit denen ein Beteiligungsverhältnis besteht**
		KU	0716	– Restlaufzeit bis 1 Jahr
		KU	0720	– Restlaufzeit 1 bis 5 Jahre
		KU	0725	– Restlaufzeit größer 5 Jahre
Sonstige Verbindlichkeiten	Sonstige Verbindlichkeiten gegenüber Gesellschaftern	**KU**	**0730**	**Verbindlichkeiten gegenüber Gesellschaftern**
		KU	0731	– Restlaufzeit bis 1 Jahr
		KU	0740	– Restlaufzeit 1 bis 5 Jahre
		KU	0750	– Restlaufzeit größer 5 Jahre
		KU	0755	Verbindlichkeiten gegenüber Gesellschaftern für offene Ausschüttungen
	Übrige sonstige Verbindlichkeiten	KU	0760	Darlehen typisch stiller Gesellschafter
		KU	0761	– Restlaufzeit bis 1 Jahr
		KU	0764	– Restlaufzeit 1 bis 5 Jahre
		KU	0767	– Restlaufzeit größer 5 Jahre
		KU	0770	Darlehen atypisch stiller Gesellschafter
		KU	0771	– Restlaufzeit bis 1 Jahr
		KU	0774	– Restlaufzeit 1 bis 5 Jahre
		KU	0777	– Restlaufzeit größer 5 Jahre
	Sonstige Verbindlichkeiten aus partiarischen Darlehen	KU	0780	Partiarische Darlehen
		KU	0781	– Restlaufzeit bis 1 Jahr
		KU	0784	– Restlaufzeit 1 bis 5 Jahre
		KU	0787	– Restlaufzeit größer 5 Jahre
	Übrige sonstige Verbindlichkeiten	KU	0790 –0798	Sonstige Verbindlichkeiten, für Restlaufzeitdifferenzierung (nur Bilanzierer)
		KU	0799	Gegenkonto 0730-0789 und 1665–1678 und 1695–1698 bei Aufteilung der Konten 0790-0798
				Kapital Kapitalgesellschaft
Gezeichnetes Kapital	Gezeichnetes Kapital (Kapitalgesellschaften)	**KU**	**0800**	**Gezeichnetes Kapital**
Ausstehende Einlagen auf das gezeichnete Kapital	Rückständige Einzahlungen	R	0801 –0808	Buchungssperre
Gezeichnetes Kapital	Gezeichnetes Kapital (Kapitalgesellschaften)	KU	0809	Kapitalerhöhung aus Gesellschaftsmittel
	Geschäftsguthaben der Genossen, davon Geschäftsguthaben der verbleibenden Mitglieder		0810	Geschäftsguthaben der verbleibenden Mitglieder
	Geschäftsguthaben der Genossen, davon Geschäftsguthaben der mit Ablauf des Geschäftsjahres ausgeschiedenen Mitglieder		0811	Geschäftsguthaben der ausscheidenden Mitglieder
	Geschäftsguthaben der Genossen, davon Geschäftsguthaben aus gekündigten Geschäftsanteilen		0812	Geschäftsguthaben aus gekündigten Geschäftsanteilen

0 Anlagevermögenskonten

HGB-Posten nach § 266 u. § 275 HGB	E-Bilanz Taxonomie	Funktionen	Konto	SKR03 2021 Beschriftung
Gezeichnetes Kapital	Geschäftsguthaben der Genossen, davon rückständige fällige Einzahlungen auf Geschäftsanteile, vermerkt		0813	Rückständige fällige Einzahlungen auf Geschäftsanteile, vermerkt
Ausstehende Einlagen auf das gezeichnete Kapital	Geschäftsguthaben, Zuführungen/ Minderungen lfd. Jahr	R	0814	Buchungssperre
			0815	Gegenkonto Rückständige fällige Einzahlungen auf Geschäftsanteile, vermerkt
		R	0816 –0818	Buchungssperre
Eigene Anteile	Eigene Anteile – offen vom gezeichneten Kapital abgesetzt	KU	0819	Erworbene eigene Anteile
Nicht eingeforderte ausstehende Einlagen	Nicht eingeforderte ausstehende Einlagen (offen passivisch abgesetzt)	KU	0820 –0829	Ausstehende Einlagen auf das gezeichnete Kapital, nicht eingefordert (Passivausweis, vom gezeichneten Kapital offen abgesetzt; eingeforderte ausstehende Einlagen s. Konten 0830-0838)
Eingeforderte, noch ausstehende Kapitaleinlagen	Eingeforderte, noch ausstehende Kapitaleinlagen	KU	0830 –0838	Ausstehende Einlagen auf das gezeichnete Kapital, eingefordert (Forderungen, nicht eingeforderte ausstehende Einlagen s. Konten 0820-0829)
Eingeforderte Nachschüsse	Übrige sonstige Vermögensgegenstände/ nicht zuordenbare sonstige Vermögensgegenstände	KU	0839	Nachschüsse (Forderungen, Gegenkonto 0845)
				Kapitalrücklage
Kapitalrücklage	Kapitalrücklage	**KU**	**0840**	**Kapitalrücklage**
		KU	0841	Kapitalrücklage durch Ausgabe von Anteilen über Nennbetrag
		KU	0842	Kapitalrücklage/Ausgabe Schuldverschreibung für Wandlungsrechte und Optionsrechte zum Erwerb von Anteilen
		KU	0843	Kapitalrücklage durch Zuzahlungen gegen Gewährung eines Vorzugs f. Anteile
		KU	0844	Kapitalrücklage durch andere Zuzahlungen in das Eigenkapital
		KU	0845	Nachschusskapital (Gegenkonto 0839)
				Gewinnrücklagen
Gesetzliche Rücklage	Gesetzliche Rücklage	**KU**	**0846**	**Gesetzliche Rücklage**
Andere Gewinnrücklagen	Andere Gewinnrücklagen	KU	0848	Andere Gewinnrücklagen aus dem Erwerb eigener Anteile
Rücklage für Anteile an einem herrschenden oder mehrheitlich beteiligten Unternehmen	Rücklage für Anteile an einem herrschenden oder mehrheitlich beteiligten Unternehmen		0849	Rücklage für Anteile an einem herrschenden oder mehrheitlich beteiligten Unternehmen
Satzungsmäßige Rücklagen	Satzungsmäßige Rücklagen	**KU**	**0851**	**Satzungsmäßige Rücklagen**
Andere Gewinnrücklagen	Andere Gewinnrücklagen	**KU**	**0852**	**Andere Ergebnisrücklagen**
			0853	**Gewinnrücklagen aus den Übergangsvorschriften BilMoG**
			0854	Gewinnrücklagen aus den Übergangsvorschriften BilMoG (Zuschreibung Sachanlagevermögen)
		KU	**0855**	**Andere Gewinnrücklagen**
		KU	0856	Eigenkapitalanteil von Wertaufholungen

0 Anlagevermögenskonten

HGB-Posten nach § 266 u. § 275 HGB	E-Bilanz Taxonomie	SKR03 2021 Funktionen	Konto	Beschriftung
Andere Gewinnrücklagen	Andere Gewinnrücklagen		0857	Gewinnrücklagen aus den Übergangsvorschriften BilMoG (Zuschreibung Finanzanlagevermögen)
			0858	Eigenkapitalanteil von Wertaufholungen Gewinnrücklagen aus den Übergangsvorschriften BilMoG (Auflösung der Sonderposten mit Rücklageanteil)
			0859	Latente Steuern (Gewinnrücklage Haben) aus erfolgsneutraler Verrechnung
Gewinn-/Verlustvortrag	Gewinn-/Verlustvortrag – bei Kapitalgesellschaften	**KU**	**0860**	**Gewinnvortrag vor Verwendung**
		KU F	0865	Gewinnvortrag vor Verwendung (Kapitalkontenentwicklung)
		KU F	0867	Verlustvortrag vor Verwendung (Kapitalkontenentwicklung)
		KU	**0868**	**Verlustvortrag vor Verwendung**
		KU R	0869	Buchungssperre
				Kapital **Eigenkapital** **Vollhafter/Einzelunternehmer**
Kapitalanteil persönlich haftende Gesellschafter (KapCo)	Kapitalanteil persönlich haftender Gesellschafter/Einzelunternehmer	KU F	0870	Festkapital
		KU F	0871 –0879	Kapital (fester Anteil, nur Einzelunternehmen)
		KU F	0880	Variables Kapital
		KU F	0881 –0889	Kapital (variabler Anteil, nur Einzelunternehmen)
				Fremdkapital **Vollhafter**
Verbindlichkeiten gegenüber persönlich haftenden Gesellschaftern oder Forderungen gegen persönlich haftende Gesellschafter	Verbindlichkeiten gegenüber persönlich haftenden Gesellschaftern	KU F	0890	Gesellschafter-Darlehen
		KU R	0891 –0899	Buchungssperre
				Eigenkapital **Teilhafter**
Kapitalanteil Kommanditisten (KapCo)	Kapitalanteile der Kommanditisten	KU F	0900	Kommandit-Kapital
		KU R	0901 –0909	Buchungssperre
		KU F	0910	Verlustausgleichskonto
		KU R	0911 –0919	Buchungssperre
				Fremdkapital **Teilhafter**
Verbindlichkeiten gegenüber Kommanditisten oder Forderungen gegen Kommanditisten und atypisch stille Gesellschafter	Verbindlichkeiten gegenüber Kommanditisten	KU F	0920	Gesellschafter-Darlehen
		KU R	0921 –0929	Buchungssperre
				Sonderposten mit Rücklageanteil
Sonderposten mit Rücklageanteil	Übrige steuerfreie Rücklagen/nicht zuordenbare steuerfreie Rücklagen	KU	0930	Übrige andere Sonderposten
		KU	0931	Steuerfreie Rücklagen nach § 6b EStG
	Rücklage für Ersatzbeschaffung	KU	0932	Rücklage für Ersatzbeschaffung

0 Anlagevermögenskonten

HGB-Posten nach § 266 u. § 275 HGB	E-Bilanz Taxonomie	Funktionen	Konto	SKR03 2021 Beschriftung
Sonderposten mit Rücklageanteil		KU	0939	Buchungssperre
	Steuerrechtliche Sonderabschreibungen	KU	0940	Sonderposten mit Rücklageanteil, Sonderabschreibungen
		KU R	0943	Buchungssperre
	Andere Sonderposten	KU	0945	Ausgleichsposten bei Entnahmen § 4g EStG
	Rücklage für Zuschüsse	KU	0946	Rücklage für Zuschüsse
	Steuerrechtliche Sonderabschreibungen	KU	0947	Sonderposten mit Rücklageanteil, nach § 7g Abs. 5 EStG
	Rücklage durch Vornahme von Anspar-abschreibungen	KU	0948	Sonderposten mit Rücklageanteil, § 7g Abs. 3 und 7 EStG a. F.
Sonderposten für Zuschüsse und Zulagen	Sonderposten für Investitionszulagen und für Zuschüsse Dritter	KU	0949	Sonderposten für Zuschüsse und Zulagen
				Rückstellungen
Rückstellungen für Pensionen und ähnliche Verpflichtungen	Rückstellung für Direktzusagen	**KU**	**0950**	**Rückstellungen für Pensionen und ähnliche Verpflichtungen**
Rückstellungen für Pensionen und ähnliche Verpflichtungen oder Aktiver Unterschiedsbetrag aus der Vermögensverrechnung		KU	0951	Rückstellungen für Pensionen und ähnliche Verpflichtungen zur Saldierung mit Vermögensgegenständen zum langfristigen Verbleib nach § 246 Abs. 2 HGB
Rückstellungen für Pensionen und ähnliche Verpflichtungen	Davon Rückstellungen für Pensionen ähnliche Verpflichtungen gegenüber Gesellschaftern oder nahestehenden Personen	KU	0952	Rückstellungen für Pensionen und ähnliche Verpflichtungen gegenüber Gesellschaftern oder nahestehenden Personen (10 % Beteiligung am Kapital)
	Rückstellung für Direktzusagen	KU	0953	Rückstellungen für Direktzusagen
	Rückstellungen für Zuschuss-verpflichtung für Pensionskasse und Lebensversicherungen (bei Unterdeckung o. Aufstockung)	KU	0954	Rückstellungen für Zuschussverpflichtung für Pensionskasse und Lebensversicherungen
Steuerrückstellungen	Steuerrückstellungen	**KU**	**0955**	**Steuerrückstellungen**
	Gewerbesteuerrückstellung	KU	0956	Gewerbesteuerrückstellung § 4 Abs. 5b EStG
		R	0957	Buchungssperre
Sonstige Rückstellungen	Sonstige Rückstellungen	KU	0961	Urlaubsrückstellungen
Steuerrückstellungen	Körperschaftsteuerrückstellung		0962	Körperschaftsteuerrückstellung
	Rückstellung für sonstige Steuern	KU	0963	Steuerrückstellung aus Steuerstundung (BStBK)
Sonstige Rückstellungen	Sonstige Rückstellungen		0964	Rückstellungen für mit der Altersversorgung vergleichbaren langfristigen Verpflichtungen zum langfristigen Verbleib
			0965	Rückstellungen für Personalkosten
			0966	Rückstellungen zur Erfüllung der Aufbewahrungspflichten
Sonstige Rückstellungen oder Aktiver Unterschiedsbetrag aus der Vermögens-verrechnung	Rückstellungen für Pensionen und ähnliche Verpflichtungen, davon verrechnete Vermögensgegenstände nach §246 Abs. 2 HGB		0967	Rückstellungen für mit der Altersversorgung vergleichbaren langfristigen Verpflichtungen zur Saldierung mit Vermögensgegenständen zum langfristigen Verbleib nach § 246 Abs.2 HGB
Passive latente Steuern	Passive latente Steuern	KU	0968	Passive latente Steuern
Rückstellungen für latente Steuern	Rückstellungen für latente Steuern	KU	0969	Rückstellungen für latente Steuern
Sonstige Rückstellungen	Sonstige Rückstellungen		0970	Sonstige Rückstellungen

HGB-Posten nach § 266 u. § 275 HGB	E-Bilanz Taxonomie	Funktionen	Konto	Beschriftung
0 Anlagevermögenskonten				**SKR03 2021**
Sonstige Rückstellungen	Sonstige Rückstellungen		0971	Rückstellungen für unterlassene Aufwendungen für Instandhaltung, Nachholung in den ersten drei Monaten
			0973	Rückstellungen Abraum- und Abfallbeseitigung
			0974	Rückstellungen für Gewährleistungen (Gegenkonto 4790)
			0976	Rückstellungen für drohende Verluste aus schwebenden Geschäften
			0977	Rückstellungen für Abschluss und Prüfungskosten
			0978	Aufwandsrückstellungen gemäß § 249 Abs. 2 HGB a. F.
			0979	Rückstellungen für Umweltschutz
				Abgrenzungsposten
Aktiver Rechnungsabgrenzungsposten	Aktive Rechnungsabgrenzungsposten		**0980**	**Aktive Rechnungsabgrenzung**
Aktive latente Steuern	Aktive latente Steuern		0983	Aktive latente Steuern
Aktiver Rechnungsabgrenzungsposten	Aktive Rechnungsabgrenzungsposten		0984	Als Aufwand berücksichtigte Zölle und Verbrauchsteuern auf Vorräte
			0985	Als Aufwand berücksichtigte Umsatzsteuer auf Anzahlungen
			0986	Damnum/Disagio
Andere Gewinnrücklagen	Andere Gewinnrücklagen	KU	0987	Rechnungsabgrenzungsposten (Gewinnrücklage Soll) aus erfolgsneutralen Verrechnungen
		KU	0988	Latente Steuern (Gewinnrücklage Soll) aus erfolgsneutralen Verrechnungen
	Rücklagen (gesamthänderisch gebunden)	KU F	0989	Gesamthänderisch gebundene Rücklagen
Passiver Rechnungsabgrenzungsposten	Passive Rechnungsabgrenzungsposten		**0990**	**Passive Rechnungsabgrenzung**
			0992	**Abgrenzungen unterjährig pauschal gebuchter Abschreibungen für BWA**
Forderungen aus Lieferungen und Leistungen	Forderungen aus Lieferungen und Leistungen	KU	0996	Pauschalwertberichtigung auf Forderungen mit einer Restlaufzeit bis zu 1 Jahr
		KU	0997	Pauschalwertberichtigung auf Forderungen mit einer Restlaufzeit von mehr als 1 Jahr
		KU	0998	Einzelwertberichtigungen auf Forderungen mit einer Restlaufzeit bis zu 1 Jahr
		KU	0999	Einzelwertberichtigungen auf Forderungen mit einer Restlaufzeit von mehr als 1 Jahr
1 Finanz- und Privatkonten				
				Kassenbestand, Bundesbank- und Postbankguthaben, Guthaben bei Kreditinstituten und Schecks
Kassenbestand, Bundesbankguthaben, Guthaben bei Kreditinstituten und Schecks	Kasse	**KU F**	**1000**	**Kasse**
		KU F	1010	Nebenkasse 1
		KU F	1020	Nebenkasse 2
Kassenbestand, Bundesbankguthaben, Guthaben bei Kreditinstituten und Schecks oder Verbindlichkeiten gegenüber Kreditinstituten	Guthaben bei Kreditinstituten	**KU F**	**1100**	**Bank (Postbank)**
		KU F	1110	Bank (Postbank 1)
		KU F	1120	Bank (Postbank 1)
		KU F	1130	Bank (Postbank 1)

1 Finanz- und Privatkonten

HGB-Posten nach § 266 u. § 275 HGB	E-Bilanz Taxonomie	Funktionen	Konto	SKR03 2021 Beschriftung
Kassenbestand, Bundesbankguthaben, Guthaben bei Kreditinstituten und Schecks oder Verbindlichkeiten gegenüber Kreditinstituten	Bundesbankguthaben	KU F	1190	LZB-Guthaben
		KU F	1195	Bundesbankguthaben
	Guthaben bei Kreditinstituten	**KU F**	**1200**	**Bank**
		KU F	1210	Bank 1
		KU F	1220	Bank 2
		KU F	1230	Bank 3
		KU F	1240	Bank 4
		KU F	1250	Bank 5
		R	1289	Buchungssperre
		KU	1290	Finanzmittelanlagen im Rahmen der kurzfristigen Finanzdisposition (nicht im Finanzmittelfonds enthalten)
Verbindlichkeiten gegenüber Kreditinstituten oder Kassenbestand, Bundesbankguthaben, Guthaben bei Kreditinstituten und Schecks	Verbindlichkeiten gegenüber Kreditinstituten	KU	1295	Verbindlichkeiten gegenüber Kreditinstituten (nicht im Finanzmittelfonds enthalten)
Forderungen aus Lieferungen und Leistungen o. Sonstige Verbindlichkeiten	Forderungen aus Lieferungen und Leistungen	KU F	1300	Wechsel aus Lieferungen und Leistungen
		KU F	1301	– Restlaufzeit bis 1 Jahr
		KU F	1302	– Restlaufzeit größer 1 Jahr
		KU F	1305	Wechsel aus Lieferungen und Leistungen, bundesbankfähig
Forderungen gegen verbundene Unternehmen oder Verbindlichkeiten gegenüber verbundenen Unternehmen	Forderungen gegen verbundene Unternehmen	KU	1310	Besitzwechsel gegen verbundene Unternehmen
		KU	1311	– Restlaufzeit bis 1 Jahr
		KU	1312	– Restlaufzeit größer 1 Jahr
		KU	1315	Besitzwechsel gegen verbundene Unternehmen, bundesbankfähig
Forderungen gegen verbundene Unternehmen, mit denen ein Beteiligungsverhältnis besteht oder Verbindlichkeiten gegenüber Unternehmen, mit denen ein Beteiligungsverhältnis besteht	Forderungen gegen verbundene Unternehmen, mit denen ein Beteiligungsverhältnis besteht	KU	1320	Besitzwechsel gegen Unternehmen, mit denen ein Beteiligungsverhältnis besteht
		KU	1321	– Restlaufzeit bis 1 Jahr
		KU	1322	– Restlaufzeit größer 1 Jahr
		KU	1325	Besitzwechsel gegen Unternehmen, mit denen ein Beteiligungsverhältnis besteht, bundesbankfähig
Sonstige Wertpapiere	Sonstige/nicht zuordenbare Wertpapiere des Umlaufvermögens	KU	1327	Finanzwechsel
		KU	1329	Andere Wertpapiere mit unwesentlichen Wertschwankungen im Sinne Textziffer 18 DRS 2
Kassenbestand, Bundesbankguthaben, Guthaben bei Kreditinstituten u. Schecks	Schecks	**KU F**	**1330**	**Schecks**
				Wertpapiere
Anteile an verbundenen Unternehmen	Anteile an verbundenen Unternehmen (Umlaufvermögen)	**KU**	**1340**	**Anteile an verbundenen Unternehmen (Umlaufvermögen)**
		KU	**1344**	**Anteile an herrschender oder mit Mehrheit beteiligter Gesellschaft**
Sonstige Wertpapiere	Sonstige/nicht zuordenbare Wertpapiere des Umlaufvermögens	**KU**	**1348**	**Sonstige Wertpapiere**
		KU	1349	Wertpapieranlagen im Rahmen der kurzfristigen Finanzdisposition

1 Finanz- und Privatkonten

HGB-Posten nach § 266 u. § 275 HGB	E-Bilanz Taxonomie	Funktionen	Konto	SKR03 2021 Beschriftung
				Forderungen und sonstige Vermögensgegenstände
Sonstige Vermögensgegenstände	Übrige sonstige Vermögensgegenstände/ nicht zuordenbare sonstige Vermögensgegenstände	KU	1350	GmbH-Anteile zum kurzfristigen Verbleib
	Genossenschaftsanteile (kurzfristiger Verbleib)	KU	1352	Genossenschaftsanteile zum kurzfristigen Verbleib
	Übrige sonstige Vermögensgegenstände/ nicht zuordenbare sonstige Vermögensgegenstände	KU	1353	Vermögensgegenstände zur Erfüllung von mit der Altersversorgung vergleichbaren langfristigen Verpflichtungen
Aktiver Unterschiedsbetrag aus der Vermögensverrechnung oder Sonstige Rückstellungen	Aktiver Unterschiedsbetrag aus der Vermögensverrechnung	KU	1354	Vermögensgegenstände zur Saldierung mit der Altersversorgung vergleichbaren langfristigen Verpflichtungen nach § 246 Abs. 2 HGB
Sonstige Vermögensgegenstände	Rückdeckungsansprüche aus Lebensversicherungen (kurzfristiger Verbleib)	KU	1355	Ansprüche aus Rückdeckungsversicherungen
	Übrige sonstige Vermögensgegenstände/ nicht zuordenbare sonstige Vermögensgegenstände	KU	1356	Vermögensgegenstände zur Erfüllung von Pensionsrückstellungen und ähnlich. Verpflichtungen zum langfristigen Verbleib
Aktiver Unterschiedsbetrag aus der Vermögensverrechnung oder Rückstellungen für Pensionen und ähnliche Verpflichtungen	Aktiver Unterschiedsbetrag aus der Vermögensverrechnung	KU	1357	Vermögensgegenstände zur Saldierung mit Pensionsrückstellungen und ähnlich. Verpflichtungen zum langfristigen Verbleib nach § 246 Abs. 2 HGB
		KU F	1358 –1359	Freies Konto
Sonstige Vermögensgegenstände oder Sonstige Verbindlichkeiten	Übrige sonstige Vermögensgegenstände	KU F	1360	Geldtransit
	EÜR – keine E-Bilanz	KU R	1370	Buchungssperre
		KU F	1371	Verrechnungskonto für Gewinnermittlung § 4/3 EStG, nicht ergebniswirksam
		V	1372	Wirtschaftsgüter des Umlaufvermögens gemäß § 4 Abs. 3 Satz 4 EStG
Forderungen gegen Kommanditisten und atypisch stille Gesellschafter oder Verbindlichkeiten gegenüber Kommanditisten	Forderungen gegen Kommanditisten und atypisch stille Gesellschafter	KU	1373	Forderungen gegen Kommanditisten und atypisch stille Gesellschafter
		KU	1374	– Restlaufzeit bis 1 Jahr
		KU	1375	– Restlaufzeit größer 1 Jahr
Sonstige Vermögensgegenstände		KU	1376	Forderungen gegen typisch stille Gesellschafter
		KU	1377	– Restlaufzeit bis 1 Jahr
		KU	1378	– Restlaufzeit größer 1 Jahr
Sonstige Vermögensgegenstände oder Sonstige Verbindlichkeiten		KU F	1380	Überleitungskonto Kostenstelle
Sonstige Vermögensgegenstände	Sonstige Vermögensgegenstände, gegenüber Gesellschafter	KU	1381	Forderungen gegen GmbH-Gesellschafter
		KU	1382	– Restlaufzeit bis 1 Jahr
		KU	1383	– Restlaufzeit größer 1 Jahr
	Forderungen gegen persönlich haftende Gesellschafter	KU	1385	Forderungen gegen persönlich haftende Gesellschafter
		KU	1386	– Restlaufzeit bis 1 Jahr
		KU	1387	– Restlaufzeit größer 1 Jahr
	Übrige sonstige Vermögensgegenstände/ nicht zuordenbare sonstige Vermögensgegenstände	KU	1389	Ansprüche aus betrieblicher Altersversorgung und Pensionsansprüche (Mitunternehmer)
		KU F	1390	Verrechnungskonto Ist-Versteuerung

1 Finanz- und Privatkonten

HGB-Posten nach § 266 u. § 275 HGB	E-Bilanz Taxonomie	SKR03 2021 Funktionen	Konto	Beschriftung
Sonstige Vermögensgegenstände	Forderungen gegen Gesellschaft/Gesamthand	KU	1394	Forderungen gegen Gesellschaft/ Gesamthand
Forderungen aus Lieferungen und Leistungen o. Sonstige Verbindlichkeiten	Forderungen aus Lieferungen und Leistungen	**KU S**	**1400**	**Forderungen aus Lieferungen und Leistungen**
		KU R	1401 –1406	Forderungen aus Lieferungen und Leistungen
		KU F	1410 –1444	Forderungen aus Lieferungen und Leistungen ohne Kontokorrent
	EÜR – keine E-Bilanz	KU F	1445	Forderungen aus Lieferungen und Leistungen zum allgemeinen Umsatzsteuersatz oder eines Kleinunternehmers (EÜR)
		KU F	1446	Forderungen aus Lieferungen und Leistungen zum ermäßigten Umsatzsteuersatz (EÜR)
		KU F	1447	Forderungen aus steuerfreien oder nicht steuerbaren Lieferungen und Leistungen (EÜR)
		KU F	1448	Forderungen aus Lieferungen und Leistungen nach Durchschnittssätzen gemäß § 24 UStG (EÜR)
		KU F	1449	Gegenkonto 1445-1448 bei Aufteilung der Forderungen nach Steuersätzen (EÜR)
		KU F	1450	Forderungen n. § 11 Abs. 1 Satz 2 EStG für § 4/3 EStG
Forderungen aus Lieferungen und Leistungen	Forderungen aus Lieferungen und Leistungen	KU F	1451	Forderungen aus Lieferungen und Leistungen ohne Kontokorrent – Restlaufzeit bis 1 Jahr
		KU F	1455	– Restlaufzeit größer 1 Jahr
		KU F	1460	Zweifelhafte Forderungen
		KU F	1461	– Restlaufzeit bis 1 Jahr
		KU F	1465	– Restlaufzeit größer 1 Jahr
Forderungen gegen verbundene Unternehmen	Forderungen gegen verbundene Unternehmen	KU F	1470	Forderungen aus Lieferungen und Leistungen gegen verbundene Unternehmen
		KU F	1471	– Restlaufzeit bis 1 Jahr
		KU F	1475	– Restlaufzeit größer 1 Jahr
		KU	1478	Wertberichtigungen auf Forderungen mit einer Restlaufzeit bis zu 1 Jahr gegen verbundene Unternehmen
		KU	1479	Wertberichtigungen auf Forderungen mit einer Restlaufzeit von mehr als 1 Jahr gegen verbundene Unternehmen
Forderungen gegen Unternehmen, mit denen ein Beteiligungsverhältnis besteht	Forderungen gegen Unternehmen, mit denen ein Beteiligungsverhältnis besteht	KU F	1480	Forderungen aus Lieferungen und Leistungen gegen Unternehmen, mit denen ein Beteiligungsverhältnis besteht
		KU F	1481	– Restlaufzeit bis 1 Jahr
		KU F	1485	– Restlaufzeit größer 1 Jahr
		KU	1488	Wertberichtigungen auf Forderungen mit einer Restlaufzeit bis zu 1 Jahr gegen Unternehmen, mit denen ein Beteiligungsverhältnis besteht

1 Finanz- und Privatkonten

HGB-Posten nach § 266 u. § 275 HGB	E-Bilanz Taxonomie	Funktionen	Konto	Beschriftung
Forderungen gegen Unternehmen, mit denen ein Beteiligungsverhältnis besteht	Forderungen gegen Unternehmen, mit denen ein Beteiligungsverhältnis besteht	KU	1489	Wertberichtigungen auf Forderungen mit einer Restlaufzeit von mehr als 1 Jahr gegen Unternehmen, mit denen ein Beteiligungsverhältnis besteht
Forderungen aus Lieferungen und Leistungen	Aufzulösender Auffangposten: Forderungen gegen Gesellschafter	KU F	1490	Forderungen aus Lieferungen und Leistungen gegen Gesellschafter
		KU F	1491	– Restlaufzeit bis 1 Jahr
		KU F	1495	– Restlaufzeit größer 1 Jahr
		KU	1498	Gegenkonto zu sonstigen Vermögensgegenständen bei Buchungen über Debitorenkonto
		KU	1499	Gegenkonto 1451-1497 bei Aufteilung Debitorenkonto
Sonstige Vermögensgegenstände	Übrige sonstige Vermögensgegenstände/ nicht zuordenbare sonstige Vermögensgegenstände	**KU**	**1500**	**Sonstige Vermögensgegenstände**
		KU	1501	– Restlaufzeit bis 1 Jahr
		KU	1502	– Restlaufzeit größer 1 Jahr
	Forderungen und Darlehen an Organmitglieder	KU	1503	Forderungen gegen Vorstandsmitglieder und Geschäftsführer – Restlaufzeit bis 1 Jahr
		KU	1504	Forderungen gegen Vorstandsmitglieder und Geschäftsführer – Restlaufzeit größer 1 Jahr
		KU	1505	Forderungen gegen Aufsichtsrats- und Beiratsmitglieder – Restlaufzeit bis 1 Jahr
		KU	1506	Forderungen gegen Aufsichtsrats- und Beiratsmitglieder – Restlaufzeit größer 1 Jahr
Andere Forderungen gegen Gesellschafter	Forderungen gegen sonstige Gesellschafter	KU	1507	Forderungen gegen sonstige Gesellschafter – Restlaufzeit bis 1 Jahr
		KU	1508	Forderungen gegen sonstige Gesellschafter – Restlaufzeit größer 1 Jahr
Geleistete Anzahlungen	Geleistete Anzahlungen (Vorräte)	**V**	**1510**	**Geleistete Anzahlungen auf Vorräte**
		V AV	1511	Geleistete Anzahlungen, 7 % Vorsteuer
		NEU V AV	1512	Geleistete Anzahlungen, 5 % Vorsteuer
		KU R	1513 –1516	Buchungssperre
		NEU V AV	1517	Geleistete Anzahlungen, 17 % Vorsteuer
		V AV	1518	Geleistete Anzahlungen, 19 % Vorsteuer
Sonstige Vermögensgegenstände	Forderungen gegen Arbeitsgemeinschaften	KU	1519	Forderungen gegen Arbeitsgemeinschaften
	Übrige sonstige Vermögensgegenstände/ nicht zuordenbare sonstige Vermögensgegenstände	KU	1520	Forderungen gegenüber Krankenkassen aus Aufwendungsausgleichsgesetz
		KU	1521	Agenturwarenabrechnung
	Genussrechte	KU	1522	Genussrechte
	Einzahlungsansprüche zu Nebenleistungen oder Zuzahlungen	KU	1524	Einzahlungsansprüche zu Nebenleistungen oder Zuzahlungen
	Übrige sonstige Vermögensgegenstände/ nicht zuordenbare sonstige Vermögensgegenstände	KU	1525	Kautionen
		KU	1526	– Restlaufzeit bis 1 Jahr
		KU	1527	– Restlaufzeit größer 1 Jahr
Sonstige Vermögensgegenstände oder Sonstige Verbindlichkeiten	Umsatzsteuerforderungen	KU F	1528	Nachträglich abziehbare Vorsteuer, § 15a Abs. 2 UStG

1 Finanz- und Privatkonten

HGB-Posten nach § 266 u. § 275 HGB	E-Bilanz Taxonomie	Funktionen	Konto	Beschriftung
			SKR03 2021	
Sonstige Vermögensgegenstände oder Sonstige Verbindlichkeiten	Umsatzsteuerforderungen	KU F	1529	Zurückzuzahlende Vorsteuer, § 15a Abs. 2 UStG
Sonstige Vermögensgegenstände	Forderungen und Darlehen an Mitarbeiter	KU	1530	Forderungen gegen Personal aus Lohn- und Gehaltsabrechnung
		KU	1531	– Restlaufzeit bis 1 Jahr
		KU	1537	– Restlaufzeit größer 1 Jahr
		KU R	1538 –1539	Buchungssperre
	Gewerbesteuerüberzahlungen	KU	1540	Forderungen aus Gewerbesteuerüberzahlungen
	Übrige sonstige Vermögensgegenstände/ nicht zuordenbare sonstige Vermögensgegenstände	KU	1542	Steuererstattungsansprüche gegenüber anderen Ländern
	Andere Forderungen gegen Finanzbehörden	KU F	1543	Forderungen an das Finanzamt aus abgeführtem Bauabzugsbetrag
	Übrige sonstige Vermögensgegenstände/ nicht zuordenbare sonstige Vermögensgegenstände	KU	1544	Forderung gegenüber Bundesagentur für Arbeit
	Umsatzsteuerforderungen	KU	1545	Forderungen aus Umsatzsteuervorauszahlungen
		KU	1546	Umsatzsteuerforderungen Vorjahr
	Andere Forderungen gegen Finanzbehörden	KU	1547	Forderungen aus entrichteten Verbrauchssteuern
Sonstige Vermögensgegenstände oder Sonstige Verbindlichkeiten	Umsatzsteuerforderungen	KU S	1548	Vorsteuer im Folgejahr abziehbar
Sonstige Vermögensgegenstände	Körperschaftsteuerüberzahlungen	KU	1549	Körperschaftsteuerrückforderung
	Übrige sonstige Vermögensgegenstände/ nicht zuordenbare sonstige Vermögensgegenstände	KU	1550	Darlehen
		KU	1551	– Restlaufzeit bis 1 Jahr
		KU	1555	– Restlaufzeit größer 1 Jahr
Sonstige Vermögensgegenstände oder Sonstige Verbindlichkeiten	Umsatzsteuerforderungen	KU F	1556	Nachträglich abziehbare Vorsteuer, § 15a Abs. 1 UStG, bewegliche Wirtschaftsgüter
		KU F	1557	Zurückzuzahlende Vorsteuer, § 15a Abs. 1 UStG, bewegliche Wirtschaftsgüter
		KU F	1558	Nachträglich abziehbare Vorsteuer, § 15a Abs. 1 UStG, unbewegliche Wirtschaftsgüter
		KU F	1559	Zurückzuzahlende Vorsteuer, § 15a Abs. 1 UStG, unbewegliche Wirtschaftsgüter
		KU S	1560	Aufzuteilende Vorsteuer
		KU S	1561	Aufzuteilende Vorsteuer 7 %
		KU S	1562	Aufzuteilende Vorsteuer aus innergemeinschaftlichem Erwerb
		KU S	1563	Aufzuteilende Vorsteuer aus innergemeinschaftlichem Erwerb 19 %
		NEU KU S	1564	Aufzuteilende Vorsteuer 5 %
		NEU KU S	1565	Aufzuteilende Vorsteuer 16 %
		KU S	1566	Aufzuteilende Vorsteuer 19 %
		KU S	1567	Aufzuteilende Vorsteuer nach §§ 13a/13b UStG
		NEU KU S	1568	Abziehbare Vorsteuer 5 %
		KU S	1569	Aufzuteilende Vorsteuer nach §§ 13a/13b UStG 19 %
		KU S	1570	Abziehbare Vorsteuer

1 Finanz- und Privatkonten

HGB-Posten nach § 266 u. § 275 HGB	E-Bilanz Taxonomie	Funktionen	Konto	Beschriftung
Sonstige Vermögensgegenstände oder Sonstige Verbindlichkeiten	Umsatzsteuerforderungen	KU S	1571	Abziehbare Vorsteuer 7 %
		KU S	1572	Abziehbare Vorsteuer aus innergemeinschaftlichem Erwerb
		KU S	1573	Vorsteuer aus Erwerb als letzter Abnehmer innerhalb eines Dreiecksgeschäfts
		KU S	1574	Abziehbare Vorsteuer aus innergemeinschaftlichem Erwerb 19 %
		NEU KU S	1575	Abziehbare Vorsteuer 16 %
		KU S	1576	Abziehbare Vorsteuer 19 %
		KU S	1577	Abziehbare Vorsteuer nach § 13b UStG 19 %
		KU S	1578	Abziehbare Vorsteuer nach § 13b UStG
		NEU KU S	1579	Abziehbare Vorsteuer nach § 13b UStG 16 %
	EÜR – keine E-Bilanz	KU	1580	Gegenkonto Vorsteuer § 4/3 EStG
		KU	1581	Auflösung Vorsteuer aus Vorjahr § 4/3 EStG
		KU	1582	Vorsteuer aus Investitionen § 4/3 EStG
		KU	1583	Gegenkonto für Vorsteuer nach Durchschnittssätzen für § 4 Abs. 3 EStG
	Umsatzsteuerforderungen	KU S	1584	Abziehbare Vorsteuer aus innergemeinschaftlichem Erwerb von Neufahrzeugen von Lieferanten ohne USt-Id-Nr.
		KU S	1585	Abziehbare Vorsteuer aus der Auslagerung von Gegenständen aus einem Umsatzsteuerlager
	Übrige sonstige Vermögensgegenstände/ nicht zuordenbare sonstige Vermögensgegenstände	KU F	1587	Vorsteuer nach allgemeinen Durchschnittssätzen UStVA Kz. 63
		KU F	1588	Bezahlte Einfuhrumsatzsteuer
	Umsatzsteuerforderungen	NEU KU S	1589	Abziehbare Vorsteuer aus innergemeinschaftlichem Erwerb 16 %
	Übrige sonstige Vermögensgegenstände/ nicht zuordenbare sonstige Vermögensgegenstände	KU	1590	Durchlaufende Posten
		KU	1592	Fremdgeld
Sonstige Verbindlichkeiten	Übrige sonstige Verbindlichkeiten	KU F	1593	Verrechnungskonto erhaltene Anzahlungen bei Buchung über Debitorenkonto
Forderungen gegen verbundene Unternehmen oder Verbindlichkeiten gegenüber verbundenen Unternehmen	Forderungen gegen verbundene Unternehmen	**KU**	**1594**	**Forderungen gegen verbundene Unternehmen**
		KU	1595	– Restlaufzeit bis 1 Jahr
		KU	1596	– Restlaufzeit größer 1 Jahr
Forderungen gegen Unternehmen, mit denen ein Beteiligungsverhältnis besteht oder Verbindlichkeiten gegenüber Unternehmen, mit denen ein Beteiligungsverhältnis besteht	Forderungen gegen Unternehmen, mit denen ein Beteiligungsverhältnis besteht	KU	1597	Forderungen gegen Unternehmen, mit denen ein Beteiligungsverhältnis besteht
		KU	1598	– Restlaufzeit bis 1 Jahr
		KU	1599	– Restlaufzeit größer 1 Jahr
				Verbindlichkeiten
Verbindlichkeiten aus Lieferungen und Leistungen oder Sonstige Vermögensgegenstände	Verbindlichkeiten aus Lieferungen und Leistungen	KU S	1600	Verbindlichkeiten aus Lieferungen und Leistungen
		KU R	1601 –1603	Verbindlichkeiten aus Lieferungen und Leistungen
	EÜR – keine E-Bilanz	KU F	1605	Verbindlichkeiten aus Lieferungen und Leistungen, allgem. Steuersatz (EÜR)

1 Finanz- und Privatkonten

HGB-Posten nach § 266 u. § 275 HGB	E-Bilanz Taxonomie	Funktionen	Konto	SKR03 2021 Beschriftung
Verbindlichkeiten aus Lieferungen und Leistungen oder Sonstige Vermögensgegenstände	EÜR – keine E-Bilanz	KU F	1606	Verbindlichkeiten aus Lieferungen u. Leistungen, ermäßigter Steuersatz (EÜR)
		KU F	1607	Verbindlichkeiten aus Lieferungen u. Leistungen, ohne Vorsteuer (EÜR)
		KU F	1609	Gegenkto 1605–1607 bei Aufteilung der Verbindlichkeiten n. Steuersätzen (EÜR)
		KU F	1610 –1623	Verbindlichkeiten aus Lieferungen und Leistungen ohne Kontokorrent
		KU F	1624	Verbindlichkeiten aus Lieferungen und Leistungen für Investitionen § 4/3 EStG
	Verbindlichkeiten aus Lieferungen und Leistungen	KU F	1625	Verbindlichkeiten aus Lieferungen und Leistungen ohne Kontokorrent – Restlaufzeit bis 1 Jahr
		KU F	1626	– Restlaufzeit 1 bis 5 Jahre
		KU F	1628	– Restlaufzeit größer 5 Jahre
Verbindlichkeiten gegenüber verbundenen Unternehmen oder Forderungen gegen verbundene Unternehmen	Verbindlichkeiten gegenüber verbundenen Unternehmen	KU F	1630	Verbindlichkeiten aus Lieferungen und Leistungen gegenüber verbundenen Unternehmen
		KU F	1631	– Restlaufzeit bis 1 Jahr
		KU F	1635	– Restlaufzeit 1 bis 5 Jahre
		KU F	1638	– Restlaufzeit größer 5 Jahre
Verbindlichkeiten gegenüber Unternehmen, mit denen ein Beteiligungsverhältnis besteht oder Forderungen gegen Unternehmen, mit denen ein Beteiligungsverhältnis besteht	Verbindlichkeiten gegenüber Unternehmen, mit denen ein Beteiligungsverhältnis besteht	KU F	1640	Verbindlichkeiten aus Lieferungen und Leistungen gegenüber Unternehmen, mit denen ein Beteiligungsverhältnis besteht
		KU F	1641	– Restlaufzeit bis 1 Jahr
		KU F	1645	– Restlaufzeit 1 bis 5 Jahre
		KU F	1648	– Restlaufzeit größer 5 Jahre
Verbindlichkeiten aus Lieferungen und Leistungen oder Sonstige Vermögensgegenstände	Aufzulösender Auffangposten: Verbindlichkeiten gegenüber Gesellschaftern	KU F	1650	Verbindlichkeiten aus Lieferungen u. Leistungen gegenüber Gesellschaftern
		KU F	1651	– Restlaufzeit bis 1 Jahr
		KU F	1655	– Restlaufzeit 1 bis 5 Jahre
		KU F	1658	– Restlaufzeit größer 5 Jahre
		KU	1659	Gegenkonto 1625-1658 bei Aufteilung Kreditorenkonto
Verbindlichkeiten aus der Annahme gezogener Wechsel und der Ausstellung eigener Wechsel	Verbindlichkeiten aus der Annahme gezogener Wechsel und der Ausstellung eigener Wechsel	**KU F**	**1660**	**Wechselverbindlichkeiten**
		KU F	1661	– Restlaufzeit bis 1 Jahr
		KU F	1662	– Restlaufzeit 1 bis 5 Jahre
		KU F	1663	– Restlaufzeit größer 5 Jahre
Sonstige Verbindlichkeiten	Sonstige Verbindlichkeiten gegenüber Gesellschaftern	KU	1665	Verbindlichkeiten gegenüber GmbH-Gesellschaftern
		KU	1666	– Restlaufzeit bis 1 Jahr
		KU	1667	– Restlaufzeit 1 bis 5 Jahre
		KU	1668	– Restlaufzeit größer 5 Jahre
	Verbindlichkeiten gegenüber persönlich haftenden Gesellschaftern	KU	1670	Verbindlichkeiten gegenüber persönlich haftenden Gesellschaftern
		KU	1671	– Restlaufzeit bis 1 Jahr
		KU	1672	– Restlaufzeit 1 bis 5 Jahre
		KU	1673	– Restlaufzeit größer 5 Jahre
	Verbindlichkeiten gegenüber Kommanditisten	KU	1675	Verbindlichkeiten gegenüber Kommanditisten
		KU	1676	– Restlaufzeit bis 1 Jahr
		KU	1677	– Restlaufzeit 1 bis 5 Jahre
		KU	1678	– Restlaufzeit größer 5 Jahre

1 Finanz- und Privatkonten

HGB-Posten nach § 266 u. § 275 HGB	E-Bilanz Taxonomie	SKR03 2021 Funktionen			Konto	Beschriftung
Sonstige Verbindlichkeiten	Sonstige Verbindlichkeiten gegenüber Arbeitsgemeinschaften		KU		1691	Verbindlichkeiten gegenüber Arbeitsgemeinschaften
	Übrige sonstige Verbindlichkeiten		KU		1695	Verbindlichkeiten gegenüber stillen Gesellschaftern
			KU		1696	– Restlaufzeit bis 1 Jahr
			KU		1697	– Restlaufzeit 1 bis 5 Jahre
			KU		1698	– Restlaufzeit größer 5 Jahre
			KU		**1700**	**Sonstige Verbindlichkeiten**
			KU		1701	– Restlaufzeit bis 1 Jahr
			KU		1702	– Restlaufzeit 1 bis 5 Jahre
			KU		1703	– Restlaufzeit größer 5 Jahre
	EÜR – keine E-Bilanz		KU		1704	Sonstige Verbindlichkeiten nach § 11 Abs. 2 Satz 2 EStG für § 4/3 EStG
	Übrige sonstige Verbindlichkeiten		KU		1705	Darlehen
			KU		1706	– Restlaufzeit bis 1 Jahr
			KU		1707	– Restlaufzeit 1 bis 5 Jahre
			KU		1708	– Restlaufzeit größer 5 Jahre
Sonstige Verbindlichkeiten oder Sonstige Vermögensgegenstände			KU		1709	Gewinnverfügung stiller Gesellschafter
Erhaltene Anzahlungen auf Bestellungen (Passiva)	Erhaltene Anzahlungen auf Bestellungen		**M**		**1710**	**Erhaltene Anzahlungen auf Bestellungen (Verbindlichkeiten)**
			M	AM	1711	Erhaltene, versteuerte Anzahlungen 7 % USt (Verbindlichkeiten)
		NEU	M	AM	1712	Erhaltene, versteuerte Anzahlungen 5 % USt (Verbindlichkeiten)
			KU	R	1713 –1714	Buchungssperre
		NEU	M		1715	Erhaltene, versteuerte Anzahlungen – Nachsteuer
			KU	R	1716	Buchungssperre
		NEU	M	AM	1717	Erhaltene, versteuerte Anzahlungen 16 % USt (Verbindlichkeiten)
			M	AM	1718	Erhaltene, versteuerte Anzahlungen 19 % USt (Verbindlichkeiten)
			M		1719	Erhaltene Anzahlungen – Restlaufzeit bis 1 Jahr
			M		1720	– Restlaufzeit 1 bis 5 Jahre
			M		1721	– Restlaufzeit größer 5 Jahre
Erhaltene Anzahlungen auf Bestellungen (Aktiva)	Erhaltene Anzahlungen auf Bestellungen (offen aktivisch abgesetzt)		M		1722	Erhaltene Anzahlungen auf Bestellungen (von Vorräten offen abgesetzt)
Sonstige Verbindlichkeiten	Übrige sonstige Verbindlichkeiten		KU	S	1725	Umsatzsteuer in Folgeperiode fällig (§§ 13 Abs. 1 Nr. 6, 13b Abs. 2 UStG)
			KU	S	1728	Umsatzsteuer aus im anderen EG-Land steuerpflichtige elektr. Dienstleistungen
			KU		1729	Umsatzsteuer aus im anderen EG-Land steuerpflichtige elektr. Dienstleistungen, an kleine einzige Anlaufstelle, MOSS/KEA
			KU		1730	Kreditkartenabrechnung
			KU		1731	Agenturwarenabrechnung
			KU		1732	Erhaltene Kautionen
			KU		1733	– Restlaufzeit bis 1 Jahr
			KU		1734	– Restlaufzeit 1 bis 5 Jahre
			KU		1735	– Restlaufzeit größer 5 Jahre

1 Finanz- und Privatkonten

HGB-Posten nach § 266 u. § 275 HGB	E-Bilanz Taxonomie	SKR03 2021			
		Funktionen		Konto	Beschriftung
Sonstige Verbindlichkeiten	Sonstige Verbindlichkeiten aus Steuern		KU	1736	Verbindlichkeiten aus Steuern und Abgaben
			KU	1737	– Restlaufzeit bis 1 Jahr
			KU	1738	– Restlaufzeit 1 bis 5 Jahre
			KU	1739	– Restlaufzeit größer 5 Jahre
	Sonstige Verbindlichkeiten gegenüber Mitarbeitern		KU	1740	Verbindlichkeiten aus Lohn und Gehalt
Sonstige Verbindlichkeiten oder Sonstige Vermögensgegenstände	Sonstige Verbindlichkeiten aus Steuern		KU	1741	Verbindlichkeiten aus Lohn- und Kirchensteuer
	Sonstige Verbindlichkeiten im Rahmen der sozialen Sicherheit		KU	1742	Verbindlichkeiten im Rahmen der sozialen Sicherheit
			KU	1743	– Restlaufzeit bis 1 Jahr
			KU	1744	– Restlaufzeit 1 bis 5 Jahre
			KU	1745	– Restlaufzeit größer 5 Jahre
Sonstige Verbindlichkeiten	Sonstige Verbindlichkeiten aus Steuern		KU	1746	Verbindlichkeiten aus Einbehaltungen (KapESt und SolZ auf KapESt) für offene Ausschüttungen
			KU	1747	Verbindlichkeiten für Verbrauchsteuern
	Sonstige Verbindlichkeiten gegenüber Mitarbeitern		KU	1748	Verbindlichkeiten für Einbehaltungen von Arbeitnehmern
	Sonstige Verbindlichkeiten aus Steuern		KU	1749	Verbindlichkeiten an das Finanzamt aus abzuführendem Bauabzugsbetrag
	Sonstige Verbindlichkeiten im Rahmen der sozialen Sicherheit		KU	1750	Verbindlichkeiten aus Vermögensbildung
			KU	1751	– Restlaufzeit bis 1 Jahr
			KU	1752	– Restlaufzeit 1 bis 5 Jahre
			KU	1753	– Restlaufzeit größer 5 Jahre
	Sonstige Verbindlichkeiten aus Steuern		KU	1754	Steuerzahlungen an andere Länder
Sonstige Verbindlichkeiten oder Sonstige Vermögensgegenstände	Übrige sonstige Verbindlichkeiten		**KU**	**1755**	**Lohn- und Gehaltsverrechnungen**
	EÜR – keine E-Bilanz		KU	1756	Lohn- und Gehaltsverrechnungen § 11 Abs. 2 EStG für § 4/3 EStG
	Verbindlichkeiten gegen Gesellschaft/Gesamthand		KU	1757	Verbindlichkeiten gegenüber Gesellschaft/ Gesamthand
	Sonstige Verbindlichkeiten aus genossenschaftlicher Rückvergütung		KU	1758	Sonstige Verbindlichkeiten aus genossenschaftlicher Rückvergütung
	Sonstige Verbindlichkeiten im Rahmen der sozialen Sicherheit		KU	1759	Voraussichtliche Beitragsschuld gegenüber den Sozialversicherungsträgern
Steuerrückstellungen oder Sonstige Vermögensgegenstände	Steuerrückstellungen		KU S	1760	Umsatzsteuer nicht fällig
			KU S	1761	Umsatzsteuer nicht fällig, 7 %
			KU S	1762	Umsatzsteuer nicht fällig aus im Inland steuerpflichtigen EU-Lieferungen
		NEU	KU S	1763	Umsatzsteuer nicht fällig, 5 %
			KU S	1764	Umsatzsteuer nicht fällig aus im Inland steuerpflichtigen EU-Lieferungen 19 %
		NEU	KU R	1765	Umsatzsteuer nicht fällig, 16 %
			KU S	1766	Umsatzsteuer nicht fällig, 19 %
Sonstige Verbindlichkeiten	Sonstige Verbindlichkeiten aus Steuern		KU S	1767	Umsatzsteuer aus im anderen EU-Land steuerpflichtigen Lieferungen
			KU S	1768	Umsatzsteuer aus im anderen EU-Land steuerpflichtigen sonstigen Leistungen/ Werklieferungen
Sonstige Verbindlichkeiten oder Sonstige Vermögensgegenstände			KU S	1769	Umsatzsteuer aus der Auslagerung von Gegenständen aus einem Umsatzsteuerlager
			KU S	1770	Umsatzsteuer

1 Finanz- und Privatkonten

HGB-Posten nach § 266 u. § 275 HGB	E-Bilanz Taxonomie	SKR03 2021 Funktionen	Konto	Beschriftung
Sonstige Verbindlichkeiten oder Sonstige Vermögensgegenstände	Sonstige Verbindlichkeiten aus Steuern	KU S	1771	Umsatzsteuer 7 %
		KU S	1772	Umsatzsteuer aus innergemeinschaftlichem Erwerb
		NEU KU S	1773	Umsatzsteuer 5 %
		KU S	1774	Umsatzsteuer aus innergemeinschaftlichem Erwerb 19 %
		NEU KU S	1775	Umsatzsteuer 16 %
		KU S	1776	Umsatzsteuer 19 %
		KU S	1777	Umsatzsteuer aus im Inland steuerpflichtigen EU-Lieferungen
		KU S	1778	Umsatzsteuer aus im Inland steuerpflichtigen EU-Lieferungen 19 %
		KU S	1779	Umsatzsteuer aus innergemeinschaftlichem Erwerb ohne Vorsteuerabzug
		KU F	1780	Umsatzsteuervorauszahlungen
		KU F	1781	Umsatzsteuervorauszahlungen 1/11
		KU F	1782	Nachsteuer, UStVA Kz. 65
		KU F	1783	In Rechnung unrichtig oder unberechtigt ausgewiesene Steuerbeträge, UStVA Kz. 69
		KU S	1784	Umsatzsteuer aus innergemeinschaftlichem Erwerb von Neufahrzeugen von Lieferanten ohne Umsatzsteuer-Identifikationsnummer
		KU S	1785	Umsatzsteuer nach § 13b UStG
		NEU KU S	1786	Umsatzsteuer aus innergemeinschaftlichem Erwerb 16 %
		KU S	1787	Umsatzsteuer nach § 13b UStG 19 %
		KU	1788	Einfuhrumsatzsteuer aufgeschoben bis …
		KU	1789	Umsatzsteuer laufendes Jahr
		KU	1790	Umsatzsteuer Vorjahr
		KU	1791	Umsatzsteuer frühere Jahre
	Übrige sonstige Verbindlichkeiten	KU	1792	Sonstige Verrechnungskonten (Interimskonten)
Sonstige Vermögensgegenstände	Übrige sonstige Vermögensgegenstände/ nicht zuordenbare sonstige Vermögensgegenstände	KU	1793	Verrechnungskonto geleistete Anzahlungen bei Buchung über Kreditorenkonto
Sonstige Verbindlichkeiten oder Sonstige Vermögensgegenstände	Sonstige Verbindlichkeiten aus Steuern	KU S	1794	Umsatzsteuer aus Erwerb als letzter Abnehmer innerhalb eines Dreiecksgeschäfts
Sonstige Verbindlichkeiten	EÜR – keine E-Bilanz	KU	1795	Verbindlichkeiten im Rahmen der sozialen Sicherheit (für § 4/3 EStG)
	Übrige sonstige Verbindlichkeiten	KU	1796	Ausgegebene Geschenkgutscheine
	Verbindlichkeiten aus Umsatzsteuer	KU	1797	Verbindlichkeiten aus Umsatzsteuervorauszahlungen
		KU F	1799	
				Privat (Eigenkapital) Vollhafter/Einzelunternehmer
Kapitalanteil persönlich haftende Gesellschafter (KapCo)	Kapitalanteile der persönlich haftenden Gesellschafter/Einzelunternehmer	KU F	1800	Privatentnahmen allgemein
		KU F	1801 –1809	Privatentnahmen allgemein (nur Einzelunternehmen)
		KU F	1810	Privatsteuern

1 Finanz- und Privatkonten

HGB-Posten nach § 266 u. § 275 HGB	E-Bilanz Taxonomie	Funktionen	Konto	SKR03 2021 Beschriftung
Kapitalanteil persönlich haftende Gesellschafter (KapCo)	Kapitalanteile der persönlich haftenden Gesellschafter/Einzelunternehmer	KU F	1811 –1819	Privatsteuern (nur Einzelunternehmen)
		KU F	1820	Sonderausgaben beschränkt abzugsfähig
		KU F	1821 –1829	Sonderausgaben beschränkt abzugsfähig (nur Einzelunternehmen)
		KU F	1830	Sonderausgaben unbeschränkt abzugsfähig
		KU F	1831 –1839	Sonderausgaben unbeschränkt abzugsfähig (nur Einzelunternehmen)
		KU F	1840	Zuwendungen, Spenden
		KU F	1841 –1849	Zuwendungen, Spenden (nur Einzelunternehmen)
		KU F	1850	Außergewöhnliche Belastungen
		KU F	1851 –1859	Außergewöhnliche Belastungen (nur Einzelunternehmen)
		KU F	1860	Grundstücksaufwand
		KU F	1861 –1868	Grundstücksaufwand (nur Einzelunternehmen)
		V	1869	Grundstücksaufwand (Umsatzsteuerschlüssel möglich)
		KU F	1870 –1878	Grundstücksertrag
		M	1879	Grundstücksertrag (Umsatzsteuerschlüssel möglich)
		KU F	1880	Unentgeltliche Wertabgaben
		KU F	1881 –1889	Unentgeltliche Wertabgaben (nur Einzelunternehmen)
		KU F	1890	Privateinlagen
		KU F	1891 –1899	Privateinlagen (nur Einzelunternehmen)
				Privat (Fremdkapital) Teilhafter
Verbindlichkeiten gegenüber Kommanditisten oder Forderungen gegen Kommanditisten und atypisch stille Gesellschafter	Verbindlichkeiten gegenüber Kommanditisten	KU F	1900	Privatentnahmen allgemein
		KU R	1901 –1909	Buchungssperre
		KU F	1910	Privatsteuern
		KU R	1911 –1919	Buchungssperre
Sonstige Verbindlichkeiten		KU F	1920	Sonderausgaben beschränkt abzugsfähig
		KU R	1921 –1929	Buchungssperre
		KU F	1930	Sonderausgaben unbeschränkt abzugsfähig
		KU R	1931 –1939	Buchungssperre
		KU F	1940	Zuwendungen, Spenden
		KU R	1941 –1949	Buchungssperre
		KU F	1950	Außergewöhnliche Belastungen
		KU R	1951 –1959	Buchungssperre
		KU F	1960	Grundstücksaufwand
		KU R	1961 –1969	Buchungssperre

HGB-Posten nach § 266 u. § 275 HGB	E-Bilanz Taxonomie	Funktionen	Konto	Beschriftung
1 Finanz- und Privatkonten				
		KU F	1970	Grundstücksertrag
		KU R	1971 –1979	Buchungssperre
		KU F	1980	Unentgeltliche Wertabgaben
		KU R	1981 –1989	Buchungssperre
		KU F	1990	Privateinlagen
		KU R	1991	Buchungssperre
2 Abgrenzungskonten				
				Sonstige betriebliche Aufwendungen
Sonstige betriebliche Aufwendungen	Andere außerordentliche Aufwendungen, nicht zuordenbar	R	2000	Buchungssperre
		R	2001	Buchungssperre
	Verluste durch Verschmelzung und Umwandlung		2004	Verluste durch Verschmelzung und Umwandlung
		R	2005	Buchungssperre
	Verluste durch außergewöhnliche Schadensfälle		2006	Verluste durch außergewöhnliche Schadensfälle (nur Bilanzierer)
	Aufwendungen für Restrukturierungs- und Sanierungsmaßnahmen		2007	Aufwendungen für Restrukturierungs- und Sanierungsmaßnahmen
	Verluste durch Stilllegung von Betriebsteilen		2008	Verluste aus der Veräußerung oder der Aufgabe von Geschäftsaktivitäten nach Steuern
				Betriebsfremde und periodenfremde Aufwendungen
Sonstige betriebliche Aufwendungen	Andere sonstige betriebliche Aufwendungen (GKV)		2010	Betriebsfremde Aufwendungen
			2020	Periodenfremde Aufwendungen
				Aufwendungen aus der Anwendung von Übergangsvorschriften i. S. d. BilMoG
Sonstige betriebliche Aufwendungen	Außerordentliche Aufwendungen aus der Anwendung des EGHGB		2090	Aufwendungen aus der Anwendung von Übergangsvorschriften
			2091	Aufwendungen aus der Anwendung von Übergangsvorschriften (Pensionsrückst.)
		R	2092	Buchungssperre
			2094	Aufwendungen aus der Anwendung von Übergangsvorschriften (latente Steuern)
Zinsen und ähnliche Aufwendungen	Zinsen und ähnliche Aufwendungen		**2100**	**Zinsen und ähnliche Aufwendungen**
			2102	Steuerlich nicht abzugsfähige, andere Nebenleistungen zu Steuern § 4 Abs. 5b EStG
			2102	Steuerlich nicht abzugsfähige, andere Nebenleistungen zu Steuern § 4 Abs. 5b EStG
			2103	Steuerlich abzugsfähige, andere Nebenleistungen zu Steuern
			2104	Steuerlich nicht abzugsfähige, andere Nebenleistungen zu Steuern
			2105	Zinsaufwendungen § 233a AO nicht abzugsfähig
		R	2106	Buchungssperre

2 Abgrenzungskonten

HGB-Posten nach § 266 u. § 275 HGB	E-Bilanz Taxonomie	Funktionen	Konto	SKR03 2021 Beschriftung
Zinsen und ähnliche Aufwendungen	Aufwendungen für Restrukturierungs- und Sanierungsmaßnahmen		2007	Aufwendungen für Restrukturierungs- und Sanierungsmaßnahmen
	Verluste durch Stilllegung von Betriebsteilen		2008	Verluste aus der Veräußerung oder der Aufgabe von Geschäftsaktivitäten nach Steuern
				Betriebsfremde und periodenfremde Aufwendungen
Sonstige betriebliche Aufwendungen	Andere sonstige betriebliche Aufwendungen (GKV)		2010	Betriebsfremde Aufwendungen
			2020	Periodenfremde Aufwendungen
				Aufwendungen aus der Anwendung von Übergangsvorschriften i. S. d. BilMoG
Sonstige betriebliche Aufwendungen	Außerordentliche Aufwendungen aus der Anwendung des EGHGB		2090	Aufwendungen aus der Anwendung von Übergangsvorschriften
			2091	Aufwendungen aus der Anwendung von Übergangsvorschriften (Pensionsrückst.)
		R	2092	Buchungssperre
			2094	Aufwendungen aus der Anwendung von Übergangsvorschriften (latente Steuern)
Zinsen und ähnliche Aufwendungen	Zinsen und ähnliche Aufwendungen		**2100**	**Zinsen und ähnliche Aufwendungen**
			2102	Steuerlich nicht abzugsfähige, andere Nebenleistungen zu Steuern § 4 Abs. 5b EStG
			2103	Steuerlich abzugsfähige, andere Nebenleistungen zu Steuern
			2104	Steuerlich nicht abzugsfähige, andere Nebenleistungen zu Steuern
			2105	Zinsaufwendungen § 233a AO nicht abzugsfähig
			2106	Zinsen aus Abzinsung d. KSt-Erhöhungsbetrags § 38 KStG
			2107	Zinsaufwendungen § 233a AO, betriebliche Steuern abzugsfähig
			2108	Zinsaufwendungen §§ 234 bis 237 AO nicht abzugsfähig
			2109	Zinsaufwendungen an verbundene Unternehmen
			2110	Zinsaufwendungen für kurzfristige Verbindlichkeiten
			2111	Zinsaufwendungen §§ 234 bis 237 AO abzugsfähig
			2113	Nicht abzugsfähige Schuldzinsen gemäß § 4 Abs. 4a EStG (Hinzurechnungsbetrag)
			2114	Zinsen für Gesellschafterdarlehen
			2115	Zinsen und ähnliche Aufwendungen §§ 3 Nr. 40, 3c EStG/§ 8b Abs. 1 KStG (inländische Kap.Ges.)
			2116	Zinsen und ähnliche Aufwendungen an verbundene Unternehmen §§ 3 Nr. 40, 3c EStG/§ 8b Abs. 1 KStG (inländische Kap.Ges.)

2 Abgrenzungskonten

HGB-Posten nach § 266 u. § 275 HGB	E-Bilanz Taxonomie	SKR03 2021		
		Funktionen	Konto	Beschriftung
Zinsen und ähnliche Aufwendungen	Zinsen und ähnliche Aufwendungen		2117	Zinsen an Gesellschafter mit einer Beteiligung von mehr als 25 % bzw. diesen nahe stehenden Personen
			2118	Zinsen auf Kontokorrentkonten
			2119	Zinsaufwendungen für kurzfristige Verbindlichkeiten an verbund. Unternehmen
	Zinsen		2120	Zinsaufwendungen für langfristige Verbindlichkeiten
	Abschreibungen auf ein Agio, Disagio oder Damnum		2123	Abschreibung auf Disagio/Damnum zur Finanzierung
			2124	Abschreibung auf Disagio/Damnum zur Finanzierung des Anlagevermögens
	Zinsen		2125	Zinsaufwendungen für Gebäude, die zum Betriebsvermögen gehören
			2126	Zinsen zur Finanzierung des Anlagevermögens
			2127	Renten und dauernde Lasten
			2128	Zinsaufwendungen an Mitunternehmer für die Hingabe von Kapital § 15 EStG
	Zinsen und ähnliche Aufwendungen		2129	Zinsaufwendungen für langfristige Verbindlichkeiten an verbund. Unternehmen
	Diskontaufwendungen		2130	Diskontaufwendungen
			2139	Diskontaufwendungen an verbundene Unternehmen
	Übrige/nicht zuordenbare sonstige Zinsen und ähnliche Aufwendungen		2140	Zinsähnliche Aufwendungen
	Kreditprovisionen und Verwaltungskostenbeiträge		2141	Kreditprovisionen und Verwaltungskostenbeiträge
	Zinsanteil der Zuführungen zu Pensionsrückstellungen		2142	Zinsanteil der Zuführungen zu Pensionsrückstellungen
	Sonstige Zinsen und ähnliche Aufwendungen aus Abzinsung		2143	Zinsaufwendungen aus der Abzinsung von Verbindlichkeiten
			2144	Zinsaufwendungen aus der Abzinsung von Rückstellungen
			2145	Zinsaufwendungen aus der Abzinsung von Pensionsrückstellungen und ähnlichen/vergleichbaren Verpflichtungen
Zinsen und ähnliche Aufwendungen oder Sonstige Zinsen und ähnliche Erträge			2146	Zinsaufwendungen aus der Abzinsung von Pensionsrückstellungen und ähnlichen/vergleichbaren Verpflichtungen zur Verrechnung nach § 246 Abs. 2 HGB
			2147	Aufwendungen aus Vermögensgegenständen zur Verrechnung nach § 246 Abs. 2 HGB
Zinsen und ähnliche Aufwendungen			2148	Steuerlich nicht abzugsfähige Zinsaufwendungen aus der Abzinsung von Rückstellungen
	Übrige/nicht zuordenbare sonstige Zinsen und ähnliche Aufwendungen		2149	Zinsähnliche Aufwendungen an verbundene Unternehmen
Sonstige betriebliche Aufwendungen	Kurs-/Währungsverluste		2150	Aufwendungen aus der Währungsumrechnung
			2151	Aufwendungen aus der Währungsumrechnung (nicht § 256a HGB)

2 Abgrenzungskonten

HGB-Posten nach § 266 u. § 275 HGB	E-Bilanz Taxonomie	Funktionen	Konto	SKR03 2021 Beschriftung
Sonstige betriebliche Aufwendungen	Kurs-/Währungsverluste		2166	Aufwendungen aus Bewertung Finanzmittelfonds
	Andere ordentliche sonstige betriebliche Aufwendungen		2170	Nicht abziehbare Vorsteuer
			2171	Nicht abziehbare Vorsteuer 7 %
		R	2174 –2175	Buchungssperre
			2176	Nicht abziehbare Vorsteuer 19 %
				Steuern vom Einkommen und Ertrag
Steuern vom Einkommen und Ertrag	Steuern vom Einkommen und Ertrag		2200	Körperschaftsteuer
			2203	Körperschaftsteuer für Vorjahre
			2204	Körperschaftsteuererstattungen f. Vorjahre
			2208	Solidaritätszuschlag
			2209	Solidaritätszuschlag für Vorjahre
			2210	Solidaritätszuschlagerstattung für Vorjahre
			2213	Kapitalertragsteuer 25 %
			2216	Anrechenbarer Solidaritätszuschlag auf Kapitalertragsteuer 25 %
			2218	Ausländische Steuer auf im Inland steuerfreie DBA-Einkünfte
			2219	Anzurechnende ausländische Quellensteuer
			2250	Aufwendungen aus der Zuführung und Auflösung von latenten Steuern
			2255	Erträge aus der Zuführung und Auflösung von latenten Steuern
			2260	Aufwendungen aus der Zuführung zu Steuerrückstellungen für Steuerstundung (BStBK)
			2265	Erträge aus der Auflösung von Steuerrückstellungen f. Steuerstundung (BStBK)
		R	2280	Buchungssperre
			2281	Gewerbesteuernachzahlungen und Gewerbesteuererstattungen für Vorjahre, § 4 Abs. 5b EStG
		R	2282	Buchungssperre
			2283	Erträge aus der Auflösung von Gewerbesteuerrückstellungen, § 4 Abs. 5b EStG
		R	2284	Buchungssperre
			2285	Steuernachzahlungen Vorjahre für sonstige Steuern
			2287	Steuererstattungen Vorjahre für sonstige Steuern
Sonstige Steuern	Sonstige Steuern		2289	Erträge aus der Auflösung von Rückstellungen für sonstige Steuern
				Sonstige Aufwendungen
Sonstige betriebliche Aufwendungen	Andere ordentliche sonstige betriebliche Aufwendungen		**2300**	**Sonstige Aufwendungen**
	Andere sonstige betriebliche Aufwendungen (GKV)		2307	Sonstige Aufwendungen betriebsfremd und regelmäßig
			2308	Sonstige nicht abziehbare Aufwendungen
			2309	Sonstige Aufwendungen unregelmäßig

2 Abgrenzungskonten

HGB-Posten nach § 266 u. § 275 HGB	E-Bilanz Taxonomie	Funktionen	Konto	SKR03 2021 Beschriftung
Sonstige betriebliche Aufwendungen	Andere sonstige betriebliche Aufwendungen (GKV)	KU	2310	Anlagenabgänge Sachanlagen (Restbuchwert bei Buchverlust)
	Verluste aus dem Abgang von Vermögensgegenständen des Anlagevermögens	KU	2311	Anlagenabgänge immaterielle Vermögensgegenstände (Restbuchwert bei Buchverlust)
		KU	2312	Anlagenabgänge Finanzanlagen (Restbuchwert bei Buchverlust)
		KU	2313	Anlagenabgänge Finanzanlagen § 3 Nr. 40 EStG/§ 8b Abs. 3 KStG (inländische Kap.Ges.) (Restbuchwert bei Buchverlust)
Sonstige betriebliche Erträge	Erträge aus Abgängen des Anlagevermögens	KU	2315	Anlagenabgänge Sachanlagen (Restbuchwert bei Buchgewinn)
		KU	2316	Anlagenabgänge immaterielle Vermögensgegenstände (Restbuchwert bei Buchgewinn)
		KU	2317	Anlagenabgänge Finanzanlagen (Restbuchwert bei Buchgewinn)
		KU	2318	Anlagenabgänge Finanzanlagen § 3 Nr. 40 EStG/§ 8b Abs. 2 KStG (inländische Kap.Ges.) (Restbuchwert bei Buchverlust)
Sonstige betriebliche Aufwendungen	Verluste aus dem Abgang von Vermögensgegenständen des Anlagevermögens		2320	Verluste aus dem Abgang von Gegenständen des Anlagevermögens
			2323	Verluste aus der Veräußerung von Anteilen an Kapitalgesellschaften (Finanzanlagevermögen) § 3 Nr. 40 EStG/ § 8b Abs. 3 KStG (inländische Kap.Ges.)
	Verluste aus dem Abgang von Vermögensgegenständen des Umlaufvermögens		2325	Verluste aus dem Abgang von Gegenständen des Umlaufvermögens (außer Vorräte)
			2326	Verluste aus dem Abgang von Gegenständen des Umlaufvermögens (außer Vorräte) § 3 Nr. 40 EStG/§ 8b Abs. 3 KStG (inländische Kap.Ges.)
	EÜR – keine E-Bilanz		2327	Abgang von Wirtschaftsgütern des Umlaufvermögens n. § 4 Abs. 3 Satz 4 EStG
			2328	Abgang von Wirtschaftsgütern des Umlaufvermögens § 3 Nr. 40 EStG/ § 8b Abs. 3 KStG (inländische Kap.Ges.) nach § 4 Abs. 3 Satz 4 EStG
	§ 4g EStG (Einstellungen in die steuerliche Rücklage)		2339	Einstellungen in die steuerliche Rücklage nach § 4g EStG
	Übrig/nicht zuordenbare Einstellung in steuerliche Rücklagen	R	2340 –2341	Buchungssperre
	§ 6b Abs. 10 EStG		2342	Einstellungen in die steuerliche Rücklage nach § 6b Abs. 3 EStG
			2343	Einstellungen in die steuerliche Rücklage nach § 6b Abs. 10 EStG
	Rücklage f. Ersatzbeschaffung, R 6.6 EStR		2344	Einstellungen in die steuerliche Rücklage für Ersatzbeschaffung nach R 6.6 EStR
	Übrig/nicht zuordenbare Einstellung in steuerliche Rücklagen		2345	Einstellungen in sonstige steuerliche Rücklagen

2 Abgrenzungskonten

HGB-Posten nach § 266 u. § 275 HGB	E-Bilanz Taxonomie	SKR03 2021 Funktionen		Konto	Beschriftung
Sonstige betriebliche Aufwendungen	Andere sonstige betriebliche Aufwendungen (GKV)			2347	Aufwendungen aus dem Erwerb eigener Anteile
		V		2350	Sonstige Grundstücksaufwendungen (neutral)
Sonstige Steuern	Sonstige Steuern			2375	Grundsteuer
Sonstige betriebliche Aufwendungen	Sonstige beschränkt abziehbare Betriebsausgaben			2380	Zuwendungen, Spenden, steuerlich nicht abziehbar
				2381	Zuwendungen, Spenden für wissenschaftliche und kulturelle Zwecke
				2382	Zuwendungen, Spenden für mildtätige Zwecke
				2383	Zuwendungen, Spenden für kirchliche, religiöse und gemeinnützige Zwecke
				2384	Zuwendungen, Spenden an politische Parteien
				2385	Nicht abziehbare Hälfte der Aufsichtsratsvergütungen
				2386	Abziehbare Aufsichtsratsvergütungen
				2387	Zuwendungen, Spenden an Stiftungen für gemeinnützige Zwecke i. S. d. § 52 Abs. 2 Nr. 1-3 AO
			R	2388	Buchungssperre
				2389	Zuwendungen, Spenden an Stiftungen für kirchliche, religiöse und gemeinnützige Zwecke
				2390	Zuwendungen, Spenden an Stiftungen für wissenschaftliche, mildtätige, kulturelle Zwecke
	Übliche Abschreibungen auf Forderungen	**M**		**2400**	**Forderungsverluste (übliche Höhe)**
		M	AM	2401	Forderungsverluste 7 % USt (übliche Höhe)
		M	AM	2402	Forderungsverluste aus steuerfreien EU-Lieferungen (übliche Höhe)
		M	AM	2403	Forderungsverluste aus im Inland steuerpflichtigen EU-Lieferungen 7 % USt (übliche Höhe)
		M	R	2404 –2405	Buchungssperre
		M	AM	2406	Forderungsverluste 19 % USt (übliche Höhe)
		M	R	2407	Buchungssperre
		M	AM	2408	Forderungsverluste aus im Inland steuerpflichtigen EU-Lieferungen 19 % USt (übliche Höhe)
		M	R	2409	Buchungssperre
Abschreibung auf Vermögensgegenstände des Umlaufvermögens, soweit diese die üblichen Abschreibungen überschreiten	Abschreibungen auf Forderungen und sonstige Vermögensgegenstände	M		2430	Forderungsverluste, unüblich hoch
		M	AM	2431	Forderungsverluste 7 % USt (soweit unüblich hoch)
		M	R	2432 –2435	Buchungssperre
		M	AM	2436	Forderungsverluste 19 % USt (soweit unüblich hoch)
		M	R	2437 –2438	Buchungssperre

2 Abgrenzungskonten

HGB-Posten nach § 266 u. § 275 HGB	E-Bilanz Taxonomie	SKR03 2021 Funktionen	Konto	Beschriftung
Abschreibung auf Vermögensgegenstände des Umlaufvermögens, soweit diese die üblichen Abschreibungen überschreiten	Abschreibungen auf Forderungen und sonstige Vermögensgegenstände	M	2440	Abschreibungen auf Forderungen gegenüber Kapitalgesellschaften, an denen eine Beteiligung besteht (soweit unüblich hoch), § 3c EStG/§ 8b Abs. 3 KStG
		M	2441	Abschreibungen auf Forderungen gegenüber Gesellschaftern und nahe stehenden Personen (soweit unüblich hoch), § 8b Abs. 3 KStG
Sonstige betriebliche Aufwendungen	Pauschalwertberichtigungen des lfd. Jahres		2450	Einstellungen in die Pauschalwertberichtigung auf Forderungen
	Einzelwertberichtigungen des lfd. Jahres		2451	Einstellungen in die Einzelwertberichtigung auf Forderungen
Einstellungen in die Rücklage für Anteile an einem herrschenden oder mehrheitlich beteiligten Unternehmen	Einstellungen in die Rücklage für Anteile an einem herrschenden oder mehrheitlich beteiligten Unternehmen		2480	Einstellungen in die Rücklage für Anteile an einem herrschenden oder mehrheitlich beteiligten Unternehmen
	Rücklage (gesamthänderisch gebunden) Zuführungen/Minderungen lfd. Jahr	KU F	2481	Einstellung in gesamthänderische Rücklagen
Einstellungen in andere Gewinnrücklagen	Einstellungen in andere Gewinnrücklagen		2485	Einstellung in andere Ergebnisrücklagen
Aufwendungen aus Verlustübernahmen	Aufwendungen aus Verlustübernahmen (Mutter)		2490	Aufwendungen aus Verlustübernahme
Auf Grund einer Gewinngemeinschaft, eines Gewinn- o. Teilgewinnabführungsvertrags abgeführte Gewinne	Auf Grund einer Gewinngemeinschaft, eines Gewinnabführungs- o. Teilgewinnabführungsvertrags abgeführte Gewinne		2492	Abgeführte Gewinne auf Grund einer Gewinngemeinschaft
			2493	Abgeführte Gewinnanteile (Soll)/ausgeglichene Verlustanteile (Haben) bei stiller Beteiligung § 8 GewStG
			2494	Abgeführte Gewinne auf Grund eines Gewinn- oder Teilgewinnabführungsvertrags
Einstellungen in die Kapitalrücklage nach den Vorschriften über die vereinfachte Kapitalherabsetzung	Einstellungen in die Kapitalrücklage nach den Vorschriften über die vereinfachte Kapitalherabsetzung		2495	Einstellungen in die Kapitalrücklage nach den Vorschriften über die vereinfachte Kapitalherabsetzung
Einstellungen in die gesetzliche Rücklage	Einstellungen in die gesetzliche Rücklage		2496	Einstellungen in die gesetzliche Rücklage
Einstellungen in satzungsmäßige Rücklagen	Einstellungen in satzungsmäßige Rücklagen		2497	Einstellungen in satzungsmäßige Rücklagen
Einstellungen in die Rücklage für eigene Anteile	Einstellungen in die Rücklage für eigene Anteile		2498	Einstellungen in die Rücklage für aktivierte eigene Anteile
Einstellungen in andere Gewinnrücklagen	Einstellungen in andere Gewinnrücklagen		2499	Einstellungen in andere Gewinnrücklagen
				Sonstige betriebliche Erträge
Sonstige betriebliche Erträge	Andere außerordentliche Erträge	R	2500	Buchungssperre
		R	2501	Buchungssperre
	Erträge durch Verschmelzung und Umwandlung		2504	Erträge durch Verschmelzung und Umwandlung
	Andere außerordentliche Erträge	R	2505–2507	Buchungssperre
	Erträge durch Stilllegung von Betriebsteilen		2508	Gewinn aus der Veräußerung oder der Aufgabe von Geschäftsaktivitäten nach Steuern
				Betriebsfremde und periodenfremde Erträge
Sonstige betriebliche Erträge	Andere sonstige betriebliche Erträge (GKV), nicht zuordenbar		2510	Sonstige betriebsfremde Erträge
			2520	Periodenfremde Erträge

2 Abgrenzungskonten

HGB-Posten nach § 266 u. § 275 HGB	E-Bilanz Taxonomie	Funktionen	Konto	SKR03 2021 Beschriftung
				Erträge aus der Anwendung von Übergangsvorschriften i. S. d. BilMoG
Sonstige betriebliche Erträge	Außerordentliche Erträge aus der Anwendung des EGHGB		2590	Erträge aus der Anwendung von Übergangsvorschriften
		R	2591 –2593	Buchungssperre
			2594	Erträge aus der Anwendung von Übergangsvorschriften (latente Steuern)
				Zinserträge
Erträge aus Beteiligungen	Erträge aus Beteiligungen, nach Rechtsform der Beteiligung nicht zuordenbar		2600	Erträge aus Beteiligungen
	Erträge aus Beteiligungen an Personengesellschaften		2603	Erträge aus Beteiligungen an Personen-Gesellschaften (verbundene Unternehmen), § 9 GewStG bzw. § 18 EStG
	Erträge aus Beteiligungen an Kapitalgesellschaften		2615	Erträge aus Anteilen an Kapitalgesellschaften (Beteiligung) § 3 Nr. 40 EStG/ 8b Abs. 1 KStG (inländische Kap.Ges.)
	Erträge aus Beteiligungen, davon aus Beteiligungen an verbundenen Unternehmen		2616	Erträge aus Anteilen an Kapitalgesellschaften (verbundene Unternehmen) § 3 Nr. 40 EStG/§ 8b Abs. 1 KStG (inländische Kap.Ges.)
	Erträge aus Beteiligungen an Personengesellschaften		2618	Gewinnanteile aus gewerblichen und selbständigen Mitunternehmerschaften, § 9 GewStG bzw. § 18 EStG
	Erträge aus Beteiligungen, nach Rechtsform der Beteiligung nicht zuordenbar		2619	Erträge aus Beteiligungen an verbundenen Unternehmen
Erträge aus anderen Wertpapieren u. Ausleihungen des Finanzanlagevermögens	Erträge aus Ausleihungen an Gesellschaften und Gesellschafter [KapG/Mitunternehmer (PersG)]		2620	Erträge aus anderen Wertpapieren und Ausleihungen d. Finanzanlagevermögens
			2621	Erträge aus Ausleihungen des Finanzanlagevermögens
	Erträge aus Ausleihungen an Gesellschaften und Gesellschafter [KapG/Mitunternehmer (PersG)]		2622	Erträge aus Ausleihungen des Finanzanlagevermögens an verbundenen Unternehmen
	Erträge aus Beteiligungen an Personengesellschaften		2623	Erträge aus Anteilen an Personengesellschaften (Finanzanlagevermögen)
	Erträge aus Beteiligungen an Kapitalgesellschaften		2625	Erträge aus Anteilen an Kapitalgesellschaften (Finanzanlagevermögen) § 3 Nr. 40 EStG/§ 8b Abs. 1 KStG (inländische Kap.Ges.)
			2626	Erträge aus Anteilen an Kapitalgesellschaften (verbundene Unternehmen) § 3 Nr. 40 EStG/§ 8b Abs. 1 KStG (inländische Kap.Ges.)
	Zins- und Dividendenerträge		2640	Zins- und Dividendenerträge
	Erhaltene Ausgleichszahlungen (als außenstehender Aktionär)		2641	Erhaltene Ausgleichszahlungen (als außenstehender Aktionär)
	Erträge aus Beteiligungen an Personengesellschaften		2646	Erträge aus Anteilen an Personengesellschaften (verbundene Unternehmen)
	Erträge aus Beteiligungen an Kapitalgesellschaften		2647	Erträge aus anderen Wertpapieren des Finanzanlagevermögens an Kapitalgesellschaften (verbundene Unternehmen)

2 Abgrenzungskonten

HGB-Posten nach § 266 u. § 275 HGB	E-Bilanz Taxonomie	SKR03 2021		
		Funktionen	Konto	Beschriftung
Erträge aus anderen Wertpapieren u. Ausleihungen des Finanzanlage-vermögens	Erträge aus Beteiligungen an Personengesellschaften		2648	Erträge aus anderen Wertpapieren des Finanzanlagevermögens an Personen-gesellschaften (verbundene Unternehmen)
	Erträge aus Ausleihungen an Gesell-schaften und Gesellschafter [KapG/Mitunternehmer (PersG)]		2649	Erträge aus anderen Wertpapieren und Ausleihungen des Finanzanlagever-mögens aus verbundenen Unternehmen
Sonstige Zinsen und ähnliche Erträge	Zinsen auf Einlagen bei Kreditinstituten und auf Forderungen an Dritte		**2650**	**Sonstige Zinsen und ähnliche Erträge**
		R	2652	Buchungssperre
			2653	Zinserträge § 233a AO, § 4 Abs. 5b EStG, steuerfrei
	Zins- und Dividendenerträge aus Wertpapieren des Umlaufvermögens		2654	Erträge aus anderen Wertpapieren und Ausleihungen des Umlaufvermögens
			2655	Erträge aus Anteilen an Kapitalgesell-schaften (Umlaufvermögen) § 3 Nr. 40 EStG//§ 8b Abs. 1 KStG (inländ. Kap.Ges.)
			2656	Erträge aus Anteilen an Kapitalgesell-schaften (verbundene Unternehmen) § 3 Nr. 40 EStG/§ 8b Abs. 1 KStG (inländische Kap.Ges.)
	Zinsen auf Einlagen bei Kreditinstituten und auf Forderungen an Dritte		2657	Zinserträge § 233a AO, steuerpflichtig
			2658	Zinserträge § 233a AO, steuerfrei (Anlage GK KSt)
			2659	Sonstige Zinsen und ähnliche Erträge aus verbundenen Unternehmen
Sonstige betriebliche Erträge	Kurs-/Währungsgewinne	KU	2660	Erträge aus der Währungsumrechnung
		KU	2666	Erträge aus der Währungsumrechnung (nicht § 256a HGB)
Sonstige Zinsen und ähnliche Erträge	Diskonterträge		2670	Diskonterträge
			2679	Diskonterträge aus verbundenen Unter-nehmen
	Zinsen auf Einlagen bei Kreditinstituten und auf Forderungen an Dritte		2680	Zinsähnliche Erträge
	Sonstige Zinsen und ähnliche Erträge aus Abzinsung		2682	Steuerfreie Zinserträge aus der Abzinsung von Rückstellungen
			2683	Zinserträge aus der Abzinsung von Verbindlichkeiten
			2684	Zinserträge aus der Abzinsung von Rückstellungen
			2685	Zinserträge aus der Abzinsung von Pensionsrückstellungen und ähnlichen/ vergleichbaren Verpflichtungen
Sonstige Zinsen und ähnliche Erträge oder Zinsen und ähnliche Aufwendungen	Sonstige Zinsen und ähnliche Erträge oder Zinsen und ähnliche Aufwendungen		2686	Zinserträge aus der Abzinsung von Pensionsrückstellungen und ähnlichen vergleichbaren Verpflichtungen nach § 246 Abs. 2 HGB
			2687	Erträge aus Vermögensgegenständen zur Verrechnung nach § 246 Abs. 2 HGB
Sonstige Zinsen und ähnliche Erträge	Sonstige Zinsen und ähnliche Erträge aus Abzinsung		2688	Zinsertrag aus vorzeitiger Rückzahlung des Körperschaftsteuer-Erhöhungsbetrages § 38 KStG
	Zinsen auf Einlagen bei Kreditinstituten und auf Forderungen an Dritte		2689	Zinsähnliche Erträge aus verbundenen Unternehmen

2 Abgrenzungskonten				
HGB-Posten nach § 266 u. § 275 HGB	**E-Bilanz Taxonomie**	**SKR03 2021**		
		Funktionen	**Konto**	**Beschriftung**
				Sonstige Erträge
Sonstige betriebliche Erträge	Andere sonstige betriebliche Erträge (GKV), nicht zuordenbar		**2700**	**Andere betriebs- und/oder perioden-fremde (neutrale) sonstige Erträge**
			2705	Sonstige betriebliche und regelmäßige Erträge (neutral)
		M	2707	Sonstige Erträge betriebsfremd und regelmäßig
		M	2709	Sonstige Erträge unregelmäßig
	Erträge aus Zuschreibungen des Anlagevermögens	M	2710	Erträge aus Zuschreibungen des Sachanlagevermögens
		M	2711	Erträge aus Zuschreibungen des immateriellen Anlagevermögens
		M	2712	Erträge aus Zuschreibungen des Finanzanlagevermögens
			2713	Erträge aus Zuschreibungen des Finanzanlagevermögens § 3 Nr. 40 EStG/ § 8b Abs. 3 Satz 8 KStG (inländ Kap.Ges.)
			2714	Erträge aus Zuschreibungen § 3 Nr. 40 EStG/§ 8b Abs. 2 KStG (inländ Kap.Ges.)
	Erträge aus Zuschreibungen des Umlaufvermögens	M	2715	Erträge aus Zuschreibungen des Umlaufvermögens (außer Vorräte)
	Erträge aus Zuschreibungen des Umlaufvermögens		2716	Erträge aus Zuschreibungen des Umlaufvermögens § 3 Nr. 40 EStG/ § 8b Abs. 3 Satz 8 KStG (inländ.Kap.Ges.)
	Erträge aus Abgängen des Anlagevermögens	M	2720	Erträge aus dem Abgang von Gegen-ständen des Anlagevermögens
			2723	Erträge aus der Veräußerung von Anteilen an Kapitalgesellschaften (Finanzanlage-vermögen) § 3 Nr. 40 EStG/§ 8b Abs. 2 KStG (inländische Kap.Ges.)
	Erträge aus Abgängen des Umlaufvermögens	M	2725	Erträge aus dem Abgang von Gegen-ständen des Umlaufvermögens (außer Vorräte)
		M	2726	Erträge aus dem Abgang von Gegen-ständen des Umlaufvermögens (außer Vorräte) § 3 Nr. 40 EStG/§ 8b Abs. 2 KStG (inländische Kap.Ges.)
	§ 6b Abs. 3 EStG	KU	2727	Erträge aus der Auflösung einer steuer-lichen Rücklage nach § 6b Abs. 3 EStG
	§ 6b Abs. 10 EStG	KU	2728	Erträge aus der Auflösung einer steuer-lichen Rücklage nach § 6b Abs. 10 EStG
	Rücklage für Ersatzbeschaffung, R 6.6 EStR	KU	2729	Erträge aus der Auflösung der Rücklage für Ersatzbeschaffung R 6.6 EStR
	Pauschalwertberichtigungen		2730	Erträge aus der Herabsetzung der Pauschalwertberichtigung auf Forderungen
	Einzelwertberichtigungen		2731	Erträge aus der Herabsetzung der Einzelwertberichtigung auf Forderungen
	Zahlungseingänge auf in früheren Perioden abgeschriebene Forderungen	M	2732	Erträge aus abgeschriebenen Forderungen
	§ 7g Abs. 7 EStG	M R	2733 –2734	Buchungssperre

2 Abgrenzungskonten

HGB-Posten nach § 266 u. § 275 HGB	E-Bilanz Taxonomie	SKR03 2021			
		Funktionen		Konto	Beschriftung
Sonstige betriebliche Erträge	Erträge aus der Auflösung von Rückstellungen			2735	Erträge aus der Auflösung von Rückstellungen
	Erträge aus der Herabsetzung von Verbindlichkeiten	V		2736	Erträge aus der Herabsetzung von Verbindlichkeiten
	§ 4g EStG	KU		2737	Erträge aus der Auflösung einer steuerlichen Rücklage nach § 4g EStG
		KU	R	2738 –2739	Buchungssperre
	Sonstige/nicht zuordenbare Erträge aus aus einer Auflösung eines Sonderpostens mit Rücklageanteil	KU		2740	Erträge aus der Auflösung sonstiger steuerlicher Rücklagen
		KU		2741	Erträge aus der Auflösung steuerrechtlicher Sonderabschreibungen
	Versicherungsentschädigungen und Schadensersatzleistungen			2742	Versicherungsentschädigungen und Schadenersatzleistungen
	Zuschüsse und Zulagen			2743	Investitionszuschüsse (steuerpflichtig)
				2744	Investitionszulagen (steuerfrei)
Erträge aus Kapitalherabsetzung	Erträge aus Kapitalherabsetzung			2745	Erträge aus Kapitalherabsetzung
Sonstige betriebliche Erträge	Sonstige/nicht zuordenbare Erträge aus Auflösung eines Sonderpostens mit Rücklageanteil			2746	Steuerfreie Erträge aus der Auflösung von steuerlichen Rücklagen
	Andere sonstige betriebliche Erträge (GKV), nicht zuordenbar			2747	Sonstige steuerfreie Betriebseinnahmen
	Versicherungsentschädigungen und Schadensersatzleistungen			2749	Erstattungen Aufwendungsausgleichsgesetz
Umsatzerlöse	Nebenerlöse aus Vermietung und Verpachtung			2750	Grundstückserträge
		M	AM	2751	Erlöse aus Vermietung und Verpachtung, umsatzsteuerfrei § 4 Nr. 12 UStG
	Nebenerlöse aus Vermietung und Verpachtung	M	AM	2752	Erlöse aus Vermietung und Verpachtung 19 % USt
			R	2753 –2754	Buchungssperre
Sonstige betriebliche Erträge	Erträge aus der Aktivierung unentgeltlich erworbener Vermögensgegenstände			2760	Erträge aus der Aktivierung unentgeltlich erworbener Vermögensgegenstände
	Kostenerstattungen, Rückvergütungen und Gutschriften für frühere Jahre			2762	Kostenerstattungen, Rückvergütungen und Gutschriften für frühere Jahre
	Erträge aus Verwaltungskostenumlagen			2764	Erträge aus Verwaltungskostenumlagen
Erträge aus Verlustübernahme	Erträge aus Verlustübernahme			2790	Erträge aus Verlustübernahme
Auf Grund einer Gewinngemeinschaft, eines Gewinn- oder Teilgewinnabführungsvertrags erhaltene Gewinne	Auf Grund einer Gewinngemeinschaft, eines Gewinnabführungs- o. Teilgewinnabführungsvertrags erhaltene Gewinne (Mutter)			2792	Erhaltene Gewinne auf Grund einer Gewinngemeinschaft
				2794	Erhaltene Gewinne auf Grund eines Gewinn- o. Teilgewinnabführungsvertrags
Entnahmen aus der Kapitalrücklage	Entnahmen aus der Kapitalrücklage			2795	Entnahmen aus der Kapitalrücklage
Entnahmen aus der gesetzlichen Rücklage	Entnahmen aus der gesetzlichen Rücklage			2796	Entnahmen aus der gesetzlichen Rücklage
Entnahmen aus satzungsmäßigen Rücklagen	Entnahmen aus satzungsmäßigen Rücklagen			2797	Entnahmen aus satzungsmäßigen Rücklagen
Entnahmen aus der Rücklage für eigene Anteile	Entnahmen aus der Rücklage für eigene Anteile			2798	Entnahmen aus der Rücklage für aktivierte eigene Anteile
Entnahmen aus anderen Gewinnrücklagen	Entnahmen aus anderen Gewinnrücklagen			2799	Entnahmen aus anderen Gewinnrücklagen
Entnahmen aus der Rücklage für Anteile an einem herrschenden oder mehrheitlich beteiligten Unternehmen	Entnahmen aus der Rücklage für Anteile an einem herrschenden oder mehrheitlich beteiligten Unternehmen			2840	Entnahmen aus der Rücklage für Anteile an einem herrschenden oder mehrheitlich beteiligten Unternehmen
	Rücklage (gesamthänderisch gebunden) Zuführungen/Minderungen lfd. Jahr	KU	F	2841	Entnahmen aus gesamthänderischen Rücklagen (Kapitalkonten)

2 Abgrenzungskonten

HGB-Posten nach § 266 u. § 275 HGB	E-Bilanz Taxonomie	Funktionen	Konto	SKR03 2021 Beschriftung
Entnahmen aus anderen Gewinnrücklagen	Entnahmen aus anderen Gewinnrücklagen		2850	Entnahmen aus anderen Ergebnisrücklagen
Gewinn-/Verlustvortrag	Gewinnvortrag aus dem Vorjahr		**2860**	**Gewinnvortrag nach Verwendung**
		KU F	2865	Gewinnvortrag nach Verwendung (Kapitalkontenentwicklung)
		KU F	2867	Verlustvortrag nach Verwendung (Kapitalkontenentwicklung)
			2868	**Verlustvortrag nach Verwendung**
		R	2869	Buchungssperre
Ausschüttung	Vorabausschüttung/beschlossene Ausschüttung GJ		2870	Vorabausschüttung
				Verrechnete kalkulatorische Kosten
Sonstige betriebliche Aufwendungen	Kalkulatorische Kosten – Keine E-Bilanz Taxonomie		2890	Verrechneter kalkulatorischer Unternehmerlohn
			2891	Verrechnete kalkulatorische Miete und Pacht
			2892	Verrechnete kalkulatorische Zinsen
			2893	Verrechnete kalkulatorische Abschreibung
			2894	Verrechnete kalkulatorische Wagnisse
			2895	Verrechneter kalkulatorischer Lohn für unentgeltliche Mitarbeiter
		R	2900	Buchungssperre

3 Wareneingangs- und Bestandskonten

HGB-Posten nach § 266 u. § 275 HGB	E-Bilanz Taxonomie	Funktionen	Konto	SKR03 2021 Beschriftung
				Materialaufwand
Aufwendungen für Roh-, Hilfs- und Betriebsstoffe und für bezogene Waren	Aufwendungen ohne Zuordnung nach Umsatzsteuertatbeständen	V	3000	Roh-, Hilfs- und Betriebsstoffe
	Aufwendungen zum ermäßigten Steuersatz	V AV	3010 -3019	Einkauf Roh-, Hilfs- und Betriebsstoffe 7 % Vorsteuer
		V R V	3020 -3028	Buchungssperre
	Aufwendungen ohne Vorsteuerabzug	NEU KU	3029	Einkauf Roh-, Hilfs- und Betriebsstoffe ohne Vorsteuerabzug
	Aufwendungen zum Regelsteuersatz	V AV	3030 -3039	Einkauf Roh-, Hilfs- und Betriebsstoffe 19 % Vorsteuer
		V R V	3040 -3059	Buchungssperre
	Innergemeinschaftliche Erwerbe	V AV	3060	Einkauf Roh-, Hilfs- und Betriebsstoffe innergemeinschaftlicher Erwerb 7 % Vorsteuer und 7 % Umsatzsteuer
		V R	3061	Buchungssperre
		V AV	3062 -3063	Einkauf Roh-, Hilfs- und Betriebsstoffe innergemeinschaftlicher Erwerb 19 % Vorsteuer und 19 % Umsatzsteuer
		V R	3064 -3065	Buchungssperre
		V AV	3066	Einkauf Roh-, Hilfs- und Betriebsstoffe innergemeinschaftlicher Erwerb ohne Vorsteuer und 7 % Umsatzsteuer
		V AV	3067	Einkauf Roh-, Hilfs- und Betriebsstoffe innergemeinschaftlicher Erwerb ohne Vorsteuer und 19 % Umsatzsteuer

3 Wareneingangs- und Bestandskonten

HGB-Posten nach § 266 u. § 275 HGB	E-Bilanz Taxonomie	Funktionen		Konto	SKR03 2019 Beschriftung
Aufwendungen für Roh-, Hilfs- und Betriebsstoffe und für bezogene Waren	Innergemeinschaftliche Erwerbe	V	R	3068 –3069	Buchungssperre
	Aufwendungen für Roh- Hilfs- und Betriebsstoffe	V	AV	3070	Einkauf Roh-, Hilfs- und Betriebsstoffe 5,5 % Vorsteuer
		V	AV	3071	Einkauf Roh-, Hilfs- und Betriebsstoffe 10,7 % Vorsteuer
		V	R	3072 –3074	Buchungssperre
	Aufwand zum ermäßigten Steuersatz	V	AV	3075	Einkauf Roh-, Hilfs- und Betriebsstoffe aus einem USt-Lager § 13a UStG 7 % Vorsteuer und 7 % Umsatzsteuer
	Aufwand zum Regelsteuersatz	V	AV	3076	Einkauf Roh-, Hilfs- und Betriebsstoffe aus einem USt-Lager § 13a UStG 19 % Vorsteuer und 19 % Umsatzsteuer
		V	R	3077 –3088	Buchungssperre
	Innergemeinschaftliche Erwerbe	V	AV	3089	Einkauf Roh-, Hilfs- und Betriebsstoffe als letzter Abnehmer innerhalb Dreiecksgeschäft 19 % VSt und 19 % USt
	Aufwendungen ohne Zuordnung nach Umsatzsteuertatbeständen	V		3090	Energiestoffe (Fertigung)
	Aufwand zum ermäßigten Steuersatz	V	AV	3091	Energiestoffe (Fertigung) 7 % Vorsteuer
	Aufwand zum Regelsteuersatz	V	AV	3092	Energiestoffe (Fertigung) 19 % Vorsteuer
		V	R	3093 –3098	Buchungssperre
Aufwendungen für bezogene Leistungen	Übrige Leistungen ohne Zuordnung nach Umsatzsteuertatbeständen	**V**		**3100**	**Fremdleistungen**
	Übrige Leistungen mit Vorsteuerabzug	V	AV	3106	Fremdleistungen 19 % Vorsteuer
		KU	R	3107	Buchungssperre
		V	AV	3108	Fremdleistungen 7 % Vorsteuer
		KU		3109	Fremdleistungen ohne Vorsteuer
					Umsätze, für die als Leistungsempfänger die Steuer nach § 13b Abs. 2 UStG geschuldet wird
Aufwendungen für bezogene Leistungen	Leistungen nach § 13b UStG mit Vorsteuerabzug	V	AV	3110	Bauleistungen eines im Inland ansässigen Unternehmers 7 % VSt und 7 % USt
		V	R	3111 –3112	Buchungssperre
		V	AV	3113	Sonstige Leistungen eines im anderen EU-Land ansässigen Unternehmers 7 % Vorsteuer und 7 % Umsatzsteuer
		V	R	3114	Buchungssperre
		V	AV	3115	Leistungen eines im Ausland ansässigen Unternehmers 7 % VSt und 7 % USt
		V	R	3116 –3119	Buchungssperre
		V	AV	3120 –3121	Bauleistungen eines im Inland ansässigen Unternehmers 19 % VSt und 19 % USt
		V	R	3122	Buchungssperre
		V	AV	3123	Sonstige Leistungen eines im anderen EU-Land ansässigen Unternehmers 19 % Vorsteuer und 19 % Umsatzsteuer
			R	3124	Buchungssperre

3 Wareneingangs- und Bestandskonten

HGB-Posten nach § 266 u. § 275 HGB	E-Bilanz Taxonomie	SKR03 2019 Funktionen			Konto	Beschriftung
Aufwendungen für bezogene Leistungen	Leistungen nach § 13b UStG mit Vorsteuerabzug		V	AV	3125 –3126	Leistungen eines im Ausland ansässigen Unternehmers 19 % VSt und 19 % USt
			V	R	3127 –3129	Buchungssperre
	Leistungen nach § 13b UStG ohne Vorsteuerabzug		V	AV	3130	Bauleistungen eines im Inland ansässigen Unternehmers ohne VSt und 7 % USt
			V	R	3131 –3132	Buchungssperre
			V	AV	3133	Sonstige Leistungen eines im anderen EU-Land ansässigen Unternehmers ohne Vorsteuer und 7 % Umsatzsteuer
			V	R	3134	Buchungssperre
			V	AV	3135	Leistungen eines im Ausland ansässigen Unternehmers ohne VSt und 7 % USt
			V	R	3136 –3139	Buchungssperre
			V	AV	3140 –3141	Bauleistungen eines im Inland ansässigen Unternehmers ohne VSt und 19 % USt
			V	R	3142	Buchungssperre
			V	AV	3143	Sonstige Leistungen eines im anderen EU-Land ansässigen Unternehmers ohne Vorsteuer und 19 % Umsatzsteuer
			V	R	3144	Buchungssperre
			V	AV	3145 –3146	Leistungen eines im Ausland ansässigen Unternehmers ohne VSt und 19 % USt
			V	R	3147 –3149	Buchungssperre
	Leistungen nach § 13b UStG mit Vorsteuerabzug		V	S/AV	3150	Erhaltene Skonti aus Leistungen, für die als Leistungsempfänger die Steuer nach § 13b UStG geschuldet wird
			V	S/AV	3151	Erhaltene Skonti aus Leistungen, für die als Leistungsempfänger die Steuer nach § 13b UStG geschuldet wird 19 % Vorsteuer und 19 % Umsatzsteuer
		NEU	V	S/AV	3152	Erhaltene Skonti aus Leistungen, für die als Leistungsempfänger die Steuer nach § 13b UStG geschuldet wird 16 % Vorsteuer und 16 % Umsatzsteuer
	Leistungen nach § 13b UStG ohne Vorsteuerabzug		V	S/AV	3153	Erhaltene Skonti aus Leistungen, für die als Leistungsempfänger die Steuer nach § 13b UStG geschuldet wird ohne Vorsteuer aber mit Umsatzsteuer
			V	S/AV	3154	Erhaltene Skonti aus Leistungen, für die als Leistungsempfänger die Steuer nach § 13b UStG geschuldet wird ohne Vorsteuer, mit 19 % Umsatzsteuer
		NEU	V	S/AV	3155	Erhaltene Skonti aus Leistungen, für die als Leistungsempfänger die Steuer nach § 13b UStG geschuldet wird ohne Vorsteuer, mit 16 % Umsatzsteuer
			V	R	3156 –3159	Buchungssperre
	Leistungen nach § 13b UStG mit Vorsteuerabzug		V		3160	Leistungen nach § 13b UStG mit Vorsteuerabzug

3 Wareneingangs- und Bestandskonten

HGB-Posten nach § 266 u. § 275 HGB	E-Bilanz Taxonomie	SKR03 2019				
		Funktionen			Konto	Beschriftung
Aufwendungen für bezogene Leistungen	Leistungen nach § 13b UStG ohne Vorsteuerabzug		V		3165	Leistungen nach § 13b UStG ohne Vorsteuerabzug
	Übrige Leistungen ohne Zuordnung nach Umsatzsteuertatbeständen		V		3170	Fremdleistungen (Miet- und Pachtzinsen bewegliche Wirtschaftsgüter)
			V		3175	Fremdleistungen (Miet- und Pachtzinsen unbewegliche Wirtschaftsgüter)
			V		3180	Fremdleistungen (Entgelte für Rechte und Lizenzen)
			V		3185	Fremdleistungen (Vergütungen für die Überlassung von Wirtschaftsgütern – Sonderbetriebseinnahme korrespondierend)
Aufwendungen für Roh-, Hilfs- und Betriebsstoffe und für bezogene Waren	Wareneinkauf ohne Zuordnung nach Umsatzsteuertatbeständen		**V**		**3200**	**Wareneingang**
	Wareneinkauf zum ermäßigten Steuersatz		V	AV	3300 –3309	Wareneingang 7 % Vorsteuer
			V	R	3310 –3346	Buchungssperre
		NEU	V	AV	3347	Wareneingang 7 % Vorsteuer
		NEU	V	AV	3348	Wareneingang 5 % Vorsteuer
	Wareneinkauf ohne Zuordnung nach Umsatzsteuertatbeständen		KU		3349	Wareneingang ohne Vorsteuerabzug
	Wareneinkauf zum Regelsteuersatz		V	AV	3400 –3409	Wareneingang 19 % Vorsteuer
			V	R	3410 –3417	Buchungssperre
		NEU	V	AV	3418	Wareneingang 19 % Vorsteuer
		NEU	V	AV	3419	Wareneingang 16 % Vorsteuer
	Innergemeinschaftliche Erwerbe		V	AV	3420 –3424	Innergemeinschaftlicher Erwerb 7 % Vorsteuer und 7 % Umsatzsteuer
			V	AV	3425 –3429	Innergemeinschaftlicher Erwerb 19 % Vorsteuer und 19 % Umsatzsteuer
			V	AV	3430	Innergemeinschaftlicher Erwerb ohne Vorsteuer und 7 % Umsatzsteuer
			V	R	3431 –3434	Buchungssperre
			V	AV	3435	Innergemeinschaftlicher Erwerb ohne Vorsteuer und 19 % Umsatzsteuer
			V	R	3436 –3439	Buchungssperre
			V	AV	3440	Innergemeinschaftlicher Erwerb von Neufahrzeugen von Lieferanten ohne USt-Id-Nr. 19 % Vorsteuer und 19 % Umsatzsteuer
			V	R	3441 –3449	Buchungssperre
			V	R	3500 –3504	Buchungssperre
	Wareneinkauf ohne Zuordnung nach Umsatzsteuertatbeständen		V	AV	3505 –3509	Wareneingang 5,5 % Vorsteuer
			V	R	3510 –3539	Buchungssperre
			V	AV	3540 –3549	Wareneingang zum Durchschnittssatz nach § 24 USTG (10,7 % Vorsteuer)
	Innergemeinschaftliche Erwerbe		V	AV	3550	Steuerfreier innergemeinschaftlicher Erwerb

3 Wareneingangs- und Bestandskonten

HGB-Posten nach § 266 u. § 275 HGB	E-Bilanz Taxonomie	SKR03 2019			
		Funktionen		Konto	Beschriftung
Aufwendungen für Roh-, Hilfs- und Betriebsstoffe und für bezogene Waren	Wareneinkauf ohne Zuordnung	V		3551	Wareneingang, im Drittland steuerbar
	Innergemeinschaftliche Erwerbe	V		3552	Erwerb 1. Abnehmer innerhalb eines Dreiecksgeschäftes
		V	AV	3553	Erwerb Waren als letzter Abnehmer innerhalb Dreiecksgeschäft 19 % Vorsteuer und 19 % Umsatzsteuer
		V	R	3554 –3557	Buchungssperre
	Wareneinkauf ohne Zuordnung nach Umsatzsteuertatbeständen	V		3558	Wareneingang im anderen EU-Land steuerbar
		V		3559	Steuerfreie Einfuhren
	Wareneinkauf zum ermäßigten Steuersatz	V	AV	3560	Waren aus einem Umsatzsteuerlager, § 13a UStG 7 % VSt und 7 % USt
		V	R	3561 –3564	Buchungssperre
	Wareneinkauf zum Regelsteuersatz	V	AV	3565	Waren aus einem Umsatzsteuerlager, § 13a UStG 19 % VSt und 19 % USt
		V	R	3566 –3569	Buchungssperre
	Aufzulösender Auffangposten: Aufwendungen für Roh-, Hilfs- und Betriebsstoffe und für bezogene Waren			3600 –3609	Nicht abziehbare Vorsteuer
				3610 –3619	Nicht abziehbare Vorsteuer 7 %
			R	3620 –3629	Buchungssperre
			R	3650 –3659	Buchungssperre
				3660 –3669	Nicht abziehbare Vorsteuer 19 %
	Wareneinkauf ohne Zuordnung nach Umsatzsteuertatbeständen	V		3700	Nachlässe
		V		3701	Nachlässe aus Einkauf Roh-, Hilfs- und Betriebsstoffe
	Wareneinkauf zum ermäßigten Steuersatz	V	AV	3710 –3711	Nachlässe 7 % Vorsteuer
		V	R	3712 –3713	Buchungssperre
	Aufwand zum ermäßigten Steuersatz	V	AV	3714	Nachlässe aus Einkauf Roh-, Hilfs- und Betriebsstoffe 7 % Vorsteuer
	Aufwand zum Regelsteuersatz	V	AV	3715	Nachlässe aus Einkauf Roh-, Hilfs- und Betriebsstoffe 19 % Vorsteuer
		V	R	3716	Buchungssperre
	Innergemeinschaftliche Erwerbe	V	AV	3717	Nachlässe aus Einkauf Roh-, Hilfs- und Betriebsstoffe, innergemeinschaftlicher Erwerb 7 % VSt und 7 % USt
		V	AV	3718	Nachlässe aus Einkauf Roh-, Hilfs- und Betriebsstoffe, innergemeinschaftlicher Erwerb 19 % VSt und 19 % USt
		V	R	3719	Buchungssperre
	Wareneinkauf zum Regelsteuersatz	V	AV	3720 –3721	Nachlässe 19 % Vorsteuer
	Wareneinkauf ohne Zuordnung nach Umsatzsteuertatbeständen	V	R	3722 –3723	Buchungssperre
	Innergemeinschaftliche Erwerbe	V	AV	3724	Nachlässe aus innergemeinschaftlichem Erwerb 7 % VSt und 7 %USt

3 Wareneingangs- und Bestandskonten

HGB-Posten nach § 266 u. § 275 HGB	E-Bilanz Taxonomie	SKR03 2019 Funktionen			Konto	Beschriftung
Aufwendungen für Roh-, Hilfs- und Betriebsstoffe und für bezogene Waren	Innergemeinschaftliche Erwerbe		V	AV	3725	Nachlässe aus innergemeinschaftlichem Erwerb 19 % VSt und 19 %USt
			V	R	3726 –3729	Buchungssperre
	Wareneinkauf ohne Zuordnung nach Umsatzsteuertatbeständen		V	S/AV	3730	Erhaltene Skonti
	Wareneinkauf zum ermäßigten Steuersatz		V	S/AV	3731	Erhaltene Skonti 7 % Vorsteuer
		NEU	V	S/AV	3732	Erhaltene Skonti 5 % Vorsteuer
	Aufwendungen ohne Zuordnung nach Umsatzsteuertatbeständen		V	S/AV	3733	Erhaltene Skonti aus Einkauf Roh-, Hilfs- und Betriebsstoffe
	Aufwand zum ermäßigten Steuersatz		V	S/AV	3734	Erhaltene Skonti aus Einkauf Roh-, Hilfs- und Betriebsstoffe 7 % Vorsteuer
		NEU	V	S/AV	3735	Erhaltene Skonti aus Einkauf Roh-, Hilfs- und Betriebsstoffe 5 % Vorsteuer
	Wareneinkauf zum Regelsteuersatz		V	S/AV	3736	Erhaltene Skonti 19 % Vorsteuer
		NEU	V	S/AV	3737	Erhaltene Skonti 16 % Vorsteuer
	Aufwand zum Regelsteuersatz		V	S/AV	3738	Erhaltene Skonti aus Einkauf Roh-, Hilfs- und Betriebsstoffe 19 % Vorsteuer
		NEU	V	S/AV	3739	Erhaltene Skonti aus Einkauf Roh-, Hilfs- und Betriebsstoffe 16 % Vorsteuer
	Innergemeinschaftliche Erwerbe	NEU	V	S/AV	3740	Erhaltene Skonti aus Einkauf Roh-, Hilfs- und Betriebsstoffe aus steuerpflichtigem innergemeinschaftlichem Erwerb 16 % Vorsteuer und 19 % Umsatzsteuer
			V	S/AV	3741	Erhaltene Skonti aus Einkauf Roh-, Hilfs- und Betriebsstoffe aus steuerpflichtigem innergemeinschaftlichem Erwerb 19 % Vorsteuer und 19 % Umsatzsteuer
		NEU	V	S/AV	3742	Erhaltene Skonti aus Einkauf Roh-, Hilfs- und Betriebsstoffe aus steuerpflichtigem innergemeinschaftlichem Erwerb 5 % Vorsteuer und 5 % Umsatzsteuer
			V	S/AV	3743	Erhaltene Skonti aus Einkauf Roh-, Hilfs- und Betriebsstoffe aus steuerpflichtigem innergemeinschaftlichem Erwerb 7 % Vorsteuer und 7 % Umsatzsteuer
			V	S/AV	3744	Erhaltene Skonti aus Einkauf Roh-, Hilfs- und Betriebsstoffe aus steuerpflichtigem innergemeinschaftlichem Erwerb
			V	S/AV	3745	Erhaltene Skonti aus steuerpflichtigem innergemeinschaftlichem Erwerb
			V	S/AV	3746	Erhaltene Skonti aus steuerpflichtigem innergemeinschaftlichem Erwerb 7 % Vorsteuer und 7 % Umsatzsteuer
		NEU	V	S/AV	3747	Erhaltene Skonti aus steuerpflichtigem innergemeinschaftlichem Erwerb 5 % Vorsteuer und 5 % Umsatzsteuer
			V	S/AV	3748	Erhaltene Skonti aus steuerpflichtigem innergemeinschaftlichem Erwerb 19 % Vorsteuer und 19 % Umsatzsteuer
		NEU	V	S/AV	3749	Erhaltene Skonti aus steuerpflichtigem innergemeinschaftlichem Erwerb 16 % Vorsteuer und 16 % Umsatzsteuer

3 Wareneingangs- und Bestandskonten

HGB-Posten nach § 266 u. § 275 HGB	E-Bilanz Taxonomie	SKR03 2019			
		Funktionen		Konto	Beschriftung
Aufwendungen für Roh-, Hilfs- und Betriebsstoffe und für bezogene Waren	Wareneinkauf zum ermäßigten Steuersatz	V	AV	3750 –3751	Erhaltene Boni 7 % Vorsteuer
		V	R	3752	Buchungssperre
	Aufwendungen ohne Zuordnung nach Umsatzsteuertatbeständen	V		3753	Erhaltene Boni aus Einkauf Roh-, Hilfs- und Betriebsstoffe
	Aufwand zum ermäßigten Steuersatz	V	AV	3754	Erhaltene Boni aus Einkauf Roh-, Hilfs- und Betriebsstoffe 7 % Vorsteuer
	Aufwand zum Regelsteuersatz	V	AV	3755	Erhaltene Boni aus Einkauf Roh-, Hilfs- und Betriebsstoffe 19 % Vorsteuer
		V	R	3756 –3759	Buchungssperre
	Wareneinkauf zum Regelsteuersatz	V	AV	3760 –3761	Erhaltene Boni 19 % Vorsteuer
		V	R	3762 –3768	Buchungssperre
		V		3769	Erhaltene Boni
		V		3770	Erhaltene Rabatte
	Wareneinkauf zum ermäßigten Steuersatz	V	AV	3780 –3781	Erhaltene Rabatte 7 % Vorsteuer
		V	R	3782	Buchungssperre
	Aufwendungen ohne Zuordnung nach Umsatzsteuertatbeständen			3783	Erhaltene Rabatte aus Einkauf Roh-, Hilfs- und Betriebsstoffe
	Aufwand zum ermäßigten Steuersatz	V	AV	3784	Erhaltene Rabatte aus Einkauf Roh-, Hilfs- und Betriebsstoffe 7 % Vorsteuer
	Aufwand zum Regelsteuersatz	V	AV	3785	Erhaltene Rabatte aus Einkauf Roh-, Hilfs- und Betriebsstoffe 19 % Vorsteuer
		V	R	3786 –3787	Buchungssperre
	Aufwand zum ermäßigten Steuersatz	V	S/AV	3788	Erhaltene Skonti aus Einkauf Roh-, Hilfs- und Betriebsstoffe 10,7 % Vorsteuer
		V	R	3789	Buchungssperre
	Aufwand zum Regelsteuersatz	V	AV	3790 –3791	Erhaltene Rabatte 19 % Vorsteuer
	Innergemeinschaftliche Erwerbe	V	AV	3792	Erhaltene Skonti aus Erwerb Roh-, Hilfs- und Betriebsstoffe als letzter Abnehmer innerhalb Dreiecksgeschäft 19 % Vorsteuer und 19 % Umsatzsteuer
		V	AV	3793	Erhaltene Skonti aus Erwerb Waren als letzter Abnehmer innerhalb Dreiecksgeschäft 19 % VSt und 19 % USt
	Aufwand zum ermäßigten Steuersatz	V	S/AV	3794	Erhaltene Skonti 5,5 % Vorsteuer
			R	3795	Buchungssperre
		V	S/AV	3796	Erhaltene Skonti 10,7 % Vorsteuer
		V	R	3797	Buchungssperre
		V	S/AV	3798	Erhaltene Skonti aus Einkauf Roh-, Hilfs- und Betriebsstoffe 5,5 % Vorsteuer
		V	R	3799	Buchungssperre
	Anschaffungsnebenkosten	V		3800	Bezugsnebenkosten
		V		3830	Leergut
		V		3850	Zölle und Einfuhrabgaben
	Bestandsveränderungen	KU		3950 –3954	Bestandsveränderungen Waren
		KU		3955 –3959	Bestandsveränderungen Roh-, Hilfs- und Betriebsstoffe

3 Wareneingangs- und Bestandskonten				
HGB-Posten nach § 266 u. § 275 HGB	**E-Bilanz Taxonomie**	**SKR03 2019**		
		Funktionen	**Konto**	**Beschriftung**
Aufwendungen für Roh-, Hilfs- und Betriebsstoffe und für bezogene Waren	Aufzulösender Auffangposten: Aufwendungen für Roh-, Hilfs- und Betriebsstoffe und für bezogene Waren	KU	3960 –3969	Bestandsveränderungen Roh-, Hilfs- und Betriebsstoffe sowie bezogene Waren
				Bestand an Vorräten
Roh-, Hilfs- und Betriebsstoffe	Roh-, Hilfs- und Betriebsstoffe	KU	3970 –3979	Roh-, Hilfs- und Betriebsstoffe (Bestand)
Fertige Erzeugnisse und Waren	Fertige Erzeugnisse und Waren	KU	3980 –3989	Bestand Waren (Bestand)
				Verrechnete Stoffkosten
Aufwendungen für Roh-, Hilfs- und Betriebsstoffe und für bezogene Waren	Wareneinkauf ohne Zuordnung nach Umsatzsteuertatbeständen	KU	3990 –3999	Verrechnete Stoffkosten (Gegenkonto zu 4000–99)
4 Betriebliche Aufwendungen				
				Material- und Stoffverbrauch
Aufwendungen für Roh-, Hilfs- und Betriebsstoffe und für bezogene Waren	Wareneinkauf ohne Zuordnung nach Umsatzsteuertatbeständen	V	4000 –4099	Material- und Stoffverbrauch
				Personalaufwendungen
Löhne und Gehälter	Übrige Löhne und Gehälter		4100	Löhne und Gehälter
			4110	Löhne
			4120	Gehälter
	Vergütungen an Gesellschafter-Geschäftsführer		4124	Geschäftsführergehälter der GmbH-Gesellschafter
	Übrige Löhne und Gehälter		4125	Ehegattengehalt
	Vergütungen an Gesellschafter-Geschäftsführer		4126	Tantiemen Gesellschafter-Geschäftsführer
	Übrige Löhne und Gehälter		4127	Geschäftsführergehälter
	Vergütungen an angestellte Mitunternehmer § 15 EStG		4128	Vergütungen an angestellte Mitunternehmer § 15 EStG
	Übrige Löhne und Gehälter		4129	Tantiemen Arbeitnehmer
Soziale Abgaben und Aufwendungen für Altersversorgung und Unterstützung	Soziale Abgaben		4130	Gesetzliche Sozialaufwendungen
	Davon soziale Abgaben für angestellte Mitunternehmer § 15 EStG		4137	Gesetzliche Sozialaufwendungen für Mitunternehmer § 15 EStG
			4138	Beiträge zur Berufsgenossenschaft
Sonstige betriebliche Aufwendungen	Versicherungsprämien, Gebühren und Beiträge		4139	Ausgleichsabgabe i. S. d. Schwerbehindertengesetzes
Soziale Abgaben und Aufwendungen für Altersversorgung und Unterstützung	Soziale Abgaben		4140	Freiwillige soziale Aufwendungen, lohnsteuerfrei
			4141	Sonstige soziale Abgaben
			4144	Soziale Abgaben für Minijobber
Löhne und Gehälter	Übrige Löhne und Gehälter		4145	Freiwillige soziale Aufwendungen, lohnsteuerpflichtig
	Löhne für Minijobs		4146	Freiwillige Zuwendungen an Minijobber
	Vergütungen an Gesellschafter-Geschäftsführer		4147	Freiwillige Zuwendungen an Gesellschafter-Geschäftsführer
	Vergütungen an angestellte Mitunternehmer § 15 EStG		4148	Freiwillige Zuwendungen an angestellte Mitunternehmer § 15 EStG
	Übrige Löhne und Gehälter		4149	Pauschale Steuer auf sonstige Bezüge (z. B. Fahrtkostenzuschüsse)
			4150	Krankengeldzuschüsse

4 Betriebliche Aufwendungen

HGB-Posten nach § 266 u. § 275 HGB	E-Bilanz Taxonomie	Funktionen	Konto	SKR03 2021 Beschriftung
Löhne und Gehälter	Löhne für Minijobs		4151	Sachzuwendungen und Dienstleistungen an Minijobber
	Übrige Löhne und Gehälter		4152	Sachzuwendungen und Dienstleistungen an Arbeitnehmer
			4153	Sachzuwendungen und Dienstleistungen Gesellschafter-Geschäftsführer
	Vergütungen an Gesellschafter-Geschäftsführer		4154	Sachzuwendungen und Dienstleistungen an angestellte Mitunternehmer § 15 EStG
	Übrige Löhne und Gehälter		4155	Zuschüsse der Agenturen für Arbeit (Haben)
			4156	Aufwendungen für Urlaubsrückstellungen
	Vergütungen an Gesellschafter-Geschäftsführer		4157	Aufwendungen für Urlaubsrückstellungen an Gesellschafter-Geschäftsführer
	Vergütungen an angestellte Mitunternehmer § 15 EStG		4158	Aufwendungen für Urlaubsrückstellungen an angestellte Mitunternehmer § 15 EStG
	Löhne für Minijobs		4159	Aufwendungen für Urlaubsrückstellungen an Minijobber
Soziale Abgaben und Aufwendungen für Altersversorgung und Unterstützung	Aufwendungen für Altersversorgung		4160	Versorgungskassen
			4165	Aufwendungen für Altersversorgung
			4166	Aufwendungen für Altersversorgung für Gesellschafter-Geschäftsführer
			4167	Pauschale Steuer auf sonstige Bezüge (z. B. Direktversicherungen)
			4168	Aufwendungen für Altersversorgung für Mitunternehmer § 15 EStG
	Aufwendungen für Unterstützung		4169	Aufwendungen für Unterstützung
Löhne und Gehälter	Übrige Löhne und Gehälter		4170	Vermögenswirksame Leistungen
			4175	Fahrtkostenerstattung – Wohnung/Arbeitsstätte
			4180	Bedienungsgelder
			4190	Aushilfslöhne
	Löhne für Minijobs		4194	Pauschale Steuern für Minijobber
			4195	Löhne für Minijobs
	Vergütungen an Gesellschafter-Geschäftsführer		4196	Pauschale Steuern für Gesellschafter-Geschäftsführer
	Vergütungen an angestellte Mitunternehmer § 15 EStG		4197	Pauschale Steuern für angestellte Mitunternehmer § 15 EStG
	Übrige Löhne und Gehälter		4198	Pauschale Steuern und Abgaben für Arbeitnehmer
			4199	Pauschale Steuer für Aushilfen
				Sonstige betriebliche Aufwendungen und Abschreibungen
Sonstige betriebliche Aufwendungen	Andere ordentliche sonstige betriebliche Aufwendungen	V	4200	Raumkosten
	Übrige/nicht zuordenbare Miete und Pacht für unbewegliche Wirtschaftsgüter	V	4210	Miete (unbewegliche Wirtschaftsgüter)
		V	4211	Aufwendungen für gemietete oder gepachtete unbewegliche Wirtschaftsgüter, die gewerbesteuerl. hinzuzurechnen sind
		V	4212	Miete/Aufwendungen für doppelte Haushaltsführung Unternehmer
	Übrige Leasingaufwendungen	V	4215	Leasing (unbewegliche Wirtschaftsgüter)

4 Betriebliche Aufwendungen

HGB-Posten nach § 266 u. § 275 HGB	E-Bilanz Taxonomie	SKR03 2021 Funktionen	Konto	Beschriftung
Sonstige betriebliche Aufwendungen	Miete und Pacht für unbewegliche Wirtschaftsgüter an Mitunternehmer	V	4219	Vergütungen an Mitunternehmer für die mietweise Überlassung ihrer unbeweglichen Wirtschaftsgüter § 15 EStG
	Übrige/nicht zuordenbare Miete und Pacht für unbewegliche Wirtschaftsgüter	V	4220	Pacht (unbewegliche Wirtschaftsgüter)
	Miete und Pacht für unbewegliche Wirtschaftsgüter an Mitunternehmer	V	4222	Vergütungen an Gesellschafter für die mietweise Überlassung ihrer unbeweglichen Wirtschaftsgüter
	Übrige/nicht zuordenbare Miete und Pacht für unbewegliche Wirtschaftsgüter	V	4228	Miet- und Pachtnebenkosten (gewerbesteuerlich nicht zu berücksichtigen)
	Miete und Pacht für unbewegliche Wirtschaftsgüter an Mitunternehmer	V	4229	Vergütungen an Mitunternehmer für die pachtweise Überlassung ihrer unbeweglichen Wirtschaftsgüter § 15 EStG
	Aufwendungen für Energie	V	4230	Heizung
		V	4240	Gas, Strom, Wasser
	Andere ordentliche sonstige betriebliche Aufwendungen	V	4250	Reinigung
	Aufwand für Fremdreparaturen u. Instandhaltung für Grundstücke und Gebäude	V	4260	Instandhaltung betrieblicher Räume
	Andere ordentliche sonstige betriebliche Aufwendungen	V	4270	Abgaben für betrieblich genutzten Grundbesitz
		V	4280	Sonstige Raumkosten
	Sonstige beschränkt abziehbare Betriebsausgaben	V	4288	Aufwendungen für ein häusliches Arbeitszimmer (abziehbarer Anteil)
		V	4289	Aufwendungen für ein häusliches Arbeitszimmer (nicht abziehbarer Anteil)
	Aufwand für Fremdreparaturen u. Instandhaltung für Grundstücke und Gebäude	V	4290	Grundstücksaufwendungen betrieblich
	Sonstige Steuern, soweit in den sonstigen Aufwendungen ausgewiesen		4300	Nicht abziehbare Vorsteuer
			4301	Nicht abziehbare Vorsteuer 7 %
		R	4304 –4305	Buchungssperre
			4306	Nicht abziehbare Vorsteuer 19 %
Steuern vom Einkommen und Ertrag	Steuern vom Einkommen und Ertrag		4320	Gewerbesteuer
Sonstige Steuern	Sonstige Steuern		4340	Sonstige Betriebssteuern
			4350	Verbrauchsteuer
			4355	Ökosteuer
Sonstige betriebliche Aufwendungen	Versicherungsprämien, Gebühren und Beiträge		4360	Versicherungen
			4366	Versicherung für Gebäude
			4370	Netto-Prämie für Rückdeckung künftiger Versorgungsleistungen
			4380	Beiträge
			4390	Sonstige Abgaben
	Sonstige beschränkt abziehbare Betriebsausgaben		4396	Steuerlich abzugsfähige Verspätungszuschläge und Zwangsgelder
			4397	Steuerlich nicht abzugsfähige Verspätungszuschläge und Zwangsgelder
	Andere ordentliche sonstige betriebliche Aufwendungen	V	4400 –4499	(zur freien Verfügung)
	Aufwendungen für den Fuhrpark	V	4500	Fahrzeugkosten
Sonstige Steuern	Sonstige Steuern	KU	4510	Kfz-Steuern
Sonstige betriebliche Aufwendungen	Aufwendungen für den Fuhrpark	V	4520	Kfz-Versicherungen
		V	4530	Laufende Kfz-Betriebskosten
		V	4540	Kfz-Reparaturen

4 Betriebliche Aufwendungen

HGB-Posten nach § 266 u. § 275 HGB	E-Bilanz Taxonomie	SKR03 2021 Funktionen		Konto	Beschriftung
Sonstige betriebliche Aufwendungen	Aufwendungen für den Fuhrpark	V		4550	Garagenmieten
		V		4560	Mautgebühren
	Leasing für bewegliche Wirtschaftsgüter	V		4570	Mietleasing Kfz
		V		4575	Mietleasingaufwendungen für Elektrofahrzeuge, die gewerbesteuerlich hinzuzurechnen sind
	Aufwendungen für den Fuhrpark	V		4580	Sonstige Kfz-Kosten
		V		4590	Kfz-Kosten für betrieblich genutzte zum Privatvermögen gehörende Kraftfahrzeuge
		V		4595	Fremdfahrzeugkosten
	Werbeaufwand	V		4600	Werbekosten
		V		4605	Streuartikel
	Geschenke abziehbar	V		4630	Geschenke abzugsfähig ohne § 37b EStG
		V		4631	Geschenke abzugsfähig mit § 37b EStG
		V		4632	Pauschale Steuern für Geschenke und Zugaben abzugsfähig
	Geschenke nicht abziehbar	V		4635	Geschenke nicht abzugsfähig ohne § 37b EStG
		V		4636	Geschenke nicht abzugsfähig mit § 37b EStG
		V		4637	Pauschale Steuern für Geschenke und Zugaben nicht abzugsfähig
	Geschenke abziehbar	V		4638	Geschenke ausschließlich betrieblich genutzt
	Werbeaufwand	V		4639	Zugaben mit § 37b EStG
	Andere ordentliche sonstige betriebliche Aufwendungen	V		4640	Repräsentationskosten
	Bewirtungskosten (gesamt)	V		4650	Bewirtungskosten
	Sonstige beschränkt abziehbare Betriebsausgaben	V		4651	Sonstige eingeschränkt abziehbare Betriebsausgaben (abziehbarer Anteil)
		V		4652	Sonstige eingeschränkt abziehbare Betriebsausgaben (nicht abziehbarer Anteil)
	Werbeaufwand	V		4653	Aufmerksamkeiten
	Bewirtungskosten (gesamt)	V		4654	Nicht abzugsfähige Bewirtungskosten
	Sonstige beschränkt abziehbare Betriebsausgaben	V		4655	Nicht abzugsfähige Betriebsausgaben aus Werbe- und Repräsentationskosten
	Reisekosten Arbeitnehmer	V		4660	Reisekosten Arbeitnehmer
		V		4663	Reisekosten Arbeitnehmer Fahrtkosten
		V		4664	Reisekosten Arbeitnehmer Verpflegungsmehraufwand
		V		4666	Reisekosten Arbeitnehmer Übernachtungsmehraufwand
		V	R	4667	Buchungssperre
		V		4668	Kilometergelderstattung Arbeitnehmer
	Reisekosten Unternehmer	V		4670	Reisekosten Unternehmer
		V		4672	Reisekosten Unternehmer (nicht abziehbarer Anteil)
		V		4673	Reisekosten Unternehmer Fahrtkosten
		V		4674	Reisekosten Unternehmer Verpflegungsmehraufwand
		V	R	4675	Buchungssperre
		V		4676	Reisekosten Unternehmer Übernachtungsmehraufwand und Reisenebenkosten

4 Betriebliche Aufwendungen

HGB-Posten nach § 266 u. § 275 HGB	E-Bilanz Taxonomie	SKR03 2021 Funktionen	Konto	Beschriftung
Sonstige betriebliche Aufwendungen	Reisekosten Unternehmer	V R	4677	Buchungssperre
	Sonstige beschränkt abziehbare Betriebsausgaben	V	4678	Fahrten zwischen Wohnung und Betriebsstätte und Familienheimfahrten (abziehbarer Anteil)
		V	4679	Fahrten zwischen Wohnung und Betriebsstätte und Familienheimfahrten (nicht abziehbarer Anteil)
		V	4680	Fahrten zwischen Wohnung und Betriebsstätte und Familienheimfahrten (Haben)
		V	4681	Verpflegungsmehraufwendungen im Rahmen der doppelten Haushaltsführung Unternehmer
		V R	4685	Buchungssperre
	Frachten/Verpackung	V	4700	Kosten Warenabgabe
		V	4710	Verpackungsmaterial
		V	4730	Ausgangsfrachten
		V	4750	Transportversicherungen
	Provisionen	V	4760	Verkaufsprovisionen
	Andere ordentliche sonstige betriebliche Aufwendungen	V	4780	Fremdarbeiten (Vertrieb)
		V	4790	Aufwand für Gewährleistungen
	Aufwand für Fremdreparaturen u. Instandhaltung (ohne Grundstücke)	V	4800	Reparaturen und Instandhaltungen von technischen Anlagen und Maschinen
	Aufwand für Fremdreparaturen u. Instandhaltung für Grundstücke und Gebäude	V	4801	Reparaturen und Instandhaltung von Bauten
	Aufwand für Fremdreparaturen u. Instandhaltung (ohne Grundstücke)	V	4805	Reparaturen und Instandhaltung von anderen Anlagen und Betriebs- und Geschäftsausstattung
		V	4806	Wartungskosten für Hard- und Software
	Zuführungen zu Aufwandsrückstellungen	V	4808	Zuführung zu Aufwandsrückstellungen
	Aufwand für Fremdreparaturen u. Instandhaltung (ohne Grundstücke)	V	4809	Sonstige Reparaturen und Instandhaltungen
	Leasing für bewegliche Wirtschaftsgüter	V	4810	Mietleasing bewegliche Wirtschaftsgüter für Betriebs- und Geschäftsausstattung
Abschreibungen auf immaterielle Vermögensgegenstände des Anlagevermögens und Sachanlagen	Abschreibungen auf Sachanlagen	V	4815	Kaufleasing
		R	4820	Buchungssperre
	Auf andere immaterielle Vermögensgegenstände		4822	Abschreibungen auf immaterielle Vermögensgegenstände
			4823	Abschreibungen auf selbst geschaffene immaterielle Vermögensgegenstände
	Auf Geschäfts-, Firmen- oder Praxiswert		4824	Abschreibungen auf den Geschäfts- oder Firmenwert
	Außerplanmäßige Abschreibungen auf Geschäfts-, Firmen- oder Praxiswert		4825	Außerplanmäßige Abschreibungen auf den Geschäfts- oder Firmenwert
			4826	Außerplanmäßige Abschreibungen auf immaterielle Vermögensgegenstände
	Außerplanmäßige Abschreibungen auf andere immaterielle Vermögensgegenstände		4827	Außerplanmäßige Abschreibungen auf selbst geschaffene immaterielle VermG
	Außerplanmäßige Abschreibungen auf Sachanlagen		4830	Abschreibungen auf Sachanlagen (ohne AfA auf Kfz und Gebäude)
			4831	Abschreibungen auf Gebäude
			4832	Abschreibungen auf Kfz

4 Betriebliche Aufwendungen

HGB-Posten nach § 266 u. § 275 HGB	E-Bilanz Taxonomie	SKR03 2021 Funktionen	Konto	Beschriftung
Abschreibungen auf immaterielle Vermögensgegenstände des Anlagevermögens und Sachanlagen	Außerplanmäßige Abschreibungen auf Sachanlagen		4833	Abschreibungen auf Gebäudeanteil des häuslichen Arbeitszimmers
			4840	Außerplanmäßige Abschreibungen auf Sachanlagen
			4841	Absetzung für außergewöhnliche techn. und wirtschaftl. Abnutzung der Gebäude
			4842	Absetzung für außergewöhnliche techn. und wirtschaftl. Abnutzung des Kfz
			4843	Absetzung für außergewöhnliche techn. und wirtschaftl. Abnutzung sonstiger Wirtschaftsgüter
	Sonderabschreibungen		4850	Abschreibungen auf Sachanlagen auf Grund steuerlicher Sondervorschriften
			4851	Sonderabschreibungen nach § 7g Abs. 5 EStG (ohne Kfz)
			4852	Sonderabschreibungen nach § 7g Abs. 5 EStG (für Kfz)
			4853	Kürzung der Anschaffungs- oder Herstellungskosten gemäß § 7g Abs. 2 EStG (ohne Kfz)
			4854	Kürzung der Anschaffungs- oder Herstellungskosten gemäß § 7g Abs. 2 EStG (für Kfz)
	Auf Sachanlagen		4855	Sofortabschreibung geringwertiger Wirtschaftsgüter
			4856	Sonderabschreibungen nach § 7b EStG (Mietwohnungsneubau)
	Abzugsbetrag nach § 6b Abs. 3 EStG	NEU	4859	Abzugsbetrag nach §6b EStG
	Auf Sachanlagen		4860	Abschreibungen auf aktivierte, geringwertige Wirtschaftsgüter
			4862	Abschreibungen auf den Sammelposten geringwertige Wirtschaftsgüter
	Außerplanmäßige Abschreibungen auf Sachanlagen		4865	Außerplanmäßige Abschreibungen auf aktivierte, geringwertige Wirtschaftsgüter
Abschreibungen auf Finanzanlagen und auf Wertpapiere des Umlaufvermögens	Außerplanmäßige Abschreibungen auf Finanzanlagen		4866	Abschreibungen auf Finanzanlagen (nicht dauerhaft)
	Abschreibungen auf Finanzanlagen		4870	Abschreibungen auf Finanzanlagen (dauerhaft)
			4871	Abschreibungen auf Finanzanlagen § 3 Nr. 40 EStG/§ 8b Abs. 3 KStG (inländ. Kap.Ges) (dauerhaft)
	Aufwendungen aufgrund von Verlustanteilen an Mitunternehmerschaften		4872	Aufwendungen auf Grund von Verlustanteilen an gewerblichen und selbständigen Mitunternehmerschaften, § 8 GewStG bzw. § 18 EStG
	Abschreibungen auf Finanzanlagen		4873	Abschreibungen auf Finanzanlagen auf Grund § 6b EStG-Rücklage, § 3 Nr. 40 EStG/§ 8b Abs. 3 KStG (inländische Kap.Ges.)
			4874	Abschreibungen auf Finanzanlagen auf Grund § 6b EStG-Rücklage
	Übliche und unübliche Abschreibungen auf Wertpapiere des Umlaufvermögens		4875	Abschreibungen auf Wertpapieren des Umlaufvermögens

4 Betriebliche Aufwendungen				
HGB-Posten nach § 266 u. § 275 HGB	**E-Bilanz Taxonomie**	**SKR03 2021**		
		Funktionen	**Konto**	**Beschriftung**
Abschreibungen auf Finanzanlagen und auf Wertpapiere des Umlaufvermögens	Übliche und unübliche Abschreibungen auf Wertpapiere des Umlaufvermögens		4876	Abschreibungen auf Wertpapiere des Umlaufvermögens § 3 Nr. 40 EStG/ § 8b Abs. 3KStG (inländ. Kap.Ges.)
	Abschreibungen auf Finanzanlagen		4877	Abschreibungen auf Finanzanlagen – verbundene Unternehmen
	Übliche und unübliche Abschreibungen auf Wertpapiere des Umlaufvermögens		4878	Abschreibungen auf Wertpapiere des Umlaufvermögens – verbundene Unternehmen
		R	4879	Buchungssperre
Abschreibung auf Vermögensgegenstände des Umlaufvermögens, soweit diese die üblichen Abschreibungen überschreiten	Abschreibungen auf Forderungen und sonstige Vermögensgegenstände		4880	Abschreibungen auf sonstige Vermögensgegenstände des Umlaufvermögens (soweit unübliche Höhe)
			4882	Abschreibungen auf Umlaufvermögen, steuerrechtlich bedingt (soweit unübliche Höhe)
		R	4885	Buchungssperre
Sonstige betriebliche Aufwendungen	Übliche Abschreibungen auf Forderungen		4886	Abschreibungen auf Umlaufvermögen außer Vorräte und Wertpapiere des Umlaufvermögens (übliche Höhe)
			4887	Abschreibungen auf Umlaufvermögen außer Vorräte und Wertpapiere des Umlaufvermögens steuerrechtlich bedingt (übliche Höhe)
		R	4890	Buchungssperre
Abschreibung auf Vermögensgegenstände des Umlaufvermögens, soweit diese die üblichen Abschreibungen überschreiten	Abschreibungen auf Vorräte		4892	Abschreibungen auf Roh-, Hilfs- und Betriebsstoffe/Waren (soweit unübliche Höhe)
			4893	Abschreibungen auf fertige und unfertige Erzeugnisse (soweit unübliche Höhe)
Sonstige betriebliche Aufwendungen	Andere ordentliche sonstige betriebliche Aufwendungen	V	4900	Sonstige betriebliche Aufwendungen
		V	4902	Interimskonto für Aufwendungen in einem anderen Land, bei denen eine Vorsteuervergütung möglich ist
		V	4905	Sonstige Aufwendungen betrieblich und regelmäßig
		V	4909	Fremdleistungen/Fremdarbeiten
	Aufwendungen für Kommunikation	V	4910	Porto
		V	4920	Telefon
		V	4925	Telefax und Internetkosten
	Andere ordentliche sonstige betriebliche Aufwendungen	V	4930	Bürobedarf
	Fortbildungskosten	V	4940	Zeitschriften, Bücher (Fachliteratur)
		V	4945	Fortbildungskosten
	Sonstige Aufwendungen für Personal	V	4946	Freiwillige Sozialleistungen
	Andere ordentliche sonstige betriebliche Aufwendungen	V	4948	Vergütungen a. Mitunternehmer § 15 EStG
	Haftungsvergütung an Mitunternehmer § 15 EStG	V	4949	Haftungsvergütung an Mitunternehmer § 15 EStG
	Rechts- und Beratungskosten	V	4950	Rechts- und Beratungskosten
		V	4955	Buchführungskosten
		V	4957	Abschluss- und Prüfungskosten
	Miete und Pacht für bewegliche Wirtschaftsgüter an Gesellschafter	V	4958	Vergütungen an Gesellschafter für die miet- oder pachtweise Überlassung ihrer beweglichen Wirtschaftsgüter

4 Betriebliche Aufwendungen				
HGB-Posten nach § 266 u. § 275 HGB	**E-Bilanz Taxonomie**	**SKR03 2021**		
		Funktionen	**Konto**	**Beschriftung**
Sonstige betriebliche Aufwendungen	Miete und Pacht für bewegliche Wirtschaftsgüter an Mitunternehmer	V	4959	Vergütungen an Mitunternehmer für die miet- oder pachtweise Überlassung ihrer beweglichen Wirtschaftsgüter § 15 EStG
	Übrige/nicht zuordenbare Miete und Pacht für bewegliche Wirtschaftsgüter	V	4960	Mieten für Einrichtungen (bewegliche Wirtschaftsgüter)
		V	4961	Pacht (bewegliche Wirtschaftsgüter)
		V	4963	Aufwendungen für gemietete oder gepachtete bewegliche Wirtschaftsgüter, die gewerbesteuerlich hinzuzurechnen sind
	Aufwendungen für Konzessionen und Lizenzen	V	4964	Aufwendungen für die zeitlich befristete Überlassung von Rechten (Lizenzen, Konzessionen)
	Leasing für bewegliche Wirtschaftsgüter	V	4965	Mietleasing bewegliche Wirtschaftsgüter für technische Anlagen und Maschinen
	Andere ordentliche sonstige betriebliche Aufwendungen	V	4969	Aufwendungen für Abraum- und Abfallbeseitigung
		V	4970	Nebenkosten des Geldverkehrs
		V	4975	Aufwendungen aus Anteilen an Kapitalgesellschaften §§ 3 Nr. 40, 3c EStG/ § 8b Abs. 1 KStG
	Andere sonstige betriebliche Aufwendungen (GKV)	V	4976	Veräußerungskosten § 3 Nr. 40 EStG/ § 8b Abs. 2 KStG (bei Veräußerungsgewinn)
		NEU V	4977	Veräußerungskosten § 3 Nr. 40 EStG/ § 8b Abs. 2 KStG (bei Veräußerungsverlust)
	Andere ordentliche sonstige betriebliche Aufwendungen	V	4980	Betriebsbedarf
	Genossenschaftliche Rückvergütung an Mitglieder		4984	Genossenschaftliche Rückvergütung an Mitglieder
	Aufwendungen	V	4985	Werkzeuge und Kleingeräte
				Kalkulatorische Kosten
Sonstige betriebliche Aufwendungen	Kalkulatorische Kosten – Keine E-Bilanz Taxonomie		4990	Kalkulatorischer Unternehmerlohn
			4991	Kalkulatorische Miete und Pacht
			4992	Kalkulatorische Zinsen
			4993	Kalkulatorische Abschreibungen
			4994	Kalkulatorische Wagnisse
			4995	Kalkulatorischer Lohn für unentgeltliche Mitarbeiter
				Kosten bei Anwendung des Umsatzkostenverfahrens
Sonstige betriebliche Aufwendungen	Andere ordentliche sonstige betriebliche Aufwendungen		4996	Herstellungskosten
			4997	Verwaltungskosten
			4998	Vertriebskosten
			4999	Gegenkonto 4996–4998
5 Sonstige betriebliche Aufwendungen				
				Sonstige betriebliche Aufwendungen
Sonstige betriebliche Aufwendungen	Andere ordentliche sonstige betriebliche Aufwendungen		**5000 –5999**	

HGB-Posten nach § 266 u. § 275 HGB	E-Bilanz Taxonomie	Funktionen (SKR03 2021)	Konto	Beschriftung
6 Sonstige betriebliche Aufwendungen				
				Sonstige betriebliche Aufwendungen
Sonstige betriebliche Aufwendungen	Andere ordentliche sonstige betriebliche Aufwendungen		**6000 –6999**	
7 Bestände an Erzeugnissen				
Unfertige Erzeugnisse, unfertige Leistungen	Unfertige Erzeugnisse, unfertige Leistungen	**KU**	**7000**	**Unfertige Erzeugnisse, unfertige Leistungen (Bestand)**
		KU	7050	Unfertige Erzeugnisse (Bestand)
		KU	7080	Unfertige Leistungen (Bestand)
In Ausführung befindliche Bauaufträge		KU	7090	In Ausführung befindliche Bauaufträge
In Arbeit befindliche Aufträge		KU	7095	In Arbeit befindliche Aufträge
Fertige Erzeugnisse und Waren	Fertige Erzeugnisse und Waren	**KU**	**7100**	**Fertige Erzeugnisse und Waren (Bestand)**
		KU	7110	Fertige Erzeugnisse (Bestand)
		KU	7140	Waren (Bestand)
8 Erlöskonten				
				Umsatzerlöse
Umsatzerlöse	Umsatzerlöse ohne Zuordnung nach Umsatzsteuertatbeständen	M	8000 –8099	Umsatzerlöse (Zur freien Verfügung)
	Steuerfreie Umsätze nach § 4 Nr. 8 ff. UStG	M AM	8100	Steuerfreie Umsätze § 4 Nr. 8 ff UStG
		M AM	8105	Steuerfreie Umsätze nach § 4 Nr. 12 UStG (Vermietung und Verpachtung)
	Sonstige umsatzsteuerfreie Umsätze	M AM	8110	Sonstige steuerfreie Umsätze Inland
	Steuerfreie Umsätze nach § 4 Nr. 1a UStG (Ausfuhr Drittland)	M AM	8120	Steuerfreie Umsätze § 4 Nr. 1a UStG
	Steuerfreie EG-Lieferungen § 4 Nr. 1b UStG (Innergemeinschaftliche Lieferungen)	M AM	8125	Steuerfreie innergemeinschaftliche Lieferungen § 4 Nr. 1b UStG
		M R	8128	Buchungssperre
		M AM	8130	Lieferungen des ersten Abnehmers bei innergemeinschaftlichen Dreiecksgeschäften § 25b Abs. 2 UStG
		M AM	8135	Steuerfreie innergemeinschaftliche Lieferungen von Neufahrzeugen an Abnehmer ohne USt-Id-Nr.
	Sonstige umsatzsteuerfreie Umsätze	M AM	8140	Steuerfreie Umsätze Offshore usw.
	Steuerfreie Umsätze nach § 4 Nr. 2-7 UStG	M AM	8150	Sonstige steuerfreie Umsätze (z. B. § 4 Nr. 2-7 UStG)
	Sonstige umsatzsteuerfreie Umsätze	M AM	8160	Steuerfreie Umsätze ohne Vorsteuerabzug zum Gesamtumsatz gehörend, § 4 UStG
		M	8165	Steuerfreie Umsätze ohne Vorsteuerabzug zum Gesamtumsatz gehörend
	Umsatzerlöse sonstige Umsatzsteuersätze	M	8190	Erlöse, die mit den Durchschnittssätzen des § 24 UStG versteuert werden
	Umsatzerlöse nach § 25 und § 25a UStG	M AM	8191	Umsatzerlöse nach §§ 25 und 25a UStG 19 % USt
		KU R	8192	Buchungssperre
		KU	8193	Umsatzerlöse nach §§ 25 u. 25a UStG ohne USt
		M AM	8194	Umsatzerlöse aus Reiseleistungen § 25 Abs. 2 UStG, steuerfrei

8 Erlöskonten

HGB-Posten nach § 266 u. § 275 HGB	E-Bilanz Taxonomie	SKR03 2021		
		Funktionen	Konto	Beschriftung
Umsatzerlöse	Sonstige umsatzsteuerfreie Umsätze	M	8195	Erlöse als Kleinunternehmer i. d. S. § 19 Abs. 1 UStG
	Umsatzerlöse Regelsteuersatz	M AM	8196	Erlöse aus Geldspielautomaten 19 % USt
		M R	8197 –8198	Buchungssperre
	Umsatzerlöse ohne Zuordnung	M	8200	Erlöse
	Umsatzerlöse ermäßigter Steuersatz	M AM	8300 –8309	Erlöse 7 % USt
		M AM	8310 –8314	Erlöse aus im Inland steuerpflichtigen EU-Lieferungen 7 % USt
	Umsatzerlöse Regelsteuersatz	M AM	8315 –8319	Erlöse aus im Inland steuerpflichtigen EU-Lieferungen 19 % USt
	Sonstige Umsatzerlöse, nicht steuerbar	M	8320 –8329	Erlöse aus im anderen EU-Land steuerpflichtigen Lieferungen
		M R	8330	Buchungssperre
	Steuerfreie EG-Lieferungen § 4 Nr. 1b UStG (Innergemeinschaftliche Lieferungen)	M	8331	Erlöse aus im anderen EU-Land stpfl. elektr. Dienstleistungen
		M R	8332	Buchungssperre
	Umsatzerlöse ermäßigter Steuersatz	NEU M AM	8333	Erlöse 5 % USt
		NEU M AM	8334	Erlöse 7 % USt
	Erlöse aus Leistungen nach § 13b UStG	M AM	8335	Erlöse aus Lieferungen von Mobilfunkgeräten/Schaltkreisen, für die der Leistungsempfänger die Umsatzsteuer nach § 13b UStG schuldet
	Sonstige Umsatzerlöse, nicht steuerbar	M AM	8336	Erlöse aus im anderen EU-Land steuerpflichtigen sonstigen Lieferungen, für die der Leistungsempfänger die Umsatzsteuer schuldet
	Erlöse aus Leistungen nach § 13b UStG	M AM	8337	Erlöse aus Leistungen, für die der Leistungsempfänger die Umsatzsteuer nach § 13b UStG schuldet
	Sonstige Umsatzerlöse, nicht steuerbar	M AM	8338	Erlöse aus im Drittland steuerbaren Leistungen, im Inland nicht steuerbare Umsätze
		M AM	8339	Erlöse aus im anderen EU-Land steuerbaren Leistungen, im Inland nicht steuerbare Umsätze
	Umsatzerlöse Regelsteuersatz	M AM	8340 –8349	Erlöse 16 % USt
		M AM	8400 –8409	Erlöse 19 % USt
		M AM	8410	Erlöse 19 % USt
		M R	8411 –8448	Buchungssperre
		M AM	8449	Erlöse aus im Inland steuerpflichtigen elektronischen Dienstleistungen 19 % USt
	Umsatzerlöse ohne Zuordnung nach Umsatzsteuertatbeständen	M	8499	Nebenerlöse (Bezug zu Materialaufwand)
				Konten für die Verbuchung von Sonderbetriebseinnahmen
Kein Ausweis in der GuV	Sonderbetriebseinnahmen	M	8500	Sonderbetriebseinnahmen, Tätigkeitsvergütung

8 Erlöskonten					
HGB-Posten nach § 266 u. § 275 HGB	**E-Bilanz Taxonomie**	**SKR03 2021**			
		Funktionen		**Konto**	**Beschriftung**
Kein Ausweis in der GuV	Sonderbetriebseinnahmen	M		8501	Sonderbetriebseinnahmen, Miet-/Pachteinnahmen
		M		8502	Sonderbetriebseinnahmen, Zinseinnahmen
		M		8503	Sonderbetriebseinnahmen, Haftungsvergütung
		M		8504	Sonderbetriebseinnahmen, Pensionszahlungen
		M		8505	Sonderbetriebseinnahmen, sonstige Sonderbetriebseinnahmen
		M	R	8508 –8509	Buchungssperre
Umsatzerlöse	Umsatzerlöse ohne Zuordnung nach Umsatzsteuertatbeständen	M		8510	Provisionsumsätze
		M	R	8511 –8513	Buchungssperre
	Steuerfreie Umsätze nach § 4 Nr. 8 ff. UStG	M	AM	8514	Provisionsumsätze, steuerfrei § 4 Nr. 8 ff. UStG
	Steuerfreie Umsätze nach § 4 Nr. 5 UStG	M	AM	8515	Provisionsumsätze, steuerfrei § 4 Nr. 5 UStG
	Umsatzerlöse ermäßigter Steuersatz	M	AM	8516	Provisionsumsätze 7 % USt
		M	R	8517 –8518	Buchungssperre
	Umsatzerlöse Regelsteuersatz	M	AM	8519	Provisionsumsätze 19 % USt
	Umsatzerlöse ohne Zuordnung nach Umsatzsteuertatbeständen	M		8520	Erlöse Abfallverwertung
		M		8540	Erlöse Leergut
	Nebenerlöse aus Provisionen, Lizenzen und Patenten	M		8570	Sonstige Erträge aus Provision, Lizenzen Patenten
		M	R	8571 –8573	Buchungssperre
		M	AM	8574	Sonstige Erträge aus Provision, Lizenzen Patenten, steuerfrei (§ 4 Nr. 8 ff. UStG)
		M	AM	8575	Sonstige Erträge aus Provision, Lizenzen Patenten, steuerfrei (§ 4 Nr. 5 UStG)
		M	AM	8576	Sonstige Erträge aus Provision, Lizenzen Patenten 7 % USt
		M	R	8577 –8578	Buchungssperre
		M	AM	8579	Sonstige Erträge aus Provision, Lizenzen Patenten 19 % USt
					Statistische Konten EÜR
Umsatzerlöse	EÜR – keine E-Bilanz	M		8580	Statistisches Konto Erlöse zum allgemeinen Umsatzsteuersatz (EÜR)
		M		8581	Statistisches Konto Erlöse zum ermäßigten Umsatzsteuersatz (EÜR)
		M		8582	Statistisches Konto Erlöse steuerfrei und nicht steuerbar (EÜR)
		M		8589	Gegenkonto 8580–8582 bei Aufteilung der Erlöse nach Steuersätzen (EÜR)
Sonstige betriebliche Erträge	Sonstige Sachbezüge	M		8590	Verrechnete sonstige Sachbezüge (keine Waren)
		M	AM	8591	Sachbezüge 7 % USt (Waren)
		M	R	8594	Buchungssperre
		M	AM	8595	Sachbezüge 19 % USt (Waren)

8 Erlöskonten

HGB-Posten nach § 266 u. § 275 HGB	E-Bilanz Taxonomie	SKR03 2021 Funktionen	Konto	Beschriftung
Sonstige betriebliche Erträge	Sonstige Sachbezüge	M R	8596 –8597	Buchungssperre
	Andere sonstige betriebliche Erträge (GKV), nicht zuordenbar	M	8600	Sonstige Erlöse betrieblich und regelmäßig
			8603	Sonstige betriebliche Erträge
		KU	8604	Erstattete Vorsteuer anderer Länder
		M	8605	Sonstige Erträge betrieblich und regelmäßig
		M	8606	Sonstige betriebliche Erträge von verbundenen Unternehmen
Umsatzerlöse	Andere Nebenerlöse	M	8607	Andere Nebenerlöse
Sonstige betriebliche Erträge	Andere sonstige betriebliche Erträge (GKV), nicht zuordenbar	M AM	8609	Sonstige Erträge betrieblich und regelmäßig, steuerfrei § 4 Nr. 8 ff. UStG
	Sonstige Sachbezüge	M	8610	Verrechnete sonstige Sachbezüge
	Sachbezüge KFZ	M AM	8611	Verrechnete sonstige Sachbezüge aus Kfz-Gestellung 19 % USt
	Sonstige Sachbezüge	M R	8612	Buchungssperre
		M AM	8613	Verrechnete sonstige Sachbezüge 19 % USt
		KU	8614	Verrechnete sonstige Sachbezüge ohne Umsatzsteuer
	Andere sonstige betriebliche Erträge (GKV), nicht zuordenbar	M AM	8625 –8629	Sonstige betriebliche Erträge, steuerfrei z. B. § 4 Nr. 2-7 UStG
		M AM	8630 –8634	Sonstige Erlöse betrieblich und regelmäßig 7 % USt
		M R	8635 –8639	Buchungssperre
		M AM	8640 –8644	Sonstige Erlöse betrieblich und regelmäßig 19 % USt
		M R	8645 –8648	Buchungssperre
		M AM	8649	Sonstige Erlöse betrieblich und regelmäßig 16 % USt
Sonstige Zinsen und ähnliche Erträge	Übrige/nicht zuordenbare sonstige Zinsen und ähnliche Erträge	M	8650	Erlöse Zinsen und Diskontspesen
		M	8660	Erlöse Zinsen und Diskontspesen aus verbundenen Unternehmen
Umsatzerlöse	In Umsatzerlöse (GKV) verrechnete Erlösschmälerungen	M	8700	Erlösschmälerungen
		M AM	8701	Erlösschmälerungen für steuerfreie Umsätze nach § 4 Nr. 8 ff. UStG
		M AM	8702	Erlösschmälerungen für steuerfreie Umsätze nach § 4 Nr. 2-7 UStG
		M AM	8703	Erlösschmälerungen sonstige steuerfreie Umsätze ohne Vorsteuerabzug
		M AM	8704	Erlösschmälerungen sonstige steuerfreie Umsätze mit Vorsteuerabzug
		M AM	8705	Erlösschmälerungen aus steuerfreien Umsätzen § 4 Nr. 1a UStG
		M AM	8706	Erlösschmälerungen für steuerfreie innergemeinschaftliche Dreiecksgeschäfte nach § 25b Abs. 2, 4 UStG
		M AM	8710 –8711	Erlösschmälerungen 7 % USt
		M R	8712 –8719	Buchungssperre
		M AM	8720 –8721	Erlösschmälerungen 19 % USt

8 Erlöskonten

HGB-Posten nach § 266 u. § 275 HGB	E-Bilanz Taxonomie	SKR03 2021				
		Funktionen			Konto	Beschriftung
Umsatzerlöse	In Umsatzerlöse (GKV) verrechnete Erlösschmälerungen		M	R	8722 –8723	Buchungssperre
			M	AM	8724	Erlösschmälerungen aus steuerfreien innergemeinschaftlichen Lieferungen Erlösschmälerungen aus im Inland steuerpflichtigen EU-Lieferungen 7 % USt
			M	AM	8725	Erlösschmälerungen aus im Inland steuerpflichtigen EU-Lieferungen 7 % USt
			M	AM	8726	Erlösschmälerungen aus im Inland steuerpflichtigen EU-Lieferungen 19 % USt
			M		8727	Erlösschmälerungen aus im anderen EU-Land steuerpflichtigen Lieferungen
			M	R	8728 –8729	Buchungssperre
			M	S	8730	Gewährte Skonti
			M	S/AM	8731	Gewährte Skonti 7 % USt
		NEU	M	S/AM	8732	Gewährte Skonti 5 % USt
			M	R	8733 –8734	Buchungssperre
		NEU	M	S/AM	8735	Gewährte Skonti 16 % USt
			M	S/AM	8736	Gewährte Skonti 19 % USt
			M	R	8737	Buchungssperre
			M	S/AM	8738	Gewährte Skonti aus Lieferungen von Mobilfunkgeräten etc., für die der Leistungsempfänger die Umsatzsteuer nach § 13b UStG schuldet
			M	S/AM	8741	Gewährte Skonti aus Leistungen, für die der Leistungsempfänger die Umsatzsteuer nach § 13b UStG schuldet
			M	S/AM	8742	Gewährte Skonti aus Erlösen aus im anderen EU-Land steuerpflichtigen sonstigen Leistungen, für die der Leistungsempfänger die Umsatzsteuer schuldet
			M	S/AM	8743	Gewährte Skonti aus steuerfreien innergemeinschaftlichen Lieferungen § 4 Nr. 1b UStG
			M	R	8744	Buchungssperre
			M	S/AM	8745	Gewährte Skonti aus im Inland steuerpflichtigen EU-Lieferungen
			M	S/AM	8746	Gewährte Skonti aus im Inland steuerpflichtigen EU-Lieferungen 7 % USt
		NEU	M	S/AM	8747	Gewährte Skonti aus im Inland steuerpflichtigen EU-Lieferungen 5 % USt
			M	S/AM	8748	Gewährte Skonti aus im Inland steuerpflichtigen EU-Lieferungen 19 % USt
		NEU	M	S/AM	8749	Gewährte Skonti aus im Inland steuerpflichtigen EU-Lieferungen 16 % USt
			M	AM	8750 –8751	Gewährte Boni 7 % USt
			M	R	8752 –8759	Buchungssperre
			M	AM	8760 –8761	Gewährte Boni 19 % USt

8 Erlöskonten

HGB-Posten nach § 266 u. § 275 HGB	E-Bilanz Taxonomie	SKR03 2021			
		Funktionen		Konto	Beschriftung
Umsatzerlöse	In Umsatzerlöse (GKV) verrechnete Erlösschmälerungen	M	R	8762 –8768	Buchungssperre
		M		8769	Gewährte Boni
		M		8770	Gewährte Rabatte
		M	AM	8780 –8781	Gewährte Rabatte 7 % USt
		M	R	8782 –8789	Buchungssperre
		M	AM	8790 –8791	Gewährte Rabatte 19 % USt
		M	R	8792 –8799	Buchungssperre
Sonstige betriebliche Aufwendungen	Verluste aus dem Abgang von Gegenständen des Anlagevermögens	M		8800	Erlöse aus Verkäufen Sachanlagevermögen (bei Buchverlust)
		M	AM	8801 –8806	Erlöse aus Verkäufen Sachanlagevermögen 19 % USt (bei Buchverlust)
		M	AM	8807	Erlöse aus Verkäufen Sachanlagevermögen steuerfrei § 4 Nr. 1a UStG (bei Buchverlust)
		M	AM	8808	Erlöse aus Verkäufen Sachanlagevermögen steuerfrei § 4 Nr. 1b UStG (bei Buchverlust)
		M	R	8809 –8816	Buchungssperre
		M		8817	Erlöse aus Verkäufen immaterieller Vermögensgegenstände (bei Buchverlust)
		M		8818	Erlöse aus Verkäufen Finanzanlagen (bei Buchverlust)
		M		8819	Erlöse aus Verkäufen Finanzanlagen § 3 Nr. 40 EStG/§ 8b Abs. 3 KStG (inländische Kap.Ges.) (bei Buchverlust)
Sonstige betriebliche Erträge	Erträge aus Abgängen des Anlagevermögens	M	AM	8820 –8825	Erlöse aus Verkäufen Sachanlagevermögen 19 % USt (bei Buchgewinn)
		M	R	8826	Buchungssperre
		M	AM	8827	Erlöse aus Verkäufen Sachanlagevermögen steuerfrei § 4 Nr. 1a UStG (bei Buchgewinn)
		M	AM	8828	Erlöse aus Verkäufen Sachanlagevermögen steuerfrei § 4 Nr. 1b UStG (bei Buchgewinn)
		M		8829	Erlöse aus Verkäufen Sachanlagevermögen (bei Buchgewinn)
		M	R	8830 –8836	Buchungssperre
		M		8837	Erlöse aus Verkäufen immaterieller Vermögensgegenstände (bei Buchgewinn)
		M		8838	Erlöse aus Verkäufen Finanzanlagen (bei Buchgewinn)
		M		8839	Erlöse aus Verkäufen Finanzanlagen § 3 Nr. 40 EStG/§ 8b Abs. 2 KStG (inländische Kap.Ges.) (bei Buchgewinn)
		M	AM	8850	Erlöse aus Verkäufen von Wirtschaftsgüter des Umlaufvermögens 19 % USt für § 4 Abs. 3 Satz 4 EStG
		M	AM	8851	Erlöse aus Verkäufen von Wirtschaftsgüter des Umlaufvermögens, umsatzsteuerfrei § 4 Nr. 8 ff. UStG i. V. m. § 4 Abs. 3 Satz 4 EStG

8 Erlöskonten

HGB-Posten nach § 266 u. § 275 HGB	E-Bilanz Taxonomie	SKR03 2021 Funktionen		Konto	Beschriftung
Sonstige betriebliche Erträge	Erträge aus Abgängen des Anlagevermögens	M	AM	8852	Erlöse aus Verkäufen von Wirtschaftsgüter des Umlaufvermögens, umsatzsteuerfrei § 4 Nr. 8 ff. UStG i. V. m. § 4 Abs. 3 Satz 4 EStG, § 3 Nr. 40 § 8b Abs. 2 KStG (inländische Kap.Ges.)
		M		8853	Erlöse aus Verkäufen von Wirtschaftsgüter des Umlaufvermögens, umsatzsteuerfrei nach § 4 Abs. 3 Satz 4 EStG
Umsatzerlöse	Umsatzerlöse ohne Zuordnung nach Umsatzsteuertatbeständen	M		8900	Unentgeltliche Wertabgaben
	Steuerfreie Umsätze nach § 4 Nr. 8 ff. UStG	KU		8905	Entnahme von Gegenständen ohne USt
Sonstige betriebliche Erträge	Sonstige Sach-, Nutzungs- und Leistungsentnahmen	KU		8906	Verwendung von Gegenständen für Zwecke außerhalb des Unternehmens ohne USt
		M	R	8908 –8909	Buchungssperre
Umsatzerlöse	Umsatzerlöse Regelsteuersatz	M	AM	8910 –8913	Entnahme durch den Unternehmer für Zwecke außerhalb des Unternehmens (Waren) 19 % USt
		M	R	8914	Buchungssperre
	Umsatzerlöse ermäßigter Steuersatz	M	AM	8915 –8917	Entnahme durch den Unternehmer für Zwecke außerhalb des Unternehmens (Waren) 7 % USt
Sonstige betriebliche Erträge	Sonstige Sach-, Nutzungs- und Leistungsentnahmen	KU		8918	Verwendung von Gegenständen für Zwecke außerhalb des Unternehmens ohne USt (Telefon-Nutzung)
Umsatzerlöse	Steuerfreie Umsätze nach § 4 Nr. 8 ff. UStG	KU		8919	Entnahme durch den Unternehmer für Zwecke außerhalb des Unternehmens (Waren) ohne USt
Sonstige betriebliche Erträge	Sonstige Sach-, Nutzungs- und Leistungsentnahmen	M	AM	8920	Verwendung von Gegenständen für Zwecke außerhalb des Unternehmens 19 % USt
	Private KFZ-Nutzung (nicht Kapitalgesellschaften)	M	AM	8921	Verwendung von Gegenständen für Zwecke außerhalb des Unternehmens 19 % USt (Kfz-Nutzung)
	Sonstige Sach-, Nutzungs- und Leistungsentnahmen	M	AM	8922	Verwendung von Gegenständen für Zwecke außerhalb des Unternehmens 19 % USt (Telefon-Nutzung)
		M	R	8923	Buchungssperre
	Private KFZ-Nutzung (nicht Kapitalgesellschaften)	KU		8924	Verwendung von Gegenständen für Zwecke außerhalb des Unternehmens ohne USt (Kfz-Nutzung)
	Sonstige Sach-, Nutzungs- und Leistungsentnahmen	M	AM	8925 –8927	Unentgeltliche Erbringung einer sonstigen Leistung 19 % USt
		M	R	8928	Buchungssperre
		KU		8929	Unentgeltliche Erbringung einer sonstigen ohne USt
		M	AM	8930 –8931	Verwendung von Gegenständen für Zwecke außerhalb des Unternehmens 7 % USt
		M	AM	8932 –8933	Unentgeltliche Erbringung einer sonstigen 7 % USt
		M	R	8934	Buchungssperre
		M	AM	8935 –8937	Unentgeltliche Zuwendung von Gegenständen 19 % USt

8 Erlöskonten					
HGB-Posten nach § 266 u. § 275 HGB	**E-Bilanz Taxonomie**	**SKR03 2021**			
		Funktionen		**Konto**	**Beschriftung**
Sonstige betriebliche Erträge	Sonstige Sach-, Nutzungs- und Leistungsentnahmen	M	R	8938	Buchungssperre
		KU		8939	Unentgeltliche Zuwendung von Gegenständen 19 % USt
Umsatzerlöse	Umsatzerlöse Regelsteuersatz	M	AM	8940 –8943	Unentgeltliche Zuwendung von Waren 19 % USt
		M	R	8944	Buchungssperre
	Umsatzerlöse ermäßigter Steuersatz	M	AM	8945 –8946	Unentgeltliche Zuwendung von Waren 7 % USt
		M	AM	8947	Unentgeltliche Zuwendung von Waren 7 % USt
Sonstige betriebliche Erträge	Sonstige Sach-, Nutzungs- und Leistungsentnahmen	M	R	8948	Buchungssperre
Umsatzerlöse	Steuerfreie Umsätze nach § 4 Nr. 8 ff. UStG	KU		8949	Unentgeltliche Zuwendung von Waren ohne USt
	Sonstige Umsatzerlöse, nicht steuerbar	KU		8950	Nicht steuerbare Umsätze (Innenumsätze)
		KU		8955	Umsatzsteuervergütungen, z. B. nach § 24 UStG
		KU		8959	Direkt mit dem Umsatz verbundene Steuern
Erhöhung oder Verminderung des Bestandes an fertigen und unfertigen Erzeugnissen	Erhöhung oder Verminderung des Bestandes an fertigen und unfertigen Erzeugnissen (GKV)	**KU**		**8960**	**Bestandsveränderung – unfertige Erzeugnisse**
		KU		**8970**	**Bestandsveränderung – unfertige Leistung**
Erhöhung oder Verminderung des Bestandes in Ausführung befindlicher Bauaufträge		**KU**		**8975**	**Bestandsveränderung – in Ausführung befindliche Bauaufträge**
Erhöhung oder Verminderung des Bestandes in Arbeit befindlicher Aufträge		**KU**		**8977**	**Bestandsveränderung – in Aufträge befindliche Aufträge**
Erhöhung oder Verminderung des Bestandes an fertigen und unfertigen Erzeugnissen		**KU**		**8980**	**Bestandsveränderung – fertige Erzeugnisse**
Andere aktivierte Eigenleistungen	Andere aktivierte Eigenleistungen (GKV)	**KU**		**8990**	**Andere aktivierte Eigenleistungen**
		KU		**8994**	**Aktivierte Eigenleistungen (den Herstellungskosten zurechenbare Fremdkapitalzinsen)**
		KU		8995	Aktivierte Eigenleistungen zur Erstellung von selbst geschaffenen immateriellen Vermögensgegenständen
9 Vortrags-, Kapital- und statistische Konten					
					Vortragskonten
		KU	S	9000	Saldenvorträge, Sachkonten
		KU	F	9001 –9007	Saldenvorträge, Sachkonten
		KU	S	9008	Saldenvorträge, Debitoren
		KU	S	9009	Saldenvorträge, Kreditoren
		KU	F	9050	Offene Posten aus 2020
		NEU KU	F	9051	Offene Posten aus 2021
		KU	R	9052 –9059	Buchungssperre
		KU	R	9060 –9069	Buchungssperre

9 Vortrags-, Kapital- und statistische Konten

HGB-Posten nach § 266 u. § 275 HGB	E-Bilanz Taxonomie	SKR03 2021 Funktionen	Konto	Beschriftung
		KU F	9070	Offene Posten aus 2000
		KU F	9071	Offene Posten aus 2001
		KU F	9072	Offene Posten aus 2002
		KU F	9073	Offene Posten aus 2003
		KU F	9074	Offene Posten aus 2004
		KU F	9075	Offene Posten aus 2005
		KU F	9076	Offene Posten aus 2006
		KU F	9077	Offene Posten aus 2007
		KU F	9078	Offene Posten aus 2008
		KU F	9079	Offene Posten aus 2009
		KU F	9080	Offene Posten aus 2010
		KU F	9081	Offene Posten aus 2011
		KU F	9082	Offene Posten aus 2012
		KU F	9083	Offene Posten aus 2013
		KU F	9084	Offene Posten aus 2014
		KU F	9085	Offene Posten aus 2015
		KU F	9086	Offene Posten aus 2016
		KU F	9087	Offene Posten aus 2017
		KU F	9088	Offene Posten aus 2018
		KU F	9089	Offene Posten aus 2019
		KU F	9090	Summenvortrag
		KU R	9091 –9098	Buchungssperre
				Statistische Konten für Betriebswirtschaftliche Auswertungen (BWA)
		KU F	9101	Verkaufstage
		KU F	9102	Anzahl der Barkunden
		KU F	9103	Beschäftigte Personen
		KU F	9104	Unbezahlte Personen
		KU F	9105	Verkaufskräfte
		KU F	9106	Geschäftsraum qm
		KU F	9107	Verkaufsraum qm
		KU F	9116	Anzahl Rechnungen
		KU F	9117	Anzahl Kreditkunden monatlich
		KU F	9118	Anzahl Kreditkunden aufgelaufen
		KU	9120	Erweiterungsinvestitionen
		KU F	9130 –9131	BWA-Formen mit statistischen Mengeneinheiten; Umrechnungssperre Funktion 18000
		KU	9135	Auftragseingang im Geschäftsjahr
		KU	9140	Auftragsbestand
				Variables Kapital Teilhafter
		KU F	9141	Variables Kapital TH
		KU F	9142	Variables Kapital - Anteil für Teilhafter
		KU F	9143	Privatsteuern Kapitalertragsteuer (Sammelposten)
		KU F	9144	Privatsteuern Solidaritätszuschlag (Sammelposten)
		KU F	9145	Privatsteuern Kirchensteuer (Sammelposten)

9 Vortrags-, Kapital- und statistische Konten

HGB-Posten nach § 266 u. § 275 HGB	E-Bilanz Taxonomie	SKR03 2021 Funktionen	Konto	Beschriftung
				Kapitaländerungen durch Übertragung einer § 6b EStG Rücklage
		KU F	9146	Variables Kapital – Übertragung einer § 6b EStG-Rücklage VH
		KU F	9147	Variables Kapital – Übertragung einer § 6b EStG-Rücklage TH
		KU R	9148 –9149	Buchungssperre
				Andere Kapitalkontenanpassungen: Vollhafter
		KU F	9150	Festkapital - andere Kapitalkontenanpassungen VH
		KU F	9151	Variables Kapital – andere Kapitalkonten-anpassungen VH
		KU F	9152	Verlust-/Vortragskonto – andere Kapital-kontenanpassungen VH
		KU F	9153	Kapitalkonto III – andere Kapitalkonten anpassungen VH
		KU F	9154	Ausstehende Einlagen auf das Komplementär-Kapital, nicht eingefordert – andere Kapitalkontenanpassungen VH
		KU F	9155	Verrechnungskonto für Einzahlungs-verpflichtungen – andere Kapitalkonten-anpassungen VH
		KU R	9156	Buchungssperre
				Anrechenbare Privatsteuern Vollhafter, Eigenkapital
		KU F	9157	Privatsteuern Kapitalertragsteuer (VH)
		KU F	9158	Privatsteuern Solidaritätszuschlag (VH)
		KU F	9159	Privatsteuern Kirchensteuer (VH)
				Andere Kapitalkontenanpassungen: Teilhafter
		KU F	9160	Kommandit-Kapital – andere Kapitalkonten-anpassungen TH
		KU F	9161	Variables Kapital – andere Kapitalkonten-anpassungen TH
		KU F	9162	Verlustausgleichskonto – andere Kapital-kontenanpassungen TH
		KU F	9163	Kapitalkonto III – andere Kapitalkonten-anpassungen TH
		KU F	9164	Ausstehende Einlagen auf das Kommandit-Kapital, nicht eingefordert – andere Kapitalkontenanpassungen TH
		KU F	9165	Verrechnungskonto für Einzahlungs-verpflichtungen – andere Kapitalkonten-anpassungen TH
		KU R	9166	Buchungssperre

9 Vortrags-, Kapital- und statistische Konten

HGB-Posten nach § 266 u. § 275 HGB	E-Bilanz Taxonomie	Funktionen	Konto	SKR03 2021 Beschriftung
				Anrechenbare Privatsteuern Teilhafter, Eigenkapital
		KU F	9167	Privatsteuern Kapitalertragsteuer (TH), EK
		KU F	9168	Privatsteuern Solidaritätszuschlag (TH), EK
		KU F	9169	Privatsteuern Kirchensteuer (TH), EK
				Umbuchungen auf andere Kapitalkonten: Vollhafter
		KU F	9170	Festkapital - Umbuchungen VH
		KU F	9171	Variables Kapital – Umbuchungen VH
		KU F	9172	Verlust-/Vortragskonto – Umbuchungen VH
		KU F	9173	Kapitalkonto III – Umbuchungen VH
		KU F	9174	Ausstehende Einlagen auf das Komplementär-Kapital, nicht eingefordert – Umbuchungen VH
		KU F	9175	Verrechnungskonto für Einzahlungs-verpflichtungen – Umbuchungen VH
		KU R	9176 –9179	Buchungssperre
				Umbuchungen auf andere Kapitalkonten: Teilhafter
		KU F	9180	Kommandit-Kapital – Umbuchungen TH
		KU F	9181	Variables Kapital – Umbuchungen TH
		KU F	9182	Verlustausgleichskonto – Umbuchungen TH
		KU F	9183	Kapitalkonto III – Umbuchungen TH
		KU F	9184	Ausstehende Einlagen auf das Kommandit-Kapital, nicht eingefordert – Umbuchungen TH
		KU F	9185	Verrechnungskonto für Einzahlungs-verpflichtungen – Umbuchungen TH
				Anrechenbare Privatsteuern Teilhafter, Fremdkapital
		KU F	9186	Privatsteuern Kapitalertragsteuer (TH), FK
		KU F	9187	Privatsteuern Solidaritätszuschlag(TH), FK
		KU F	9188	Privatsteuern Kirchensteuer (TH), FK
		KU	9189	Verrechnungskonto für Umbuchungen zwischen Gesellschafter-Eigenkapitalkonten
				Gegenkonten zu statistischen Konten für Betriebswirtschaftliche Auswertungen
		KU F	9190	Gegenkonto für statistische Mengenein-heiten Konten 9101–9107 und Konten 9116–9118
		KU	9199	Gegenkonto zu Konten 9120, 9135–9140
				Statistische Konten für den Kennzifferteil der Bilanz
		KU F	9200	Beschäftigte Personen

9 Vortrags-, Kapital- und statistische Konten

HGB-Posten nach § 266 u. § 275 HGB	E-Bilanz Taxonomie	SKR03 2021 Funktionen	Konto	Beschriftung
		KU F	9201 –9208	BWA-Formen mit statistischen Mengeneinheiten; Umrechnungssperre, Funktion 18000
		KU F	9209	Gegenkonto zu 9200
		KU	9210	Produktive Löhne
		KU	9219	Gegenkonto zu 9210
				Statistische Konten zur informativen Angabe des gezeichneten Kapitals in anderer Währung
		KU F	9220	Gezeichnetes Kapital in DM (Art. 42 Abs. 3 S. 1 EGHGB)
		KU F	9221	Gezeichnetes Kapital in Euro (Art. 42 Abs. 3 S. 2 EGHGB)
		KU F	9229	Gegenkonto zu 9220–9221
		KU R	9230	Buchungssperre
		KU R	9232	Buchungssperre
		KU R	9234	Buchungssperre
		KU R	9239	Buchungssperre
				Statistische Konten für die Kapitalflussrechnung
		KU	9240	Investitionsverbindlichkeiten bei den Leistungsverbindlichkeiten
		KU	9241	Investitionsverbindlichkeiten aus Sachanlagekäufen bei Leistungsverbindlichkeiten
		KU	9242	Investitionsverbindlichkeiten aus Käufen von immateriellen Vermögensgegenständen bei Leistungsverbindlichkeiten
		KU	9243	Investitionsverbindlichkeiten aus Käufen von Finanzanlagen bei Leistungsverbindlichkeiten
		KU	9244	Gegenkonto zu Konten 9240–9243
		KU	9245	Forderungen aus Sachanlageverkäufen bei sonstigen Vermögensgegenständen
		KU	9246	Forderungen aus Verkäufen immaterieller Vermögensgegenstände bei sonstigen Vermögensgegenständen
		KU	9247	Forderungen aus Verkäufen von Finanzanlagen bei sonstigen Vermögensgegenständen
		KU	9249	Gegenkonto zu Konten 9245–9247
		KU R	9250	Buchungssperre
		KU R	9255	Buchungssperre
		KU R	9259	Buchungssperre
				Aufgliederung der Rückstellungen
		KU	9260	Kurzfristige Rückstellungen
		KU	9262	Mittelfristige Rückstellungen
		KU	9264	Langfristige Rückstellung, außer Pensionen
		KU	9269	Gegenkonto zu Konten 9260–9268

9 Vortrags-, Kapital- und statistische Konten

HGB-Posten nach § 266 u. § 275 HGB	E-Bilanz Taxonomie	SKR03 2021 Funktionen	Konto	Beschriftung
				Statistische Konten für in der Bilanz auszuweisende Haftungsverhältnisse
		KU	9270	Gegenkonto zu Konten 9271–9279 (Soll-Buchung)
		KU	9271	Verbindlichkeiten aus der Begebung und Übertragung von Wechseln
		KU	9272	Verbindlichkeiten aus der Begebung und Übertragung von Wechseln gegenüber verbundenen Unternehmen
		KU	9273	Verbindlichkeiten aus Bürgschaften, Wechsel- und Scheckbürgschaften
		KU	9274	Verbindlichkeiten aus Bürgschaften, Wechsel- und Scheckbürgschaften gegenüber verbundenen Unternehmen
		KU	9275	Verbindlichkeiten aus Gewährleistungs-verträgen
		KU	9276	Verbindlichkeiten aus Gewährleistungs-verträgen gegenüber verbundenen Unternehmen
		KU	9277	Haftung aus der Bestellung von Sicher-heiten für fremde Verbindlichkeiten
		KU	9278	Haftung aus der Bestellung von Sicher-heiten für fremde Verbindlichkeiten gegenüber verbundenen Unternehmen
		KU	9279	Verpflichtungen aus Treuhandvermögen
				Statistische Konten für die im Anhang anzugebenden sonstigen finanziellen Verpflichtungen
		KU	9280	Gegenkonto zu 9281-9284
		KU	9281	Verpflichtungen aus Miet- und Leasing-verträgen
		KU	9282	Verpflichtungen aus Miet- und Leasing-verträgen gegenüber verbundenen Unternehmen
		KU	9283	Andere Verpflichtungen gem. § 285 Nr. 3a HGB
		KU	9284	Andere Verpflichtungen gem. § 285 Nr. 3a HGB gegenüber verbundenen Unternehmen
				Unterschiedsbetrag aus der Abzinsung von Altersversorgungsverpflichtungen nach § 253 Abs. 6 HGB
		KU	9285	Unterschiedsbetrag aus der Abzinsung von Altersversorgungsverpflichtungen nach § 253 Abs. 6 HGB (Haben)
		KU	9286	Gegenkonto zu 9285

9 Vortrags-, Kapital- und statistische Konten

HGB-Posten nach § 266 u. § 275 HGB	E-Bilanz Taxonomie	Funktionen	Konto	SKR03 2021 Beschriftung
				Statistische Konten für § 4 Abs. 3 EStG
Statistische Konten	Statistische Konten	KU	9287	Zinsen bei Buchungen über Debitoren bei § 4 Abs. 3 EStG
		KU	9288	Mahngebühren bei Buchungen über Debitoren bei § 4 Abs. 3 EStG
		KU	9289	Gegenkonto zu 9287 und 9288
		KU	9290	Statistisches Konto steuerfreie Auslagen
		KU	9291	Gegenkonto zu 9290
Verbindlichkeiten aus Lieferungen und Leistungen	Verbindlichkeiten aus Lieferungen und Leistungen	KU	9292	Statistisches Konto Fremdgeld
Sonstige Verbindlichkeiten	Übrige sonstige Verbindlichkeiten	KU	9293	Gegenkonto zu 9292
Einlagen stiller Gesellschafter	Einlagen stiller Gesellschafter	KU	9295	Einlagen stiller Gesellschafter
Steuerrechtlicher Ausgleichsposten	Steuerrechtlicher Ausgleichsposten z. B. nach Betriebsprüfung	KU	9297	Steuerrechtlicher Ausgleichsposten
		KU F	9300 –9320	BWA-Formen mit statistischen Mengeneinheiten; Umrechnungssperre, Funktion 18000
		KU F	9326 –9343	BWA-Formen mit statistischen Mengeneinheiten; Umrechnungssperre, Funktion 18000
		KU F	9346 –9349	BWA-Formen mit statistischen Mengeneinheiten; Umrechnungssperre, Funktion 18000
		KU F	9357 –9364	BWA-Formen mit statistischen Mengeneinheiten; Umrechnungssperre, Funktion 18000
		KU F	9365 –9367	BWA-Formen mit statistischen Mengeneinheiten; Umrechnungssperre, Funktion 18000
		KU F	9371 –9372	BWA-Formen mit statistischen Mengeneinheiten; Umrechnungssperre, Funktion 18000
		KU	9390 –9394	Konto für Branchenlösungen (Werte) Gegenkonto für Branchenlösungen (Werte)
		KU F	9395 –9399	Konto für Branchenlösungen (Menge) Gegenkonto für Branchenlösungen (Menge)
				Privat Teilhafter (für Verrechnung Gesellschafterdarlehen mit Eigenkapitalcharakter – Konto 9840–9849)
Privatkonten Kommanditisten (KapCo)	Kapitalanteil Kommanditisten (KapCo)	KU F	9400	Privatentnahmen allgemein
		KU R	9401 –9409	Buchungssperre
		KU F	9410	Privatsteuern
		KU R	9411 –9419	Buchungssperre
		KU F	9420	Sonderausgaben beschränkt
		KU R	9421 –9429	Buchungssperre
		KU F	9430	Sonderausgaben unbeschränkt abzugsfähig

9 Vortrags-, Kapital- und statistische Konten				
HGB-Posten nach § 266 u. § 275 HGB	**E-Bilanz Taxonomie**	**SKR03 2021**		
		Funktionen	**Konto**	**Beschriftung**
Privatkonten Kommanditisten (KapCo)	Kapitalanteil Kommanditisten (KapCo)	KU R	9431 –9439	Buchungssperre
		KU F	9440	Zuwendungen, Spenden
		KU R	9441 –9449	Buchungssperre
		KU F	9450	Außergewöhnliche Belastungen
		KU R	9451 –9459	Buchungssperre
		KU F	9460	Grundstücksaufwand
		KU R	9461 –9469	Buchungssperre
		KU F	9470	Grundstücksertrag
		KU R	9471 –9479	Buchungssperre
		KU F	9480	Unentgeltliche Wertabgaben
		KU R	9481 –9489	Buchungssperre
		KU F	9490	Privateinlagen
		KU R	9491 –9499	Buchungssperre
				Statistische Konten für die Kapitalkontenentwicklung
Haftkapital		KU F	9500	Anteil für Konto 0900 Teilhafter
		KU R KU F	9501 –9509	Buchungssperre
Variables Kapital		KU F	9510	Anteil für Konto 0910 Teilhafter
		KU R KU	9511 –9519	Buchungssperre
Verbindlichkeiten gegenüber Kommanditisten oder Forderungen gegen Kommanditisten und atypisch stille Gesellschafter	Verbindlichkeiten gegenüber Kommanditisten	KU F	9520	Anteil für Konto 0920 Teilhafter
		KU R KU	9521 –9529	Buchungssperre
Eingeforderte, noch ausstehende Einlagen	Eingeforderte noch ausstehende Kapitaleinlagen Kommanditisten	KU F	9530	Anteil für Konto 9950 Teilhafter
		KU R KU	9531 –9539	Buchungssperre
	Eingeforderte noch ausstehende Kapitaleinlagen der persönlich haftenden Gesellschafter	KU F	9540	Anteil für Konto 9930 Vollhafter
		KU R KU	9541 –9549	Buchungssperre
Kapitalanteil persönlich haftende Gesellschafter (KapCo)	Kapitalanteile der persönlich haftenden Gesellschafter	KU F	9550	Anteil für Konto 9810 Vollhafter
		KU R KU	9551 –9559	Buchungssperre
		KU F	9560	Anteil für Konto 9820 Vollhafter
		KU R KU	9561 –9569	Buchungssperre
		KU F	9570	Anteil für Konto 0870 Vollhafter
		KU R KU	9571 –9579	Buchungssperre
		KU F	9580	Anteil für Konto 0880 Vollhafter
		KU R KU	9581 –9589	Buchungssperre

9 Vortrags-, Kapital- und statistische Konten				
HGB-Posten nach § 266 u. § 275 HGB	E-Bilanz Taxonomie	SKR03 2021		
		Funktionen	Konto	Beschriftung
Verbindlichkeiten gegenüber persönlich haftenden Gesellschaftern oder Forderungen gegen persönlich haftenden Gesellschaftern	Verbindlichkeiten gegenüber persönlich haftenden Gesellschaftern	KU F	9590	Anteil für Konto 0890 Vollhafter
		KU R	9591	Buchungssperre
		KU	–9599	
Gutschrift auf Kapitalkonten	Gutschrift auf Kapitalkonten der Gesellschafter	KU F	9600	Name des Gesellschafters Vollhafter
		KU R	9601 –9609	Buchungssperre
		KU F	9610	Tätigkeitsvergütung Vollhafter
		KU R	9611 –9619	Buchungssperre
		KU F	9620	Tantieme Vollhafter
		KU R	9621 –9629	Buchungssperre
		KU F	9630	Darlehensverzinsung Vollhafter
		KU R	9631 –9639	Buchungssperre
		KU F	9640	Gebrauchsüberlassung Vollhafter
		KU R	9641 –9649	Buchungssperre
		KU F	9650	Sonstige Vergütungen Vollhafter
		KU R	9651	Buchungssperre
			–9659	
		KU F	9660	Sonstige Vergütungen Vollhafter
		KU R	9661 –9669	Buchungssperre
		KU F	9670	Sonstige Vergütungen Vollhafter
		KU R	9671 –9679	Buchungssperre
		KU F	9680	Sonstige Vergütungen Vollhafter
		KU R	9681 –9689	Buchungssperre
		KU F	9690	Restanteil Vollhafter
		KU R	9691 –9699	Buchungssperre
		KU F	9700	Name des Gesellschafters Teilhafter
		KU R	9701 –9709	Buchungssperre
		KU F	9710	Tätigkeitsvergütung Teilhafter
		KU R	9711 –9719	Buchungssperre
		KU F	9720	Tantieme Teilhafter
		KU R	9721 –9729	Buchungssperre
		KU F	9730	Darlehensverzinsung Teilhafter
		KU R	9731 –9739	Buchungssperre
		KU F	9740	Gebrauchsüberlassung Teilhafter
		KU R	9741 –9749	Buchungssperre
		KU F	9750	Sonstige Vergütungen Teilhafter
		KU R	9751 –9759	Buchungssperre
		KU F	9760	Sonstige Vergütungen Teilhafter

9 Vortrags-, Kapital- und statistische Konten

HGB-Posten nach § 266 u. § 275 HGB	E-Bilanz Taxonomie	SKR03 2021 Funktionen	Konto	Beschriftung
Gutschrift auf Kapitalkonten	Gutschrift auf Kapitalkonten der Gesellschafter	KU R	9761 –9769	Buchungssperre
		KU F	9770	Sonstige Vergütungen Teilhafter
		KU R	9771 –9779	Buchungssperre
Kapitalanteil Kommanditisten (KapCo)	Kapitalanteile der Kommanditisten	KU F	9780	Anteil für Konto 9840 Teilhafter
		KU R KU F	9781 –9789	Buchungssperre
Gutschrift auf Kapitalkonten	Gutschrift auf Kapitalkonten der Gesellschafter	KU F	9790	Restanteil Teilhafter
		KU R	9791 –9799	Buchungssperre
		R	9800	**Buchungssperre**
				Rücklagen, Gewinn-, Verlustvortrag
	Rücklagen (gesamthänderisch gebunden) Zuführungen/Minderungen lfd. Jahr	KU F	9802	Gesamthänderisch gebundene Rücklagen – andere Kapitalkontenanpassungen
		KU F	9803	Gewinnvortrag/Verlustvortrag – andere Kapitalkontenanpassungen
	Rücklage (gesamthänderisch gebunden) Zuführungen/Minderungen lfd. Jahr	KU F	9804	Gesamthänderisch gebundene Rücklagen – Umbuchungen
		KU F	9805	Gewinnvortrag/Verlustvortrag – Umbuchungen
				Statistische Anteile an den Posten Jahresüberschuss/-fehlbetrag bzw. Bilanzgewinn/-verlust
		KU F	9806	Zuzurechnender Anteil am Jahresüberschuss/Jahresfehlbetrag – je Gesellschafter
		KU F	9807	Zuzurechnender Anteil am Bilanzgewinn/ Bilanzverlust je Gesellschafter
		KU F	9808	Gegenkonto für zuzurechnenden Anteil am Jahresüberschuss/Jahresfehlbetrag
		KU F	9809	Gegenkonto für zuzurechnenden Anteil am Bilanzgewinn/Bilanzverlust
				Kapital Personenhandelsgesellschaft Vollhafter
Kapitalanteil persönlich haftende Gesellschafter (KapCo)	Kapitalanteile der persönlich haftenden Gesellschafter	KU F	9810	Kapitalkonto III
		KU R	9811 –9819	Buchungssperre
		KU F	9820	Verlust-/Vortragskonto
		KU R	9821 –9829	Buchungssperre
		KU F	9830	Verrechnungskonto für Einzahlungsverpflichtungen
		KU R	9831 –9839	Buchungssperre
				Kapital Personenhandelsgesellschaft Teilhafter
Kapitalanteil Kommanditisten (KapCo)	Kapitalanteile der Kommanditisten	KU F	9840	Kapitalkonto III
		KU R	9841 –9849	Buchungssperre

9 Vortrags-, Kapital- und statistische Konten

HGB-Posten nach § 266 u. § 275 HGB	E-Bilanz Taxonomie	Funktionen	Konto	Beschriftung
				SKR03 2021
Kapitalanteil Kommanditisten (KapCo)	Kapitalanteile der Kommanditisten	KU F	9850	Verrechnungskonto für Einzahlungsverpflichtungen
		KU R	9851 –9859	Buchungssperre
				Einzahlungsverpflichtungen im Bereich der Forderungen
Einzahlungsverpflichtungen persönlich haftende Gesellschafter	Einzahlungsverpflichtungen persönlich haftende Gesellschafter	KU F	9860	Einzahlungsverpflichtungen persönlich haftender Gesellschafter
		KU R	9861 –9869	Buchungssperre
Einzahlungsverpflichtungen Kommanditisten	Einzahlungsverpflichtungen Kommanditisten	KU F	9870	Einzahlungsverpflichtungen Kommanditisten
		KU R	9871 –9879	Buchungssperre
				Ausgleichsposten für aktivierte Anteile Bilanzierungshilfen
Ausgleichsposten für aktivierte eigene Anteile	Sonstige Sonderposten	KU	9880	Ausgleichsposten für aktivierte eigene Anteile
		KU R	9882	Buchungssperre
				Nicht durch Vermögenseinlagen gedeckte Entnahmen
Durch Entnahmen entstandenes negatives Kapital (KapCo)	Nicht durch Vermögenseinlagen gedeckter Verlustanteil der persönlich haftenden Gesellschafter [Aktivseite]	KU F	9883	Nicht durch Vermögenseinlagen gedeckte Entnahmen persönlich haftender Gesellschafter
Nicht durch Vermögenseinlagen gedeckte Entnahmen Kommanditisten		KU F	9884	Nicht durch Vermögenseinlagen gedeckte Entnahmen Kommanditisten
				Verrechnungskonto für nicht durch Vermögenseinlagen gedeckte Entnahmen
Durch Verluste entstandenes negatives Kapital (KapCo)	Nicht durch Vermögenseinlagen gedeckter Verlustanteil der persönlich haftenden Gesellschafter [Aktivseite]	KU F	9885	Verrechnungskonto für nicht durch Vermögenseinlagen gedeckte Entnahmen persönlich haftender Gesellschafter
	Nicht durch Vermögenseinlagen gedeckter Verlustanteil der Kommanditisten [Aktivseite]	KU F	9886	Verrechnungskonto für nicht durch Vermögenseinlagen gedeckte Entnahmen Kommanditisten
				Steueraufwand der Gesellschafter
		KU	9887	Steueraufwand der Gesellschafter
		KU	9889	Gegenkonto zu 9887
				Statistische Konten für Gewinnzuschlag
		KU	9890	Statistisches Konto für den Gewinnzuschlag nach §§ 6b, 6c und 7g a. F. EStG (Haben)
		KU	9891	Statistisches Konto für den Gewinnzuschlag nach §§ 6b, 6c und 7g a. F. EStG (Soll) – Gegenkonto zu 9890

9 Vortrags-, Kapital- und statistische Konten

HGB-Posten nach § 266 u. § 275 HGB	E-Bilanz Taxonomie	Funktionen	Konto	SKR03 2021 Beschriftung
				Vorsteuer-/Umsatzsteuerkonten zur Korrektur der Forderungen/ Verbindlichkeiten (EÜR)
		KU	9893	Umsatzsteuer in den Forderungen zum allgemeinen Umsatzsteuersatz (EÜR)
		KU	9894	Umsatzsteuer in den Forderungen zum ermäßigten Umsatzsteuersatz (EÜR)
		KU	9895	Gegenkonto 9893–9894 für die Aufteilung der Umsatzsteuer (EÜR)
		KU	9896	Vorsteuer in den Verbindlichkeiten zum allgemeinen Umsatzsteuersatz (EÜR)
		KU	9897	Vorsteuer in den Verbindlichkeiten zum ermäßigten Umsatzsteuersatz (EÜR)
		NEU KU	9898	Vorsteuer in den Verbindlichkeiten aus verschiedenen Kosten (EÜR)
		KU	9899	Gegenkonto 9896-9897 für die Aufteilung der Vorsteuer (EÜR)
		NEU KU	9900	Umsatzsteuer nicht fällig – sonstige Erlöse (EÜR)
		NEU KU	9901	Gegenkonto zu 9900
		NEU KU	9902	Umsatzsteuer in den Forderungen aus sonstigen Erlösen (EÜR)
				Statistische Konten zu § 4 (4a) EStG
		KU	9910	Gegenkonto zur Minderung der Entnahmen § 4 (4a) EStG
		KU	9911	Minderung der Entnahmen § 4 (4a) EStG (Haben)
		KU	9912	Erhöhung der Entnahmen § 4 (4a) EStG
		KU	9913	Gegenkonto zur Erhöhung der Entnahme§ 4 (4a) EStG (Haben)
		NEU KU	9914	Hinzurechnung Investitionsabzugsbetrag § 7g Abs. 2 EStG aus dem 4. vorange-gangen Wirtschaftsjahr, außerbilanziell
		NEU KU	9915	Rückgängigmachung Investitionsabzugs-betrag § 7g Abs. 3 und 4 EStG aus dem 4. vorangegangen Wirtschaftsjahr
				Statistische Konten für den außerhalb der Bilanz zu berücksichtigenden Investitionsabzugsbetrag nach § 7g EStG
		KU	9916	Hinzurechnung Investitionsabzugsbetrag § 7g Abs. 2 EStG aus dem 2. vorange-gangenen Wirtschaftsjahr, außerbilanziell (Haben)
		KU	9917	Hinzurechnung Investitionsabzugsbetrag § 7g Abs. 2 EStG aus dem 3. vorange-gangenen Wirtschaftsjahr, außerbilanziell (Haben)
		KU	9918	Rückgängigmachung Investitionsabzugs-betrag § 7g Abs. 3 und 4 EStG aus dem 2. vorangegangenen Wirtschaftsjahr

9 Vortrags-, Kapital- und statistische Konten

HGB-Posten nach § 266 u. § 275 HGB	E-Bilanz Taxonomie	Funktionen	Konto	Beschriftung
				SKR03 2021
		KU	9919	Rückgängigmachung Investitionsabzugsbetrag § 7g Abs. 3 und 4 EStG aus dem 3. vorangegangenen Wirtschaftsjahr
				Ausstehende Einlagen
Nicht eingeforderte ausstehende Einlagen persönlich haftende Gesellschafter	Nicht eingeforderte ausstehende Einlagen persönlich haftende Gesellschafter	KU F	9920	Ausstehende Einlagen auf das Komplementär-Kapital, nicht eingefordert
		KU R	9921 –9929	Buchungssperre
Eingeforderte noch ausstehende Einlagen	Eingeforderte noch ausstehende Kapitaleinlagen persönlich haftender Gesellschafter	KU F	9930	Ausstehende Einlagen auf das Komplementär-Kapital, eingefordert
		KU R	9931 –9939	Buchungssperre
Nicht eingeforderte ausstehende Einlagen Kommanditisten	Nicht eingeforderte ausstehende Einlagen der Kommanditisten	KU F	9940	Ausstehende Einlagen auf das Kommandit-Kapital, nicht eingefordert
		KU R	9941 –9949	Buchungssperre
Eingeforderte noch ausstehende Einlagen	Eingeforderte noch ausstehende Kapitaleinlagen Kommanditisten	KU F	9950	Ausstehende Einlagen auf das Kommandit-Kapital, eingefordert
		KU R	9951 –9959	Buchungssperre
				Konten zu Bewertungskorrekturen
Forderungen aus Lieferungen und Leistungen	Forderungen aus Lieferungen und Leistungen	KU	9960	Bewertungskorrektur zu Forderungen aus Lieferungen und Leistungen
Sonstige Verbindlichkeiten	Übrige sonstige Verbindlichkeiten	KU	9961	Bewertungskorrektur zu sonstigen Verbindlichkeiten
Kassenbestand, Bundesbankguthaben, Guthaben bei Kreditinstituten und Schecks	Guthaben bei Kreditinstituten	KU	9962	Bewertungskorrektur zu Guthaben bei Kreditinstituten
Verbindlichkeiten gegenüber Kreditinstituten	Verbindlichkeiten gegenüber Kreditinstituten	KU	9963	Bewertungskorrektur zu Verbindlichkeiten gegenüber Kreditinstituten
Verbindlichkeiten aus Lieferungen und Leistungen	Verbindlichkeiten aus Lieferungen und Leistungen	KU	9964	Bewertungskorrektur zu Verbindlichkeiten aus Lieferungen und Leistungen
Sonstige Vermögensgegenstände	Übrige sonstige Vermögensgegenstände/ nicht zuordenbare sonstige Vermögensgegenstände	KU	9965	Bewertungskorrektur zu sonstigen Vermögensgegenständen
				Statistische Konten für den außerhalb der Bilanz zu berücksichtigenden Investitionsabzugsbetrag nach § 7g EStG
		KU	9970	Investitionsabzugsbetrag § 7g Abs. 1 EStG, außerbilanziell (Soll)
		KU	9971	Investitionsabzugsbetrag § 7g Abs. 1 EStG, außerbilanziell (Haben) – Gegenkonto zu 9970
		KU	9972	Hinzurechnung Investitionsabzugsbetrag § 7g Abs. 2 EStG, aus dem vorangegangenen Wirtschaftsjahr, außerbilanziell (Haben)

9 Vortrags-, Kapital- und statistische Konten

HGB-Posten nach § 266 u. § 275 HGB	E-Bilanz Taxonomie	Funktionen	Konto	SKR03 2021 Beschriftung
		KU	9973	Hinzurechnung Investitionsabzugsbetrag § 7g Abs. 2 EStG, aus dem vorangegangenen Wirtschaftsjahren, außerbilanziell Soll) – Gegenkonto zu 9972, 9914,9916, 9917
		KU	9974	Rückgängigmachung Investitionsabzugsbetrag § 7g Abs. 3 und 4 EStG im vorangegangenen Wirtschaftsjahr
		KU	9975	Rückgängigmachung Investitionsabzugsbetrag § 7g Abs. 3 und 4 EStG im vorangegangenen Wirtschaftsjahren früheren Abzugsjahr – Gegenkonto zu 9974, 9915, 9918, 9919
				Statistische Konten für die Zinsschranke § 4h EStG/§ 8a KStG
		KU	9976	Nicht abzugsfähige Zinsaufwendungen gemäß § 4h EStG (Haben)
		KU	9977	Nicht abzugsfähige Zinsaufwendungen gemäß § 4h EStG (Soll) – Gegenkonto zu 9976
		KU	9978	Abziehbare Zinsaufwendungen aus Vorjahren gemäß § 4h EStG (Soll)
		KU	9979	Abziehbare Zinsaufwendungen aus Vorjahren gemäß § 4h EStG (Haben) – Gegenkonto zu 9978
				Statistische Konten für den GuV-Ausweis in „Gutschrift bzw. Belastung auf Verbindlichkeitskonten" bei den Zuordnungstabellen für PersHG nach KapCoRiLiG
Gutschrift auf Verbindlichkeitskonten	Gutschrift auf Kapitalkonten der Gesellschafter	KU	9980	Anteil Belastung auf Verbindlichkeitskonten
Gutschrift auf Kapitalkonten		KU	9981	Verrechnungskonto für Anteil Belastung auf Verbindlichkeitskonten
Gutschrift auf Verbindlichkeitskonten		KU	9982	Anteil Gutschrift auf Verbindlichkeitskonten
Gutschrift auf Kapitalkonten		KU	9983	Verrechnungskonto für Anteil Gutschrift auf Verbindlichkeitskonten
				Statistische Konten für die Gewinnkorrektur nach § 60 Abs. 2 EStDV
		KU	9984	Gewinnkorrektur nach § 60 Abs. 2 EStDV – Erhöhung handelsrechtliches Ergebnis durch Habenbuchung – Minderung handelsrechtliches Ergebnis durch Sollbuchung
		KU	9985	Gegenkonto zu 9984
				Statistische Konten für die Korrekturbuchung in der Überleitungsrechnung
		KU	9986	Ergebnisverteilung auf Fremdkapital
		KU	9987	Korrekturkonto für die Überleitungsrechnung
		KU	9989	Gegenkonto zu 9986–9988

9 Vortrags-, Kapital- und statistische Konten				
HGB-Posten nach § 266 u. § 275 HGB	E-Bilanz Taxonomie	SKR03 2021 Funktionen	Konto	Beschriftung
				Statistische Konten für außergewöhnliche und aperiodische Geschäftsvorfälle für Anhangsangaben nach § 285 Nr. 31 und Nr. 32 HGB
		KU	9990	Erträge von außergewöhnlicher Größenordnung oder Bedeutung
		KU	9991	Erträge (aperiodisch)
		KU	9992	Erträge von außergewöhnlicher Größenordnung oder Bedeutung (aperiodisch)
		KU	9993	Aufwendungen von außergewöhnlicher Größenordnung oder Bedeutung
		KU	9994	Aufwendungen (aperiodisch)
		KU	9995	Aufwendungen von außergewöhnlicher Größenordnung oder Bedeutung (aperiodisch)
		KU	9998	Gegenkonto zu 9990-9997
10 Personenkonten				
				Personenkonten
			10000 –69999	Debitoren
			70000 –99999	Kreditoren

DATEV-Kontenrahmen nach dem Bilanzrichtlinien-Gesetz Standardkontenrahmen (SKR) 04 – (Abschlussgliederungsprinzip) mit Positionen der HGB- und E-Bilanz Gültig ab 2021

Kontenfunktionen

Automatische Umsatzsteuerfunktionen
Vom DATEV-System sind bereits etliche Konten im SKR mit Automatikfunktionen zu Umsatzsteuerberechnungen ausgestattet. Wenn Sie den Kontenrahmen zur Hand nehmen, sehen Sie zu Beginn etlicher Kontenklassen eine Box mit Kontenbereichen, markiert durch KU, M oder V. Unmittelbar vor den einzelnen Kontennummern stehen die Buchstaben AM und AV.
Das Kürzel AV vor der Kontonummer bedeutet, dass die Vorsteuer aus dem auf diesem Konto gebuchten Bruttobetrag herausgerechnet und automatisch auf dem Vorsteuerkonto verbucht wird. Das Kürzel AM steht für die automatische Verbuchung der Mehrwertsteuer, wenn Sie die so gekennzeichneten Erlöskonten ansprechen.

Als weitere Kontenfunktionen, eingearbeitet in den DATEV-Kontenrahmen, sind hier zu erwähnen:
USt-Zusatzfunktionen:

KU	=	Keine Umsatzsteuer
V	=	Nur Vorsteuerabzug/Korrektur möglich
M	=	Nur Mehrwertsteuer/Korrektur möglich

Eine Sonderrolle bilden die mit S gekennzeichneten Konten Verbindlichkeiten bzw. Forderungen aus Lieferungen und Leistungen. Da auf diesen Konten automatisch die Salden der Personenkonten erscheinen, können sie als einzige Sammelkonten nicht direkt bebucht werden. Dieser Schutz verhindert eventuelle Differenzen zwischen dem Sachkonto und den entsprechenden Personenkonten.

Ebenfalls nicht bebucht werden können die mit R reservierten Konten. Hier behält sich die DATEV vor, zukünftig Konten mit neuen Merkmalen festzulegen. Beispielsweise wurden viele Konten mit 15 % und 16 % USt für die Umsatzsteuererhöhung in 2007 gesperrt und neu belegt.

Konten mit dem Kürzel F machen auf spezielle Funktionen, z. B. die Abfrage und das Einsteuern in die USt-Voranmeldung oder die Zusammenfassende Meldung aufmerksam.

Der Hinweis „NEU“ markiert die neuen Konten des 2. Halbjahrs 2020 und 2021.

0 Anlagevermögenskonten

HGB-Posten nach § 266 u. § 275 HGB	E-Bilanz Taxonomie	SKR04 2021 Funktionen	Konto	Beschriftung
				Ausstehende Einlagen auf das gezeichnete Kapital
Nicht eingeforderte ausstehende Einlagen – persönlich haftende Gesellschafter	Nicht eingeforderte ausstehende Einlagen – persönlich haftende Gesellschafter	KU F	0050	Ausstehende Einlagen auf das Komplementär-Kapital, nicht eingefordert VH
		KU R	0051 –0059	Buchungssperre
Eingeforderte, noch ausstehende Einlagen	Eingeforderte noch ausstehende Kapitaleinlagen persönlich haftender Gesellschafter	KU F	0060	Ausstehende Einlage auf das Komplementär-Kapital, eingefordert VH
		KU R F	0061 –0069	Buchungssperre
Nicht eingeforderte ausstehende Einlagen – Kommanditisten	Nicht eingeforderte ausstehende Einlagen der Kommanditisten	KU F	0070	Ausstehende Einlage auf das Kommandit-Kapital, nicht eingefordert ZH
		KU R	0071 –0079	Buchungssperre
Eingeforderte, noch ausstehende Einlagen	Eingeforderte noch ausstehende Kapitaleinlagen der Kommanditisten	KU F	0080	Ausstehende Einlage auf das Kommandit-Kapital, eingefordert TH
		KU R	0081 –0089	Buchungssperre
	Rückständige fällige Einzahlungen auf Geschäftsanteile		0090	Rückständige fällige Einzahlungen auf Geschäftsanteile
		R	0095	Buchungssperre
				Anlagevermögen **Immaterielle Vermögensgegenstände**
Entgeltlich erworbene Konzessionen, gewerbliche Schutzrechte und ähnliche Rechte und Werte sowie Lizenzen an solchen Rechten und Werten	Entgeltlich erworbene Konzessionen, gewerbliche Schutz- und ähnliche Rechte und Werte sowie Lizenzen an solchen Rechten und Werten		**0100**	**Entgeltlich erworbene Konzessionen, gewerbliche Schutzrechte und ähnliche Rechte und Werte sowie Lizenzen an solchen Rechten und Werten**
			0110	Konzessionen
			0120	Gewerbliche Schutzrechte
			0130	Ähnliche Rechte und Werte
			0135	EDV-Software
			0140	Lizenzen an gewerblichen Schutzrechten und ähnlichen Rechten und Werten
Selbst geschaffene gewerbliche Schutzrechte und ähnliche Rechte und Werte	Selbst geschaffene gewerbliche Schutzrechte und ähnliche Rechte und Werte		**0143**	**Selbstgeschaffene immaterielle Vermögensgegenstände**
			0144	EDV Software
			0145	Lizenzen und Franchiseverträge
			0146	Konzessionen und gewerbliche Schutzrechte
			0147	Rezepte, Verfahren, Prototypen
			0148	Immaterielle Vermögensgegenstände in Entwicklung
Geschäfts- oder Firmenwert	Geschäfts- oder Firmenwert		**0150**	**Geschäfts- oder Firmenwert**
			0160	**Verschmelzungsmehrwert**
Geleistete Anzahlungen	Geleistete Anzahlungen (immaterielle Vermögensgegenstände)		**0170**	**Geleistete Anzahlungen auf immaterielle Vermögensgegenstände**
			0179	**Anzahlungen auf Geschäfts- oder Firmenwert**

0 Anlagevermögenskonten

HGB-Posten nach § 266 u. § 275 HGB	E-Bilanz Taxonomie	Funktionen	Konto	SKR04 2021 Beschriftung
				Sachanlagen
Grundstücke, grundstücksgleiche Rechte und Bauten einschließlich der Bauten auf fremden Grundstücken	Übrige Grundstücke, nicht zuordenbar		**0200**	**Grundstücke, grundstücksgleiche Rechte und Bauten einschließlich der Bauten auf fremden Grundstücken**
	Grundstücksgleiche Rechte ohne Bauten		0210	Grundstücksgleiche Rechte ohne Bauten
	Unbebaute Grundstücke		0215	Unbebaute Grundstücke
	Grundstücksgleiche Rechte ohne Bauten		0220	Grundstücksgleiche Rechte (Erbbaurecht, Dauerwohnrecht)
	Unbebaute Grundstücke		0225	Grundstücke mit Substanzverzehr
	Bauten auf eigenen Grundstücken und grundstücksgleichen Rechten		0229	Grundstücksanteil häusliches Arbeitszimmer
			0230	Bauten auf eigenen Grundstücken und grundstücksgleichen Rechten
			0235	Grundstückswerte eigener bebauter Grundstücke
			0240	Geschäftsbauten
			0250	Fabrikbauten
			0260	Andere Bauten
			0270	Garagen
			0280	Außenanlagen für Geschäfts-, Fabrik- und andere Bauten
			0285	Hof- und Wegebefestigungen
			0290	Einrichtungen für Geschäfts-, Fabrik- und andere Bauten
			0300	Wohnbauten
			0305	Garagen
			0310	Außenanlagen
			0315	Hof- und Wegebefestigungen
			0320	Einrichtungen für Wohnbauten
			0329	Gebäudeteil häusliches Arbeitszimmer
	Bauten auf fremden Grundstücken		0330	Bauten auf fremden Grundstücken
			0340	Geschäftsbauten
			0350	Fabrikbauten
			0360	Wohnbauten
			0370	Andere Bauten
			0380	Garagen
			0390	Außenanlagen
			0395	Hof- und Wegebefestigungen
			0398	Einrichtungen für Geschäfts-, Fabrik-, Wohn- und andere Bauten
Technische Anlagen und Maschinen	Technische Anlagen und Maschinen		**0400**	**Technische Anlagen und Maschinen**
			0420	Technische Anlagen
			0440	Maschinen
			0450	Transportanlagen und Ähnliches
			0460	Maschinengebundene Werkzeuge
			0470	Betriebsvorrichtungen
Andere Anlagen, Betriebs- und Geschäftsausstattung	Andere Anlagen, Betriebs- und Geschäftsausstattung		**0500**	**Andere Anlagen, Betriebs- und Geschäftsausstattung**
			0510	Andere Anlagen
			0520	PKW
			0540	LKW
			0560	Sonstige Transportmittel
			0620	Werkzeuge

0 Anlagevermögenskonten				
HGB-Posten nach § 266 u. § 275 HGB	**E-Bilanz Taxonomie**	**SKR04 2021**		
		Funktionen	**Konto**	**Beschriftung**
Andere Anlagen, Betriebs- und Geschäftsausstattung	Andere Anlagen, Betriebs- und Geschäftsausstattung		0630	Betriebsausstattung
			0635	Geschäftsausstattung
			0640	Ladeneinrichtung
			0650	Büroeinrichtung
			0660	Gerüst- und Schalungsmaterial
			0670	Geringwertige Wirtschaftsgüter
			0675	Wirtschaftsgüter (Sammelposten)
			0680	Einbauten in fremde Grundstücke
			0690	Sonstige Betriebs- und Geschäftsausstattung
Geleistete Anzahlungen und Anlagen im Bau	Geleistete Anzahlungen und Anlagen im Bau		**0700**	**Geleistete Anzahlungen und Anlagen im Bau**
			0705	Anzahlungen auf Grundstücke und grundstücksgleiche Rechte ohne Bauten
			0710	Geschäfts-, Fabrik- und andere Bauten im Bau auf eigenen Grundstücken
			0720	Anzahlungen auf Geschäfts-, Fabrik- und andere Bauten auf eigenen Grundstücken und grundstücksgleichen Rechten
			0725	Wohnbauten im Bau auf eigenen Grundstücken
			0735	Wohnbauten im Bau auf eigenen Grundstücken und grundstücksgleichen Rechten
			0740	Geschäfts-, Fabrik- und andere Bauten im Bau auf fremden Grundstücken
			0750	Anzahlungen auf Geschäfts-, Fabrik- und andere Bauten auf fremden Grundstücken
			0755	Wohnbauten im Bau auf fremden Grundstücken
			0765	Anzahlungen auf Wohnbauten auf fremden Grundstücken
			0770	Technische Anlagen und Maschinen im Bau
			0780	Anzahlungen auf technische Anlagen und Maschine
			0785	Andere Anlagen, Betriebs- und Geschäftsausstattung im Bau
			0795	Anzahlungen auf andere Anlagen, Betriebs- und Geschäftsausstattung
				Finanzanlagen
Anteile an verbundenen Unternehmen	Anteile an verbundenen Unternehmen, nach Rechtsform nicht zuordenbar		0800	Anteile an verbundenen Unternehmen
	Anteile an Personengesellschaften		0803	Anteile an verbundenen UN, PersG
	Anteile an Kapitalgesellschaften		0804	Anteile an verbundenen UN, KapG
	Anteile an Personengesellschaften		0805	Anteile an herrschender oder mehrheitlich beteiligter Gesellschaft, PersG
	Anteile an Kapitalgesellschaften		0806	Anteile einer GmbH & Co. KG an einer Komplementär-GmbH
			0808	Anteile an herrschender oder mehrheitlich beteiligter Gesellschaft, KapG
	Anteile an verbundenen Unternehmen, nach Rechtsform nicht zuordenbar		0809	Anteile an herrschender oder mit Mehrheit beteiligter Gesellschaft

HGB-Posten nach § 266 u. § 275 HGB	E-Bilanz Taxonomie	SKR04 2021 Funktionen	Konto	Beschriftung
0 Anlagevermögenskonten				
Ausleihungen an verbundene UN	Ausleihungen an verbundene UN, nach Rechtsform nicht zuordenbar		0810	Ausleihungen an verbundene UN, PersG
	Ausleihungen an verbundene UN, soweit PersG		0813	Ausleihungen an verbundene UN, PersG
	Ausleihungen an verbundene UN, soweit KapG		0814	Ausleihungen an verbundene UN, KapG
Ausleihungen an verbundene UN	Ausleihungen an verbundene UN, soweit Einzelunternehmen		0815	Ausleihungen an verbundene UN, Einzelunternehmen
Beteiligungen	Sonstige Beteiligungen, nicht zuordenbar		0820	Beteiligungen
	Beteiligungen an Kapitalgesellschaften		0829	Beteiligung einer GmbH & Co. KG an einer Komplementär GmbH
	Typisch stille Beteiligungen		0830	Typisch stille Beteiligungen
	Atypische stille Beteiligungen		0840	Atypische stille Beteiligungen
	Beteiligungen an Kapitalgesellschaften		0850	Beteiligungen an Kapitalgesellschaften
	Beteiligungen an Personengesellschaften		0860	Beteiligungen an Personengesellschaften
Ausleihungen an UN, mit denen ein Beteiligungsverhältnis besteht	Ausleihungen an UN, mit denen ein Beteiligungsverhältnis besteht, nicht nach Rechtsform zuordenbar		0880	Ausleihungen an UN, mit denen ein Beteiligungsverhältnis besteht
	Ausleihungen an Personengesellschaften		0883	Ausleihungen an UN, mit denen ein Beteiligungsverhältnis, PersG
	Ausleihungen an Kapitalgesellschaften		0885	Ausleihungen an UN, mit denen ein Beteiligungsverhältnis, KapG
Wertpapiere des Anlagevermögens	Wertpapiere des Anlagevermögens		**0900**	**Wertpapiere des Anlagevermögens**
			0910	Wertpapiere mit Gewinnbeteiligungs-ansprüchen, die dem Teileinkünfteverfahren unterliegen
			0920	Festverzinsliche Wertpapiere
Sonstige Ausleihungen	Sonstige Ausleihungen		**0930**	**Sonstige Ausleihungen**
			0940	Darlehen
	--- *(aufzulösender Auffangposten lt. DATEV-E-Bilanz-Zuordnungstabelle):* Ausleihungen an Gesellschafter		0960	Ausleihungen an Gesellschafter
	Ausleihungen an GmbH-Gesellschafter		0961	Ausleihungen an GmbH-Gesellschafter
	Ausleihungen an persönlich haftende Gesellschafter		0962	Ausleihungen an persönlich haftende Gesellschafter
	Ausleihungen an Kommanditisten		0963	Ausleihungen an Kommanditisten
	Ausleihungen an stille Gesellschafter		0964	Ausleihungen an stille Gesellschafter
	Ausleihungen an nahe stehende Personen		0970	Ausleihungen an nahe stehende Personen
Genossenschaftsanteile	Genossenschaftsanteile (langfristiger Verbleib)		**0980**	**Genossenschaftsanteile zum langfristigen Verbleib**
Rückdeckungsansprüche aus Lebensversicherungen zum langfristigen Verbleib	Rückdeckungsansprüche aus Lebensversicherungen zum langfristigen Verbleib		**0990**	**Rückdeckungsansprüche aus Lebensversicherungen zum langfristigen Verbleib**
1 Umlaufvermögenskonten				
				Vorräte
Roh-, Hilfs- und Betriebsstoffe	Roh-, Hilfs- und Betriebsstoffe	**KU**	**1000–1039**	**Roh-, Hilfs- und Betriebsstoffe (Bestand)**
Unfertige Erzeugnisse, unfertige Leistungen	Unfertige Erzeugnisse, unfertige Leistungen	**KU**	**1040–1049**	**Unfertige Erzeugnisse, unfertige Leistungen (Bestand)**
		KU	1050–1079	Unfertige Erzeugnisse

1 Umlaufvermögenskonten

HGB-Posten nach § 266 u. § 275 HGB	E-Bilanz Taxonomie	Funktionen			Konto	SKR04 2021 Beschriftung
Unfertige Erzeugnisse, unfertige Leistungen	Unfertige Erzeugnisse, unfertige Leistungen		KU		1080 –1089	Unfertige Leistungen
In Ausführung befindliche Bauaufträge	Unfertige Erzeugnisse, unfertige Leistungen		KU		1090 –1094	In Ausführung befindliche Bauaufträge
In Arbeit befindliche Aufträge			KU		1095 –1099	In Arbeit befindliche Aufträge
Fertige Erzeugnisse und Waren	Fertige Erzeugnisse und Waren		**KU**		**1100 –1109**	**Fertige Erzeugnisse und Waren (Bestand)**
			KU		**1110 –1139**	**Fertige Erzeugnisse (Bestand)**
			KU		**1140 –1179**	**Waren (Bestand)**
Geleistete Anzahlungen (Vorräte)	Geleistete Anzahlungen (Vorräte)		**V**		**1180**	**Geleistete Anzahlungen auf Vorräte**
			V	AV	1181	Geleistete Anzahlungen 7 % Vorsteuer
		NEU	V	AV	1182	Geleistete Anzahlungen 5 % Vorsteuer
			V	R	1183	Buchungssperre
		NEU	V	AV	1183	Geleistete Anzahlungen 16 % Vorsteuer
			V	R	1183	Buchungssperre
			V	AV	1186	Geleistete Anzahlungen 19 % Vorsteuer
Erhaltene Anzahlungen auf Bestellungen (von Vorräten offen abgesetzt)	Erhaltene Anzahlungen auf Bestellungen (offen aktivisch abgesetzt)		M		1190	Erhaltene Anzahlungen auf Bestellungen (von Vorräten offen abgesetzt)
						Forderungen und sonstige Vermögensgegenstände
Forderungen aus Lieferungen und Leistungen oder Sonstige Verbindlichkeiten	Forderungen aus Lieferungen und Leistungen		**KU**	**S**	**1200**	**Forderungen aus Lieferungen und Leistungen**
			KU	R	1201 –1206	Forderungen aus Lieferungen und Leistungen
			KU	F	1210 –1214	Forderungen aus Lieferungen und Leistungen ohne Kontokorrent
	EÜR – keine E-Bilanz		KU	F	1215	Forderungen aus Lief. und Leist. – allgemeiner Steuersatz
			KU	F	1216	– ermäßigter Steuersatz
			KU	F	1217	Forderungen. aus steuerfreien, nicht steuerbaren L. + L.
			KU	F	1218	Forderungen aus L. + L. gemäß § 24 UStG
			KU	F	1219	Gegenkto Aufteilung der Forderungen L. + L.
			KU	F	1220	Forderungen nach § 11 EStG für § 4/3 EStG
Forderungen aus Lieferungen und Leistungen	Forderungen aus Lieferungen und Leistungen		KU	F	1221	Forderungen aus Lieferungen und Leistungen ohne Kontokorrent – Restlaufzeit bis 1 Jahr
			KU	F	1225	– Restlaufzeit größer 1 Jahr
			KU	F	1230	Wechsel aus Lieferungen u. Leistungen
			KU	F	1231	– Restlaufzeit bis 1 Jahr
			KU	F	1232	– Restlaufzeit größer 1 Jahr
			KU	F	1235	– bundesbankfähig
			KU	F	1240	Zweifelhafte Forderungen
			KU	F	1241	– Restlaufzeit bis 1 Jahr
			KU	F	1245	– Restlaufzeit größer 1 Jahr
			KU		1246	Einzelwertberichtigung auf Forderungen – Restlaufzeit bis zu 1 Jahr
			KU		1247	– Restlaufzeit mehr als 1 Jahr

1 Umlaufvermögenskonten

HGB-Posten nach § 266 u. § 275 HGB	E-Bilanz Taxonomie	SKR04 2021 Funktionen	Konto	Beschriftung
Forderungen aus Lieferungen und Leistungen	Forderungen aus Lieferungen und Leistungen	KU	1248	Pauschalwertberichtigung auf Forderungen – Restlaufzeit bis zu 1 Jahr
		KU	1249	– Restlaufzeit mehr als 1 Jahr
Forderungen aus Lieferungen und Leistungen oder Sonstige Verbindlichkeiten		KU F	1250	Forderungen aus Lieferungen und Leistungen gegen Gesellschafter
		KU F	1251	– Restlaufzeit bis 1 Jahr
		KU F	1255	– Restlaufzeit größer 1 Jahr
Forderungen aus Lieferungen und Leistungen		KU	1258	Gegenkonto sonstige Vermögensgegenstände bei Buchungen über Debitorenkonto
Forderungen aus Lieferungen und Leistungen oder Sonstige Verbindlichkeiten		KU	1259	Gegenkonto 1221–1229,1240–1245, 1250–1257, 1270–1279, 1290–1297 bei Aufteilung Debitorenkonto
Forderungen gegen verbundene Unternehmen	Forderungen gegen verbundene Unternehmen	**KU**	**1260**	**Forderungen gegen verbundene Unternehmen**
		KU	1261	– Restlaufzeit bis 1 Jahr
		KU	1265	– Restlaufzeit größer 1 Jahr
		KU	1266	Besitzwechsel gegen verbundene Unternehmen
		KU	1267	– Restlaufzeit bis 1 Jahr
		KU	1268	– Restlaufzeit größer 1 Jahr
		KU	1269	– bundesbankfähig
		KU F	1270	Forderungen aus Lieferungen und Leistungen gegen verbundene Unternehmen
		KU F	1271	– Restlaufzeit bis 1 Jahr
		KU F	1275	– Restlaufzeit größer 1 Jahr
		KU	1276	Wertberichtigungen auf Forderungen gegen verbundene Unternehmen – Restlaufzeit bis zu 1 Jahr
		KU	1277	– Restlaufzeit mehr als 1 Jahr
Forderungen gegen Unternehmen, mit denen ein Beteiligungsverhältnis besteht	Forderungen gegen Unternehmen, mit denen ein Beteiligungsverhältnis besteht	**KU**	**1280**	**Forderungen gegen Unternehmen, mit denen ein Beteiligungsverhältnis besteht**
		KU	1281	– Restlaufzeit bis 1 Jahr
		KU	1285	– Restlaufzeit größer 1 Jahr
		KU	1286	Besitzwechsel gegen Unternehmen, mit denen ein Beteiligungsverhältnis besteht
		KU	1287	– Restlaufzeit bis 1 Jahr
		KU	1288	– Restlaufzeit größer 1 Jahr
		KU	1289	– bundesbankfähig
		KU F	1290	Forderungen aus Lieferungen und Leistungen gegen Unternehmen, mit denen ein Beteiligungsverhältnis besteht
		KU F	1291	– Restlaufzeit bis 1 Jahr
		KU F	1295	– Restlaufzeit größer 1 Jahr
		KU	1296	Wertberichtigungen auf Forderungen gegen Unternehmen, mit denen ein Beteiligungsverhältnis besteht – Restlaufzeit bis zu 1 Jahr
		KU	1297	– Restlaufzeit mehr als 1 Jahr

1 Umlaufvermögenskonten

HGB-Posten nach § 266 u. § 275 HGB	E-Bilanz Taxonomie	SKR04 2021 Funktionen	Konto	Beschriftung
Eingeforderte, noch ausstehende Kapitaleinlagen	Eingeforderte, noch ausstehende Kapitaleinlagen	**KU**	**1298**	**Ausstehende Einlagen auf das gezeichnete Kapital, eingefordert (Forderungen, nicht eingeforderte ausstehende Einlagen s. Konto 2910)**
Eingeforderte Nachschüsse	Übrige sonstige Vermögensgegenstände/ nicht zuordenbare sonstige Vermögensgegenstände	**KU**	**1299**	**Nachschüsse (Gegenkonto 2929)**
Sonstige Vermögensgegenstände	Übrige sonstige Vermögensgegenstände/ nicht zuordenbare sonstige Vermögensgegenstände	**KU**	**1300**	**Sonstige Vermögensgegenstände**
		KU	1301	– Restlaufzeit bis 1 Jahr
		KU	1305	– Restlaufzeit größer 1 Jahr
	Sonstige Vermögensgegenstände, gegenüber Gesellschafter	Ku	1307	Forderungen gegen GmbH-Gesellschafter
		KU	1308	– Restlaufzeit bis 1 Jahr
		Ku	1309	– Restlaufzeit größer 1 Jahr
	Forderungen und Darlehen an Organmitglieder	KU	1310	Forderungen gegen Vorstandsmitglieder und Geschäftsführer
		KU	1311	– Restlaufzeit bis 1 Jahr
		KU	1315	– Restlaufzeit größer 1 Jahr
		KU	1317	Forderungen gegen persönlich haftende Gesellschafter
		KU	1318	– Restlaufzeit bis 1 Jahr
		KU	1319	– Restlaufzeit größer 1 Jahr
		KU	1320	Forderungen gegen Aufsichtsrats- und Beiratsmitglieder
		KU	1321	– Restlaufzeit bis 1 Jahr
		KU	1325	– Restlaufzeit größer 1 Jahr
		KU	1327	Forderungen gegen Kommanditist, atypisch stille Gesellschafter
		KU	1328	– Restlaufzeit bis 1 Jahr
		KU	1329	– Restlaufzeit größer 1 Jahr
	Sonstige Vermögensgegenstände gegenüber Gesellschafter	KU	1330	Forderungen gegen sonstige Gesellschafter
		KU	1331	– Restlaufzeit bis 1 Jahr
		KU	1335	– Restlaufzeit größer 1 Jahr
	Übrige sonstige Vermögensgegenstände/ nicht zuordenbare sonstige Vermögensgegenstände	KU	1337	Forderungen gegen typisch stille Gesellschafter
		KU	1338	– Restlaufzeit bis 1 Jahr
		KU	1339	– Restlaufzeit größer 1 Jahr
	Forderungen und Darlehen an Mitarbeiter	KU	1340	Forderungen gegen Personal aus Lohn-Gehaltsabrechnung
		KU	1341	– Restlaufzeit bis 1 Jahr
		KU	1345	– Restlaufzeit größer 1 Jahr
	Übrige sonstige Vermögensgegenstände/ nicht zuordenbare sonstige Vermögensgegenstände	KU	1349	Ansprüche aus betrieblicher Altersversorgung und Pensionsansprüche (Mitunternehmer)
		KU	1350	Kautionen
		KU	1351	– Restlaufzeit bis 1 Jahr
		KU	1355	– Restlaufzeit größer 1 Jahr
		KU	1360	Darlehen
		KU	1361	– Restlaufzeit bis 1 Jahr
		KU	1365	– Restlaufzeit größer 1 Jahr
		KU	1369	Forderungen gegenüber Krankenkassen Aufwendungsausgleichsgesetz
Sonstige Vermögensgegenstände oder Sonstige Verbindlichkeiten		KU	1370	Durchlaufende Posten
		KU	1374	Fremdgeld

1 Umlaufvermögenskonten

HGB-Posten nach § 266 u. § 275 HGB	E-Bilanz Taxonomie	SKR04 2021 Funktionen			Konto	Beschriftung
Sonstige Vermögensgegenstände	Übrige sonstige Vermögensgegenstände/ nicht zuordenbare sonstige Vermögensgegenstände		KU		1375	Agenturwarenabrechnung
Sonstige Vermögensgegenstände oder Sonstige Verbindlichkeiten	Umsatzsteuerforderungen		KU	F	1376	Nachträglich abziehbare Vorsteuer, § 15a Abs. 2 UStG
Sonstige Verbindlichkeiten			KU	F	1377	Zurückzuzahlende Vorsteuer, § 15a Abs. 2 UStG
Sonstige Vermögensgegenstände	Rückdeckungsansprüche aus Lebensversicherungen (kurzfristiger Verbleib)		KU		1378	Ansprüche a. Rückdeckungsversicherung
	Übrige sonstige Vermögensgegenstände/ nicht zuordenbare sonstige Vermögens-Gegenstände		KU		1380	VermG zur Erfüllung von Pensionsrückstellungen und ähnlichen Verpflichtungen zum langfristigen Verbleib
Aktiver Unterschiedsbetrag aus der Vermögensverrechnung oder Rückstellungen für Pensionen und ähnliche Verpflichtung.	Aktiver Unterschiedsbetrag aus der Vermögensverrechnung		KU		1381	VermG zur Saldierung mit Pensionsrückstellungen und ähnlichen Verpflichtungen zum langfristigen Verbleib nach § 246 Abs. 2 HGB
Sonstige Vermögensgegenstände	Übrige sonstige Vermögensgegenstände/ nicht zuordenbare sonstige Vermögens-Gegenstände		KU		1382	VermG z. Erfüllung von mit der Altersversorgung vergleichbaren langfristigen Verpflichtungen
Aktiver Unterschiedsbetrag aus der Vermögensverrechnung oder Sonstige Rückstellungen	Aktiver Unterschiedsbetrag aus der Vermögensverrechnung		KU		1383	VermG z. Saldierung mit der Altersversorgung vergleichbaren langfristigen Verpflichtungen
Sonstige Vermögensgegenstände	Übrige sonstige Vermögensgegenstände/ nicht zuordenbare sonstige Vermögens-Gegenstände		KU		1390	GmbH-Anteile zum kurzfristigen Verbleib
	Forderungen gg. Arbeitsgemeinschaften		KU		1391	Forderungen gg. Arbeitsgemeinschaften
	Genussrechte		KU		1393	Genussrechte
	Einzahlungsansprüche zu Nebenleistung. oder Zuzahlungen		KU		1394	Einzahlungsansprüche zu Nebenleistung. oder Zuzahlungen
	Genossenschaftsanteile (kurzfristiger Verbleib)		KU		1395	Genossenschaftsanteile z. kurzfristigen Verbleib
Sonstige Vermögensgegenstände oder Sonstige Verbindlichkeiten	Umsatzsteuerforderungen		KU	F	1396	Nachträglich abziehbare Vorsteuer, § 15a Abs. 1 UStG, bewegliche Wirtschaftsgüter
			KU	F	1397	Zurückzuzahlende Vorsteuer, § 15a Abs. 1 UStG, bewegliche Wirtschaftsgüter
			KU	F	1398	Nachträglich abziehbare Vorsteuer, § 15a Abs. 1 UStG, unbewegliche Wirtschaftsgüter
			KU	F	1399	Zurückzuzahlende Vorsteuer, § 15a Abs. 1 UStG, unbewegliche Wirtschaftsgüter
			KU	S	1400	Abziehbare Vorsteuer
			KU	S	1401	Abziehbare Vorsteuer 7 %
			KU	S	1402	Abziehbare Vorsteuer aus innergemeinschaftlichem Erwerb
		NEU	KU	S	1403	Abziehbare Vorsteuer 5 %
			KU	S	1404	Abziehbare Vorsteuer aus innergemeinschaftlichem Erwerb 19 %
		NEU	KU	S	1405	Abziehbare Vorsteuer 16 %
			KU	S	1406	Abziehbare Vorsteuer 19 %
			KU	S	1407	Abziehbare Vorsteuer § 13b UStG 19 %
			KU	S	1408	Abziehbare Vorsteuer § 13b UStG

1 Umlaufvermögenskonten

HGB-Posten nach § 266 u. § 275 HGB	E-Bilanz Taxonomie	Funktionen	Konto	Beschriftung
				SKR04 2021
Sonstige Vermögensgegenstände oder Sonstige Verbindlichkeiten	Umsatzsteuerforderungen	NEU KU S	1409	Abziehbare Vorsteuer nach § 13b UStG 16 %
		KU S	1410	Aufzuteilende Vorsteuer
		KU S	1411	Aufzuteilende Vorsteuer 7 %
		KU S	1412	Aufzuteilende Vorsteuer aus innergemeinschaftlichem Erwerb
		KU S	1413	Aufzuteilende Vorsteuer aus innergemeinschaftlichem Erwerb 19 %
		NEU KU S	1414	Aufzuteilende Vorsteuer 5 %
		NEU KU S	1415	Aufzuteilende Vorsteuer 16 %
		KU S	1416	Aufzuteilende Vorsteuer 19 %
		KU S	1417	Aufzuteilende Vorsteuer nach § 13a und 13b UStG
		NEU KU S	1418	Aufzuteilende Vorsteuer nach § 13a und 13b UStG 16%
		KU S	1419	Aufzuteilende Vorsteuer nach § 13a und 13b UStG 19 %
Sonstige Vermögensgegenstände		KU	1420	Forderungen aus Umsatzsteuervorauszahlungen
Sonstige Vermögensgegenstände oder Sonstige Verbindlichkeiten		KU	1421	USt-Forderungen laufendes Jahr
Sonstige Vermögensgegenstände		KU	1422	USt-Forderungen Vorjahr
		KU	1425	USt-Forderungen frühere Jahre
	Andere Forderungen gegen Finanzbehörden	KU	1427	Forderungen aus entrichteten Verbrauchsteuern
Sonstige Vermögensgegenstände oder Sonstige Verbindlichkeiten	Umsatzsteuerforderungen	KU S	1431	Abziehbare Vorsteuer, Auslagerung von Gegenständen aus USt-Lager
		KU S	1432	Vorsteuer EG-Erwerb neue Kfz ohne UStID Abziehbare Vorsteuer aus innergemeinschaftlichem Erwerb von Neufahrzeugen von Lieferanten ohne USt-IdNr.
		KU F	1433	Bezahlte Einfuhrumsatzsteuer
Sonstige Vermögensgegenstände		KU S	1434	Vorsteuer im Folgejahr abziehbar
	Gewerbesteuerüberzahlung	KU	1435	Forderung aus Gewerbesteuerüberzahlung
Sonstige Vermögensgegenstände oder Sonstige Verbindlichkeiten	Umsatzsteuerforderungen	KU S	1436	Vorsteuer letzter Abnehmer Dreiecksgeschäft
Sonstige Vermögensgegenstände	Übrige sonstige Vermögensgegenstände/ nicht zuordenbare sonstige Vermögensgegenstände	KU	1440	Steuererstattungsansprüche gegenüber anderen Ländern
	Körperschaftsteuerüberzahlungen	KU	1450	Körperschaftsteuerrückforderung
		KU R	1452 –1453	Buchungssperre
	Andere Forderungen gegen Finanzbehörden	KU F	1456	Forderungen an FA aus abgeführtem Bauabzug
	Übrige sonstige Vermögensgegenstände/ nicht zuordenbare sonstige Vermögensgegenstände	KU	1457	Forderg. gegen Bundesagentur für Arbeit
Sonstige Vermögensgegenstände oder Sonstige Verbindlichkeiten		KU F	1460	Geldtransit
	EÜR – keine E-Bilanz	KU	1480	Gegenkonto Vorsteuer § 4 Abs. 3 EStG
		KU	1481	Auflösung Vorsteuer Vorjahr § 4 Abs. 3 EStG
		KU	1482	Vorsteuer aus Investition. § 4 Abs. 3 EStG
		KU	1483	Gegenkto. Vorsteuer Durchschnittssätze, § 4 Abs. 3 EStG

1 Umlaufvermögenskonten

HGB-Posten nach § 266 u. § 275 HGB	E-Bilanz Taxonomie	Funktionen	Konto	SKR04 2021 Beschriftung
Sonstige Vermögensgegenstände oder Sonstige Verbindlichkeiten	Umsatzsteuerforderungen	KU F	1484	Vorsteuer nach allgemeinen Durchschnittssätzen, UStVA Kz. 63
	EÜR – keine E-Bilanz	KU R	1485	Buchungssperre
		KU F	1486	Gewinnerm., § 4 Abs. 3 EStG, nicht ergebniswirksam
		V	1487	Wirtschaftsgüter Umlaufvermögen § 4 Abs. 3 EStG
	Übrige sonstige Vermögensgegenstände/ nicht zuordenbare sonstige Vermögensgegenstände	KU F	1490	Verrechnung Ist-Versteuerung
	EÜR – keine E-Bilanz	K F	1491	Neutralisierung ertragswirksamer Sachverhalte für § 4 Abs. 3 EStG
	Forderungen gegen Gesellschaft/Gesamthand	KU	1494	Forderungen gegen Gesellschaft/ Gesamthand
Sonstige Verbindlichkeiten	Übrige sonstige Verbindlichkeiten	KU F	1495	Verrechnung erhaltene Anzahlungen bei Buchung über Debitorenkonto
Sonstige Vermögensgegenstände oder Sonstige Verbindlichkeiten	Übrige sonstige Vermögensgegenstände/ nicht zuordenbare sonstige Vermögensgegenstände	KU F	1498	Überleitung Kostenstellen
				Wertpapiere
Anteile an verbundenen Unternehmen	Anteile an verbundenen Unternehmen (Umlaufvermögen)	**KU**	**1500**	**Anteile an verbundenen Unternehmen (Umlaufvermögen)**
		KU	**1504**	**Anteile an herrschender oder mit Mehrheit beteiligter Gesellschaft**
Sonstige Wertpapiere	Sonstige/nicht zuordenbare Wertpapiere des Umlaufvermögens	**KU**	**1510**	**Sonstige Wertpapiere**
		KU	1520	Finanzwechsel
		KU	1525	Andere Wertpapiere mit unwesentlichen Wertschwankungen im Sinne Textziffer 18 DRS 2
		KU	1530	Wertpapieranlagen im Rahmen der kurzfristigen Finanzdisposition
				Kassenbestand, Bundesbankguthaben, Guthaben bei Kreditinstituten und Schecks
Kassenbestand, Bundesbankguthaben, Guthaben bei Kreditinstituten und Schecks	Schecks	**KU F**	**1550**	**Schecks**
	Kasse	**KU F**	**1600**	**Kasse**
		KU F	1610	Nebenkasse 1
		KU F	1620	Nebenkasse 2
Kassenbestand, Bundesbankguthaben, Guthaben bei Kreditinstituten und Schecks oder Verbindlichkeiten gegenüber Kreditinstituten	Guthaben bei Kreditinstituten	**KU F**	**1700**	**Bank (Postbank)**
		KU F	1710	Bank (Postbank 1)
		KU F	1720	Bank (Postbank 2)
		KU F	1730	Bank (Postbank 3)
	Bundesbankguthaben	KU F	1780	LZB-Guthaben
		KU F	1790	Bundesbankguthaben
	Guthaben bei Kreditinstituten	KU F	**1800**	**Bank**
		KU F	1810	Bank 1
		KU F	1820	Bank 2
		KU F	1830	Bank 3
		KU F	1840	Bank 4
		KU F	1850	Bank 5
		KU R	1889	Buchungssperre

1 Umlaufvermögenskonten

HGB-Posten nach § 266 u. § 275 HGB	E-Bilanz Taxonomie	Funktionen	Konto	SKR04 2021 Beschriftung
Guthaben bei Kreditinstituten und Schecks oder Verbindlichkeiten gegenüber Kreditinstituten	Guthaben bei Kreditinstituten	KU	1890	Finanzmittelanlagen im Rahmen kurzfristiger Finanzdisposition (nicht im Finanzmittelfonds enthalten)
Verbindlichkeiten gegenüber Kreditinstituten oder Kassenbestand, Bundesbankguthaben, Guthaben bei Kreditinstituten und Schecks	Verbindlichkeiten gegenüber Kreditinstituten	KU	1895	Verbindlichkeiten gegenüber (nicht im Finanzmittelfonds enthalten)
				Abgrenzungsposten
Aktiver Rechnungsabgrenzungsposten	Aktive Rechnungsabgrenzungsposten		**1900**	**Aktive Rechnungsabgrenzung**
			1920	Als Aufwand berücksichtigte Zölle und Verbrauchsteuern auf Vorräte
			1930	Als Aufwand berücksichtigte Umsatzsteuer auf Anzahlungen
			1940	Damnum/Disagio
Aktive latente Steuern	Aktive latente Steuern		**1950**	**Aktive latente Steuern**

2 Eigenkapitalkonten/Fremdkapitalkonten

HGB-Posten nach § 266 u. § 275 HGB	E-Bilanz Taxonomie	Funktionen	Konto	SKR04 2021 Beschriftung
				Kapital **Eigenkapital** **Vollhafter/Einzelunternehmer**
Anfangskapital	Anfangskapital [Privatkonto, Passivseite] Kapitalanteile persönlich haftender Gesellschafter/Einzelunternehmer	KU F	2000	Festkapital VH
		KU F	2001 –2009	Kapital (fester Anteil nur Einzelunternehmen)
		KU F	2010	Variables Kapital VH
		KU F	2011 –2019	Kapital (variabler Anteil nur Einzelunternehmen)
				Fremdkapital **Vollhafter**
Verbindlichkeiten gegenüber persönlich haftenden Gesellschaftern	Verbindlichkeiten gegenüber persönlich haftenden Gesellschaftern	KU F	2020	Gesellschafter-Darlehen VH
		KU R	2021 –2029	Buchungssperre
				Eigenkapital **Einzelunternehmer**
		KU	2030 –2049	(zur freien Verfügung)
				Eigenkapital **Teilhafter**
Kapitalanteil Kommanditisten (KapCo)	Kapitalanteile der Kommanditisten	KU F	2050	Kommandit-Kapital TH
		KU R	2051 –2059	Buchungssperre
		KU F	2060	Verlustausgleichskonto TH
		KU R	2061 –2069	Buchungssperre
				Fremdkapital **Teilhafter**
Verbindlichkeiten gegenüber Kommanditisten	Verbindlichkeiten gegenüber Kommanditisten	KU F	2070	Gesellschafter-Darlehen
		KU R	2071 –2079	Buchungssperre

2 Eigenkapitalkonten/Fremdkapitalkonten

HGB-Posten nach § 266 u. § 275 HGB	E-Bilanz Taxonomie	Funktionen	Konto	SKR04 2021 Beschriftung
				Eigenkapital Teilhafter (keine Abfrage)
		KU R	2080 –2099	Buchungssperre
				Privat (Eigenkapital) Vollhafter/Einzelunternehmer
Entnahmen	Entnahmen [Privatkonto, Passivseite] persönlich haftender Gesellschafter/Einzelunternehmer	KU F	2100	Privatentnahmen allgemein VH
		KU F	2101 –2109	Privatentnahmen allgemein (nur Einzelunternehmen)
		KU F	2110	Privatentnahmen allgemein VH
		KU F	2111 –2119	Privatentnahmen allgemein (nur Einzelunternehmen)
		KU F	2120	Privatentnahmen allgemein VH
		KU F	2121 –2129	Privatentnahmen allgemein (nur Einzelunternehmen)
	Kapitalanteile persönlich haftender Gesellschafter/Einzelunternehmer	KU F	2130	Unentgeltliche Wertabgaben VH
		KU F	2131 –2139	Unentgeltliche Wertabgaben (nur Einzelunternehmen)
		KU F	2140	Unentgeltliche Wertabgaben VH
		KU F	2141 –2149	Unentgeltliche Wertabgaben (nur Einzelunternehmen)
		KU F	2150	Privatsteuern VH
		KU F	2151 –2159	Privatsteuern (nur Einzelunternehmen)
		KU F	2160	Privatsteuern VH
		KU F	2161 –2169	Privatsteuern (nur Einzelunternehmen)
		KU F	2170	Privatsteuern VH
		KU F	2171 –2179	Privatsteuern (nur Einzelunternehmen)
		KU F	2180	Privateinlagen VH
		KU F	2181 –2189	Privateinlagen (nur Einzelunternehmen)
		KU F	2190	Privateinlagen VH
		KU F	2191 –2199	Privateinlagen (nur Einzelunternehmen)
		KU F	2200	Sonderausgaben beschränkt abzugsfähig VH
		KU F	2201 –2209	Sonderausgaben beschränkt abzugsfähig (nur Einzelunternehmen)
		KU F	2210	Sonderausgaben beschränkt abzugsfähig VH
		KU F	2211 –2219	Sonderausgaben beschränkt abzugsfähig (nur Einzelunternehmen)
		KU F	2220	Sonderausgaben beschränkt abzugsfähig abzugsfähig VH
		KU F	2221 –2229	Sonderausgaben beschränkt abzugsfähig (nur Einzelunternehmen)
		KU F	2230	Sonderausgaben unbeschränkt abzugsfähig VH
		KU F	2231 –2239	Sonderausgaben unbeschränkt abzugsfähig (nur Einzelunternehmen)

2 Eigenkapitalkonten/Fremdkapitalkonten					
HGB-Posten nach § 266 u. § 275 HGB	E-Bilanz Taxonomie	SKR04 2021			
		Funktionen		Konto	Beschriftung
Entnahmen	Kapitalanteile persönlich haftender Gesellschafter/Einzelunternehmer	KU	F	2240	Sonderausgaben unbeschränkt abzugsfähig VH
		KU	F	2241 –2249	Sonderausgaben unbeschränkt abzugsfähig (nur Einzelunternehmen)
		KU	F	2250	Zuwendungen, Spenden VH
		KU	F	2251 –2259	Zuwendungen, Spenden (nur Einzelunternehmen)
		KU	F	2260	Zuwendungen, Spenden VH
		KU	F	2261 –2269	Zuwendungen, Spenden (nur Einzelunternehmen)
		KU	F	2270	Zuwendungen, Spenden VH
		KU	F	2271 –2279	Zuwendungen, Spenden (nur Einzelunternehmen)
		KU	F	2280	Außergewöhnliche Belastungen VH
		KU	F	2281 –2289	Außergewöhnliche Belastungen (nur Einzelunternehmen)
		KU	F	2290	Außergewöhnliche Belastungen VH
		KU	F	2291 –2299	Außergewöhnliche Belastungen (nur Einzelunternehmen)
	Entnahmen [Privatkonto, Passivseite] Kapitalanteile persönlich haftender Gesellschafter/Einzelunternehmer	KU	F	2300	Grundstücksaufwand VH
		KU	F	2301 –2308	Grundstücksaufwand (nur Einzelunternehmen)
		V		2309	Grundstücksaufwand (Umsatzsteuerschlüssel möglich, nur Einzelunternehmen)
		KU	F	2310	Grundstücksaufwand
		KU	F	2311 –2318	Grundstücksaufwand (nur Einzelunternehmen)
		V		2319	Grundstücksaufwand (Umsatzsteuerschlüssel möglich, nur Einzelunternehmen)
		KU	F	2320	Grundstücksaufwand
		KU	F	2321 –2328	Grundstücksaufwand (nur Einzelunternehmen)
		V		2329	Grundstücksaufwand (Umsatzsteuerschlüssel möglich, nur Einzelunternehmen)
		KU	F	2330	Grundstücksaufwand
		KU	F	2331 –2338	Grundstücksaufwand (nur Einzelunternehmen)
		V		2339	Grundstücksaufwand (Umsatzsteuerschlüssel möglich, nur Einzelunternehmen)
		KU	F	2340	Grundstücksaufwand
		KU	F	2341 –2348	Grundstücksaufwand (nur Einzelunternehmen)
		V		2349	Grundstücksaufwand (Umsatzsteuerschlüssel möglich, nur Einzelunternehmen)
Einlagen		KU	F	2350	Grundstücksertrag
		KU	F	2351 –2358	Grundstücksertrag (nur Einzelunternehmen)

2 Eigenkapitalkonten/Fremdkapitalkonten

HGB-Posten nach § 266 u. § 275 HGB	E-Bilanz Taxonomie	SKR04 2021 Funktionen		Konto	Beschriftung
Einlagen	Entnahmen [Privatkonto, Passivseite] Kapitalanteile persönlich haftender Gesellschafter/Einzelunternehmer	M		2359	Grundstücksertrag (Umsatzsteuerschlüssel möglich, nur Einzelunternehmen)
		KU	F	2360	Grundstücksertrag
		KU	F	2361 –2368	Grundstücksertrag (nur Einzelunternehmen)
		M		2369	Grundstücksertrag (Umsatzsteuerschlüssel möglich, nur Einzelunternehmen)
		KU	F	2370	Grundstücksertrag
		KU	F	2371 –2378	Grundstücksertrag (nur Einzelunternehmen)
		M		2379	Grundstücksertrag (Umsatzsteuerschlüssel möglich, nur Einzelunternehmen)
		KU	F	2380	Grundstücksertrag
		KU	F	2381 –2388	Grundstücksertrag (nur Einzelunternehmen)
		M		2389	Grundstücksertrag (Umsatzsteuerschlüssel möglich, nur Einzelunternehmen
		KU	F	2390	Grundstücksertrag
		KU	F	2391 –2398	Grundstücksertrag (nur Einzelunternehmen)
		M		2399	Grundstücksertrag (Umsatzsteuerschlüssel möglich, nur Einzelunternehmen)
					Privat (Fremdkapital) Teilhafter
Verbindlichkeiten gegenüber Kommanditisten	Verbindlichkeiten gegenüber Kommanditisten	KU	F	2500	Privatentnahmen allgemein TH
		KU	R	2501 –2509	Buchungssperre
		KU	F	2510	Privatentnahmen allgemein TH
		KU	R	2511 –2519	Buchungssperre
		KU	F	2520	Privatentnahmen allgemein TH
		KU	R	2521 –2529	Buchungssperre
		KU	F	2530	Unentgeltliche Wertabgaben TH
		KU	R	2531 –2539	Buchungssperre
		KU	F	2540	Unentgeltliche Wertabgaben TH
		KU	R	2541 –2549	Buchungssperre
		KU	F	2550	Privatsteuern TH
		KU	R	2551 –2559	Buchungssperre
		KU	F	2560	Privatsteuern TH
		KU	R	2561 –2569	Buchungssperre
		KU	F	2570	Privatsteuern TH
		KU	R	2571 –2579	Buchungssperre

2 Eigenkapitalkonten/Fremdkapitalkonten					
HGB-Posten nach § 266 u. § 275 HGB	E-Bilanz Taxonomie	SKR04 2021			
		Funktionen		Konto	Beschriftung
Verbindlichkeiten gegenüber Kommanditisten	Verbindlichkeiten gegenüber Kommanditisten	KU	F	2580	Privateinlagen TH
		KU	R	2581 –2589	Buchungssperre
		KU	F	2590	Privateinlagen TH
		KU	R	2591 –2599	Buchungssperre
		KU	F	2600	Sonderausgaben, beschränkt abzugsfäig TH
		KU	R	2601 –2609	Buchungssperre
		KU	F	2610	Sonderausgaben, beschränkt abzugsfäig TH
		KU	R	2611 –2619	Buchungssperre
		KU	F	2620	Sonderausgaben, beschränkt abzugsfäig TH
		KU	R	2621 –2629	Buchungssperre
		KU	F	2630	Sonderausgaben, unbeschränkt abzugsfähig TH
		KU	R	2631 –2639	Buchungssperre
		KU	F	2640	Sonderausgaben, unbeschränkt abzugsfähig TH
		KU	R	2641 –2649	Buchungssperre
		KU	F	2650	Zuwendungen, Spenden TH
		KU	R	2651 –2659	Buchungssperre
		KU	F	2660	Zuwendungen, Spenden TH
		KU	R	2661 –2669	Buchungssperre
		KU	F	2670	Zuwendungen, Spenden TH
		KU	R	2671 –2679	Buchungssperre
		KU	F	2680	Außergewöhnliche Belastungen TH
		KU	R	2681 –2689	Buchungssperre
		KU	F	2690	Außergewöhnliche Belastungen TH
		KU	R	2691 –2699	Buchungssperre
		KU	F	2700	Grundstücksaufwand TH
		KU	R	2701 –2709	Buchungssperre
		KU	F	2710	Grundstücksaufwand TH
		KU	R	2711 –2719	Buchungssperre
		KU	F	2720	Grundstücksaufwand TH
		KU	R	2721 –2729	Buchungssperre
		KU	F	2730	Grundstücksaufwand TH
		KU	R	2731 –2739	Buchungssperre
		KU	F	2740	Grundstücksaufwand TH

2 Eigenkapitalkonten/Fremdkapitalkonten

HGB-Posten nach § 266 u. § 275 HGB	E-Bilanz Taxonomie	Funktionen	Konto	Beschriftung
				SKR04 2021
Verbindlichkeiten gegenüber Kommanditisten	Verbindlichkeiten gegenüber Kommanditisten	KU R	2741 –2749	Buchungssperre
		KU F	2750	Grundstücksertrag TH
		KU R	2751 –2759	Buchungssperre
		KU F	2760	Grundstücksertrag TH
		KU R	2761 –2769	Buchungssperre
		KU F	2770	Grundstücksertrag TH
		KU R	2771 –2779	Buchungssperre
		KU F	2780	Grundstücksertrag TH
		KU R	2781 –2789	Buchungssperre
		KU F	2790	Grundstücksertrag TH
		KU R	2791 –2799	Buchungssperre
				Gezeichnetes Kapital
Gezeichnetes Kapital	Gezeichnetes Kapital (KapG)	**KU**	**2900**	**Gezeichnetes Kapital**
	Geschäftsguthaben der Genossen, davon Geschäftsguthaben der verbleibenden Mitglieder		2901	Geschäftsguthaben der verbleibenden Mitglieder
	Geschäftsguthaben der Genossen, davon Geschäftsguthaben der mit Ablauf des Geschäftsjahres ausgeschiedenen Mitglieder		2902	Geschäftsguthaben der ausscheidenden Mitglieder
	Geschäftsguthaben der Genossen, davon Geschäftsguthaben aus gekündigten Geschäftsanteilen		2903	Geschäftsguthaben aus gekündigten Geschäftsanteilen
	Geschäftsguthaben der Genossen, davon rückständige fällige Einzahlungen auf Geschäftsanteile, vermerkt		2906	Rückständige fällige Einzahlungen auf Geschäftsanteile, vermerkt
	Geschäftsguthaben, Zuführungen/ Minderungen		2907	Gegenkonto Rückständige fällige Einzahlungen auf Geschäftsanteile, vermerkt
		KU	2908	Kapitalerhöhung aus Gesellschaftsmittel
Eigene Anteile	Eigene Anteile – offen vom Gezeichneten Kapital abgesetzt	KU	2909	Erworbene eigene Anteile
Nicht eingeforderte ausstehende Einlagen	nicht eingeforderte ausstehende Einlagen (offen passivisch abgesetzt)	KU	2910	Ausstehende Einlage auf das gezeichnete Kapital, nicht eingefordert (Passivausweis, vom gezeichneten Kapital offen abgesetzt; eingeforderte ausstehende Einlagen s. Konten 1298)
				Kapitalrücklage
Kapitalrücklage	Kapitalrücklage	**KU**	**2920**	**Kapitalrücklage**
		KU	2925	Kapitalrücklage durch Ausgabe von Anteilen über Nennbetrag
		KU	2926	Kapitalrücklage durch Ausgabe von Schuldverschreibungen für Wandlungsrechte und Optionsrechte zum Erwerb von Anteilen
		KU	2927	Kapitalrücklage durch Zuzahlungen gegen Gewährung eines Vorzugs für Anteile

2 Eigenkapitalkonten/Fremdkapitalkonten

HGB-Posten nach § 266 u. § 275 HGB	E-Bilanz Taxonomie	Funktionen		Konto	SKR04 2021 Beschriftung
Kapitalrücklage	Kapitalrücklage	KU		2928	Kapitalrücklage durch Zuzahlungen in das Eigenkapital
		KU		2929	Eingefordertes Nachschusskapital Gegenkonto 1299
					Gewinnrücklagen
Gesetzliche Rücklage	Gesetzliche Rücklage	**KU**		**2930**	**Gesetzliche Rücklage**
Rücklage für Anteile an einem herrschenden oder mehrheitlich beteiligten Unternehmen	Rücklage für Anteile an einem herrschenden oder mehrheitlich beteiligten Unternehmen	KU		2935	Rücklage für Anteile an einem herrschenden oder mehrheitlich beteiligten Unternehmen
	Andere Ergebnisrücklagen	KU		2937	Andere Ergebnisrücklagen
Satzungsmäßige Rücklagen	Satzungsmäßige Rücklagen	**KU**		**2950**	**Satzungsmäßige Rücklagen**
	Rücklagen (gesamthänderisch gebunden)	KU	F	2959	Gesamthänderisch gebundene Rücklagen (Kapitalkontenentwicklung)
Andere Gewinnrücklagen	Andere Gewinnrücklagen	**KU**		**2960**	**Andere Gewinnrücklagen**
		KU		2961	Andere Gewinnrücklagen aus dem Erwerb eigener Anteile
		KU		2962	Eigenkapitalanteil von Wertaufholungen
		KU		2963	Gewinnrücklagen aus Übergangsvorschriften BilMoG
		KU		2964	Gewinnrücklagen aus Übergangsvorschriften BilMoG (Zuschreibung Sachanlagevermögen)
		KU		2965	Gewinnrücklagen aus Übergangsvorschriften BilMoG (Zuschreibung Finanzanlagevermögen)
		KU		2966	Gewinnrücklagen aus Übergangsvorschriften BilMoG (Auflösung der Sonderposten mit Rücklageanteil)
		KU		2967	Latente Steuern (Gewinnrücklage Haben) aus erfolgsneutralen Verrechnungen
		KU		2968	Latente Steuern (Gewinnrücklage Soll) aus erfolgsneutralen Verrechnungen
		KU		2969	Rechnungsabgrenzungsposten (Gewinnrücklage Soll) aus erfolgsneutralen Verrechnungen
					Gewinnvortrag/Verlustvortrag vor Verwendung
Gewinn-/Verlustvortrag vor Verwendung	Gewinn-/Verlustvortrag – bei Kapitalgesellschaften	KU		2970	Gewinnvortrag vor Verwendung
		KU	F	2975	Gewinnvortrag vor Verwendung (Kapitalkontenentwicklung)
		KU	F	2977	Verlustvortrag vor Verwendung (Kapitalkontenentwicklung)
		KU		2978	Verlustvortrag vor Verwendung
		KU	R	2979	Buchungssperre
					Sonderposten mit Rücklageanteil
Sonderposten mit Rücklageanteil	Übrige steuerfreie Rücklagen/nicht zuordenbare steuerfreie Rücklagen	KU		2980	Übrige andere Sonderposten
	Rücklage für Veräußerungsgewinne	KU		2981	Steuerfreie Rücklagen § 6b EStG
	Rücklage für Ersatzbeschaffung	KU		2982	Rücklage für Ersatzbeschaffung
	Rücklage für Zuschüsse	KU		2988	Rücklage für Zuschüsse
		KU		2989	SoPo mit Rücklageanteil § 52 Abs.16 EStG

2 Eigenkapitalkonten/Fremdkapitalkonten

HGB-Posten nach § 266 u. § 275 HGB	E-Bilanz Taxonomie	SKR04 2021		
		Funktionen	**Konto**	**Beschriftung**
Sonderposten mit Rücklageanteil	Steuerrechtliche Sonderabschreibungen	KU	2990	SoPo mit Rücklageanteil, Sonderabschreibungen
		KU R	2993	Buchungssperre
	Andere Sonderposten	KU	2995	Ausgleichsposten bei Entnahmen § 4g EStG
	Steuerrechtliche Sonderabschreibungen	KU	2997	SoPo mit Rücklageanteil nach § 7g Abs. 1 EStG a. F./§ 7g Abs. 5 EStG n. F.
Sonderposten für Zuschüsse und Zulagen	Sonderposten für Investitionszulagen und für Zuschüsse Dritter	KU	2999	SoPo für Zuschüsse u. Zulagen

3 Fremdkapitalkonten

				Rückstellungen
Rückstellungen für Pensionen und ähnliche Verpflichtungen	Rückstellung für Direktzusage	**KU**	**3000**	**Rückstellungen für Pensionen und ähnliche Verpflichtungen**
		KU	3005	Rückstellungen für Pensionen und ähnliche Verpflichtungen gegenüber Gesellschaftern oder nahestehenden Personen (10% Beteiligung am Kapital)
Rückstellungen für Pensionen und ähnliche Verpflichtungen oder aktiver Unterschiedsbetrag aus der Vermögensverrechnung	Rückstellung für Direktzusage	KU	3009	Rückstellungen für Pensionen und ähnliche Verpflichtungen zur Saldierung mit Vermögensgegenständen zum langfristigen Verbleib nach § 246 Abs.2 HGB
Rückstellungen für Pensionen und ähnliche Verpflichtungen	Rückstellungen für Zuschussverpflichung für Pensionskassen und Lebensversicherungen (bei Unterdeckung oder Aufstockungen)	KU	3010	Rückstellungen für Direktzusagen
		KU	3011	Rückstellungen für Zuschussverpflichtung für Pensionskasse und Lebensversicherungen
	Rückstellungen für Direktzusagen	KU	3015	Pensionsähnliche Rückstellungen
Steuerrückstellungen	Steuerrückstellungen	**KU**	**3020**	**Steuerrückstellungen**
		KU R	3030	Buchungssperre
	Gewerbesteuerrückstellung	KU	3035	Gewerbesteuerrückstellung § 4 Abs. 5b EStG
	Körperschaftsteuerrückstellung	KU	3040	Körperschaftsteuerrückstellung
	Rückstellung für sonstige Steuern		3050	Steuerrückstellung aus Steuerstundung (BStBK)
Rückstellungen für latente Steuern	Rückstellungen für latente Steuern	KU	3060	Rückstellungen für latente Steuern
Passive latente Steuern	Passive latente Steuern	KU	3065	Passive latente Steuern
Sonstige Rückstellungen	Sonstige Rückstellungen		**3070**	**Sonstige Rückstellungen**
			3074	Rückstellungen für Personalkosten
			3075	Rückstellungen für unterlassene Aufwendungen für Instandhaltung, Nachholung in den ersten drei Monaten
			3076	Rückstell. langfristige Verpflichtung Rückstellungen für mit der Alterversorgung vergleichbaren langfristigen Verpflichtungen zum langfristigen Verbleib
Sonstige Rückstellungen oder aktiver Unterschiedsbetrag aus der Vermögensverrechnung	Rückstellungen für Pensionen und ähnliche Verpflichtungen, davon verrechnete Vermögensgegenstände nach § 246 Abs. 2 HGB		3077	Rückstellungen für mit der Altersversorgung vergleichbaren langfristigen Verpflichtungen zur Saldierung mit Vermögensgegenständen zum langfristigen Verbleib nach § 246 Abs. 2 HGB
Sonstige Rückstellungen	Sonstige Rückstellungen	KU	3079	Urlaubsrückstellungen
			3085	Rückstellungen Abraum- und Abfallbeseitigung

3 Fremdkapitalkonten

HGB-Posten nach § 266 u. § 275 HGB	E-Bilanz Taxonomie	SKR04 2021 Funktionen			Konto	Beschriftung
Sonstige Rückstellungen	Sonstige Rückstellungen				3090	Rückstellungen für Gewährleistungen, (Gegenkonto 6790)
					3092	Rückstellungen für drohende Verluste aus schwebenden Geschäften
					3095	Rückstellungen für Abschluss- u. Prüfungskosten
					3096	Rückstellungen für Aufbewahrungspflicht.
					3098	Aufwandsrückstellungen gemäß § 249 Abs. 2 HGB a. F.
					3099	Rückstellungen für Umweltschutz
						Verbindlichkeiten
Anleihen	Anleihen				**3100**	**Anleihen, nicht konvertibel**
					3101	– Restlaufzeit bis 1 Jahr
					3105	– Restlaufzeit 1 bis 5 Jahre
					3110	– Restlaufzeit größer 5 Jahre
					3120	Anleihen konvertibel
					3121	– Restlaufzeit bis 1 Jahr
					3125	– Restlaufzeit 1 bis 5 Jahre
					3130	– Restlaufzeit größer 5 Jahre
Verbindlichkeiten gg. Kreditinstituten	Verbindlichkeiten gg. Kreditinstituten				**3150**	**Verbindlichkeiten gg. Kreditinstituten**
					3151	– Restlaufzeit bis 1 Jahr
					3160	– Restlaufzeit 1–5 Jahre
					3170	– Restlaufzeit größer 5 Jahre
					3180	Verbindlichkeiten gg. Kreditinstituten aus Teilzahlungsverträgen
					3181	– Restlaufzeit bis 1 Jahr
					3190	– Restlaufzeit 1–5 Jahre
					3200	– Restlaufzeit größer 5 Jahre
			KU		3210 –3248	Verbindlichkeiten gg. Kreditinstituten, für Restlaufzeitdifferenzierung (nur Bilanzierer)
					3249	Gegenkonto 3150–3209 bei Aufteilung der Konten 3210–3248
Erhaltene Anzahlungen auf Bestellungen	Erhaltene Anzahlungen auf Bestellungen		M		**3250**	**Erhaltene Anzahlungen auf Bestellungen (Verbindlichkeiten)**
			M	AM	3260	Erhaltene, versteuerte Anzahlungen 7 % USt (Verbindlichkeiten)
		NEU	M	AM	3261	Erhaltene, versteuerte Anzahlungen 5 % USt (Verbindlichkeiten)
			M	R	3262 –3264	Buchungssperre
		NEU	M	AM	3270	Erhaltene, versteuerte Anzahlungen 16 % USt (Verbindlichkeiten)
			M	R	3271	Buchungssperre
			M	AM	3272	Erhaltene, versteuerte Anzahlungen 19 % USt (Verbindlichkeiten)
			M	R	3273 –3274	Buchungssperre
		NEU	M	AM	3279	Erhaltene, versteuerte Anzahlungen – Nachsteuer
			M		3280	Erhaltene Anzahlungen – Restlaufzeit bis 1 Jahr

3 Fremdkapitalkonten

HGB-Posten nach § 266 u. § 275 HGB	E-Bilanz Taxonomie	SKR04 2021 Funktionen	Konto	Beschriftung
Erhaltene Anzahlungen auf Bestellungen	Erhaltene Anzahlungen auf Bestellungen	M	3284	– Restlaufzeit 1–5 Jahre
		M	3285	– Restlaufzeit größer 5 Jahre
Verbindlichkeit. a. Lieferung. u. Leistung. oder Sonstige Vermögensgegenstände	Verbindlichkeiten aus Lieferungen u. Leistungen	**KU S**	**3300**	**Verbindlichkeiten aus Lieferungen u. Leistungen**
		KU R	3301 –3303	Verbindlichkeiten aus Lieferungen u. Leistungen
	EÜR – keine E-Bilanz	KU F	3305	Verbindlichkeiten aus Lieferungen u. Leistungen, allgem. Steuersatz (EÜR)
		KU F	3306	Verbindlichkeiten aus Lieferungen u. Leistungen, ermäßigter Steuersatz (EÜR)
		KU F	3307	Verbindlichkeiten aus Lieferungen u. Leistungen, ohne Vorsteuer (EÜR)
		KU F	3309	Gegenkto 3305–3307 bei Aufteilung der Verbindlichkeiten n. Steuersätzen (EÜR)
	Verbindlichkeiten aus Lieferungen u. Leistungen	KU F	3310 –3333	Verbindlichkeiten aus Lieferungen u. Leistungen ohne Kontokorrent
	EÜR – keine E-Bilanz	KU F	3334	Verbindlichkeiten aus Lieferungen u. Leistungen für Investitionen § 4/3 EStG
	Verbindlichkeiten aus Lieferungen u. Leistungen	KU F	3335	Verbindlichkeiten aus Lieferungen u. Leistungen ohne Kontokorrent – Restlaufzeit bis 1 Jahr
		KU F	3337	– Restlaufzeit 1 bis 5 Jahre
		KU F	3338	– Restlaufzeit größer 5 Jahre
Andere Verbindlichkeiten gegenüber Gesellschaftern oder andere Forderungen gegen Gesellschafter	Verbindlichkeiten gegenüber Gesellschaftern	KU F	3340	Verbindlichkeiten aus Lieferungen u. Leistungen gegenüber Gesellschaftern
		KU F	3341	– Restlaufzeit bis 1 Jahr
		KU F	3345	– Restlaufzeit 1 bis 5 Jahre
		KU F	3348	– Restlaufzeit größer 5 Jahre
		KU	3349	Gegenkonto 3335–3348, 3420–3449, 3470–3499 bei Aufteilung Kreditoren
Verbindlichkeiten aus der Annahme gezogener Wechsel und der Ausstellung eigener Wechsel	Verbindlichkeiten aus der Annahme gezogener Wechsel und der Ausstellung eigener Wechsel	**KU F**	**3350**	**Wechselverbindlichkeiten Verbindlichkeiten aus der Annahme gezogener Wechsel und der Ausstellung eigener Wechsel**
		KU F	3351	– Restlaufzeit bis 1 Jahr
		KU F	3380	– Restlaufzeit 1 bis 5 Jahre
		KU F	3390	– Restlaufzeit größer 5 Jahre
Verbindlichkeiten gegenüber verbundenen Unternehmen	Verbindlichkeiten gegenüber verbundenen Unternehmen	**KU**	**3400**	**Verbindlichkeiten gegenüber verbundenen Unternehmen**
		KU	3401	– Restlaufzeit bis 1 Jahr
		KU	3405	– Restlaufzeit 1 bis 5 Jahre
		KU	3410	– Restlaufzeit größer 5 Jahre
		KU F	3420	Verbindlichkeiten aus Lieferungen u. Leistungen gegenüber verbundenen Unternehmen
		KU F	3421	– Restlaufzeit bis 1 Jahr
		KU F	3425	– Restlaufzeit 1 bis 5 Jahre
		KU F	3430	– Restlaufzeit größer 5 Jahre
Verbindlichkeiten gegenüber Unternehmen, mit denen ein Beteiligungsverhältnis besteht	Verbindlichkeiten gegenüber Unternehmen, mit denen ein Beteiligungsverhältnis besteht	**KU**	**3450**	**Verbindlichkeiten gegenüber Unternehmen, mit denen ein Beteiligungsverhältnis besteht**
		KU	3451	– Restlaufzeit bis 1 Jahr
		KU	3455	– Restlaufzeit 1 bis 5 Jahre
		KU	3460	– Restlaufzeit größer 5 Jahre

3 Fremdkapitalkonten				
HGB-Posten nach § 266 u. § 275 HGB	**E-Bilanz Taxonomie**	**SKR04 2021**		
		Funktionen	**Konto**	**Beschriftung**
Verbindlichkeiten gegenüber Unternehmen, mit denen ein Beteiligungsverhältnis besteht	Verbindlichkeiten gegenüber Unternehmen, mit denen ein Beteiligungsverhältnis besteht	KU F	3470	Verbindlichkeiten aus Lieferungen und Leistungen gegenüber Unternehmen, mit denen ein Beteiligungsverhältnis besteht
		KU F	3471	– Restlaufzeit bis 1 Jahr
		KU F	3475	– Restlaufzeit 1 bis 5 Jahre
		KU F	3480	– Restlaufzeit größer 5 Jahre
Sonstige Verbindlichkeiten	Übrige sonstige Verbindlichkeiten	**KU**	**3500**	**Sonstige Verbindlichkeiten**
		KU	3501	– Restlaufzeit bis 1 Jahr
		KU	3504	– Restlaufzeit 1 bis 5 Jahre
		KU	3507	– Restlaufzeit größer 5 Jahre
	EÜR – keine E-Bilanz	KU	3509	Sonstige Verbindlichkeiten z. B. nach § 11 Abs. 2 Satz 2 EStG für § 4/3 EStG
Verbindlichkeiten gg. Gesellschaftern	Verbindlichkeiten gg. Gesellschaftern	KU	3510	Verbindlichkeiten gg. Gesellschaftern
		KU	3511	– Restlaufzeit bis 1 Jahr
		KU	3514	– Restlaufzeit 1 bis 5 Jahre
		KU	3517	– Restlaufzeit größer 5 Jahre
		KU	3519	Verbindl. gg. Gesellschaftern für offene Ausschüttung
	Übrige sonstige Verbindlichkeiten	KU	3520	Darlehen typisch stiller Gesellschafter
		KU	3521	– Restlaufzeit bis 1 Jahr
		KU	3524	– Restlaufzeit 1 bis 5 Jahre
		KU	3527	– Restlaufzeit größer 5 Jahre
		KU	3530	Darlehen atypisch stiller Gesellschafter
		KU	3531	– Restlaufzeit bis 1 Jahr
		KU	3534	– Restlaufzeit 1 bis 5 Jahre
		KU	3537	– Restlaufzeit größer 5 Jahre
	Sonstige Verbindlichkeiten aus partiarischen Darlehen	KU	3540	Partiarische Darlehen
		KU	3541	– Restlaufzeit bis 1 Jahr
		KU	3544	– Restlaufzeit 1 bis 5 Jahre
		KU	3547	– Restlaufzeit größer 5 Jahre
	Übrige sonstige Verbindlichkeiten	KU	3550	Erhaltene Kautionen
		KU	3551	– Restlaufzeit bis 1 Jahr
		KU	3554	– Restlaufzeit 1 bis 5 Jahre
		KU	3557	– Restlaufzeit größer 5 Jahre
		KU	3560	Darlehen
		KU	3561	– Restlaufzeit bis 1 Jahr
		KU	3564	– Restlaufzeit 1 bis 5 Jahre
		KU	3567	– Restlaufzeit größer 5 Jahre
		KU	3570 –3598	Sonstige Verbindlichkeiten für Restlaufzeitdifferenzierung (nur Bilanzierer)
		KU	3599	Gegenkto. 3500–3569 und 3640–3658 bei Aufteilung der Konten 3570–3598
		KU	3600	Agenturwarenabrechnung
		KU	3610	Kreditkartenabrechnung
	Sonstige Verbindlichkeiten gegenüber Arbeitsgemeinschaften	KU	3611	Verbindlichkeiten gegenüber Arbeitsgemeinschaften
Sonstige Verbindlichkeiten oder Sonstige Vermögensgegenstände	Übrige sonstige Verbindlichkeiten	KU	3612	Neutralisierung aufwandswirksamer Sachverhalte für § 4 Abs. 3 EStG
		KU	3613	Ergebnisneutrale Sachverhalte für § 4 Abs. 3 EStG
		KU	3620	Gewinnverfügungskonto stille Gesellschafter

3 Fremdkapitalkonten

HGB-Posten nach § 266 u. § 275 HGB	E-Bilanz Taxonomie	SKR04 2021 Funktionen	Konto	Beschriftung
Sonstige Verbindlichkeiten oder Sonstige Vermögensgegenstände	Übrige sonstige Verbindlichkeiten	KU	3630	Sonstige Verrechnung (Interimskonto)
	Verbindlichkeiten gegenüber Gesellschaft/Gesamthand	KU	3634	Verbindlichkeiten gegenüber Gesellschaft/Gesamthand
	Sonstige Verbindlichkeiten aus genossenschaftlicher Rückvergütung	KU	3635	Sonstige Verbindlichkeiten aus genossenschaftlicher Rückvergütung
Sonstige Verbindlichkeiten	Sonstige Verbindlichkeiten gegenüber Gesellschaftern	KU	3640	Verbindlichk. gg. GmbH-Gesellschaftern
		KU	3641	– Restlaufzeit bis 1 Jahr
		KU	3642	– Restlaufzeit 1–5 Jahre
		KU	3643	– Restlaufzeit größer 5 Jahre
Verbindlichkeiten gegenüber persönlich haftenden Gesellschaftern	Verbindlichkeiten gegenüber persönlich haftenden Gesellschaftern	KU	3645	Verbindlichkeiten gegenüber persönlich haftenden Gesellschaftern
		KU	3646	– Restlaufzeit bis 1 Jahr
		KU	3647	– Restlaufzeit 1 bis 5 Jahre
		KU	3648	– Restlaufzeit größer 5 Jahre
Verbindlichkeiten gg. Kommanditisten	Verbindlichkeiten gg. Kommanditisten	KU	3650	Verbindlichkeiten gg. Kommanditisten
		KU	3651	– Restlaufzeit bis 1 Jahr
		KU	3652	– Restlaufzeit 1 bis 5 Jahre
Verbindlichkeiten gg. Kommanditisten	Verbindlichkeiten gg. Kommanditisten	KU	3653	– Restlaufzeit größer 5 Jahre
	Verbindlichkeit. gg. stillen Gesellschaftern	KU	3655	Verbindlichkeit. gg. stillen Gesellschaftern
		KU	3656	– Restlaufzeit bis 1 Jahr
		KU	3657	– Restlaufzeit 1–5 Jahre
		KU	3658	– Restlaufzeit größer 5 Jahre
Sonstige Vermögensgegenstände	Übrige sonstige Vermögensgegenstände/ nicht zuordenbare sonstige Vermögensgegenstände	KU	3695	Verrechnungskonto geleistete Anzahlung bei Buchung über Kreditorenkonto
	Umsatzsteuerverbindlichkeiten	KU	3660	Umsatzsteuerverbindlichkeiten
Sonstige Verbindlichkeiten	Sonstige Verbindlichkeiten aus Steuern	KU	3700	Verbindlichkeiten aus Steuern und Abgaben
		KU	3701	– Restlaufzeit bis 1 Jahr
		KU	3710	– Restlaufzeit 1 bis 5 Jahre
		KU	3715	– Restlaufzeit größer 5 Jahre
	Sonstige Verbindlichkeiten gegenüber Mitarbeitern	KU	3720	Verbindlichkeiten aus Lohn und Gehalt
		KU	3725	Verbindlichkeiten für Einbehaltung Arbeitnehmer
	Sonstige Verbindlichkeiten aus Steuern	KU	3726	Verbindlichkeiten an das Finanzamt aus abzuführendem Bauabzugsbetrag
		KU	3730	Verbindlichkeiten aus Lohn- und Kirchensteuer
	Sonstige Verbindlichkeiten im Rahmen der sozialen Sicherheit	KU	3740	Verbindlichkeiten, soziale Sicherheit
		KU	3741	– Restlaufzeit bis 1 Jahr
		KU	3750	– Restlaufzeit 1 bis5 Jahre
		KU	3755	– Restlaufzeit größer 5 Jahre
		KU	3759	Voraussichtliche Beitragsschuld gegenüber den Sozialversicherungsträgern
	Sonstige Verbindlichkeiten aus Steuern	KU	3760	Verbindlichkeiten aus Einbehaltungen (KapESt und Solz auf KapESt) für Ausschüttungen
		KU	3761	Verbindlichkeiten für Verbrauchsteuern
	Sonstige Verbindlichkeiten im Rahmen der sozialen Sicherheit	KU	3770	Verbindlichkeiten aus Vermögensbildung
		KU	3771	– Restlaufzeit bis 1 Jahr
		KU	3780	– Restlaufzeit 1 bis 5 Jahre
		KU	3785	– Restlaufzeit größer 5 Jahre
	Übrige sonstige Verbindlichkeiten	KU	3786	Ausgegebene Geschenkgutscheine

3 Fremdkapitalkonten

HGB-Posten nach § 266 u. § 275 HGB	E-Bilanz Taxonomie	SKR04 2021				
		Funktionen			Konto	Beschriftung
Sonstige Verbindlichkeiten oder Sonstige Vermögensgegenstände	Übrige sonstige Verbindlichkeiten		**KU**		**3790**	**Lohn- und Gehaltsverrechnungen**
	EÜR – keine E-Bilanz		KU		3791	Lohn/Gehaltsverrechnung § 11/2 für § 4/3 EStG
			KU		3796	Verbindlichkeiten, im Rahmen der sozialen Sicherheit § 4/3 EStG
	Sonstige Verbindlichkeiten aus Steuern		KU	S	3798	Umsatzsteuer aus im anderen EU-Land elektronischen Dienstleistungen
			KU		3799	Umsatzsteuer aus im anderen EU-Land elektronischen Dienstleistungen, MOSS/KEA
			KU	S	3800	Umsatzsteuer
			KU	S	3801	Umsatzsteuer 7 %
			KU	S	3802	Umsatzsteuer aus innergemeinschaftlichem Erwerb
		NEU	KU	S	3803	Umsatzsteuer 5 %
			KU	S	3804	Umsatzsteuer aus innergemeinschaftlichem Erwerb 19 %
		NEU	KU	S	3805	Umsatzsteuer 16 %
			KU	S	3806	Umsatzsteuer 19 %
			KU	S	3807	Umsatzsteuer aus im Inland steuerpflichtigen EU-Lieferungen
			KU	S	3808	Umsatzsteuer aus im Inland steuerpflichtigen EU-Lieferungen 19 %
			KU	S	3809	Umsatzsteuer aus im Inland steuerpflichtigen EU-Lieferungen ohne Vorsteuerabzug
Rückstellungen für Steuern oder Sonstige Vermögensgegenstände	Steuerrückstellungen		KU	S	3810	Umsatzsteuer nicht fällig
			KU	S	3811	Umsatzsteuer nicht fällig 7 %
			KU	S	3812	USt nicht fällig, aus im Inland steuerpflichtigen EU-Lieferungen
		NEU	KU	S	3813	Umsatzsteuer nicht fällig 5 %
			KU	S	3814	USt nicht fällig, aus im Inland steuerpflichtigen EU-Lieferungen 19 %
		NEU	KU	S	3815	Umsatzsteuer nicht fällig 16 %
			KU	S	3816	Umsatzsteuer nicht fällig 19 %
Sonstige Verbindlichkeiten	Sonstige Verbindlichkeiten aus Steuern		KU	S	3817	Umsatzsteuer aus im anderen EU-Land steuerpflichtigen Lieferungen
			KU	S	3818	Umsatzsteuer aus im anderen EU-Land steuerpflichtigen Lieferungen/Werkliefer.
Sonstige Verbindlichkeiten oder Sonstige Vermögensgegenstände			KU	S	3819	USt. aus Erwerb als letzter Abnehmer innerhalb eines Dreiecksgeschäfts
			KU	F	3820	Umsatzsteuervorauszahlungen
			KU	F	3830	Umsatzsteuervorauszahlungen 1/11
			KU	R	3831	Buchungssperre
			KU	F	3832	Nachsteuer, UStVA Kz. 65
			KU	R	3833	Buchungssperre
			KU	S	3834	USt. aus innergemeinschaftl. Erwerb von Neufahrzeugen von Lieferanten ohne Umsatzsteuer-Identifikationsnummer
			KU	S	3835	Umsatzsteuer nach § 13b UStG
			KU	R	3836	Buchungssperre
			KU	S	3837	Umsatzsteuer nach § 13b UStG 19 %
		NEU	KU	S	3838	Umsatzsteuer nach § 13b UStG 16 %

3 Fremdkapitalkonten				
HGB-Posten nach § 266 u. § 275 HGB	**E-Bilanz Taxonomie**	**SKR04 2021**		
		Funktionen	**Konto**	**Beschriftung**
Sonstige Verbindlichkeiten oder Sonstige Vermögensgegenstände	Sonstige Verbindlichkeiten aus Steuern	KU S	3839	USt. aus der Auslagerung von Gegenständen aus einem Umsatzsteuerlager
		KU	3840	Umsatzsteuer laufendes Jahr
		KU	3841	Umsatzsteuer Vorjahr
		KU	3845	Umsatzsteuer frühere Jahre
		KU	3850	Einfuhrumsatzsteuer aufgeschoben bis ...
		KU F	3851	In Rechnung unrichtig oder unberechtigt ausgewies. Steuerbeträge, UStVA Kz. 69
Sonstige Verbindlichkeiten		KU	3854	Steuerzahlungen an andere Länder
			3860	Verbindlichkeiten aus Umsatzsteuer-Vorauszahlungen
		KU S	3865	Umsatzsteuer in Folgeperiode fällig (§§ 13 Abs. 1 Nr. 6, 13b Abs. 2 UStG)
				Rechnungsabgrenzungsposten
Passive Rechnungsabgrenzungsposten	Passive Rechnungsabgrenzungsposten		**3900**	**Passive Rechnungsabgrenzung**
			3950	Abgrenzung unterjährig pauschal gebuchter Abschreibungen für BWA

4 Betriebliche Erträge				
				Umsatzerlöse
Umsatzerlöse	Umsatzerlöse ohne Zuordnung nach Umsatzsteuertatbeständen	M	4000 –4099	Umsatzerlöse (zur freien Verfügung)
	Steuerfreie Umsätze § 4 Nr. 8 ff. UStG	M AM	4100	Steuerfreie Umsätze § 4 Nr. 8 ff. UStG
		M AM	4105	Steuerfreie Umsätze § 4 Nr. 12 UStG (Vermietung und Verpachtung)
	Sonstige umsatzsteuerfreie Umsätze	M AM	4110	Sonstige steuerfreie Umsätze, Inland
	Steuerfreie Umsätze nach § 4 Nr. 1a (Ausfuhr Drittland)	M AM	4120	Steuerfreie Umsätze § 4 Nr. 1a UStG
	Steuerfreie EG-Lieferungen § 4 Nr. 1b UStG (Innergemeinschaftliche Lieferungen)	M AM	4125	Steuerfreie innergemeinschaftliche Lieferungen § 4 Nr. 1b UStG
		M AM	4130	Lieferungen des ersten Abnehmers bei innergemeinschaftlichen Dreiecksgeschäften § 25b Abs. 2 UStG
		M AM	4135	Steuerfreie Innergemeinschaftliche von Neufahrzeugen am Abnehmer ohne Umsatzsteuer-Identifikationsnummer
	Umsatzerlöse nach § 25 und § 25a UStG	M AM	4136	Umsatzerlöse nach §§ 25 und 25a UStG 19 % USt
		KU R	4137	Buchungssperre
		KU	4138	Umsatzerlöse nach §§ 25 u. 25a UStG ohne USt
		M AM	4139	Umsatzerlöse aus Reiseleistungen § 25 Abs. 2 UStG, steuerfrei
	Sonstige umsatzsteuerfreie Umsätze	M AM	4140	Steuerfreie Umsätze Offshore etc.
	Steuerfreie Umsätze § 4 Nr. 2–7 UStG	M AM	4150	Sonstige steuerfreie Umsätze (z. B. § 4 Nr. 2–7 UStG)
	Sonstige umsatzsteuerfreie Umsätze	M AM	4160	Steuerfreie Umsätze ohne Vorsteuerabzug zum Gesamtumsatz gehörend §4 UStG
		M	4165	Steuerfreie Umsätze ohne Vorsteuerabzug zum Gesamtumsatz gehörend

4 Betriebliche Erträge

HGB-Posten nach § 266 u. § 275 HGB	E-Bilanz Taxonomie	SKR04 2021				
		Funktionen			Konto	Beschriftung
Umsatzerlöse	Umsatzerlöse sonstige Umsatzsteuersätze		M		4180	Erlöse, die mit den Durchschnittssätzen des § 24 UStG versteuert werden
			M	R	4182 –4183	Buchungssperre
	Sonstige umsatzsteuerfreie Umsätze		M		4185	Erlöse Kleinunternehmer i. S. d. § 19 Abs. 1 UStG
	Umsatzerlöse Regelsteuersatz		M	AM	4186	Erlöse aus Geldspielautomaten 19 % USt
			M	R	4187 –4188	Buchungssperre
	Umsatzerlöse ohne Zuordnung nach Umsatzsteuertatbeständen		M		4200	Erlöse
	Umsatzerlöse ermäßigter Steuersatz		M	AM	4300 –4309	Erlöse 7 % USt
			M	AM	4310 –4314	Erlöse aus im Inland steuerpflichtigen EU-Lieferungen 7 % USt
	Umsatzerlöse Regelsteuersatz		M	AM	4315 –4319	Erlöse aus im Inland steuerpflichtigen EU-Lieferungen 19 % USt
	Sonstige Umsatzerlöse, nicht steuerbar		M		4320 –4329	Erlöse aus im anderen EU-Land steuerpflichtigen Lieferungen
				R	4330	Buchungssperre
			M		4331	Erlöse aus im anderen EG-Land stpfl. elektronischen Dienstleistungen
			M	R	4332	Buchungssperre
	Umsatzerlöse ermäßigter Steuersatz	NEU	M	AM	4333	Erlöse 5 % USt
		NEU	M	AM	4334	Erlöse 7 % USt
	Erlöse aus Leistungen nach § 13b UStG		M	AM	4335	Erlöse aus Lieferungen von Mobilfunkgeräten/Schaltkreisen/Tablets/Konsolen, für die der Leistungsempfänger die Umsatzsteuer nach § 13b UStG schuldet
	Sonstige Umsatzerlöse, nicht steuerbar		M	AM	4336	Erlöse aus im anderen EU-Land steuerpflichtigen sonstigen Leistungen, für die der Leistungsempfänger die Umsatzsteuer schuldet
	Erlöse aus Leistungen nach § 13b UStG		M	AM	4337	Erlöse aus Leistungen, für die der Leistungsempfänger die Umsatzsteuer nach § 13b UStG schuldet
	Sonstige Umsatzerlöse, nicht steuerbar		M	AM	4338	Erlöse aus im Drittland steuerbaren Leistungen, im Inland nicht steuerbare Umsätze
			M	AM	4339	Erlöse aus im anderen EU-Land steuerbaren Leistungen, im Inland nicht steuerbare Umsätze
	Umsatzerlöse Regelsteuersatz		M	AM	4340 –4349	Erlöse 16 % USt
			M	AM	4400 –4409	Erlöse 19 % USt
			M	AM	4410	Erlöse 19 % USt
			M	R	4411 –4448	Buchungssperre
			M		4449	Erlöse aus im Inland steuerpflichtigen elektronischen Dienstleistungen 19 % USt
	Umsatzerlöse ohne Zuordnung nach Umsatzsteuertatbeständen		M		4499	Nebenerlöse (Bezug zu Materialaufwand)

4 Betriebliche Erträge

HGB-Posten nach § 266 u. § 275 HGB	E-Bilanz Taxonomie	Funktionen		Konto	SKR04 2021 Beschriftung
					Konten für die Verbuchung von Sonderbetriebseinnahmen
Kein Ausweis in der GuV	Umsatzerlöse ohne Zuordnung nach Umsatzsteuertatbeständen	M		4500	Sonderbetriebseinnahmen, Tätigkeitsvergütung
		M		4501	Sonderbetriebseinnahmen, Miet-/Pachteinnahmen
		M		4502	Sonderbetriebseinnahmen, Zinseinnahmen
		M		4503	Sonderbetriebseinnahmen, Haftungsvergütung
		M		4504	Sonderbetriebseinnahmen, Pensionszahlungen
		M		4505	Sonderbetriebseinnahmen, sonstige Sonderbetriebseinnahmen
		M	R	4507	Buchungssperre
		M	R	4509	Buchungssperre
Umsatzerlöse		M		4510	Erlöse Abfallverwertung
		M		4520	Erlöse Leergut
		M		4560	Provisionsumsätze
		M	R	4561 –4563	Buchungssperre
	Steuerfreie Umsätze nach § 4 Nr. 8 ff. UStG	M	AM	4564	Provisionsumsätze, steuerfrei § 4 Nr. 8 ff. UStG
	Steuerfreie Umsätze nach § 4 Nr. 2–7 UStG	M	AM	4565	Provisionsumsätze, steuerfrei § 4 Nr. 5 UStG
	Umsatzerlöse ermäßigter Steuersatz	M	AM	4566	Provisionsumsätze 7 % USt
		M	R	4567 –4568	Buchungssperre
	Umsatzerlöse Regelsteuersatz	M	AM	4569	Provisionsumsätze 19 % USt
	Nebenerlöse aus Provisionen, Lizenzen und Patenten	M		4570	Sonstige Erträge aus Provisionen, Lizenzen und Patenten
		M	R	4571 –4573	Buchungssperre
		M	AM	4574	Sonstige Erträge aus Provisionen, Lizenzen und Patenten, steuerfrei § 4 Nr. 8 ff. UStG
		M	AM	4575	Sonstige Erträge aus Provisionen, Lizenzen und Patenten, steuerfrei § 4 Nr. 5 UStG
		M	AM	4576	Sonstige Erträge aus Provisionen, Lizenzen und Patenten 7% USt
		M	R	4577 –4578	Buchungssperre
		M	AM	4579	Sonstige Erträge aus Provisionen, Lizenzen und Patenten 19% USt
					Statistische Konten EÜR
Umsatzerlöse	EÜR – keine E-Bilanz	M		4580	Statistisches Konto Erlöse zum allgemein. Umsatzsteuersatz (EÜR)
		M		4581	Statistisches Konto Erlöse zum ermäßigt. Umsatzsteuersatz (EÜR)
		M		4582	Statistisches Konto Erlöse steuerfrei und nicht steuerbar (EÜR)

4 Betriebliche Erträge

HGB-Posten nach § 266 u. § 275 HGB	E-Bilanz Taxonomie	SKR04 2021 Funktionen			Konto	Beschriftung
Umsatzerlöse	EÜR – keine E-Bilanz		M		4589	Gegenkto 4580–4582, bei Aufteilung der Erlöse nach Steuersätzen (EÜR)
	Umsatzerlöse ohne Zuordnung nach Umsatzsteuertatbeständen		M		4600	Unentgeltliche Wertabgaben
	Steuerfreie Umsätze nach § 4 Nr. 8 ff. UStG		KU		4605	Entnahme von Gegenständen ohne USt
			M	R	4608 –4609	Buchungssperre
	Umsatzerlöse ermäßigter Steuersatz		M	AM	4610 –4615	Entnahme durch den Unternehmer für Zwecke außerhalb des Unternehmens (Waren) 7 % USt
		NEU	M	AM	4616	Entnahme durch den Unternehmer für Zwecke außerhalb des Unternehmens (Waren) 7 % USt
			M	R	4617 –4618	Buchungssperre
	Steuerfreie Umsätze nach § 4 Nr. 8 ff.UStG		KU		4619	Entnahme durch den Unternehmer für Zwecke außerhalb des Unternehmens (Waren) ohne USt
	Umsatzerlöse Regelsteuersatz		M	AM	4620 –4626	Entnahme durch den Unternehmer für Zwecke außerhalb des Unternehmens (Waren) 19 % USt
			M	R	4627 –4629	Buchungssperre
Sonstige betriebliche Erträge	Sonstige Sach-, Nutzungs- und Leistungsentnahmen		M	AM	4630 –4635	Verwendung von Gegenständen für Zwecke außerhalb des Unternehmens 7 % USt
		NEU	M	AM	4636	Verwendung von Gegenständen für Zwecke außerhalb des Unternehmens 7 % USt
			KU		4637	Verwendung von Gegenständen für Zwecke außerhalb des Unternehmens ohne USt
			KU		4638	Verwendung von Gegenständen für Zwecke außerhalb des Unternehmens ohne USt (Telefon-Nutzung)
	Private KFZ-Nutzung (nicht Kapitalgesellschaften)		KU		4639	Verwendung von Gegenständen für Zwecke außerhalb des Unternehmens ohne USt (Kfz-Nutzung)
	Sonstige Sach-, Nutzungs- und Leistungsentnahmen		M	AM	4640 –4644	Verwendung von Gegenständen für Zwecke außerhalb des Unternehmens 19 % USt
	Private KFZ-Nutzung (nicht Kapitalgesellschaften)		M	AM	4645	Verwendung von Gegenständen für Zwecke außerhalb des Unternehmens 19 % USt (Kfz-Nutzung)
	Sonstige Sach-, Nutzungs- und Leistungsentnahmen		M	AM	4646	Verwendung von Gegenständen für Zwecke außerhalb des Unternehmens 19 % USt (Telefon-Nutzung)
			M	R	4647 –4649	Buchungssperre
			M	AM	4650 –4655	Unentgeltliche Erbringung einer sonstigen Leistung 7 % USt
		NEU	M	AM	4656	Unentgeltliche Erbringung einer sonstigen Leistung 7 % USt

4 Betriebliche Erträge

HGB-Posten nach § 266 u. § 275 HGB	E-Bilanz Taxonomie	Funktionen	Konto	Beschriftung
				SKR04 2021
Sonstige betriebliche Erträge	Sonstige Sach-, Nutzungs- und Leistungsentnahmen	M R	4657 –4658	Buchungssperre
		KU	4659	Unentgeltliche Erbringung einer sonstigen Leistung ohne USt
		M AM	4660 –4666	Unentgeltliche Erbringung einer sonstigen Leistung 19 % USt
		M R	4667 –4669	Buchungssperre
Umsatzerlöse	Umsatzerlöse ermäßigter Steuersatz	M AM	4670 –4676	Unentgeltliche Zuwendung von Waren 7 % USt
		M R	4677 –4678	Buchungssperre
	Steuerfreie Umsätze nach § 4 Nr. 8 ff. UStG	KU	4679	Unentgeltliche Zuwendung von Waren ohne USt
	Umsatzerlöse Regelsteuersatz	M AM	4680 –4684	Unentgeltliche Zuwendung von Waren 19 % USt
		M R	4685	Buchungssperre
Sonstige betriebliche Erträge	Sonstige Sach-, Nutzungs- und Leistungsentnahmen	M AM	4686 –4687	Unentgeltliche Zuwendung von Gegenständen 19 % USt
		M R	4688	Buchungssperre
	Sonstige Sach-, Nutzungs- und Leistungsentnahmen	KU	4689	Unentgeltliche Zuwendung von Gegenständen ohne USt
Umsatzerlöse	Sonstige Umsatzerlöse, nicht steuerbar	KU	4690	Nicht steuerbare Umsätze
	Umsatzerlöse sonstige Umsatzsteuersätze	KU	4695	Umsatzsteuer-Vergütungen, z. B. nach § 24 UStG
		KU	4699	Direkt mit dem Umsatz verbundene Steuern
	In Umsatzerlöse (GKV) verrechnete Erlösschmälerungen	M	4700	Erlösschmälerungen
		M AM	4701	Erlösschmälerungen für steuerfreie Umsätze nach § 4 Nr. 8 ff. UStG
		M AM	4702	Erlösschmälerungen für steuerfreie Umsätze nach § 4 Nr. 2-7 UStG
		M AM	4703	Erlösschmälerungen sonstige steuerfreie Umsätze ohne Vorsteuerabzug
		M AM	4704	Erlösschmälerungen sonstige steuerfreie Umsätze mit Vorsteuerabzug
		M AM	4705	Erlösschmälerungen aus steuerfreien Umsätzen § 4 Nr. 1a UStG
		M AM	4706	Erlösschmälerungen für steuerfreie innergemeinschaftliche Dreiecksgeschäfte nach § 25b Abs. 2, 4 UStG
		M AM	4710 –4711	Erlösschmälerungen 7 % USt
		M R	4712 –4719	Buchungssperre
		M AM	4720 –4721	Erlösschmälerungen 19 % USt
		M R	4722 –4723	Buchungssperre
		M AM	4724	Erlösschmälerungen aus steuerfreien innergemeinschaftlichen Lieferungen
		M AM	4725	Erlösschmälerungen aus im Inland steuerpflichtigen EU-Lieferungen 7 % USt

4 Betriebliche Erträge

HGB-Posten nach § 266 u. § 275 HGB	E-Bilanz Taxonomie	SKR04 2021				
		Funktionen			Konto	Beschriftung
Umsatzerlöse	In Umsatzerlöse (GKV) verrechnete Erlösschmälerungen		M	AM	4726	Erlösschmälerungen aus im Inland steuerpflichtigen EU-Lieferungen 19 % USt
			M		4727	Erlösschmälerungen aus im anderen EU-Land steuerpflichtigen Lieferungen
			M	R	4728 –4729	Buchungssperre
			M	S	4730	Gewährte Skonti
			M	S/AM	4731	Gewährte Skonti 7 % USt
		NEU	M	S/AM	4732	Gewährte Skonti 5 % USt
			M	R	4733 –4734	Buchungssperre
		NEU	M	S/AM	4735	Gewährte Skonti 16 % USt
			M	S/AM	4736	Gewährte Skonti 19 % USt
			M	R	4737	Buchungssperre
			M	S/AM	4738	Gewährte Skonti aus Lieferungen von Mobilfunkgeräten/Schaltkreisen, für die der Leistungsempfänger die Umsatzsteuer nach § 13b UStG schuldet
			M	S/AM	4741	Gewährte Skonti aus Leistungen, für die der Leistungsempfänger die Umsatzsteuer nach § 13b UStG schuldet
			M	S/AM	4742	Gewährte Skonti aus Erlösen aus im anderen EU-Land steuerpflichtigen sonstigen Leistungen, für die der Leistungsempfänger die Umsatzsteuer schuldet
			M	S/AM	4743	Gewährte Skonti aus steuerfreien innergemeinschaftlichen Lieferungen § 4 Nr. 1b UStG
			M	R	4744	Buchungssperre
			M	S	4745	Gewährte Skonti aus im Inland steuerpflichtigen EU-Lieferungen
			M	S/AM	4746	Gewährte Skonti aus im Inland steuerpflichtigen EU-Lieferungen 7 % USt
		NEU	M	S/AM	4747	Gewährte Skonti aus im Inland steuerpflichtigen EU-Lieferungen 5 % USt
			M	S/AM	4748	Gewährte Skonti aus im Inland steuerpflichtigen EU-Lieferungen 19 % USt
		NEU	M	S/AM	4749	Gewährte Skonti aus im Inland steuerpflichtigen EU-Lieferungen 16 % USt
			M	AM	4750 –4751	Gewährte Boni 7 % USt
			M	R	4752 –4759	Buchungssperre
			M	AM	4760 –4761	Gewährte Boni 19 % USt
			M	R	4762 –4768	Buchungssperre
			M		4769	Gewährte Boni
			M		4770	Gewährte Rabatte
			M	AM	4780 –4781	Gewährte Rabatte 7 % USt
			M	R	4782 –4789	Buchungssperre

4 Betriebliche Erträge

HGB-Posten nach § 266 u. § 275 HGB	E-Bilanz Taxonomie	Funktionen		Konto	SKR04 2021 Beschriftung
Umsatzerlöse	In Umsatzerlöse (GKV) verrechnete Erlösschmälerungen	M	AM	4790 –4791	Gewährte Rabatte 19 % USt
		M	R	4792 –4799	Buchungssperre
					Erhöhung oder Verminderung des Bestands an fertigen und unfertigen Erzeugnissen
Erhöhung oder Verminderung des Bestandes an fertigen und unfertigen Erzeugnissen	Erhöhung oder Verminderung des Bestandes an fertigen und unfertigen Erzeugnissen (GKV)	KU		4800	Bestandsveränderung – fertige Erzeugnisse
		KU		4810	– unfertige Erzeugnisse
		KU		4815	– unfertige Leistung
Bestandsveränderungen in Ausführung befindlicher Bauaufträge		KU		4816	– Bauaufträge in Ausführung befindlicher Bauaufträge
Erhöhung oder Verminderung des Bestands in Arbeit befindlicher Aufträge		KU		4818	– Aufträge in Arbeit befindlicher Aufträge
					Andere aktivierte Eigenleistungen
Andere aktivierte Eigenleistungen	Andere aktivierte Eigenleistungen (GfK)	**KU**		**4820**	**Andere aktivierte Eigenleistungen**
		KU		4824	Aktivierte Eigenleistungen (den Herstellungskosten zurechenbare Fremdkapitalzinsen)
		KU		4825	Aktivierte Eigenleistungen zur Erstellung von selbst geschaffenen immateriellen Vermögensgegenständen
					Sonstige betriebliche Erträge
Sonstige betriebliche Erträge	Andere sonstige betriebliche Erträge (GKV), nicht zuordenbar	M		4830	Sonstige betriebliche Erträge
		M		4832	Sonstige betriebliche Erträge von verbundenen Unternehmen
Umsatzerlöse	Andere Nebenerlöse	M		4833	Andere Nebenerlöse
Sonstige betriebliche Erträge	Andere sonstige betriebliche Erträge (GKV), nicht zuordenbar	M	AM	4834	Sonstige Erträge betrieblich und regelmäßig 16 % USt
		M		4835	Sonstige Erträge betrieblich und regelmäßig
		M	AM	4836	Sonstige Erträge betrieblich und regelmäßig 19 % USt
		M		4837	Sonstige Erträge betriebsfremd und regelmäßig
		KU		4838	Erstattete Vorsteuer anderer Länder
		M		4839	Sonstige Erträge unregelmäßig
	Kurs-/Währungsgewinne	KU		4840	Erträge aus Währungsumrechnung
	Andere sonstige betriebliche Erträge (GKV), nicht zuordenbar	M	AM	4841	Sonstige Erträge betrieblich und regelmäßig, steuerfrei § 4 Nr. 8 ff. UStG
		M	AM	4842	Sonstige Erträge betrieblich und regelmäßig, steuerfrei § 4 Nr. 2–7 USt
	Kurs-/Währungsgewinne	KU		4843	Erträge aus Bewertung Finanzmittelfonds
	Erträge aus Abgängen des Anlagevermögens	M	AM	4844	Erlöse aus Verkäufen Sachanlagevermögen steuerfrei § 4 Nr. 1a UStG (bei Buchgewinn)
		M	AM	4845	Erlöse aus Verkäufen Sachanlagevermögen 19 % USt (bei Buchgewinn)
		KU	R	4846	Buchungssperre

4 Betriebliche Erträge

HGB-Posten nach § 266 u. § 275 HGB	E-Bilanz Taxonomie	Funktionen		Konto	SKR04 2021 Beschriftung
Umsatzerlöse Sonstige betriebliche Erträge	Kurs-/Währungsgewinne	KU		4847	Erträge aus der Währungsumrechnung (nicht § 256a HGB)
	Erträge aus Abgängen des Anlagevermögens	M	AM	4848	Erlöse aus Verkäufen Sachanlagevermögen steuerfrei § 4 Nr. 1b UStG (bei Buchgewinn)
		M		4849	Erlöse aus Verkäufen Sachanlagevermögen (bei Buchgewinn)
		M		4850	Erlöse aus Verkäufen immaterieller Vermögensgegenstände (bei Buchgewinn)
		M		4851	Erlöse aus Verkäufen Finanzanlage (bei Buchgewinn)
		M		4852	Erlöse aus Verkäufen Finanzanlagen § 3 Nr. 40 EStG bzw. § 8b Abs. 2 KStG (bei Buchgewinn)
		KU		4855	Anlagenabgänge Sachanlagen (Restbuchwert bei Buchgewinn)
		KU		4856	Anlagenabgänge immaterielle Vermögensgegenstände (Restbuchwert bei Buchgewinn)
		KU		4857	Anlagenabgänge Finanzanlagen (Restbuchwert bei Buchgewinn)
		KU		4858	Anlagenabgänge Finanzanlagen § 3 Nr. 40 EStG bzw. § 8b Abs. 2 KStG (Restbuchwert bei Buchgewinn)
Umsatzerlöse	Nebenerlöse aus Vermietung und Verpachtung	M		4860	Grundstückserträge
		M	AM	4861	Erlöse aus Vermietung und Verpachtung, umsatzsteuerfrei § 4 Nr. 12 UStG
		M	AM	4862	Erlöse aus Vermietung und Verpachtung 19% USt
		M	R	4863 –4864	Buchungssperre
Sonstige betriebliche Erträge	EÜR – keine E-Bilanz	M	AM	4865	Erlöse, Verkäufe von Wirtschaftsgütern des Umlaufvermögens 19 % USt für § 4 Abs. 3 Satz 4 EStG
		M	AM	4866	– umsatzsteuerfrei § 4 Nr. 8 ff. UStG i. V. m. § 4 Abs. 3 Satz 4 EStG
		M	AM	4867	– umsatzsteuerfrei § 4 Nr. 8 ff. UStG i. V. m. § 4 Abs. 3 Satz 4 EStG, § 3 Nr. 40 EStG bzw. § 8b KStG
		M		4869	– nach § 4 Abs. 3 Satz 4 EStG
	Erträge aus Abgängen des Anlagevermögens	M		4900	Erträge aus dem Abgang von Gegenständen des Anlagevermögens
		M		4901	Erträge aus der Veräußerung von Anteilen an Kapitalgesellschaften (Finanzanlagevermögen) § 3 Nr. 40 EStG bzw. § 8b Abs. 2 KStG
	Erträge aus Abgängen des Umlaufvermögens	M		4905	Erträge aus dem Abgang von Gegenständen des Umlaufvermögens außer Vorräte
		M		4906	Erträge aus dem Abgang von Gegenständen des Umlaufvermögens (außer Vorräte) § 3 Nr. 40 EStG bzw. § 8b Abs. 2 KStG

4 Betriebliche Erträge

HGB-Posten nach § 266 u. § 275 HGB	E-Bilanz Taxonomie	SKR04 2021		
		Funktionen	Konto	Beschriftung
Sonstige betriebliche Erträge	Erträge aus Zuschreibungen des Anlagevermögens	M	4910	Erträge aus Zuschreibungen des Sachanlagevermögens
		M	4911	Erträge aus Zuschreibungen des immateriellen Anlagevermögens
		M	4912	Erträge aus Zuschreibungen des Finanzanlagevermögens
		M	4913	Erträge aus Zuschreibungen des Finanzanlagevermögens § 3 Nr. 40 EStG/ § 8b KStG (inländische Kap.Ges.)
		M	4914	Erträge aus Zuschreibungen § 3 Nr. 40 EStG/§ 8b KStG (inländische Kap.Ges.)
	Erträge aus Zuschreibungen des Umlaufvermögens	M	4915	Erträge aus Zuschreibungen des Umlaufvermögens außer Vorräte
		M	4916	Erträge aus Zuschreibungen des Umlaufvermögens § 3 Nr. 40 EStG/§ 8b Abs. 3 Satz 8 KStG (inländ. Kap.Ges.)
	Pauschalwertberichtigungen	M	4920	Erträge a. d. Herabsetzung d. Pauschalwertberichtigung auf Forderungen
	Einzelwertberichtigungen	M	4923	Erträge aus der Herabsetzung Einzelwertberichtigung auf Forderungen
	Zahlungseingänge auf in früheren Perioden abgeschriebene Forderungen	M	4925	Erträge aus abgeschriebenen Forderungen
	§ 6b Abs. 3 EStG	KU	4927	Erträge aus der Auflösung einer steuer. Rücklage, nach § 6b Abs. 3 EStG
	§ 6b Abs. 10 EStG	KU	4928	Erträge aus der Auflösung einer steuer. Rücklage, nach § 6b Abs. 10 EStG
	Rücklage für Ersatzbeschaffung, R 6.6 EStR	KU	4929	Erträge aus der Auflösung der Rücklage für Ersatzbeschaffung R 6.6 EStR1
	Erträge aus der Auflösung von Rückstellungen	KU	4930	Erträge, Auflösung von Rückstellungen
	Erträge aus der Herabsetzung von Verbindlichkeiten	V	4932	Erträge aus der Herabsetzung von Verbindlichkeiten
	Sonstige/nicht zuordenbare Erträge aus Auflösung eines Sonderpostens mit Rücklageanteil	KU	4935	Erträge aus der Auflösung sonstiger steuerlicher Rücklagen
		KU R	4936	Buchungssperre
		KU	4937	Erträge aus der Auflösung steuerrechtl. Sonderabschreibungen
	§ 4g EStG	KU	4938	Erträge aus der Auflösung einer steuerl. Rücklage nach § 4g EStG
		KU R	4939	Buchungssperre
	Sonstige Sachbezüge	M	4940	Verrechnete sonstige Sachbezüge (keine Waren)
		M AM	4941	Sachbezüge 7 % USt (Waren)
		M R	4942 –4944	Buchungssperre
		M AM	4945	Sachbezüge 19 % USt (Waren)
		M	4946	Verrechnete sonstige Sachbezüge
	Sachbezüge KFZ	M AM	4947	Verrechnete sonstige Sachbezüge aus Kfz-Gestellung 19 % USt
	Sonstige Sachbezüge	M AM	4948	Verrechn. sonstige Sachbezüge 19 % USt
		KU	4949	Verrechn. sonstige Sachbezüge ohne USt
	Andere sonstige betriebliche Erträge (GKV), nicht zuordenbar		4960	Periodenfremde Erträge

4 Betriebliche Erträge

HGB-Posten nach § 266 u. § 275 HGB	E-Bilanz Taxonomie	Funktionen			Konto	Beschriftung
						SKR04 2021
Sonstige betriebliche Erträge	Versicherungsentschädigungen und Schadenersatzleistungen				4970	Versicherungsentschädigungen und Schadenersatzleistungen
					4972	Erstattungen Aufwendungsausgleichsgesetz
	Zuschüsse und Zulagen				4975	Investitionszuschüsse (steuerpflichtig)
					4980	Investitionszulage (steuerfrei)
	Sonstige/nicht zuordenbare Erträge aus Auflösung eines Sonderpostens mit Rücklageanteil				4981	Steuerfreie Erträge aus der Auflösung von steuerlichen Rücklagen
	Andere sonstige betriebliche Erträge (GKV), nicht zuordenbar				4982	Sonstige steuerfreie Betriebseinnahmen
	Erträge aus der Aktivierung unentgeltlich erworbener Vermögensgegenstände				4987	Erträge aus der Aktivierung unentgeltlich erworbener Vermögensgegenstände
	Kostenerstattungen, Rückvergütungen und Gutschriften für frühere Jahre				4989	Kostenerstattungen, Rückvergütungen und Gutschriften für frühere Jahre
Umsatzerlöse	Erträge aus Verwaltungskostenumlagen				4992	Erträge aus Verwaltungskostenumlagen

5 Betriebliche Aufwendungen

HGB-Posten nach § 266 u. § 275 HGB	E-Bilanz Taxonomie	Funktionen			Konto	Beschriftung
						Material- und Stoffverbrauch
Aufwendungen für Roh-, Hilfs- und Betriebsstoffe und für bezogene Waren	Aufwendungen für Roh-, Hilfs- und Betriebsstoffe		V		5000 –5099	Aufwendungen für Roh-, Hilfs- und Betriebsstoffe und für bezogene Waren
						Materialaufwand
Aufwendungen für Roh-, Hilfs- und Betriebsstoffe und für bezogene Waren	Aufwendungen ohne Zuordnung nach Umsatzsteuertatbeständen		V		5100	Einkauf Roh-, Hilfs- und Betriebsstoffe
	Aufwendungen zum ermäßigten Steuersatz		V	AV	5110 –5119	Einkauf Roh-, Hilfs- und Betriebsstoffe 7 % Vorsteuer
			V	R	5120 –5128	Buchungssperre
	Aufwendungen ohne Vorsteuerabzug	NEU	V		5129	Einkauf Roh-, Hilfs- und Betriebsstoffe ohne Vorsteuerabzug
	Aufwendungen zum Regelsteuersatz		V	AV	5130 –5139	Einkauf Roh-, Hilfs- und Betriebsstoffe 19 % Vorsteuer
			V	R	5140 –5159	Buchungssperre
	Innergemeinschaftliche Erwerbe		V	AV	5160	Einkauf Roh-, Hilfs- und Betriebsstoffe innergemeinschaftlicher Erwerb 7 % Vorsteuer und 7 % Umsatzsteuer
			V	R	5161	Buchungssperre
			V	AV	5162 –5163	Einkauf Roh-, Hilfs- und Betriebsstoffe innergemeinschaftlicher Erwerb 19 % Vorsteuer und 19 % Umsatzsteuer
			V	R	5164 –5165	Buchungssperre
			V	AV	5166	Einkauf Roh-, Hilfs- und Betriebsstoffe innergemeinschaftlicher Erwerb ohne Vorsteuer und 7 % Umsatzsteuer
			V	AV	5167	Einkauf Roh-, Hilfs- und Betriebsstoffe innergemeinschaftlicher Erwerb ohne Vorsteuer und 19 % Umsatzsteuer
			V	R	5168 –5169	Buchungssperre

5 Betriebliche Aufwendungen					
HGB-Posten nach § 266 u. § 275 HGB	**E-Bilanz Taxonomie**			**SKR04 2021**	
		Funktionen		**Konto**	**Beschriftung**
Aufwendungen für Roh-, Hilfs- und Betriebsstoffe und für bezogene Waren	Aufwendungen ohne Zuordnung nach Umsatzsteuertatbeständen	V	AV	5170	Einkauf Roh-, Hilfs- und Betriebsstoffe 5,5 % Vorsteuer
		V	AV	5171	Einkauf Roh-, Hilfs- und Betriebsstoffe 10,7 % Vorsteuer
		V	R	5172 –5174	Buchungssperre
	Aufwand zum ermäßigten Steuersatz	V	AV	5175	Einkauf Roh-, Hilfs- und Betriebsstoffe aus einem USt-Lager § 13a UStG 7 % Vorsteuer und 7 % Umsatzsteuer
	Aufwand zum Regelsteuersatz	V	AV	5176	Einkauf Roh-, Hilfs- und Betriebsstoffe aus einem USt-Lager § 13a UStG 19 % Vorsteuer und 19 % Umsatzsteuer
		V	R	5177 –5188	Buchungssperre
	Innergemeinschaftliche Erwerbe	V	AV	5189	Erwerb Roh-, Hilfs- und Betriebsstoffe als letzter Abnehmer innerhalb Dreiecks-Dreiecksgeschäft 19 % VSt./19 % USt
	Aufwendungen ohne Zuordnung nach Umsatzsteuertatbeständen	V		5190	Energiestoffe (Fertigung)
	Aufwand zum ermäßigten Steuersatz	V	AV	5191	Energiestoffe (Fertigung) 7 % Vorsteuer
	Aufwand zum Regelsteuersatz	V	AV	5192	Energiestoffe (Fertigung) 19 % Vorsteuer
		V	R	5193 –5198	Buchungssperre
	Wareneinkauf ohne Zuordnung nach Umsatzsteuertatbeständen	**V**		**5200**	**Wareneingang**
	Wareneinkauf zum ermäßigten Steuersatz	V	AV	5300 –5309	Wareneingang 7 % Vorsteuer
		V	R	5310 –5346	Buchungssperre
		NEU V	AV	5347	Wareneingang 7 % Vorsteuer
		NEU V	AV	5348	Wareneingang 5 % Vorsteuer
	Wareneinkauf ohne Zuordnung nach Umsatzsteuertatbeständen	KU		5349	Wareneingang ohne Vorsteuerabzug
	Wareneinkauf zum Regelsteuersatz	V	AV	5400 –5409	Wareneingang 19 % Vorsteuer
		V	R	5410 –5417	Buchungssperre
		NEU V	AV	5318	Wareneingang 19 % Vorsteuer
		NEU V	AV	5319	Wareneingang 16 % Vorsteuer
	Innergemeinschaftliche Erwerbe	V	AV	5420 –5424	Innergemeinschaftlicher Erwerb 7 % Vorsteuer und 7 % Umsatzsteuer
		V	AV	5425 –5429	Innergemeinschaftlicher Erwerb 19 % Vorsteuer und 19 % Umsatzsteuer
		V	AV	5430	Innergemeinschaftlicher Erwerb ohne Vorsteuer und 7 % Umsatzsteuer
		V	R	5431 –5434	Buchungssperre
		V	AV	5435	Innergemeinschaftlicher Erwerb ohne Vorsteuer und 19 % Umsatzsteuer
		V	R	5436 –5439	Buchungssperre

5 Betriebliche Aufwendungen

HGB-Posten nach § 266 u. § 275 HGB	E-Bilanz Taxonomie	Funktionen		Konto	Beschriftung
				SKR04 2021	
Aufwendungen für Roh-, Hilfs- und Betriebsstoffe und für bezogene Waren	Innergemeinschaftliche Erwerbe	V	AV	5440	Innergemeinschaftlicher Erwerb von Neufahrzeugen von Lieferanten ohne Umsatzsteuer-Identifikationsnummer 19 % Vorsteuer und 19 % Umsatzsteuer
		V	R	5441 –5449	Buchungssperre
		V	R	5500 –5504	Buchungssperre
	Wareneinkauf ohne Zuordnung nach Umsatzsteuertatbeständen	V	AV	5505 –5509	Wareneingang 5,5 % Vorsteuer
		V	R	5510 –5539	Buchungssperre
		V	AV	5540 –5549	Wareneingang zum Durchschnittssatz nach § 24 UStG (10,7 % Vorsteuer)
	Innergemeinschaftliche Erwerbe	V	AV	5550	Steuerfreier Innergemeinschaftlicher Erwerb
	Wareneinkauf ohne Zuordnung nach Umsatzsteuertatbeständen	V		5551	Wareneingang im Drittland steuerbar
	Innergemeinschaftliche Erwerbe	V		5552	Erwerb 1. Abnehmer innerhalb eines Dreiecksgeschäftes
		V	AV	5553	Erwerb Waren als letzter Abnehmer innerhalb Dreiecksgeschäft 19 % Vorsteuer und 19 % Umsatzsteuer
		V	R	5554 –5557	Buchungssperre
	Wareneinkauf ohne Zuordnung nach Umsatzsteuertatbeständen	V		5558	Wareneingang im anderen EU-Land steuerbar
		V		5559	Steuerfreie Einfuhren
	Wareneinkauf zum ermäßigten Steuersatz	V	AV	5560	Waren aus einem Umsatzsteuerlager, § 13a UStG 7 % VSt und 7 % USt
		V	R	5561 –5564	Buchungssperre
	Wareneinkauf zum Regelsteuersatz	V	AV	5565	Waren aus einem Umsatzsteuerlager, § 13a UStG 19 % VSt und 19 % USt
		V	R	5566 –5569	Buchungssperre
	--- (aufzulösender Auffangposten lt. DATEV-E-Bilanz-Zuordnungstabelle)			5600 –5609	Nicht abziehbare Vorsteuer
				5610 –5619	Nicht abziehbare Vorsteuer 7 %
			R	5650 –5659	Buchungssperre
				5660 –5669	Nicht abziehbare Vorsteuer 19 %
	Wareneinkauf ohne Zuordnung nach Umsatzsteuertatbeständen	V		5700	Nachlässe
	Aufwendungen ohne Zuordnung nach Umsatzsteuertatbeständen	V		5701	Nachlässe aus Einkauf Roh-, Hilfs- und Betriebsstoffe
	Wareneinkauf zum ermäßigten Steuersatz	V	AV	5710 –5711	Nachlässe 7 % Vorsteuer
		V	R	5712 –5713	Buchungssperre
	Aufwand zum ermäßigten Steuersatz	V	AV	5714	Nachlässe aus Einkauf Roh-, Hilfs- und Betriebsstoffe 7 % Vorsteuer

5 Betriebliche Aufwendungen

HGB-Posten nach § 266 u. § 275 HGB	E-Bilanz Taxonomie	SKR04 2021 Funktionen			Konto	Beschriftung
Aufwendungen für Roh-, Hilfs- und Betriebsstoffe und für bezogene Waren	Aufwand zum Regelsteuersatz		V	AV	5715	Nachlässe aus Einkauf Roh-, Hilfs- und Betriebsstoffe 19 % Vorsteuer
			V	R	5716	Buchungssperre
	Innergemeinschaftliche Erwerbe		V	AV	5717	Nachlässe aus Einkauf Roh-, Hilfs- und Betriebsstoffe, innergemeinschaftlicher Erwerb 7 % VSt und 7 % USt
			V	AV	5718	Nachlässe aus Einkauf Roh-, Hilfs- und Betriebsstoffe, innergemeinschaftlicher Erwerb 19 % VSt und 19 % USt
			V	R	5719	Buchungssperre
	Wareneinkauf zum Regelsteuersatz		V	AV	5720 –5721	Nachlässe 19 % Vorsteuer
			V	R	5722 –5723	Buchungssperre
	Innergemeinschaftliche Erwerbe		V	AV	5724	Nachlässe aus innergemeinschaftlichem Erwerb 7 % VSt und 7 % USt
			V	AV	5725	Nachlässe aus innergemeinschaftlichem Erwerb 19 % VSt und 19 % USt
			V	R	5726 –5729	Buchungssperre
	Wareneinkauf ohne Zuordnung nach Umsatzsteuertatbeständen		V	S/AV	5730	Erhaltene Skonti
	Wareneinkauf zum ermäßigten Steuersatz		V	S/AV	5731	Erhaltene Skonti 7 % Vorsteuer
		NEU	V	S/AV	5732	Erhaltene Skonti 5 % Vorsteuer
	Aufwendungen ohne Zuordnung nach Umsatzsteuertatbeständen		V	S/AV	5733	Erhaltene Skonti aus Einkauf Roh-, Hilfs- und Betriebsstoffe
	Aufwand zum ermäßigten Steuersatz		V	S/AV	5734	Erhaltene Skonti aus Einkauf Roh-, Hilfs- und Betriebsstoffe 7 % Vorsteuer
		NEU	V	S/AV	5735	Erhaltene Skonti aus Einkauf Roh-, Hilfs- und Betriebsstoffe 5 % Vorsteuer
	Wareneinkauf zum Regelsteuersatz		V	S/AV	5736	Erhaltene Skonti 19 % Vorsteuer
		NEU	V	S/AV	5737	Erhaltene Skonti 16 % Vorsteuer
	Aufwand zum Regelsteuersatz		V	S/AV	5738	Erhaltene Skonti aus Einkauf Roh-, Hilfs- und Betriebsstoffe 19 % Vorsteuer
		NEU	V	S/AV	5739	Erhaltene Skonti aus Einkauf Roh-, Hilfs- und Betriebsstoffe 16 % Vorsteuer
	Innergemeinschaftliche Erwerbe	NEU	V	S/AV	5740	Erhaltene Skonti aus Einkauf Roh-, Hilfs- und Betriebsstoffe aus steuerpflichtigem innergemeinschaftlichem Erwerb 16 % Vorsteuer und 16 % Umsatzsteuer
			V	S/AV	5741	Erhaltene Skonti aus Einkauf Roh-, Hilfs- und Betriebsstoffe aus steuerpflichtigem innergemeinschaftlichem Erwerb 19 % Vorsteuer und 19 % Umsatzsteuer
		NEU	V	S/AV	5742	Erhaltene Skonti aus Einkauf Roh-, Hilfs- und Betriebsstoffe aus steuerpflichtigem innergemeinschaftlichem Erwerb 5 % Vorsteuer und 5 % Umsatzsteuer
			V	S/AV	5743	Erhaltene Skonti aus Einkauf Roh-, Hilfs- und Betriebsstoffe aus steuerpflichtigem innergemeinschaftlichem Erwerb 7 % Vorsteuer und 7 % Umsatzsteuer

5 Betriebliche Aufwendungen

HGB-Posten nach § 266 u. § 275 HGB	E-Bilanz Taxonomie	SKR04 2021				
		Funktionen			Konto	Beschriftung
Aufwendungen für Roh-, Hilfs- und Betriebsstoffe und für bezogene Waren	Innergemeinschaftliche Erwerbe		V	S/AV	5744	Erhaltene Skonti aus Einkauf Roh-, Hilfs- und Betriebsstoffe aus steuerpflichtigem innergemeinschaftlichem Erwerb
			V	S/AV	5745	Erhaltene Skonti aus steuerpflichtigem innergemeinschaftlichem Erwerb
			V	S/AV	5746	Erhaltene Skonti aus steuerpflichtigem innergemeinschaftlichem Erwerb 7 % Vorsteuer und 7 % Umsatzsteuer
		NEU	V	S/AV	5747	Erhaltene Skonti aus steuerpflichtigem innergemeinschaftlichem Erwerb 5 % Vorsteuer und 5 % Umsatzsteuer
			V	S/AV	5748	Erhaltene Skonti aus steuerpflichtigem innergemeinschaftlichem Erwerb 19 % Vorsteuer und 19 % Umsatzsteuer
		NEU	V	S/AV	5749	Erhaltene Skonti aus steuerpflichtigem innergemeinschaftlichem Erwerb 16 % Vorsteuer und 16 % Umsatzsteuer
	Wareneinkauf zum ermäßigten Steuersatz		V	AV	5750 –5751	Erhaltene Boni 7 % Vorsteuer
			V	R	5752	Buchungssperre
					5753	Erhaltene Boni aus Einkauf Roh-, Hilfs- und Betriebsstoffe
	Aufwand zum ermäßigten Steuersatz		V	AV	5754	Erhaltene Boni aus Einkauf Roh-, Hilfs- und Betriebsstoffe 7 % Vorsteuer
	Aufwand zum Regelsteuersatz		V	AV	5755	Erhaltene Boni aus Einkauf Roh-, Hilfs- und Betriebsstoffe 19 % Vorsteuer
			V	R	5756 –5759	Buchungssperre
	Wareneinkauf zum Regelsteuersatz		V	AV	5760 –5761	Erhaltene Boni 19 % Vorsteuer
			V	R	5762 –5768	Buchungssperre
	Wareneinkauf ohne Zuordnung nach Umsatzsteuertatbeständen		V		5769	Erhaltene Boni
			V		5770	Erhaltene Rabatte
	Wareneinkauf zum ermäßigten Steuersatz		V	AV	5780 –5781	Erhaltene Rabatte 7 % Vorsteuer
			V	R	5782	Buchungssperre
	Aufwendungen ohne Zuordnung nach Umsatzsteuertatbeständen		V		5783	Erhaltene Rabatte aus Einkauf Roh-, Hilfs- und Betriebsstoffe
	Aufwand zum ermäßigten Steuersatz		V	AV	5784	Erhaltene Rabatte aus Einkauf Roh-, Hilfs- und Betriebsstoffe 7 % Vorsteuer
	Aufwand zum Regelsteuersatz		V	AV	5785	Erhaltene Rabatte aus Einkauf Roh-, Hilfs- und Betriebsstoffe 19 % Vorsteuer
			V	R	5786 –5787	Buchungssperre
	Wareneinkauf zum ermäßigten Steuersatz		V	S/AV	5788	Erhaltene Skonti aus Einkauf Roh-, Hilfs- und Betriebsstoffe 10,7 % Vorsteuer
	Aufwand zum Regelsteuersatz		V	R	5789	Buchungssperre
	Wareneinkauf zum Regelsteuersatz		V	AV	5790 –5791	Erhaltene Rabatte 19 % Vorsteuer
			V	AV	5792	Erhaltene Skonti aus Erwerb Roh-, Hilfs- und Betriebsstoffe als letzter Abnehmer innerhalb Dreiecksgeschäft 19% Vorsteuer und 19% Umsatzsteuer

5 Betriebliche Aufwendungen

HGB-Posten nach § 266 u. § 275 HGB	E-Bilanz Taxonomie	SKR04 2021 Funktionen		Konto	Beschriftung
Aufwendungen für Roh-, Hilfs- und Betriebsstoffe und für bezogene Waren	Innergemeinschaftliche Erwerbe	V	AV	5793	Erhaltene Skonti aus Erwerb Waren als letzter Abnehmer innerhalb Dreiecksgeschäft 19 % VSt und 19 % USt
	Wareneinkauf zum ermäßigten Steuersatz	V	S/AV	5794	Erhaltene Skonti 5,5 % Vorsteuer
		V	R	5795	Buchungssperre
		V	S/AV	5796	Erhaltene Skonti 10,7 % Vorsteuer
		V	R	5797	Buchungssperre
		V	S/AV	5798	Erhaltene Skonti aus Einkauf Roh-, Hilfs- und Betriebsstoffe 5,5 % Vorsteuer
		V	R	5799	Buchungssperre
	Anschaffungsnebenkosten	V		5800	Bezugsnebenkosten
		V		5820	Leergut
		V		5840	Zölle und Einfuhrabgaben
	Wareneinkauf ohne Zuordnung nach Umsatzsteuertatbeständen	KU		5860	Verrechnete Stoffkosten (Gegenkonto 5000–99)
	--- (aufzulösender Auffangposten lt. DATEV-E-Bilanz-Zuordnungstabelle)	KU		5880	Bestandsveränderungen Roh-, Hilfs- und Betriebsstoffe/Waren
	Bestandsveränderungen	KU		5881	Bestandsveränderung Waren
		KU		5885	Bestandsveränderung RHB
					Aufwendungen für bezogene Leistungen
Aufwendungen für bezogene Leistungen	Übrige Leistungen ohne Zuordnung nach Umsatzsteuertatbeständen	V		5900	Fremdleistungen
	Übrige Leistungen mit Vorsteuerabzug	V	AV	5906	Fremdleistungen 19 % Vorsteuer
		KU	R	5907	Buchungssperre
		KU	AV	5908	Fremdleistungen 7 % Vorsteuer
	Übrige Leistungen ohne Vorsteuerabzug	KU		5909	Fremdleistungen ohne Vorsteuer
					Umsätze, für die als Leistungsempfänger die Steuer nach § 13b Abs. 2 UStG geschuldet wird
Aufwendungen für bezogene Leistungen	Leistungen nach § 13b UStG mit Vorsteuerabzug	V	AV	5910	Bauleistungen eines im Inland ansässigen Unternehmers 7 % VSt und 7 % USt
		V	R	5911 –5912	Buchungssperre
		V	AV	5913	Sonstige Leistungen eines im anderen EU-Land ansässigen Unternehmers 7 % Vorsteuer und 7 % Umsatzsteuer
		V	R	5914	Buchungssperre
		V	AV	5915	Leistungen eines im Ausland ansässigen Unternehmers 7 % VSt und 7 % USt
		V	R	5916 –5919	Buchungssperre
		V	AV	5920 –5921	Bauleistungen eines im Inland ansässigen Unternehmers 19 % VSt und 19 % USt
		V	R	5922	Buchungssperre
		V	AV	5923	Sonstige Leistungen eines im anderen EU-Land ansässigen Unternehmers 19 % Vorsteuer und 19 % Umsatzsteuer
		V	R	5924	Buchungssperre
		V	AV	5925 –5926	Leistungen eines im Ausland ansässigen Unternehmers 19 % VSt und 19 % USt

5 Betriebliche Aufwendungen

HGB-Posten nach § 266 u. § 275 HGB	E-Bilanz Taxonomie	SKR04 2021		
		Funktionen	**Konto**	**Beschriftung**
Aufwendungen für bezogene Leistungen	Leistungen nach § 13b UStG mit Vorsteuerabzug	V R	5927 –5929	Buchungssperre
	Leistungen nach § 13b UStG ohne Vorsteuerabzug	V AV	5930	Bauleistungen eines im Inland ansässigen Unternehmers ohne VSt und 7 % USt
		V R	5931 –5932	Buchungssperre
		V AV	5933	Sonstige Leistungen eines im anderen EU-Land ansässigen Unternehmers ohne Vorsteuer und 7 % Umsatzsteuer
		V R	5934	Buchungssperre
		V AV	5935	Leistungen eines im Ausland ansässigen Unternehmers ohne VSt und 7 % USt
		V R	5936 –5939	Buchungssperre
		V AV	5940 –5941	Leistungen eines im Ausland ansässigen Unternehmers ohne VSt und 19 % USt
		V R	5942	Buchungssperre
		V AV	5943	Sonstige Leistungen eines im anderen EU-Land ansässigen Unternehmers ohne Vorsteuer und 19 % Umsatzsteuer
		V R	5944	Buchungssperre
		V AV	5945 –5946	Leistungen eines im Ausland ansässigen Unternehmers ohne VSt und 19 % USt
		V R	5947 –5949	Buchungssperre
	Leistungen nach § 13b UStG mit Vorsteuerabzug	V S/AV	5950	Erhaltene Skonti aus Leistungen, für die als Leistungsempfänger die Steuer nach § 13b UStG geschuldet wird
		V S/AV	5951	Erhaltene Skonti aus Leistungen, für die als Leistungsempfänger die Steuer nach § 13b UStG geschuldet wird 19 % Vorsteuer und 19 % Umsatzsteuer
		NEU V S/AV	5952	Erhaltene Skonti aus Leistungen, für die als Leistungsempfänger die Steuer nach § 13b UStG geschuldet wird 16 % Vorsteuer
	Leistungen nach § 13b UStG ohne Vorsteuerabzug	V S	5953	Erhaltene Skonti aus Leistungen, für die als Leistungsempfänger die Steuer nach § 13b UStG geschuldet wird ohne Vorsteuer aber mit Umsatzsteuer
		V S	5954	Erhaltene Skonti aus Leistungen, für die als Leistungsempfänger die Steuer nach § 13b UStG geschuldet wird ohne Vorsteuer, mit 19 % Umsatzsteuer
		NEU V R	5955	Erhaltene Skonti aus Leistungen, für die als Leistungsempfänger die Steuer nach § 13b UStG geschuldet wird ohne Vorsteuer, mit 16 % Umsatzsteuer
		V R	5956 –5959	Buchungssperre
	Leistungen nach § 13b UStG mit Vorsteuerabzug	V	5960	Leistungen § 13b UStG mit Vorsteuerabzug
	Leistungen nach § 13b UStG ohne Vorsteuerabzug	V	5965	Leistungen § 13b ohne Vorsteuerabzug

5 Betriebliche Aufwendungen

HGB-Posten nach § 266 u. § 275 HGB	E-Bilanz Taxonomie	Funktionen	Konto	Beschriftung
Aufwendungen für bezogene Leistungen	Übrige Leistungen ohne Zuordnung nach Umsatzsteuertatbeständen	V	5970	Fremdleistungen (Miet- und Pachtzinsen bewegliche Wirtschaftsgüter)
		V	5975	Fremdleistungen (Miet- und Pachtzinsen unbewegliche Wirtschaftsgüter)
		V	5980	Fremdleistungen (Entgelte für Rechte und Lizenzen)
		V	5985	Fremdleistungen (Vergütungen für die Überlassung von Wirtschaftsgütern – Sonderbetriebseinnahme korrespondierend)

6 Betriebliche Aufwendungen

				Personalaufwand
Löhne und Gehälter	Übrige Löhne und Gehälter		**6000**	**Löhne und Gehälter**
			6010	Löhne
			6020	Gehälter
	Vergütungen an Gesellschafter-Geschäftsführer		6024	Geschäftsführergehälter der GmbH-Gesellschafter
			6026	Tantiemen Gesellschafter-Geschäftsführer
	Übrige Löhne und Gehälter		6027	Geschäftsführergehälter
	Vergütungen an angestellte Mitunternehmer § 15 EStG		6028	Vergütungen an angestellte Mitunternehmer § 15 EStG
	Übrige Löhne und Gehälter		6029	Tantiemen Arbeitnehmer
			6030	Aushilfslöhne
	Löhne für Minijobs		6035	Löhne für Minijobs
			6036	Pauschale Steuern für Minijobber
	Vergütungen an Gesellschafter-Geschäftsführer		6037	Pauschale Steuern für Gesellschafter-Geschäftsführer
	Vergütungen an angestellte Mitunternehmer § 15 EStG		6038	Pauschale Steuern für Mitunternehmer § 15 EStG
	Übrige Löhne und Gehälter		6039	Pauschale Steuern und Abgaben für Arbeitnehmer
			6040	Pauschale Steuer für Aushilfen
			6045	Bedienungsgelder
			6050	Ehegattengehalt
			6060	Freiwillige soziale Aufwendung., lohnsteuerpflichtig
	Löhne für Minijobs		6066	Freiwillige Zuwendungen an Minijobber
	Vergütungen an Gesellschafter-Geschäftsführer		6067	Freiwillige Zuwendungen an Gesellschafter-Geschäftsführer
	Vergütungen an angestellte Mitunternehmer § 15 EStG		6068	Freiwillige Zuwendungen an Mitunternehmer § 15 EStG
	Übrige Löhne und Gehälter		6069	Pauschale Steuer auf sonstige Bezüge (z. B. Fahrtkostenzuschüsse)
			6070	Krankengeldzuschüsse
	Löhne für Minijobs		6071	Sachzuwendungen und Dienstleistungen an Minijobber
	Übrige Löhne und Gehälter		6072	Sachzuwendungen und Dienstleistungen an Arbeitnehmer
	Vergütungen an Gesellschafter-Geschäftsführer		6073	Sachzuwendungen und Dienstleistungen an Gesellschafter-Geschäftsführer

6 Betriebliche Aufwendungen

HGB-Posten nach § 266 u. § 275 HGB	E-Bilanz Taxonomie	SKR04 2021 Funktionen	Konto	Beschriftung
Löhne und Gehälter	Vergütungen an angestellte Mitunternehmer § 15 EStG		6074	Sachzuwendungen und Dienstleistungen an Mitunternehmer § 15 EStG
	Übrige Löhne und Gehälter		6075	Zuschüsse Agenturen für Arbeit (Haben)
			6076	Aufwendungen für Urlaubsrückstellungen
	Vergütungen an Gesellschafter-Geschäftsführer		6077	Aufwendungen für Urlaubsrückstellungen an Gesellschafter- Geschäftsführer
	Vergütungen an angestellte Mitunternehmer § 15 EStG		6078	Aufwendungen für Urlaubsrückstellungen an angestellte Mitunternehmer § 15 EStG
	Löhne für Minijobs		6079	Aufwendungen für Urlaubsrückstellungen an Minijobber
	Gehälter		6080	Vermögenswirksame Leistungen
			6090	Fahrtkostenerstattung, Whg./Arbeitsstätte
Soziale Abgaben und Aufwendungen für Altersversorgung und Unterstützung	Soziale Abgaben und Aufwendungen für für Altersversorgung und Unterstützung, nicht zuordenbar		**6100**	**Soziale Abgaben, Altersversorgung**
	Soziale Abgaben		6110	Gesetzliche soziale Aufwendungen
	davon soziale Abgaben für angestellte Mitunternehmer § 15 EStG		6118	Gesetzliche soziale Aufwendungen für Mitunternehmer § 15 EStG
	Soziale Abgaben		6120	Beiträge zur Berufsgenossenschaft
			6130	Freiwillige soziale Aufwendungen, LSt-frei
	Aufwendungen für Altersversorgung		6140	Aufwendungen für Altersversorgung
			6147	Pauschale Steuer auf sonstige Bezüge (z. B. Direktsicherungen)
			6148	Aufwendungen für Altersversorgung für Mitunternehmer § 15 EStG
			6149	Aufwendungen für Altersversorgung für Gesellschafter-Geschäftsführer
			6150	Versorgungskassen
	Aufwendungen für Unterstützung		6160	Aufwendungen für Unterstützung
	Soziale Abgaben		6170	Sonstige soziale Abgaben
			6171	Soziale Abgaben für Minijobber
				Abschreibungen auf immaterielle Vermögensgegenstände des Anlagevermögens und Sachanlagen
Abschreibungen auf immaterielle Vermögensgegenstände des Anlagevermögens und Sachanlagen	Abschreibungen auf andere immaterielle Vermögensgegenstände		6200	Abschreibungen, immaterielle VermG
			6201	Abschreibungen auf selbst geschaffene immaterielle Vermögensgegenstände
	Auf Geschäfts-, Firmen- oder Praxiswert		6205	Abschreibungen auf den Geschäfts- oder Firmenwert
	Außerplanmäßige Abschreibungen auf Geschäfts-, Firmen- oder Praxiswert		6209	Außerplanmäßige Abschreibungen auf den Geschäfts- oder Firmenwert
	Außerplanmäßige Abschreibungen auf andere immaterielle Vermögensgegenstände		6210	Außerplanmäßige Abschreibungen auf immaterielle Vermögensgegenstände
			6211	Außerplanmäßige Abschreibungen auf selbst geschaffene immaterielle VermG
	Auf Sachanlagen		6220	Abschreibungen auf Sachanlagen (ohne AfA auf Kfz und Gebäude)
			6221	Abschreibungen auf Gebäude
			6222	Abschreibungen auf Kfz
			6223	Abschreibung Arbeitszimmer
	Außerplanmäßige Abschreibungen auf Sachanlagen		6230	Außerplanmäßige Abschreibungen auf Sachanlagen

6 Betriebliche Aufwendungen

HGB-Posten nach § 266 u. § 275 HGB	E-Bilanz Taxonomie	Funktionen	Konto	SKR04 2021 Beschriftung
Abschreibungen auf immaterielle Vermögensgegenstände des Anlagevermögens und Sachanlagen	Außerplanmäßige Abschreibungen auf Sachanlagen		6231	Absetzung für außergewöhnliche techn. und wirtschaftl. Abnutzung der Gebäude
			6232	Absetzung für außergewöhnliche techn. und wirtschaftl. Abnutzung des Kfz
			6233	Absetzung für außergewöhnliche techn. und wirtschaftl. Abnutzung sonstiger Wirtschaftsgüter
	Sonderabschreibungen		6240	Abschreibungen auf Sachanlagen auf Grund steuerlicher Sondervorschriften
			6241	Sonderabschreibungen nach § 7g Abs. 5 EStG (ohne Kfz)
			6242	Sonderabschreibungen nach § 7g Abs. 5 EStG (für Kfz)
			6243	Kürzung der Anschaffungs- oder Herstellungskosten nach § 7g Abs. 2 EStG (ohne Kfz)
			6244	Kürzung der Anschaffungs- oder Herstellungskosten nach § 7g Abs. 2 EStG (für Kfz)
			6245	Sonderabschreibungen nach § 7g EStG (Mietwohnungsneubau)
	Abzugsbetrag nach § 6b Abs. 3 EStG	NEU	6249	Abzugsbetrag nach § 6b EStG
	Auf Sachanlagen	V	6250	Kaufleasing
			6260	Sofortabschreibung geringwertiger Wirtschaftsgüter
			6262	Abschreibungen auf aktivierte, geringwertige Wirtschaftsgüter
			6264	Abschreibungen auf den Sammelposten geringwertige Wirtschaftsgüter
	Außerplanmäßige Abschreibungen auf Sachanlagen		6266	Außerplanmäßige Abschreibungen auf aktivierte, geringwertige Wirtschaftsgüter
		R	6268	Buchungssperre
				Abschreibungen auf Vermögensgegenstände des Umlaufvermögens, soweit diese die in der Kapitalgesellschaft üblichen Abschreibungen überschreiten
Abschreibungen auf Vermögensgegenstände des Umlaufvermögens, soweit diese die in der Kapitalgesellschaft üblichen Abschreibungen überschreiten	Abschreibungen auf Forderungen und sonstige Vermögensgegenstände		6270	Abschreibungen auf sonstige Vermögensgegenstände des Umlaufvermögens (soweit unüblich hoch)
			6272	Abschreibungen auf Umlaufvermögen, steuerrechtlich bedingt (soweit unüblich hoch)
		R	6275	Buchungssperre
	Abschreibungen auf Vorräte		6278	Abschreibungen auf Roh-, Hilfs- und Betriebsstoffe /Waren (soweit unüblich hoch)
			6279	Abschreibungen auf fertige und unfertige Erzeugnisse (soweit unüblich hoch)
	Abschreibungen auf Forderungen und sonstige Vermögensgegenstände	M	6280	Forderungsverluste (soweit unüblich hoch)
		M AM	6281	Forderungsverluste 7 % USt (soweit unüblich hoch)

6 Betriebliche Aufwendungen

HGB-Posten nach § 266 u. § 275 HGB	E-Bilanz Taxonomie	Funktionen		Konto	SKR04 2021 Beschriftung
Abschreibungen auf Vermögensgegenstände des Umlaufvermögens, soweit diese die in der Kapitalgesellschaft üblichen Abschreibungen überschreiten	Abschreibungen auf Forderungen und sonstige Vermögensgegenstände	M	R	6282 –6285	Buchungssperre
		M	AM	6286	Forderungsverluste 19 % USt
		M	R	6287 –6288	Buchungssperre
		M		6290	Abschreibungen auf Forderungen gegenüber Kapitalgesellschaften, an denen eine Beteiligung besteht (soweit unüblich hoch), § 3c EStG/§ 8b Abs. 3 KStG
		M		6291	Abschreibungen auf Forderungen gegenüber Gesellschaftern und nahe stehenden Personen (soweit unüblich hoch), § 8b Abs. 3 KStG
					Sonstige betriebliche Aufwendungen
Sonstige betriebliche Aufwendungen	Andere ordentliche sonstige betriebliche Aufwendungen	V		6300	Sonstige betriebliche Aufwendungen
		V		6302	Interimskonto für Aufwendungen in einem anderen Land, bei denen eine Vorsteuervergütung möglich ist
		V		6303	Fremdleistungen/Fremdarbeiten
		V		6304	Sonstige Aufwendungen betrieblich und regelmäßig
		V		6305	Raumkosten
	Übrige/nicht zuordenbare Miete und Pacht für unbewegliche Wirtschaftsgüter	V		6310	Miete (unbewegliche Wirtschaftsgüter)
		V		6312	Miete/Aufwendungen für doppelte Haushaltsführung Unternehmer
	Miete und Pacht für unbewegliche Wirtschaftsgüter an Gesellschafter	V		6313	Vergütungen an Gesellschafter für die miet- oder pachtweise Überlassung ihrer unbeweglichen Wirtschaftsgüter
	Miete und Pacht für unbewegliche Wirtschaftsgüter an Mitunternehmer § 15 EStG	V		6314	Vergütungen an Mitunternehmer für die mietweise Überlassung ihrer unbewegl. Wirtschaftsgüter § 15 EStG
	Übrige/nicht zuordenbare Miete und Pacht für unbewegliche Wirtschaftsgüter	V		6315	Pacht (unbewegliche Wirtschaftsgüter)
	Übrige Leasingaufwendungen	V		6316	Leasing (unbewegliche Wirtschaftsgüter)
	Übrige/nicht zuordenbare Miete und Pacht für unbewegliche Wirtschaftsgüter	V		6317	Aufwendungen für gemietete oder gepachtete unbewegl. Wirtschaftsgüter, die gewerbesteuerl. hinzuzurechnen sind
		V		6318	Miet- und Pachtnebenkosten (gewerbesteuerlich nicht zu berücksichtigen)
	Miete und Pacht für unbewegliche Wirtschaftsgüter an Mitunternehmer § 15EStG	V		6319	Vergütungen an Mitunternehmer für die pachtweise Überlassung ihrer unbewegl. Wirtschaftsgüter § 15 EStG
	Aufwendungen für Energie	V		6320	Heizung
		V		6325	Gas, Strom, Wasser
	Andere ordentliche sonstige betriebliche Aufwendungen	V		6330	Reinigung
	Aufwand für Fremdreparaturen u. Instandhaltung für Grundstücke u. Gebäude	V		6335	Instandhaltung betrieblicher Räume
	Andere ordentliche sonstige betriebliche Aufwendungen	V		6340	Abgaben für betrieblich genutzten Grundbesitz
		V		6345	Sonstige Raumkosten
	Sonstige beschränkt abziehbare Betriebsausgaben	V		6348	Aufwendungen für ein häusliches Arbeitszimmer (abziehbarer Anteil)

6 Betriebliche Aufwendungen

HGB-Posten nach § 266 u. § 275 HGB	E-Bilanz Taxonomie	SKR04 2021 Funktionen	Konto	Beschriftung
Sonstige betriebliche Aufwendungen	Sonstige beschränkt abziehbare Betriebsausgaben	V	6349	Aufwendungen für ein häusliches Arbeitszimmer (nicht abziehbarer Anteil)
	Aufwand für Fremdreparaturen u. Instandhaltung für Grundstücke u. Gebäude	V	6350	Grundstücksaufwendungen, betrieblich
	Andere sonstige betriebliche Aufwendungen (GKV)	V	6352	Grundstücksaufwendungen, sonstige (neutral)
	Sonstige beschränkt abziehbare Betriebsausgaben		6390	Zuwendungen, Spenden, steuerlich nicht abziehbar
			6391	Zuwendungen, Spenden für wissenschaftliche und kulturelle Zwecke
			6392	Zuwendungen, Spenden für mildtätige Zwecke
			6393	Zuwendungen, Spenden für kirchliche, religiöse und gemeinnützige Zwecke
			6394	Zuwendungen, Spenden an politische Parteien
			6395	Zuwendungen, Spenden an Stiftungen für gemeinnützige Zwecke i. S. d. § 52 Abs. 2 Nr. 1–3 AO
		R	6396	Buchungssperre
			6397	Zuwendungen, Spenden an Stiftungen für kirchliche, religiöse und gemeinnützige Zwecke
			6398	Zuwendungen, Spenden an Stiftungen für wissenschaftliche, mildtätige und kulturelle Zwecke
	Versicherungsprämien, Gebühren und Beiträge		6400	Versicherungen
			6405	Versicherung für Gebäude
			6410	Netto-Prämie für Rückdeckung künftiger Versorgungsleistungen
			6420	Beiträge
			6430	Sonstige Abgaben
	Sonstige beschränkt abziehbare Betriebsausgaben		6436	Steuerlich abzugsfähige Verspätungszuschläge und Zwangsgelder
			6437	Steuerlich nicht abzugsfähige Verspätungszuschläge und Zwangsgelder
	Versicherungsprämien, Gebühren und Beiträge		6440	Ausgleichsabgabe i. S. d. Schwerbehindertengesetzes
	Aufwand für Fremdreparaturen u. Instandhaltung für Grundstücke u. Gebäude	V	6450	Reparaturen und Instandhaltung von Bauten
	Aufwand für Fremdreparaturen u. Instandhaltung (ohne Grundstücke)	V	6460	Reparaturen und Instandhaltung von technischen Anlagen und Maschinen
		V	6470	Reparaturen und Instandhaltung von anderen Anlagen und Betriebs- und Geschäftsausstattung
	Zuführung zu Aufwandsrückstellungen	V	6475	Zuführung zu Aufwandsrückstellungen
	Aufwand für Fremdreparaturen u. Instandhaltung (ohne Grundstücke)	V	6485	Reparaturen und Instandhaltung von anderen Anlagen
		V	6490	Sonstige Reparaturen/Instandhaltung
		V	6495	Wartungskosten für Hard- und Software
	Leasing für bewegliche Wirtschaftsgüter	V	6498	Mietleasing bewegliche Wirtschaftsgüter für technische Anlagen und Maschinen
	Aufwendungen für den Fuhrpark	V	6500	Fahrzeugkosten
		V	6520	Kfz-Versicherungen

6 Betriebliche Aufwendungen				
HGB-Posten nach § 266 u. § 275 HGB	**E-Bilanz Taxonomie**	**SKR04 2021**		
		Funktionen	**Konto**	**Beschriftung**
Sonstige betriebliche Aufwendungen	Aufwendungen für den Fuhrpark	V	6530	Laufende Kfz-Betriebskosten
		V	6540	Kfz-Reparaturen
		V	6550	Garagenmieten
	Leasing für bewegliche Wirtschaftsgüter	V	6560	Mietleasing Kfz
		V	6565	Mietleasingaufwendungen für Elektrofahrzeuge, die gewerbesteuerlich hinzuzurechnen sind
	Aufwendungen für den Fuhrpark	V	6570	Sonstige Kfz-Kosten
		V	6580	Mautgebühren
		V	6590	Kfz-Kosten für betrieblich genutzte, zum Privatvermögen gehörende Kraftfahrzeug.
		V	6595	Fremdfahrzeugkosten
	Werbeaufwand	V	6600	Werbekosten
		V	6605	Streuartikel
	Geschenke abziehbar	V	6610	Geschenke abzugsfähig ohne § 37b EStG
		V	6611	Geschenke abzugsfähig mit § 37b EStG
		V	6612	Pauschale Steuern für Geschenke und Zugaben abzugsfähig
	Geschenke nicht abziehbar	V	6620	Geschenke nicht abzugsfähig ohne § 37b EStG
		V	6621	Geschenke nicht abzugsfähig mit § 37b EStG
		V	6622	Pauschale Steuern für Geschenke und Zuwendungen nicht abzugsfähig
	Geschenke abziehbar	V	6625	Geschenke, ausschließlich betrieblich genutzt
	Werbeaufwand	V	6629	Zugaben mit § 37b EStG
	Andere ordentliche sonstige betriebliche Aufwendungen	V	6630	Repräsentationskosten
	Bewirtungskosten (gesamt)	V	6640	Bewirtungskosten
	Sonstige beschränkt abziehbare Betriebsausgaben	V	6641	Sonstige eingeschränkt abziehbare Betriebsausgaben (abziehbarer Anteil)
		V	6642	Sonstige eingeschränkt abziehbare Betriebsausgaben (nicht abziehbarer Anteil)
	Werbeaufwand	V	6643	Aufmerksamkeiten
	Bewirtungskosten (gesamt)	V	6644	Nicht abzugsfähige Bewirtungskosten
	Sonstige beschränkt abziehbare Betriebsausgaben	V	6645	Nicht abzugsfähige Betriebsausgaben aus Werbe- und Repräsentationskosten
	Reisekosten Arbeitnehmer	V	6650	Reisekosten Arbeitnehmer
		V	6660	Reisekosten Arbeitnehmer Übernachtungsaufwand
		V	6663	Reisekosten Arbeitnehmer Fahrtkosten
		V	6664	Reisekosten Arbeitnehmer Verpflegungsmehraufwand
		V R	6665	Buchungssperre
		V	6668	Kilometergelderstattung Arbeitnehmer
	Reisekosten Unternehmer	V	6670	Reisekosten Unternehmer
		V	6672	Reisekosten Unternehmer (nicht abziehbarer Anteil)
		V	6673	Reisekosten Unternehmer, Fahrtkosten
		V	6674	Reisekosten Unternehmer, Verpflegungsmehraufwand

6 Betriebliche Aufwendungen

HGB-Posten nach § 266 u. § 275 HGB	E-Bilanz Taxonomie	SKR04 2021 Funktionen	Konto	Beschriftung
Sonstige betriebliche Aufwendungen	Reisekosten Unternehmer	V	6680	Reisekosten Unternehmer, Übernachtungsaufwand
		V R	6685 –6686	Buchungssperre
	Sonstige beschränkt abziehbare Betriebsausgaben	V	6688	Fahrten zwischen Wohnung und Betriebsstätte und Familienheimfahrten (abziehbarer Anteil)
		V	6689	Fahrten zwischen Wohnung und Betriebsstätte und Familienheimfahrten (nicht abziehbarer Anteil)
		V	6690	Fahrten zwischen Wohnung und Betriebsstätte und Familienheimfahrten (Haben)
		V	6691	Verpflegungsmehraufwendungen im Rahmen der doppelten Haushaltsführung (Unternehmer)
	Frachten/Verpackung	V	6700	Kosten der Warenabgabe
		V	6710	Verpackungsmaterial
		V	6740	Ausgangsfrachten
		V	6760	Transportversicherungen
	Provisionen	V	6770	Verkaufsprovisionen
	Andere ordentliche sonstige betriebliche Aufwendungen	V	6780	Fremdarbeiten (Vertrieb)
		V	6790	Aufwand für Gewährleistung
	Aufwendungen für Kommunikation	V	6800	Porto
		V	6805	Telefon
		V	6810	Telefax und Internetkosten
	Andere ordentliche sonstige betriebliche Aufwendungen	V	6815	Bürobedarf
	Fortbildungskosten	V	6820	Zeitschriften, Bücher (Fachliteratur)
		V	6821	Fortbildungskosten
	Sonstige Aufwendungen für Personal	V	6822	Freiwillige Sozialleistungen
	Andere ordentliche sonstige betriebliche Aufwendungen	V	6823	Vergütungen an Mitunternehmer § 15 EStG
	Haftungsvergütung an Mitunternehmer § 15 EStG	V	6824	Haftungsvergütung an Mitunternehmer § 15 EStG
	Rechts- und Beratungskosten	V	6825	Rechts- und Beratungskosten
		V	6827	Abschluss- und Prüfungskosten
		V	6830	Buchführungskosten
	Miete und Pacht für bewegliche Wirtschaftsgüter an Gesellschafter	V	6833	Vergütungen an Gesellschafter für die miet- oder pachtweise Überlassung ihrer beweglichen Wirtschaftsgüter
	Miete und Pacht für bewegliche Wirtschaftsgüter an Mitunternehmer	V	6834	Vergütungen an Mitunternehmer für die miet- oder pachtweise Überlassung ihrer beweglichen Wirtschaftsgüter § 15 EStG
	Übrige/nicht zuordenbare Miete und Pacht für bewegliche Wirtschaftsgüter	V	6835	Mieten für Einrichtungen (bewegliche Wirtschaftsgüter)
		V	6836	Pacht (bewegliche Wirtschaftsgüter)
	Aufwendungen für Konzessionen und Lizenzen	V	6837	Aufwendungen für die zeitlich befristete Überlassung von Rechten (Lizenzen, Konzessionen)
	Übrige/nicht zuordenbare Miete und Pacht für bewegliche Wirtschaftsgüter	V	6838	Aufwendungen für gemietete oder gepachtete bewegliche Wirtschaftsgüter, die gewerbesteuerl. hinzuzurechnen sind

6 Betriebliche Aufwendungen				
HGB-Posten nach § 266 u. § 275 HGB	**E-Bilanz Taxonomie**	**SKR04 2021**		
		Funktionen	**Konto**	**Beschriftung**
Sonstige betriebliche Aufwendungen	Leasing für bewegliche Wirtschaftsgüter	V	6840	Mietleasing bewegliche Wirtschaftsgüter für Betriebs- und Geschäftsausstattung
	Andere ordentliche sonstige betriebliche Aufwendungen	V	6845	Werkzeuge und Kleingeräte
		V	6850	Sonstiger Betriebsbedarf
	Genossenschaftliche Rückvergütung an Mitglieder		6854	Genossenschaftliche Rückvergütung an Mitglieder
	Andere ordentliche sonstige betriebliche Aufwendungen	V	6855	Nebenkosten des Geldverkehrs
		V	6856	Aufwendungen aus Anteilen an Kapitalgesellschaften §§ 3 Nr. 40, 3c EStG bzw. § 8b Abs. 1 und 4 KStG
	Andere sonstige betriebliche Aufwendungen (GKV)	V	6857	Veräußerungskosten § 3 Nr. 40 EStG bzw. § 8b Abs. 2 KStG (bei Veräußerungsgewinn)
		NEU V	6858	Veräußerungskosten § 3 Nr. 40 EStG bzw. § 8b Abs. 2 KStG (bei Veräußerungsverlust)
	Andere ordentliche sonstige betriebliche Aufwendungen	V	6859	Aufwendungen für Abraum- und Abfallbeseitigung
	Sonstige Steuern, soweit in den sonstigen Aufwendungen ausgewiesen		6860	Nicht abziehbare Vorsteuer
			6865	Nicht abziehbare Vorsteuer 7 %
			6871	Nicht abziehbare Vorsteuer 19 %
	Sonstige beschränkt abziehbare Betriebsausgaben		6875	Nicht abziehbare Hälfte der Aufsichtsratsvergütungen
			6876	Abziehbare Aufsichtsratsvergütung
	Kurs-/Währungsverluste		6880	Aufwendungen aus der Währungsumrechnung
			6883	Aufwendungen aus Bewertung Finanzmittelfonds
	Verluste aus dem Abgang von Vermögensgegenständen des Anlagevermögens	M AM	6884	Erlöse aus Verkäufen Sachanlagevermögen steuerfrei § 4 Nr. 1a UStG (bei Buchverlust)
		M AM	6885	Erlöse aus Verkäufen Sachanlagevermögen 19 % USt (bei Buchverlust)
		M R	6886 –6887	Buchungssperre
		M AM	6888	Erlöse aus Verkäufen Sachanlagevermögen steuerfrei § 4 Nr. 1b UStG (bei Buchverlust)
		M	6889	Erlöse aus Verkäufen Sachanlagevermögen (bei Buchverlust)
		M	6890	Erlöse aus Verkäufen immaterieller Vermögensgegenstände (bei Buchverlust)
		M	6891	Erlöse aus Verkäufen Finanzanlagen (bei Buchverlust)
		M	6892	Erlöse aus Verkäufen Finanzanlagen § 3 Nr. 40 EStG/§ 8b Abs. 3 KStG (inländ. Kap.Ges., bei Buchverlust)
		KU	6895	Anlagenabgänge Sachanlagen (Restbuchwert bei Buchverlust)
		KU	6896	Anlagenabgänge immaterielle Vermögensgegenstände (Restbuchwert bei Buchverlust)

6 Betriebliche Aufwendungen				
HGB-Posten nach § 266 u. § 275 HGB	**E-Bilanz Taxonomie**	**SKR04 2021**		
		Funktionen	**Konto**	**Beschriftung**
Sonstige betriebliche Aufwendungen	Verluste aus dem Abgang von Vermögensgegenständen des Anlagevermögens	KU	6897	Anlagenabgänge Finanzanlagen (Restbuchwert bei Buchverlust)
		KU	6898	Anlagenabgänge Finanzanlagen § 3 Nr. 40 EStG/§ 8b Abs. 3 KStG (inländ. Kap.Ges, Restbuchwert bei Buchverlust)
			6900	Verluste aus dem Abgang von Gegenständen des Anlagevermögens
			6903	Verluste aus der Veräußerung von Anteilen an Kapitalgesellschaften (Finanzanlagevermögen) § 3 Nr. 40 EStG/ § 8b Abs. 3 KStG (inländ. Kap.Ges.)
	Verluste aus dem Abgang von Vermögensgegenständen des Umlaufvermögens		6905	Verluste aus dem Abgang von Gegenständen des Umlaufvermögens außer Vorräte
			6906	Verluste aus dem Abgang von Gegenständen des Umlaufvermögens (außer Vorräte) § 3 Nr. 40 EStG/ § 8b Abs. 3 KStG (inländ. Kap.Ges.)
	EÜR – keine E-Bilanz		6907	Abgang von Wirtschaftsgütern d. Umlaufvermögens nach § 4 Abs. 3 Satz 4 EStG
			6908	Abgang von Wirtschaftsgütern des Umlaufvermögens § 3 Nr. 40 EStG/ § 8b Abs. 3 KStG (inländ. Kap.Ges.) nach § 4 Abs. 3 Satz 4 EStG
	Übliche Abschreibungen auf Forderungen		6910	Abschreibungen auf Umlaufvermögen außer Vorräte und Wertpapieren des Umlaufvermögens (übliche Höhe)
			6912	Abschreibungen auf Umlaufvermögen außer Vorräte und Wertpapieren des Umlaufvermögens, steuerrecht. bedingt (übliche Höhe)
		R	6915 –6917	Buchungssperre
	Andere sonstige betriebliche Aufwendungen (GKV)		6918	Aufwendungen aus dem Erwerb eigener Anteile
	Pauschalwertberichtigungen des lfd. Jahres		6920	Einstellung in die Pauschalwertberichtigung auf Forderungen
	§ 6b Abs. 3 EStG		6922	Einstellungen in die steuerliche Rücklage nach § 6b Abs. 3 EStG
	Einzelwertberichtigungen des lfd. Jahres		6923	Einstellung in die Einzelwertberichtigung auf Forderungen
			6924	Einstellungen in die steuerliche Rücklage nach § 6b Abs. 10 EStG
		R	6925 –6926	Buchungssperre
	Übrige/nicht zuordenbare Einstellung in steuerliche Rücklagen		6927	Einstellungen in sonstige steuerliche Rücklagen
	Rücklage für Ersatzbeschaffung, R 6.6 EStR		6928	Einstellungen in die Rücklage für Ersatzbeschaffung nach R 6.6. EStR
	§ 4g EStG		6929	Einstellungen in die steuerliche Rücklage nach § 4g EStG
	Übliche Abschreibungen auf Forderungen	M	6930	Forderungsverluste (übliche Höhe)
		M AM	6931	Forderungsverluste 7 % USt (übliche Höhe)

6 Betriebliche Aufwendungen					
HGB-Posten nach § 266 u. § 275 HGB	**E-Bilanz Taxonomie**	**SKR04 2021**			
		Funktionen		**Konto**	**Beschriftung**
Sonstige betriebliche Aufwendungen	Übliche Abschreibungen auf Forderungen	M	AM	6932	Forderungsverluste aus steuerfreien EU-Lieferungen (übliche Höhe)
		M	AM	6933	Forderungsverluste aus im Inland steuerpflichtigen EU-Lieferungen 7 % USt (übliche Höhe)
		M	R	6934 –6935	Buchungssperre
		M	AM	6936	Forderungsverluste 19 % USt (übliche Höhe)
		M	R	6937	Buchungssperre
		M	AM	6938	Forderungsverluste aus im Inland steuerpflichtigen EU-Lieferungen 19 % USt (übliche Höhe)
		M	R	6939	Buchungssperre
	Andere sonstige betriebliche Aufwendungen (GKV)			6960	Periodenfremde Aufwendungen
				6967	Sonstige Aufwendungen betriebsfremd und regelmäßig
				6968	Sonstige Aufwendungen betriebsfremd und unregelmäßig
				6969	Sonstige Aufwendungen unregelmäßig
					Kalkulatorische Kosten
Sonstige betriebliche Aufwendungen	Kalkulatorische Kosten – Keine E-Bilanz Taxonomie			6970	Kalkulatorischer Unternehmerlohn
				6972	Kalkulatorische Miete und Pacht
				6974	Kalkulatorische Zinsen
				6976	Kalkulatorische Abschreibungen
				6978	Kalkulatorische Wagnisse
				6979	Kalkulatorischer Lohn für unentgeltliche Arbeitnehmer
				6980	Verrechneter kalkulatorischer Unternehmerlohn
				6982	Verrechnete kalkulatorische Miete und Pacht
				6984	Verrechnete kalkulatorische Zinsen
				6986	Verrechnete kalkulatorische Abschreibungen
				6988	Verrechnete kalkulatorische Wagnisse
				6989	Verrechneter kalkulatorischer Lohn für unentgeltliche Arbeitnehmer
					Kosten bei Anwendung des Umsatzkostenverfahrens
Sonstige betriebliche Aufwendungen	Andere ordentliche sonstige betriebliche Aufwendungen			6990	Herstellungskosten
				6992	Verwaltungskosten
				6994	Vertriebskosten
				6999	Gegenkonto zu 6990 bis 6998
7 Weitere Erträge und Aufwendungen					
					Erträge aus Beteiligungen
Erträge aus Beteiligungen	Erträge aus Beteiligungen, nach Rechtsform der Beteiligung nicht zuordenbar			7000	Erträge aus Beteiligungen
	Erträge aus Beteiligungen an Personengesellschaften			7004	Erträge aus Beteiligungen an Personengesellschaften (verbundene Unternehmen) § 9 GewStG

7 Weitere Erträge und Aufwendungen

HGB-Posten nach § 266 u. § 275 HGB	E-Bilanz Taxonomie	Funktionen	Konto	SKR04 2021 Beschriftung
Erträge aus Beteiligungen	Erträge aus Beteiligungen an Kapitalgesellschaften		7005	Erträge aus Anteilen an Kapitalgesellschaften (Beteiligung) § 3 Nr. 40 EStG/ § 8b KStG (inländ. Kap.Ges)
			7006	Erträge aus Anteilen an Kapitalgesellschaften (verbund. Unternehmen) § 3 Nr. 40 EStG/§ 8b KStG (inländ. Kap.Ges)
			7007	Sonstige gewerbesteuerfreie Gewinne aus Anteilen an einer Kapitalgesellschaft (Kürzung gemäß § 9 Nr. 2a GewStG)
	Erträge aus Beteiligungen an Personengesellschaften		7008	Gewinnanteile aus Mitunternehmerschaft § 9 GewStG
	Erträge aus Beteiligungen, nach Rechtsform der Beteiligung nicht zuordenbar		7009	Erträge a. Beteiligung an verbundenen UN
				Erträge aus anderen Wertpapieren und Ausleihungen des Finanzanlagevermögens
Erträge aus anderen Wertpapieren und Ausleihungen d. Finanzanlagevermögens	Erträge aus Ausleihungen an Gesellschaften und Gesellschafter [KapG/ Mitunternehmer (PersG)]		7010	Erträge aus anderen Wertpapieren und Ausleihungen d. Finanzanlagevermögens
			7011	Erträge aus Ausleihungen des Finanzanlagevermögens
			7012	Erträge aus Ausleihungen des Finanzanlagevermögens an verbundenen Unternehmen
	Erträge aus Beteiligungen an Personengesellschaften		7013	Erträge aus Anteilen an Personengesellschaften (Finanzanlagevermögen)
	Erträge aus Beteiligungen an Kapitalgesellschaften		7014	Erträge aus Anteilen an Kapitalgesellschaften (Finanzanlagevermögen) § 3 Nr. 40 EStG/§ 8b Abs. 1 KStG (inländ. Kap.Ges)
			7015	Erträge aus Anteilen an Kapitalgesellschaften (verbundene Unternehmen) § 3 Nr. 40 EStG/§ 8b Abs. 1 KStG (inländ. Kap.Ges)
	Erträge aus Beteiligungen an Personengesellschaften		7016	Erträge aus Anteilen des Finanzanlagevermögens an Personengesellschaften (verbund. Unternehmen)
	Erträge aus Beteiligungen an Kapitalgesellschaften		7017	Erträge aus anderen Wertpapieren des Finanzanlagevermögens an Kapitalgesellschaften (verbundene Unternehmen)
	Erträge aus Beteiligungen an Personengesellschaften		7018	Erträge aus anderen Wertpapieren des Finanzanlagevermögens an Personengesellschaften (verbund. Unternehmen)
	Erträge aus Ausleihungen an Gesellschaften und Gesellschafter [KapG/ Mitunternehmer (PersG)]		7019	Erträge aus anderen Wertpapieren und Ausleihungen d. Finanzanlagevermögens aus verbundenen Unternehmen
	Zins- und Dividendenerträge		7020	Zins- und Dividendenerträge
	Erhaltene Ausgleichszahlungen (als außenstehender Aktionär)		7030	Erhaltene Ausgleichszahlungen (als außenstehender Aktionär)
				Sonstige Zinsen und ähnliche Erträge
Sonstige Zinsen und ähnliche Erträge	Zinsen auf Einlagen bei Kreditinstituten und auf Forderungen an Dritte		7100	Sonstige Zinsen und ähnliche Erträge
		R	7102	Buchungssperre

7 Weitere Erträge und Aufwendungen				
HGB-Posten nach § 266 u. § 275 HGB	**E-Bilanz Taxonomie**	**SKR04 2021**		
		Funktionen	**Konto**	**Beschriftung**
Sonstige Zinsen und ähnliche Erträge	Zins- und Dividendenerträge aus Wertpapieren des Umlaufvermögens		7103	Erträge aus Anteilen an Kapitalgesellschaften (Umlaufvermögen) § 3 Nr. 40 EStG/§ 8b Abs. 1 KStG (inländ. Kap.Ges)
			7104	Erträge aus Anteilen an Kapitalgesellschaften (verbundene Unternehmen) § 3 Nr. 40 EStG/§ 8b Abs. 1 KStG (inländ. Kap.Ges)
	Zinsen auf Einlagen bei Kreditinstituten und auf Forderungen an Dritte		7105	Zinserträge § 233a AO, steuerpflichtig
			7106	Zinserträge § 233a AO, steuerfrei, (Anlage GK KSt)
			7107	Zinserträge § 233a AO, § 4 Abs. 5b EStG, steuerfrei
			7109	Sonstige Zinsen und ähnliche Erträge aus verbundenen Unternehmen
			7110	Sonstiger Zinsertrag
	Zins- und Dividendenerträge aus Wertpapieren des Umlaufvermögens		7115	Erträge aus anderen Wertpapieren und Ausleihungen des Umlaufvermögens
	Zinsen auf Einlagen bei Kreditinstituten und auf Forderungen an Dritte		7119	Sonstige Zinserträge aus verbundenen Unternehmen
			7120	Zinsähnliche Erträge
	Sonstige Zinsen und ähnliche Erträge aus Abzinsung		7128	Zinsertrag aus vorzeitiger Rückzahlung des Körperschaftsteuer-Erhöhungsbetrag § 38 KStG
	Zinsen auf Einlagen bei Kreditinstituten und auf Forderungen an Dritte		7129	Zinsähnliche Erträge aus verbundenen Unternehmen
	Diskonterträge		7130	Diskonterträge
			7139	Diskonterträge verbundene Unternehmen
	Sonstige Zinsen und ähnliche Erträge aus Abzinsung		7140	Steuerfreie Zinserträge aus der Abzinsung von Rückstellungen
			7141	Zinserträge aus der Abzinsung von Verbindlichkeiten
			7142	Zinserträge aus der Abzinsung von Rückstellungen
			7143	Zinserträge aus der Abzinsung von Pensionsrückstellungen und ähnlichen/ vergleichbaren Verpflichtungen
Sonstige Zinsen und ähnliche Erträge oder Zinsen und ähnliche Aufwendungen	Sonstige Zinsen u. ähnliche Erträge im Zusammenhang mit Vermögensverrechnung		7144	Zinserträge aus der Abzinsung von Pensionsrückstellungen und ähnlichen/ vergleichbaren Verpflichtungen zur Verrechnungen nach § 246 Abs. 2 HGB
			7145	Erträge aus Vermögensgegenständen zur Verrechnungen nach § 246 Abs. 2 HGB
				Erträge aus Verlustübernahme und aufgrund eines Gewinn- oder Teilgewinnabführungsvertrags erhaltene Gewinne
Erträge aus Verlustübernahme	Erträge aus Verlustübernahme		7190	Erträge aus Verlustübernahme
Auf Grund einer Gewinngemeinschaft, eines Gewinn- o. Teilgewinnabführungsvertrags abgeführte Gewinne	Auf Grund einer Gewinngemeinschaft, eines Gewinn- o. Teilgewinnabführungsvertrags abgeführte Gewinne (Mutter)		7192	Erhaltene Gewinne auf Grund einer Gewinngemeinschaft
			7194	Erhaltene Gewinne auf Grund eines Gewinn- o. Teilgewinnabführungsvertrags

7 Weitere Erträge und Aufwendungen

HGB-Posten nach § 266 u. § 275 HGB	E-Bilanz Taxonomie	SKR04 2021 Funktionen	Konto	Beschriftung
				Abschreibungen auf Finanzanlagen und auf Wertpapiere des Umlaufvermögens
Abschreibungen auf Finanzanlagen und auf Wertpapiere des Umlaufvermögens	Abschreibungen auf Finanzanlagen		7200	Abschreibungen auf Finanzanlagen (dauerhaft)
	Außerplanmäßige Abschreibungen auf Finanzanlagen		7201	Abschreibungen auf Finanzanlagen (nicht dauerhaft)
	Abschreibungen auf Finanzanlagen		7204	Abschreibungen auf Finanzanlagen § 3 Nr. 40 EStG/§ 8b Abs. 3 KStG (inländ. Kap.Ges) (dauerhaft)
			7207	Abschreibungen auf Finanzanlagen – verbundene Unternehmen
	Aufwendungen aufgrund von Verlustanteilen an Mitunternehmerschaften		7208	Aufwendungen auf Grund von Verlustanteilen an Mitunternehmerschaften § 8 GewStG
	Übliche und unübliche Abschreibungen auf Wertpapiere des Umlaufvermögens		7210	Abschreibungen auf Wertpapieren des Umlaufvermögens
			7214	Abschreibungen auf Wertpapiere des Umlaufvermögens § 3 Nr. 40 EStG / § 8b Abs. 3KStG (inländ. Kap.Ges.)
			7217	Abschreibungen auf Wertpapiere des Umlaufvermögens – verbundene Unternehmen
	Abschreibungen auf Finanzanlagen		7250	Abschreibungen auf Finanzanlagen § 6b EStG-Rücklage
			7255	Abschreibungen auf Finanzanlagen auf Grund § 6b EStG-Rücklage, § 3 Nr. 40 EStG/§ 8b Abs. 3 KStG (inländische Kap.Ges.)
		R	7260	Buchungssperre
				Zinsen und ähnliche Aufwendungen
Zinsen und ähnliche Aufwendungen	Zinsen		7303	Zinsen und ähnliche Aufwendungen
			7302	Steuerlich nicht abzugsfähige andere Nebenleistungen zu Steuern § 4 Abs.5 EStG
			7303	Steuerlich abzugsfähige, andere Nebenleistungen zu Steuern
			7304	Steuerlich nicht abzugsfähige, andere Nebenleistungen zu Steuern
			7305	Zinsaufwendungen § 233a AO abzugsfähig
			7306	Zinsaufwendungen §§ 234 bis 237 AO nicht abzugsfähig
	Sonstige Zinsen und ähnliche Aufwendungen aus Abzinsung		7307	Zinsen aus Abzinsung d. KSt-Erhöhungsbetrags § 38 KStG
	Zinsen		7308	Zinsaufwendungen § 233a AO nicht abzugsfähig
			7309	Zinsen und ähnliche Aufwendungen an verbundene Unternehmen
			7310	Zinsaufwendungen für kurzfristige Verbindlichkeiten
			7311	Zinsaufwendungen §§ 234 bis 237 AO abzugsfähig

7 Weitere Erträge und Aufwendungen

HGB-Posten nach § 266 u. § 275 HGB	E-Bilanz Taxonomie	Funktionen	Konto	SKR04 2021 Beschriftung
Zinsen und ähnliche Aufwendungen	Zinsen		7313	Nicht abzugsfähige Schuldzinsen gemäß § 4 Abs. 4a EStG (Hinzurechnungsbetrag)
			7316	Zinsen für Gesellschafterdarlehen
			7317	Zinsen an Gesellschafter mit einer Beteiligung von mehr als 25 % bzw. diesen nahe stehenden Personen
			7318	Zinsen auf Kontokorrentkonten
			7319	Zinsaufwendungen für kurzfristige Verbindlichkeiten an verbund. Unternehmen
			7320	Zinsaufwendungen für langfristige Verbindlichkeiten
	Abschreibungen auf ein Agio, Disagio oder Damnum		7323	Abschreibung auf Disagio zur Finanzierung
			7324	Abschreibung auf Disagio zur Finanzierung des Anlagevermögens
			7325	Zinsaufwendungen für Gebäude, die zum Betriebsvermögen gehören
			7326	Zinsen zur Finanzierung des Anlagevermögens
			7327	Renten und dauernde Lasten
			7328	Zinsaufwendungen für Kapitalüberlassung durch Mitunternehmer § 15 EStG (mit Sonderbetriebseinnahme korrespondierend)
			7329	Zinsaufwendungen für langfristige Verbindlichkeiten an verbund. Unternehmen
	Übrige nicht zuordenbare sonstige Zinsen und ähnliche Aufwendungen		7330	Zinsähnliche Aufwendungen
			7339	Zinsähnliche Aufwendungen Verbindlichkeiten an verbundene Unternehmen
	Diskontaufwendungen		7340	Diskontaufwendungen
			7349	Diskontaufwendungen Verbindlichkeiten an verbundene Unternehmen
	Zinsen		7350	Zinsen und ähnliche Aufwendungen §§ 3 Nr. 40 und 3c EStG bzw. § 8b Abs. 1 KStG
			7351	Diskontaufwendungen Verbindlichkeiten an verbundene Unternehmen §§ 3 Nr. 40 und 3c EStG bzw. § 8b Abs. 1 KStG
	Kreditprovisionen und Verwaltungskostenbeiträge		7355	Kreditprovision und Verwaltungskostenbeiträge
	Zinsanteil der Zuführungen zu Pensionsrückstellung		7360	Zinsanteil der Zuführungen zu Pensionsrückstellung
	Sonstige Zinsen und ähnliche Aufwendungen aus Abzinsung		7361	Zinsaufwendungen aus der Abzinsung von Verbindlichkeiten
			7362	Zinsaufwendungen aus der Abzinsung von Rückstellungen
			7363	Zinsaufwendungen aus der Abzinsung Pensionsrückstellungen und ähnlichen/ vergleichbaren Verpflichtungen
Zinsen und ähnliche Aufwendungen oder Sonstige Zinsen und ähnliche Erträge			7364	Zinsaufwendungen aus der Abzinsung Pensionsrückstellungen und ähnlichen/ vergleichbaren Verpflichtungen nach § 246 Abs. 2 HGB

7 Weitere Erträge und Aufwendungen				
HGB-Posten nach § 266 u. § 275 HGB	**E-Bilanz Taxonomie**	**SKR04 2021**		
		Funktionen	**Konto**	**Beschriftung**
Zinsen und ähnliche Aufwendungen oder Sonstige Zinsen und ähnliche Erträge	Sonstige Zinsen und ähnliche Aufwendungen aus Abzinsung		7365	Aufwendungen aus Vermögensgegenständen zur Verrechnung nach § 246 Abs. 2 HGB
				Aufwendungen aus Verlustübernahme und auf Grund einer Gewinngemeinschaft, eines Gewinn- oder Teilgewinnabführungsvertrags abgeführte Gewinne
Aufwendungen aus Verlustübernahme	Aufwendungen aus Verlustübernahmen (Mutter)		7390	Aufwendungen aus Verlustübernahme
Gewinnabführung	Auf Grund einer Gewinngemeinschaft, eines Gewinnabführungs- o. Teilgewinnabführungsvertrags abgeführte Gewinne		7392	Abgeführte Gewinne auf Grund einer Gewinngemeinschaft
			7394	Abgeführte Gewinne auf Grund eines Gewinnabführungs- o. Teilgewinnvertrags
			7399	Abgeführte Gewinne an (Soll)/ ausgeglichene Verlustanteile (Haben) bei stiller Beteiligung § 8 GewStG
				Sonstige betriebliche Erträge
Sonstige betriebliche Erträge	Erträge durch Verschmelzung und Umwandlung	R	7400	Buchungssperre
		R	7401	Buchungssperre
		R	7450	Buchungssperre
			7451	Erträge durch Verschmelzung und Umwandlung
		R	7452 –7453	Buchungssperre
			7454	Gewinn aus der Veräußerung oder der Aufgabe von Geschäftsaktivitäten nach Steuern
				Erträge aus der Anwendung der Übergangsvorschriften i. S. d. BilMoG
Sonstige betriebliche Erträge	Außerordentliche Erträge aus der Anwendung des EGHGB		7460	Erträge aus der Anwendung von Übergangsvorschriften
		R	7461 –7463	Buchungssperre
			7464	Erträge aus der Anwendung von Übergangsvorschriften (latente Steuern)
				Sonstige betriebliche Aufwendungen
Sonstige betriebliche Aufwendungen	Andere außerordentliche Aufwendungen, nicht zuordenbar	R	7500	Buchungssperre
		R	7501	Buchungssperre
		R	7550	Buchungssperre
	Verluste durch Verschmelzung und Umwandlung		7551	Verluste durch Verschmelzung und Umwandlung
	Verluste durch außergewöhnliche Schadensfälle		7552	Verluste durch außergewöhnliche Schadensfälle (nur Bilanzierer)
	Aufwendungen für Restrukturierungs- und Sanierungsmaßnahmen		7553	Aufwendungen für Restrukturierungs- und Sanierungsmaßnahmen

7 Weitere Erträge und Aufwendungen

HGB-Posten nach § 266 u. § 275 HGB	E-Bilanz Taxonomie	SKR04 2021 Funktionen	Konto	Beschriftung
Sonstige betriebliche Aufwendungen	Verluste durch Stilllegung von Betriebsteilen		7554	Verluste aus der Veräußerung oder der Aufgabe von Geschäftsaktivitäten nach Steuern
				Aufwendungen aus der Anwendung der Übergangsvorschriften i. S. d. BilMoG
Sonstige betriebliche Aufwendungen	Außerordentliche Erträge aus der Anwendung des EGHGB		7560	Aufwendungen aus der Anwendung von Übergangsvorschriften
			7561	Aufwendungen aus der Anwendung von Übergangsvorschriften (Pensionsrückstellungen)
		R	7562	Buchungssperre
Sonstige betriebliche Aufwendungen	Außerordentliche Erträge aus der Anwendung des EGHGB		7563	Aufwendungen aus der Anwendung von Übergangsvorschriften (latente Steuern)
				Steuern vom Einkommen und Ertrag
Steuern vom Einkommen und Ertrag	Steuern vom Einkommen und Ertrag		7600	Körperschaftsteuer
			7603	Körperschaftsteuer für Vorjahre
			7604	Körperschaftsteuererstattung für Vorjahre
			7607	Solidaritätszuschlagerstattung für Vorjahre
			7608	Solidaritätszuschlag
			7609	Solidaritätszuschlag für Vorjahre
			7610	Gewerbesteuer
			7630	Kapitalertragsteuer 25 %
			7633	Anrechenbarer Solidaritätszuschlag auf Kapitalertragsteuer 25 %
			7638	Ausländische Steuer auf im Inland steuerfreie DBA-Einkünfte
			7639	Anzurechnende ausländische Quellensteuer
		R	7640	Buchungssperre
			7641	Gewerbesteuernachzahlungen und Gewerbesteuererstattungen für Vorjahre, § 4 Abs. 5b EStG
		R	7642	Buchungssperre
			7643	Erträge aus der Auflösung von Gewerbesteuerrückstellungen, § 4 Abs. 5b EStG
		R	7644	Buchungssperre
			7645	Aufwendungen aus der Zuführung und Auflösung von latenten Steuern
			7649	Aufwendungen aus der Zuführung zu Steuerrückstellungen für Steuerstundung (BStK)
				Sonstige Steuern
Sonstige Steuern	Sonstige Steuern		7650	Sonstige Steuern
			7675	Verbrauchsteuer
			7678	Ökosteuer
			7680	Grundsteuer
		KU	7685	Kfz-Steuern

7 Weitere Erträge und Aufwendungen

HGB-Posten nach § 266 u. § 275 HGB	E-Bilanz Taxonomie	Funktionen	Konto	SKR04 2021 Beschriftung
Sonstige Steuern	Sonstige Steuern		7690	Steuernachzahlungen Vorjahre für sonstige Steuern
			7692	Steuererstattungen Vorjahre für sonstige Steuern
			7694	Erträge aus der Auflösung von Rückstellungen für sonstige Steuern
Gewinn-/Verlustvortrag aus dem Vorjahr	Gewinnvortrag aus dem Vorjahr		7700	**Gewinnvortrag nach Verwendung**
		KU F	7705	Gewinnvortrag nach Verwendung (Kapitalkontenentwicklung)
			7720	**Verlustvortrag nach Verwendung**
		KU F	7725	Verlustvortrag nach Verwendung (Kapitalkontenentwicklung)
Entnahmen aus Kapitalrücklage	Entnahmen aus Kapitalrücklage		**7730**	**Entnahmen aus Kapitalrücklage**
				Entnahmen aus Gewinnrücklagen
Entnahmen aus der gesetzlichen Rücklage	Entnahmen aus der gesetzlichen Rücklage		**7735**	**Entnahmen aus der gesetzlichen Rücklage**
Entnahmen aus der Rücklage für eigene Anteile	Entnahmen aus der Rücklage für eigene Anteile		**7740**	**Entnahmen aus der Rücklage für eigene Anteile**
Entnahmen aus der Rücklage für Anteile an einem herrschenden oder mehrheitlich beteiligten Unternehmen	Entnahmen aus der Rücklage für Anteile an einem herrschenden oder mehrheitlich beteiligten Unternehmen		**7743**	**Entnahmen aus der Rücklage für Anteile an einem herrschenden oder mehrheitlich beteiligten Unternehmen**
	Entnahmen aus anderen Gewinnrücklagen		**7744**	**Entnahmen aus anderen Ergebnisrücklagen**
Entnahmen aus satzungsmäßige Rücklagen	Entnahmen aus satzungsmäßigen Rücklagen		**7745**	**Entnahmen aus satzungsmäßige Rücklagen**
Entnahmen aus anderen Gewinnrücklagen	Entnahmen aus anderen Gewinnrücklagen		**7750**	**Entnahmen aus andere Gewinnrücklagen**
	Rücklage (gesamthänderisch gebunden) Zuführungen/Minderungen lfd. Jahr	KU F	7751	Entnahmen aus gesamthänderischen Rücklagen (Kapitalkonten)
Erträge aus Kapitalherabsetzung	Erträge aus Kapitalherabsetzung		**7755**	**Erträge aus Kapitalherabsetzung**
Einstellungen in die Kapitalrücklage nach den Vorschriften über die vereinfachte Kapitalherabsetzung	Einstellungen in die Kapitalrücklage nach den Vorschriften über die vereinfachte Kapitalherabsetzung		**7760**	**Einstellungen in die Kapitalrücklage nach den Vorschriften über die vereinfachte Kapitalherabsetzung**
				Einstellungen in Gewinnrücklagen
Einstellungen in die gesetzliche Rücklage	Einstellungen in die gesetzliche Rücklage		**7765**	**Einstellungen gesetzliche Rücklage**
Einstellungen in die Rücklage für eigene Anteile	Einstellungen in die Rücklage für eigene Anteile		**7770**	**Einstellungen in die Rücklage für eigene Anteile**
Einstellungen in die Rücklage für Anteile an einem herrschenden oder mehrheitlich beteiligten Unternehmen	Einstellungen in die Rücklage für Anteile an einem herrschenden oder mehrheitlich beteiligten Unternehmen		**7773**	**Einstellungen in die Rücklage für Anteile an einem herrschenden oder mehrheitlich beteiligten Unternehmen**
Einstellungen in satzungsmäßige Rücklagen	Einstellungen in satzungsmäßige Rücklagen		**7775**	**Einstellungen in satzungsmäßige Rücklagen**
Einstellungen andere Gewinnrücklagen	Einstellungen in andere Gewinnrücklagen		**7780**	**Einstellungen andere Gewinnrücklagen**
	Rücklage (gesamthänderisch gebunden)	KU F	7781	Einstellung in gesamthänderische Rücklagen
	Einstellungen in andere Gewinnrücklagen		**7785**	**Einstellung in andere Ergebnisrücklagen**
Ausschüttung	Vorabausschüttung/beschlossene Ausschüttung Geschäftsjahr		**7790**	**Vorabausschüttung**
Vortrag auf neue Rechnung	Gewinnvortrag auf neue Rechnung (soweit nicht Aktiengesellschaft)		**7795**	**Vortrag auf neue Rechnung (GuV)**
		V V	7800 –7899	Zur freien Verfügung

7 Weitere Erträge und Aufwendungen

HGB-Posten nach § 266 u. § 275 HGB	E-Bilanz Taxonomie	Funktionen	Konto	Beschriftung
				SKR04 2021
Sonstige betriebliche Aufwendungen	Andere ordentliche sonstige betriebliche Aufwendungen	R	7900	Reserviertes Konto

8 Sonstige betriebliche Aufwendungen

HGB-Posten nach § 266 u. § 275 HGB	E-Bilanz Taxonomie	Funktionen	Konto	Beschriftung
				Sonstige betriebliche Aufwendungen
Sonstige betriebliche Aufwendungen	Andere ordentliche sonstige betriebliche Aufwendungen		**8000 –8999**	**Zur freien Verfügung**

9 Vortrags-, Kapital- und Statistische Konten

HGB-Posten nach § 266 u. § 275 HGB	E-Bilanz Taxonomie	Funktionen	Konto	Beschriftung
				Vortragskonten
		KU S	9000	Saldenvorträge Sachkonten
		KU F	9001 –9007	Saldenvorträge Sachkonten
		KU S	9008	Saldenvorträge Debitoren
		KU S	9009	Saldenvorträge Kreditoren
		KU F	9050	Offene Posten aus 2020
		NEU KU F	**9051**	**Offene Posten aus 2021**
			9052 –9059	Buchungssperre
		KU R	9060	Buchungssperre
		KU R	9069	Buchungssperre
		KU F	9070	Offene Posten aus 2000
		KU F	9071	Offene Posten aus 2001
		KU F	9072	Offene Posten aus 2002
		KU F	9073	Offene Posten aus 2003
		KU F	9074	Offene Posten aus 2004
		KU F	9075	Offene Posten aus 2005
		KU F	9076	Offene Posten aus 2006
		KU F	9077	Offene Posten aus 2007
		KU F	9078	Offene Posten aus 2008
		KU F	9078	Offene Posten aus 2008
		KU F	9079	Offene Posten aus 2009
		KU F	9080	Offene Posten aus 2010
		KU F	9081	Offene Posten aus 2011
		KU F	9082	Offene Posten aus 2012
		KU F	9083	Offene Posten aus 2013
		KU F	9084	Offene Posten aus 2014
		KU F	9085	Offene Posten aus 2015
		KU F	9086	Offene Posten aus 2016
		KU F	9087	Offene Posten aus 2017
		KU F	9088	Offene Posten aus 2018
		KU F	9089	Offene Posten aus 2019
		KU F	9090	Summenvortrag
		KU R	9091 –9098	Buchungssperre
				Statistische Konten für Betriebswirtschaftliche Auswertungen (BWA)
		KU F	9101	Verkaufstage
		KU F	9102	Anzahl der Barkunden
		KU F	9103	Beschäftigte Personen

9 Vortrags-, Kapital- und Statistische Konten

HGB-Posten nach § 266 u. § 275 HGB	E-Bilanz Taxonomie	Funktionen		Konto	Beschriftung
					SKR04 2021
		KU	F	9104	Unbezahlte Personen
		KU	F	9105	Verkaufskräfte
		KU	F	9106	Geschäftsraum qm
		KU	F	9107	Verkaufsraum qm
		KU	F	9116	Anzahl Rechnungen
		KU	F	9117	Anzahl Kreditkunden monatlich
		KU	F	9118	Anzahl Kreditkunden aufgelaufen
		KU		9120	Erweiterungsinvestitionen
		KU	F	9130 –9131	BWA-Formen mit statist. Mengeneinheiten Umrechnungssperre, Funktion 18000
		KU		9135	Auftragseingang im Geschäftsjahr
		KU		9140	Auftragsbestand
					Variables Kapital TH
		KU	F	9141	Variables Kapital – Anteil für Teilhafter
		KU	F	9142	Variables Kapital – Anteil für Teilhafter
					Sammelposten anrechenbare Privatsteuern
		KU		9143	Privatsteuern Kapitalertragsteuer (Sammelposten)
		KU		9144	Privatsteuern Solidaritätszuschlag (Sammelposten)
		KU		9145	Privatsteuern Kirchensteuer (Sammelposten)
					Kapitaländerungen durch Übertragung einer § 6b EStG Rücklage
		KU	F	9146	Variables Kapital – Übertragung einer § 6b EStG-Rücklage VH
		KU	F	9147	Variables Kapital – Übertragung einer § 6b EStG-Rücklage VH
		KU	R	9148 –9149	Buchungssperre
					Andere Kapitalkontenanpassungen: Vollhafter
		KU	F	9150	Festkapital - andere Kapitalkontenanpassungen VH
		KU	F	9151	Variables Kapital – andere Kapitalkontenanpassungen VH
		KU	F	9152	Verlust-/Vortragskonto – andere Kapitalkontenanpassungen VH
		KU	F	9153	Kapitalkonto III – andere Kapitalkontenanpassungen VH
		KU	F	9154	Ausstehende Einlagen auf das Komplementär-Kapital, nicht eingefordert – andere Kapitalkontenanpassungen VH
		KU	F	9155	Verrechnungskonto für Einzahlungsverpflichtungen – andere Kapitalkontenanpassungen VH
		KU	R	9156	Buchungssperre

9 Vortrags-, Kapital- und Statistische Konten				
HGB-Posten nach § 266 u. § 275 HGB	E-Bilanz Taxonomie	SKR04 2021 Funktionen	Konto	Beschriftung
				Anrechenbare Privatsteuern Vollhafter, Eigenkapital
		KU F	9157	Privatsteuern Kapitalertragsteuer (VH)
		KU F	9158	Privatsteuern Solidaritätszuschlag (VH)
		KU F	9159	Privatsteuern Kirchensteuer (VH)
				Andere Kapitalkontenanpassungen: Teilhafter
		KU F	9160	Kommandit-Kapital – andere Kapitalkontenanpassungen TH
		KU F	9161	Variables Kapital – andere Kapitalkontenanpassungen TH
		KU F	9162	Verlustausgleichskonto – andere Kapitalkontenanpassungen TH
		KU F	9163	Kapitalkonto III – andere Kapitalkontenanpassungen TH
		KU F	9164	Ausstehende Einlagen auf das Kommandit-Kapital, nicht eingefordert – andere Kapitalkontenanpassungen TH
		KU F	9165	Verrechnungskonto für Einzahlungsverpflichtungen – andere Kapitalkontenanpassungen TH
		KU R	9166	Buchungssperre
				Anrechenbare Privatsteuern Teilhafter, Eigenkapital
		KU F	9167	Privatsteuern Kapitalertragsteuer (TH), EK
		KU F	9168	Privatsteuern Solidaritätszuschlag (TH), EK
		KU F	9169	Privatsteuern Kirchensteuer (TH), EK
				Umbuchungen auf andere Kapitalkonten: Vollhafter
		KU F	9170	Festkapital - Umbuchungen VH
		KU F	9171	Variables Kapital - Umbuchungen VH
		KU F	9172	Verlust-/Vortragskonto - Umbuchungen VH
		KU F	9173	Kapitalkonto III - Umbuchungen VH
		KU F	9174	Ausstehende Einlagen auf das Komplementär-Kapital, nicht eingefordert – Umbuchungen VH
		KU F	9175	Verrechnungskonto für Einzahlungsverpflichtungen – Umbuchungen VH
		KU R	9176 –9179	Buchungssperre
				Umbuchungen auf andere Kapitalkonten: Teilhafter
		KU F	9180	Kommandit-Kapital – Umbuchungen TH
		KU F	9181	Variables Kapital – Umbuchungen TH
		KU F	9182	Verlustausgleichskonto – Umbuchungen TH
		KU F	9183	Kapitalkonto III – Umbuchungen TH
		KU F	9184	Ausstehende Einlagen auf das Kommandit-Kapital, nicht eingefordert – Umbuchungen TH

9 Vortrags-, Kapital- und Statistische Konten				
HGB-Posten nach § 266 u. § 275 HGB	**E-Bilanz Taxonomie**	**SKR04 2021**		
		Funktionen	**Konto**	**Beschriftung**
		KU F	9185	Verrechnungskonto für Einzahlungs-verpflichtungen – Umbuchungen TH
				Anrechenbare Privatsteuern Teilhafter, Fremdkapital
		KU F	9186	Privatsteuern Kapitalertragsteuer (TH), FK
		KU F	9187	Privatsteuern Solidaritätszuschlag (TH), FK
		KU F	9188	Privatsteuern Kirchensteuer (TH), FK
		KU	9189	Verrechnungskonto für Umbuchungen zwischen Gesellschafter-Eigenkapital-konten
				Gegenkonten zu Statistischen Konten für Betriebswirtschaftiche Auswertungen
		KU F	9190	Gegenkonto für statist. Mengeneinheiten Konten 9101–9107 und 9116–9118
		KU	9199	Gegenkonto zu Konten 9120, 9135–9140
				Statistische Konten für den Kennziffernteil der Bilanz
		KU F	9200	Beschäftigte Personen
		KU F	9201 –9208	BWA-Formen mit statist. Mengeneinheiten Umrechnungssperre, Funktion 18000
		KU F	9209	Gegenkonto zu 9200
		KU	9210	Produktive Löhne
		KU	9219	Gegenkonto zu 9210
				Statistische Konten zur informativen Angabe des gezeichneten Kapitals in anderer Währung
		KU F	9220	Gezeichnetes Kapital in DM (Art. 42/3/1 EGHGB)
		KU F	9221	Gezeichnetes Kapital in Euro (Art. 42/3/2 EGHGB)
		KU F	9229	Gegenkonto zu Konten 9220–9221
		KU R	9230	Buchungssperre
		KU R	9232	Buchungssperre
		KU R	9234	Buchungssperre
		KU R	9239	Buchungssperre
				Statistische Konten für die Kapital-flussrechnung
		KU	9240	Investitionsverbindlichkeiten bei den Leistungsverbindlichkeiten
		KU	9241	Investitionsverbindlichkeiten aus Sachan-lagekäufen bei Leistungsverbindlich-keiten
		KU	9242	Investitionsverbindlichkeiten aus Käufen von immateriellen Vermögensgegen-ständen bei Leistungsverbindlichkeiten
		KU	9243	Investitionsverbindlichkeiten aus Käufen von Finanzanlagen bei Leistungsverbind-lichkeiten

9 Vortrags-, Kapital- und Statistische Konten				
HGB-Posten nach § 266 u. § 275 HGB	**E-Bilanz Taxonomie**			**SKR04 2021**
		Funktionen	**Konto**	**Beschriftung**
		KU	9244	Gegenkonto zu Konten 9240–43
		KU	9245	Forderungen aus Sachanlageverkäufen bei sonstigen Vermögensgegenständen
		KU	9246	Forderungen aus Verkäufen immaterieller Vermögensgegenstände bei sonstigen Vermögensgegenständen
		KU	9247	Forderungen aus Verkäufen von Finanzanlagen bei sonstigen Vermögensgegenständen
		KU	9249	Gegenkonto zu Konten 9245–47
		R	9250	Buchungssperre
		R	9255	Buchungssperre
		R	9259	Buchungssperre
				Aufgliederung der Rückstellungen
		KU	9260	Kurzfristige Rückstellungen
		KU	9262	Mittelfristige Rückstellungen
		KU	9264	Langfristige Rückstellung, außer Pensionen
		KU	9269	Gegenkonto zu Konten 9260–9268
				Statistische Konten für in der Bilanz auszuweisende Haftungsverhältnisse
		KU	9270	Gegenkonto zu Konten 9271–9279 (Soll-Buchung)
		KU	9271	Verbindlichkeiten aus der Begebung und Übertragung von Wechseln
		KU	9272	Verbindlichkeiten aus der Begebung und Übertragung von Wechseln gegenüber verbundenen Unternehmen
		KU	9273	Verbindlichkeiten aus Bürgschaften, Wechsel- und Scheckbürgschaften
		KU	9274	Verbindlichkeiten aus Bürgschaften, Wechsel- und Scheckbürgschaften gegenüber verbundenen Unternehmen
		KU	9275	Verbindlichkeiten aus Gewährleistungsverträgen
		KU	9276	Verbindlichkeiten aus Gewährleistungsverträgen gg. verbundenen Unternehmen
		KU	9277	Haftung aus der Bestellung von Sicherheiten für fremde Verbindlichkeiten
		KU	9278	Haftung aus der Bestellung von Sicherheiten für fremde Verbindlichkeiten gegenüber verbundenen Unternehmen
		KU	9279	Verpflichtungen aus Treuhandvermögen
				Statistische Konten für die im Anhang anzugebenden sonstigen finanziellen Verpflichtungen
		KU	9280	Gegenkonto zu Konten 9281–9284
		KU	9281	Verpflichtungen aus Leasing- u. Mietverträgen

9 Vortrags-, Kapital- und Statistische Konten

HGB-Posten nach § 266 u. § 275 HGB	E-Bilanz Taxonomie	Funktionen	Konto	SKR04 2021 Beschriftung
		KU	9282	Verpflichtungen aus Leasing- u. Mietverträgen gegenüber verbundenen Unternehmen
		KU	9283	Andere Verpflichtungen gemäß § 285 Nr. 3 HGB
		KU	9284	Andere Verpflichtungen gemäß § 285 Nr. 3 HGB gegenüber verbundenen Unternehmen
Unterschiedsbetrag aus der Abzinsung von Altersversorgungsverpflichtungen nach § 253 Abs. 6 HGB (Haben)		KU	9285	Unterschiedsbetrag aus der Abzinsung von Altersversorgungsverpflichtungen nach § 253 Abs. 6 HGB (Haben)
		KU	9286	Gegenkonto zu 9285
				Statistische Konten für § 4 Abs. 3 EStG
Statistische Konten	Statistische Konten	KU	9287	Zinsen bei Buchung über Debitoren bei § 4/3 EStG
		KU	9288	Mahngebühr bei Buchung über Debitoren bei § 4/3 EStG
		KU	9289	Gegenkonto zu Konto 9287 und 9288
		KU	9290	Statistisches Konto, steuerfreie Auslagen
		KU	9291	Gegenkonto zu 9290
Verbindlichkeiten aus Lieferungen und Leistungen	Verbindlichkeiten aus Lieferungen und Leistungen	KU	9292	Statistisches Konto, Fremdgeld
Sonstige Verbindlichkeiten Einlagen stiller Gesellschafter	Übrige sonstige Verbindlichkeiten Einlagen stiller Gesellschafter	KU	9293	Gegenkonto zu 9292
Steuerrechtlicher Ausgleichsposten	Steuerrechtlicher Ausgleichsposten z. B. nach Betriebsprüfung	KU	9297	Steuerrechtlicher Ausgleichsposten
		KU F	9300 –9320	BWA-Formen mit statist. Mengeneinheiten Umrechnungssperre, Funktion 18000
		KU F	9326 –9343	BWA-Formen mit statist. Mengeneinheiten Umrechnungssperre, Funktion 18000
		KU F	9346 –9349	BWA-Formen mit statist. Mengeneinheiten Umrechnungssperre, Funktion 18000
		KU F	9357 –9360	BWA-Formen mit statist. Mengeneinheiten Umrechnungssperre, Funktion 18000
		KU F	9365 –9367	BWA-Formen mit statist. Mengeneinheiten Umrechnungssperre, Funktion 18000
		KU F	9371 –9372	BWA-Formen mit statist. Mengeneinheiten Umrechnungssperre, Funktion 18000
		KU F	9390	Konto für Branchenlösungen (Werte)
			9394	Gegenkonto für Branchenlösungen (Werte)
		KU F	9395	Konto für Branchenlösungen (Menge)
		F	9399	Gegenkonto für Branchenlösungen (Menge)
				Privat Teilhafter (für Verrechnung Gesellschafterdarlehen mit Eigenkapitalcharakter Konto 9840–9849)
	Kapitalanteile der Kommanditisten	KU F	9400	Privatentnahmen allgemein
		KU R	9401 –9409	Buchungssperre
		KU F	9410	Privatsteuern

9 Vortrags-, Kapital- und Statistische Konten				
HGB-Posten nach § 266 u. § 275 HGB	E-Bilanz Taxonomie	SKR04 2021		
		Funktionen	Konto	Beschriftung
	Kapitalanteile der Kommanditisten	KU R	9411 –9419	Buchungssperre
		KU F	9420	Sonderausgaben beschränkt abzugsfähig
		KU R	9421 –9429	Buchungssperre
		KU F	9430	Sonderausgaben unbeschränkt abzugsfähig
		KU R	9431 –9439	Buchungssperre
		KU F	9440	Zuwendungen, Spenden
		KU R	9441 –9449	Buchungssperre
		KU F	9450	Außergewöhnliche Belastungen
		KU R	9451 –9459	Buchungssperre
		KU F	9460	Grundstücksaufwand
		KU R	9461 –9469	Buchungssperre
		KU F	9470	Grundstücksertrag
		KU R	9471 –9479	Buchungssperre
		KU F	9480	Unentgeltliche Wertabgaben
		KU R	9481 –9489	Buchungssperre
		KU F	9490	Privateinlagen
		KU R	9491 –9499	Buchungssperre
				Statistische Konten für die Kapitalkontenentwicklung
	Kapitalanteile der persönlich haftenden Gesellschafter	KU F	9500	Anteil für Konto 2000–09, Vollhafter
		KU R	9501 –9509	Buchungssperre
		KU F	9510	Anteil für Konto 2010–19, Vollhafter
		KU R	9511 –9519	Buchungssperre
	Verbindlichkeiten gegenüber der persönlich haftenden Gesellschafter	KU F	9520	Anteil für Konto 2020–29, Vollhafter
		KU R	9521 –9529	Buchungssperre
	Kapitalanteile der persönlich haftenden Gesellschafter	KU F	9530	Anteil für Konto 9810–19, Vollhafter
		KU R	9531 –9539	Buchungssperre
	Eingeforderte noch ausstehende Kapitalanteile der persönlich haftenden Gesellschafter	KU F	9540	Anteil für Konto 0060–69, Vollhafter
		KU R	9541 –9549	Buchungssperre
	Kapitalanteile der Kommanditisten	KU F	9550	Anteil für Konto 2050–59, Teilhafter
		KU R	9551 –9559	Buchungssperre
		KU F	9560	Anteil für Konto 2060–69, Teilhafter
		KU R	9561 –9569	Buchungssperre
	Verbindlichkeiten gegenüber Kommanditisten	KU F	9570	Anteil für Konto 2070–79, Teilhafter
		KU R	9571 –9579	Buchungssperre

9 Vortrags-, Kapital- und Statistische Konten					
HGB-Posten nach § 266 u. § 275 HGB	E-Bilanz Taxonomie	SKR04 2021			
		Funktionen		Konto	Beschriftung
	Verbindlichkeiten gegenüber Kommanditisten	KU	F	9580	Anteil für Konto 9820–29, Vollhafter
		KU	R	9581 –9589	Buchungssperre
	Eingeforderte noch ausstehende Kapitalanteile der Kommanditisten	KU	F	9590	Anteil für Konto 0080–89, Teilhafter
		KU	R	9591 –9599	Buchungssperre
		KU	F	9600	Name des Gesellschafters, Vollhafter
		KU	R	9601 –9609	Buchungssperre
		KU	F	9610	Tätigkeitsvergütung, Vollhafter
		KU	R	9611 –9619	Buchungssperre
		KU	F	9620	Tantieme, Vollhafter
		KU	R	9621 –9629	Buchungssperre
		KU	F	9630	Darlehensverzinsung, Vollhafter
		KU	R	9631 –9639	Buchungssperre
		KU	F	9640	Gebrauchsüberlassung, Vollhafter
		KU	R	9641 –9649	Buchungssperre
		KU	F	9650	Sonstige Vergütungen, Vollhafter
		KU	R	9651 –9659	Buchungssperre
		KU	F	9660	Sonstige Vergütungen, Vollhafter
		KU	R	9661 –9669	Buchungssperre
		KU	F	9670	Sonstige Vergütungen, Vollhafter
		KU	R	9671 –9679	Buchungssperre
		KU	F	9680	Sonstige Vergütungen, Vollhafter
		KU	R	9681 –9689	Buchungssperre
		KU	F	9690	Restanteil, Vollhafter
		KU	R	9691 –9699	Buchungssperre
		KU	F	9700	Name des Gesellschafters, Teilhafter
		KU	R	9701 –9709	Buchungssperre
		KU	F	9710	Tätigkeitsvergütung, Teilhafter
		KU	R	9711 –9719	Buchungssperre
		KU	F	9720	Tantieme, Teilhafter
		KU	R	9721 –9729	Buchungssperre
		KU	F	9730	Darlehensverzinsung, Teilhafter
		KU	R	9731 –9739	Buchungssperre
		KU	F	9740	Gebrauchsüberlassung, Teilhafter
		KU	R	9741 –9749	Buchungssperre
		KU	F	9750	Sonstige Vergütungen, Teilhafter
		KU	R	9751 –9759	Buchungssperre

9 Vortrags-, Kapital- und Statistische Konten

HGB-Posten nach § 266 u. § 275 HGB	E-Bilanz Taxonomie	Funktionen		Konto	SKR04 2021 Beschriftung
	Eingeforderte noch ausstehende Kapitalanteile der Kommanditisten	KU	F	9760	Sonstige Vergütungen, Teilhafter
		KU	R	9761 –9769	Buchungssperre
		KU	F	9770	Sonstige Vergütungen, Teilhafter
		KU	R	9771 –9779	Buchungssperre
	Kapitalanteile der Kommanditisten	KU	F	9780	Anteil für Konto 9840–49, Teilhafter
		KU	R	9781 –9789	Buchungssperre
		KU	F	9790	Restanteil, Teilhafter
		KU	R	9791 –9799	Buchungssperre
		KU	R	9800	Buchungssperre
					Rücklagen, Gewinn-, Verlustvortrag
	Rücklagen (gesamthänderisch gebunden)	KU	F	9802	Gesamthänderisch gebundene Rücklagen – andere Kapitalkontenanpassungen
		KU	F	9803	Gewinnvortrag/Verlustvortrag – andere Kapitalkontenanpassungen
	Rücklage (gesamthänderisch gebunden) Zuführungen/Minderungen lfd. Jahr	KU	F	9804	Gesamthänderisch gebundene Rücklagen – Umbuchungen
		KU	F	9805	Gewinnvortrag/Verlustvortrag – Umbuchungen
					Statistische Anteile an den Posten Jahresüberschuss/-fehlbetrag bzw. Bilanzgewinn/-verlust
		KU	F	9806	Zuzurechnender Anteil am Jahresüberschuss/Jahresfehlbetrag – je Gesellschafter
		KU	F	9807	Zuzurechnender Anteil am Bilanzgewinn/ Bilanzverlust je Gesellschafter
		KU	F	9808	Gegenkonto für zuzurechnender Anteil am Jahresüberschuss/Jahresfehlbetrag
		KU	F	9809	Gegenkonto für zuzurechnender Anteil am Bilanzgewinn/Bilanzverlust
					Kapital Personenhandelsgesellschaft Vollhafter
	Kapitalanteile der persönlich haftenden Gesellschafter	KU	F	9810	Kapitalkonto III
		KU	R	9811 –9819	Buchungssperre
		KU	F	9820	Verlust-/Vortragskonto
		KU	R	9821 –9829	Buchungssperre
		KU	F	9830	Verrechnungskonto für Einzahlungsverpflichtungen
		KU	R	9831 –9839	Buchungssperre
					Kapital Personenhandelsgesellschaft Teilhafter
	Kapitalanteile der Kommanditisten	KU	F	9840	Kapitalkonto III
		KU	R	9841 –9849	Buchungssperre

9 Vortrags-, Kapital- und Statistische Konten						
HGB-Posten nach § 266 u. § 275 HGB	**E-Bilanz Taxonomie**	**SKR04 2021**				
		Funktionen		**Konto**	**Beschriftung**	
	Kapitalanteile der Kommanditisten	KU	F	9850	Verrechnungskonto für Einzahlungsverpflichtungen	
		KU	R	9851 –9859	Buchungssperre	
					Einzahlungsverpflichtungen im Bereich der Forderungen	
	Einzahlungsverpflichtungen persönlich haftenden Gesellschafter	KU	F	9860	Einzahlungsverpflichtungen persönlich haftender Gesellschafter	
		KU	R	9861 –9869	Buchungssperre	
	Einzahlungsverpflichtungen Kommanditisten	KU	F	9870	Einzahlungsverpflichtungen Kommanditisten	
		KU	R	9871 –9879	Buchungssperre	
					Ausgleichsposten für aktivierte eigene Anteile und Bilanzierungshilfen	
	Sonstige Sonderposten	KU		9880	Ausgleichsposten für aktivierte eigene Anteile	
		U	R	9882	Buchungssperre	
					Nicht durch Vermögenseinlagen gedeckte Entnahmen	
	Nicht durch Vermögenseinlagen gedeckte Entnahmen der persönlich haftenden Gesellschafter	KU	F	9883	Nicht durch Vermögenseinlagen gedeckte Entnahmen persönlich haftender Gesellschafter	
	Nicht durch Vermögenseinlagen gedeckte Entnahmen Kommanditisten	KU	F	9884	Nicht durch Vermögenseinlagen gedeckte Entnahmen Kommanditisten	
					Verrechnungskonto für nicht durch Vermögenseinlagen gedeckte Entnahmen	
	Nicht durch Vermögenseinlagen gedeckte Entnahmen der persönlich haftenden Gesellschafter	KU	F	9885	Verrechnungskonto für nicht durch Vermögenseinlagen gedeckte Entnahmen persönlich haftender Gesellschafter	
	Nicht durch Vermögenseinlagen gedeckte Entnahmen Kommanditisten	KU	F	9886	Verrechnungskonto für nicht durch Vermögenseinlagen gedeckte Entnahmen Kommanditisten	
					Steueraufwand der Gesellschafter	
		KU		9887	Steueraufwand der Gesellschafter	
		KU		9889	Gegenkonto zu 9887	
					Statistische Konten für Gewinnzuschlag	
		KU		9890	Statistisches Konto für d. Gewinnzuschlag nach §§ 6b, 6c, 7g a. F. EStG (Haben)	
		KU		9891	Statistisches Konto für d. Gewinnzuschlag nach §§ 6b, 6c, 7g EStG a. F. (Soll) – Gegenkonto zu 9890	

9 Vortrags-, Kapital- und Statistische Konten

HGB-Posten nach § 266 u. § 275 HGB	E-Bilanz Taxonomie	Funktionen	Konto	SKR04 2021 Beschriftung
				Veränderung der gesamthänderisch gebundenen Rücklagen (Einlagen/Entnahmen)
		KU F	9892	Veränderung der gesamthänderisch gebundenen Rücklagen (Einlagen/Entnahmen)
				Vorsteuer-/Umsatzsteuerkonten zur Korrektur der Forderungen/Verbindlichkeiten (EÜR)
		KU	9893	Umsatzsteuer in den Forderungen zum allgemeinen Umsatzsteuersatz (EÜR)
		KU	9894	Umsatzsteuer in den Forderungen zum ermäßigten Umsatzsteuersatz (EÜR)
		KU	9895	Gegenkonto 9893-9894 für die Aufteilung der Umsatzsteuer (EÜR)
		KU	9896	Vorsteuer in den Verbindlichkeiten zum allgemeinen Umsatzsteuersatz (EÜR)
		KU	9897	Vorsteuer in den Verbindlichkeiten zum ermäßigten Umsatzsteuersatz (EÜR)
		NEU KU	9898	Vorsteuer in den Verbindlichkeiten aus verschiedenen Kosten (EÜR)
		KU	9899	Gegenkonto 9896–9897 für die Aufteilung der Vorsteuer (EÜR)
		NEU KU	9900	Umsatzsteuer nicht fällig – sonstige Erlöse (EÜR)
		NEU KU	9901	Gegenkonto 9900
		NEU KU	9902	Umsatzsteuer in den Forderungen aus sonstigen Erlösen (EÜR)
				Statistische Konten zu § 4 Abs. 4a EStG
		KU	9910	Gegenkonto zur Minderung der Entnahmen § 4 (4a) EStG
		KU	9911	Minderung der Entnahmen § 4 (4a) EStG (Haben)
		KU	9912	Erhöhung der Entnahmen § 4 (4a) EStG
		KU	9913	Gegenkonto zur Erhöhung der Entnahmen § 4 (4a) EStG (Haben)
				Statistische Konten für den außerhalb der Bilanz zu berücksichtigenden Investitionsabzugsbetrag nach § 7g EStG
		NEU KU	9914	Hinzurechnung Investitionsabzugsbetrag § 7g Abs. 2 EStG aus dem 4. vergangenen Wirtschaftsjahr, außerbilanziell (Haben)
		NEU KU	9918	Rückgängigmachung Investitionsabzugsbetrag § 7g Abs. 3 und 4 EStG im 4. vergangenen Wirtschaftsjahr

9 Vortrags-, Kapital- und Statistische Konten

HGB-Posten nach § 266 u. § 275 HGB	E-Bilanz Taxonomie	Funktionen	Konto	SKR04 2021 Beschriftung
		KU	9916	Hinzurechnung Investitionsabzugsbetrag § 7g Abs. 2 EStG aus dem 2. vergangenen Wirtschaftsjahr, außerbilanziell (Haben)
		KU	9917	Hinzurechnung Investitionsabzugsbetrag § 7g Abs. 2 EStG aus dem 3. vergangenen Wirtschaftsjahr, außerbilanziell (Haben)
		KU	9918	Rückgängigmachung Investitionsabzugsbetrag § 7g Abs. 3 und 4 EStG im 2. vergangenen Wirtschaftsjahr
		KU	9919	Rückgängigmachung Investitionsabzugsbetrag § 7g Abs. 3 und 4 EStG im 3. vergangenen Wirtschaftsjahr
				Konten zur Bewertungskorrektur
Forderungen aus Lieferungen und Leistungen	Forderungen aus Lieferungen und Leistungen	KU	9960	Bewertungskorrektur zu Forderungen aus Lieferungen und Leistungen
Sonstige Verbindlichkeiten	Übrige Sonstige Verbindlichkeiten	KU	9961	Bewertungskorrektur zu sonstigen Verbindlichkeiten
Kassenbestand, Bundesbankguthaben, Guthaben bei Kreditinstituten und Schecks	Guthaben bei Kreditinstituten	KU	9962	Bewertungskorrektur zu Guthaben bei Kreditinstituten
Verbindlichkeiten gegenüber Kreditinstituten	Verbindlichkeiten gegenüber Kreditinstituten	KU	9963	Bewertungskorrektur zu Verbindlichkeiten gegenüber Kreditinstituten
Verbindlichkeiten aus Lieferungen und Leistungen	Verbindlichkeiten aus Lieferungen und Leistungen	KU	9964	Bewertungskorrektur zu Verbindlichkeiten aus Lieferungen und Leistungen
Sonstige Vermögensgegenstände	Übrige sonstige Vermögensgegenstände/nicht zuordenbare sonstige Vermögensgegenstände	KU	9965	Bewertungskorrektur zu sonstigen Vermögensgegenständen
				Statistische Konten für den außerhalb der Bilanz zu berücksichtigenden Investitionsabzugsbetrag nach § 7g EStG
		KU	9970	Investitionsabzugsbetrag § 7g Abs. 1 EStG außerbilanziell (Soll)
		KU	9971	Investitionsabzugsbetrag § 7g Abs. 1 EStG außerbilanziell (Haben) – Gegenkonto zu 9970
		KU	9972	Hinzurechnung Investitionsabzugsbetrag § 7g Abs. 2 EStG außerbilanziell (Haben)
		KU	9973	Hinzurechnung Investitionsabzugsbetrag § 7g Abs. 2 EStG aus den vorangegangenen Wirtschaftsjahren, außerbilanziell (Soll) – Gegenkonto zu 9972, 9914, 9916, 9917
		KU	9974	Rückgängigmachung Investitionsabzugsbetrag § 7g Abs. 3 und 4 EStG im vorangegangenen Wirtschaftsjahr
		KU	9975	Rückgängigmachung Investitionsabzugsbetrag § 7g Abs. 3 und 4 EStG im vorangegangenen Wirtschaftsjahren – Gegenkonto zu 9974, 9915, 9918, 9919

9 Vortrags-, Kapital- und Statistische Konten				
HGB-Posten nach § 266 u. § 275 HGB	**E-Bilanz Taxonomie**	**SKR04 2021**		
		Funktionen	**Konto**	**Beschriftung**
				Statistische Konten für die Zinsschranke § 4h EStG/§ 8a KStG
		KU	9976	Nicht abzugsfähige Zinsaufwendungen aus Vorjahren nach § 4h EStG (Haben)
		KU	9977	Nicht abzugsfähige Zinsaufwendungen aus Vorjahrennach § 4h EStG (Soll) – Gegenkonto zu 9976
		KU	9978	Abziehbare Zinsaufwendungen aus Vorjahren nach § 4h EStG (Soll)
		KU	9979	Abziehbare Zinsaufwendungen aus Vorjahren nach § 4h EStG (Haben) – Gegenkonto zu 9978
				Statistische Konten für den GuV-Ausweis in „Gutschrift bzw. Belastung auf Verbindlichkeitskonten" bei den Zuordnungstabellen für PersHG nach KapCoRiLiG
		KU	9980	Anteil Belastung auf Verbindlichkeitskonten
		KU	9981	Verrechnungskonto für Anteil Belastung auf Verbindlichkeitskonten
		KU	9982	Anteil Gutschrift auf Verbindlichkeitskonten
		KU	9983	Verrechnungskonto für Anteil Gutschrift auf Verbindlichkeitskonten
				Statistische Konten für die Gewinnkorrektur nach § 60 Abs. 2 EStDV
		KU	9984	Gewinnkorrektur nach § 60 Abs. 2 EStDV – Erhöhung handelsrechtliches Ergebnis durch Habenbuchung – Minderung handelsrechtliches Ergebnis durch Sollbuchung
		KU	9985	Gegenkonto zu 9984
				Statistische Konten für die Korrekturbuchungen in der Überleitungsrechnung
		KU	9986	Ergebnisverteilung auf Fremdkapital
		KU	9987	Korrekturkonto für die Überleitungsrechnung
		KU	9989	Gegenkonto zu 9986-9988
				Statistische Konten für außergewöhnliche und aperiodische Geschäftsvorfälle für Anhangsangabe nach § 285 NR. 31 und Nr. 32 HGB
		KU	9990	Erträge von außergewöhnlicher Größenordnung oder Bedeutung
		KU	9991	Erträge (aperiodisch)
		KU	9992	Erträge von außergewöhnlicher Größenordnung oder Bedeutung (aperiodisch)

9 Vortrags-, Kapital- und Statistische Konten				
HGB-Posten nach § 266 u. § 275 HGB	**E-Bilanz Taxonomie**	**SKR04 2021**		
		Funktionen	**Konto**	**Beschriftung**
		KU	9993	Aufwendungen von außergewöhnlicher Größenordnung oder Bedeutung
		KU	9994	Aufwendungen (aperiodisch)
		KU	9995	Aufwendungen von außergewöhnlicher Größenordnung oder Bedeutung (aperiodisch)
		KU	9998	Gegenkonto zu 9990–9997
10 Personenkonten				
				Personenkonten
			10000	= Debitoren
			–69999	
			70000	= Kreditoren
			–99999	

Industriekontenrahmen (IKR)

AKTIVA

0 Immaterielle Vermögensgegenstände und Sachanlagen

Kontenklasse	Bezeichnung
00	Ausstehende Einlagen
001	ausstehende Einlagen, noch nicht eingeforderte Einlagen
002	ausstehende Einlagen, eingeforderte Einlagen
01	Aufwendungen für die Ingangsetzung und Erweiterung des Geschäftsbetriebes
(02–04) Immaterielle Vermögensgegenstände:	
02	Konzessionen, gewerbliche Schutzrechte und ähnliche Rechte und Werte sowie Lizenzen an solchen Rechten und Werten
021	Konzessionen
022	Gewerbliche Schutzrechte
023	ähnliche Rechte und Werte
024	Lizenzen an Rechten und Werten
03	Geschäfts- und Firmenwert
031	Geschäfts- und Firmenwert
032	Verschmelzungsmehrwert
04	Geleistete Anzahlungen auf immaterielle Vermögensgegenstände
(05–09) Sachanlagen:	
05	Grundstücke, grundstücksgleiche Rechte und Bauten einschließlich der Bauten auf fremden Grundstücken
050	unbebaute Grundstücke
051	bebaute Grundstücke
0511	bebaute Grundstücke mit eigenen Bauten
0519	bebaute Grundstücke mit fremden Bauten
052	grundstücksgleiche Rechte
053	Betriebsgebäude
0531	Betriebsgebäude mit eigenen Grundstücken
0539	Betriebsgebäude auf fremden Grundstücken
054	Verwaltungsgebäude
055	andere Bauten
056	Grundstückseinrichtungen
0561	Grundstückseinrichtungen auf eigenen Grundstücken
0569	Grundstückseinrichtungen auf fremden Grundstücken
057	Gebäudeeinrichtungen
058	frei
059	Wohngebäude
06	frei
07	Technische Anlagen und Maschinen
070	technische Anlagen
071	Maschinen
072	Maschinengebundene Werkzeuge
073	Betriebsvorrichtungen

0 Immaterielle Vermögensgegenstände und Sachanlagen

Kontenklasse	Bezeichnung
08	Andere Anlagen, Betriebs- und Geschäftsausstattung
080	andere Anlagen
081	Werkstätteneinrichtung
082	Werkzeuge, Werksgeräte und Modelle, Prüf- und Messmittel
083	Lager- und Transporteinrichtungen
084	Fuhrpark
0841	PKW
0842	LKW
085	sonstige Betriebsaustattung
086	Büromaschinen, Organisationsmittel und Kommunikationsanlagen
087	Büromöbel und sonstige Geschäftsausstattung
088	Reserveteile für Betriebs- und Geschäftsausstattung
089	geringwertige Vermögensgegenstände der Betriebs- und Geschäftsausstattung
09	Geleistete Anzahlungen und Anlagen im Bau
090	geleistete Anzahlungen auf Sachanlagen
095	Anlagen im Bau
1 Finanzanlagen	
10	frei
11	Anteile an verbundenen Unternehmen
110	Anteile an einem herrschenden oder einem mit Mehrheit beteiligten Unternehmen
111	Anteile an der Konzernmutter, soweit nicht Konto 110 gehörig
112	Anteile an Tochterunternehmen
–117	
118	frei
119	Anteile an sonstigen verbundenen Unternehmen
12	Ausleihungen an verbundene Unternehmen
120	Ausleihungen an verbundene Unternehmen, gesichert, durch Grundpfandrechte oder andere Sicherheiten
125	Ausleihungen an verbundene Unternehmen, ungesichert
13	Beteiligungen
130	Beteiligungen an assoziierten Unternehmen
135	andere Beteiligungen
14	Ausleihungen an Unternehmen, mit denen ein Beteiligungsverhältnis besteht
140	Ausleihungen an Unternehmen, mit denen ein Beteiligungsverhältnis besteht, gesichert, durch Grundpfandrechte oder andere Sicherheiten
145	Ausleihungen an Unternehmen, mit denen ein Beteiligungsverhältnis besteht, ungesichert
15	Wertpapiere
150	Stammaktien
151	Vorzugsaktien
152	Genussscheine

1 Finanzanlagen

Kontenklasse		Bezeichnung
153		Investmentzertifikate
154		Gewinnobligationen
155		Wandelschuldverschreibungen
156		festverzinsliche Wertpapiere
157		frei
158		Optionsscheine
159		sonstige Wertpapiere
16		Sonstige Ausleihungen (Sonstige Finanzanlagen)
160		Genossenschaftsanteile
161		gesicherte sonstige Ausleihungen
162		frei
163		ungesicherte sonstige Ausleihungen
164		frei
165		Ausleihungen an Mitarbeiter, an Organmitglieder und G ll h ft
	1651 –1653	Auslagen an Mitarbeiter
	1654	Ausl. an Geschäftsführer/Vorstandsmitglieder
	1656	Ausl. an Mitarbeiter des Beirats/Aufsichtsrates
	1658	Auslagen an Gesellschafter
166 –168		frei
169		übrige sonstige Finanzanlagen

2 Umlaufvermögen und aktive Rechnungsabgrenzung

Kontenklasse		Bezeichnung
(20–23) Vorräte:		
20		Roh-, Hilfs- und Betriebsstoffe
200		Rohstoffe/Fertigungsmaterial
201		Vorprodukte/Fremdbauteile
202		Hilfsstoffe
203		Betriebsstoffe
204 –209		frei
21		Unfertige Erzeugnisse, unfertige Leistungen
210 –217		unfertige Erzeugnisse
218		frei
219		nicht abgerechnete Leistungen (unfertige Leistungen)
22		Fertige Erzeugnisse und Waren
220 –227		fertige Erzeugnisse
228		Waren (Handelsware)
23		Geleistete Anzahlungen auf Vorräte
(24–26) Forderungen und sonstige Vermögensgegenstände:		
24		Forderungen aus Lieferungen und Leistungen
240 –244		Forderungen aus Lieferungen und Leistungen
245		Wechselforderungen aus Lieferungen und Leistungen
246 –248		frei
249		Wertberichtigungen zu Forderungen aus Lieferungen und Leistungen
	2491	Einzelwertberichtigungen
	2492	Pauschalwertberichtigungen

2 Umlaufvermögen und aktive Rechnungsabgrenzung

Kontenklasse		Bezeichnung
25		Forderungen gegen verbundene Unternehmen und gegen Unternehmen, mit denen ein Beschäftigungsverhältnis besteht
250 –254		Forderungen gegen verbundene Unternehmen
250 –251		Forderungen aus Lieferungen und Leistungen gegen verbundene Unternehmen
252		Wechselforderungen (verbundene Unternehmen)
253		sonstige Forderungen gegen verbundene Unternehmen
254		Wertberichtigungen zu Forderungen gegen verbundene Unternehmen
255 –259		Forderungen gegen Unternehmen mit denen ein Beteiligungsverhältnis besteht
255 –256		Forderungen aus Lieferungen und Leistungen gegen Unternehmen mit denen ein Beschäftigungsverhältnis besteht
257		Wechselforderungen (Beteiligungsverhältnisse)
258		sonstige Forderungen gegen Unternehmen, mit denen ein Beschäftigungsverhältnis besteht
259		Wertberichtungen zu Forderungen bei Beschäftigungsverhältnissen
26		Sonstige Vermögensgegenstände
260		anrechenbare Vorsteuer
	2601	anrechenbare VorSt. ermäßigter Satz
	2605	anrechenbare VorSt. voller Satz
261		aufzuteilende Vorsteuer
	2611	aufzuteilende VorSt. ermäßigter Satz
	2615	aufzuteilende VorSt. voller Satz
262		sonstige USt.-Forderungen
	2621	Umsatzsteuerforderungen
	2622	USt.-Forderungen laufendes Jahr
	2623	USt.-Forderungen Vorjahr
	2624	USt.-Forderungen frühere Jahre
	2625	§ 13 BerlinFG
	2626	Kürzung Berlin FG
	2627	Kürzung Warenbezüge a.d.WgM-DDR
	2628	bezahlte Einfuhrumsatzsteuer
	2629	VorSt. im Folgejahr abziehbar
263		sonstige Forderungen an Finanzbehörden
264		Forderungen an Sozialversicherungsträger
265		Forderungen an Mitarbeiter, an Organmitglieder und an Gesellschafter
	2651 –2653	Forderungen an Mitarbeiter
	2654	Forderungen an Geschäftsführer/ Vorstandsmitglieder
	2655	frei
	2656	Forderungen an Mitglieder des Beirats/Aufsichtrates
	2657	frei
	2658 –2653	Forderungen an Gesellschafter
	2654	Forderungen an Geschäftsführer/ Vorstandsmitglieder
	2655	frei
	2656	Forderungen an Mitglieder des Beirats/Aufsichtrates

2 Umlaufvermögen und aktive Rechnungsabgrenzung

Kontenklasse	Bezeichnung
2657	frei
2658	Forderungen an Gesellschafter
266	andere sonstige Forderungen
2661	Ansprüche auf Versicherungs- sowie Schadensersatzleistungen
2662	Kostenvorschüsse (soweit nicht Anzahlungen)
2663	Kautionen und sonstige Sicherheitsleistungen
2664	Darlehen, soweit nicht Finanzanlage
2665 –2667	frei
2668	Forderungen aus Soll-Salden der Kontengruppe 44
267	andere sonstige Vermögensgegenstände (z. B. außer Betrieb gesetzte und zur Veräußerung oder Verschrottung bestimmte ehemalige Gegenstände des Sachanlagevermögens)
268	eingefordertes, noch nicht eingezahltes Kapital und eingeforderte Nachschüsse
2681	eingefordertes, noch nicht eingezahltes Kapital
2685	eingeforderte Nachschüsse
269	Wertberichtigungen zu sonstigen Forderungen und und Vermögensgegenständen
27	**Wertpapiere**
270	Anteile an verbundenen Unternehmen
2701	Anteile an einem herrschenden oder einem mit Mehrheit beteiligten Unternehmen
2702	Anteile an der Konzernmutter soweit nicht zu Konto 110 gehörig
2703 –2707	Anteile an Tochterunternehmen
2708	frei
2709	Anteile an sonstigen verbundenen Unternehmen
271	eigene Anteile
272	Aktien
273	variabel verzinsliche Wertpapiere
274	festverzinsliche Wertpapiere
275	Finanzwechsel
278	Optionsscheine
279	sonstige Wertpapiere
28	**Flüssige Mittel**
280 –284	Guthaben bei Kreditinstituten
285	Postgiroguthaben
286	Schecks
287	Bundesbank
288	Kasse
289	Nebenkasse
29	**Aktive Rechnungsabgrenzung**
290	Disagio
291	Zölle und Verbrauchssteuern
292	Umsatzsteuer auf erhaltene Anzahlungen
293	andere aktive Jahresabgrenzungsposten
294	frei
295	aktive Steuerabgrenzung
296 –298	frei
299	nicht durch Eigenkapital gedeckter Fehlbetrag

PASSIVA

3 Eigenkapital und Rückstellungen

Kontenklasse	Bezeichnung
30	**Kapitalkonto/Gezeichnetes Kapital**
300 –301	bei Einzelfirmen und Personengesellschaften:
300	Kapitalkonto Gesellschafter A
3001	Eigenkapital
3002	Privatkonto
301	Kapitalkonto Gesellschafter B
3011	Eigenkapital
3012	Privatkonto
300 –301	alternativ:
300	Festkapitalkonto
3001	Festkapitalkonto Gesellschafter A
3002	Festkapitalkonto Gesellschafter B
301	veränderliches Kapitalkonto
3011	veränderliches Kapitalkonto Gesellschafter A
3012	veränderliches Kapitalkonto Gesellschafter B
302	Privatkonto
3021	Privatkonto Gesellschafter A
3022	Privatkonto Gesellschafter B
300 –305	bei Kapitalgesellschaften
300	Gezeichnetes Kapital
303	Gesellschafterdarlehen
305	noch nicht eingeforderte Einlagen
31	**Kapitalrücklage**
311	Aufgeld aus der Ausgabe von Anteilen
312	Aufgeld aus der Ausgabe von Wandelschuldverschreibungen
313	Zahlung aus der Gewährung eines Vorzuges für Anteile
314	andere Zuzahlungen von Gesellschaftern in das Eigenkapital
318	eingeforderte Nachschüsse gemäß § 42 Abs. 2 GmbHG
32	**Gewinnrücklagen**
321	gesetzliche Rücklagen
322	Rücklage für eigene Anteile
3221	Rücklage für Anteile eines herrschenden oder eines mit Mehrheit beteiligten Unternehmens
3222	Rücklage für Anteile des Unternehmens selbst
323	satzungsmäßige Rücklagen
324	andere Gewinnrücklagen
325	Eigenkapitalanteil bestimmter Passivposten
3251	EK-Anteil von Wertaufholungen
3252	EK-Anteil von Preissteigerungsrücklagen
33	**Ergebnisverwendung**
331	Jahresergebnis (Jahresüberschuss/Jahresfehlbetrag) des Vorjahres
332	Ergebnisvortrag aus früheren Perioden
333	Entnahmen aus der Kapitalrücklage
334	Veränderungen der Gewinnrücklagen vor Bilanzergebnis

3			**Eigenkapital und Rückstellungen**
	335		Bilanzergebnis (Bilanzgewinn/-verlust)
	336		Ergebnisausschüttung
	337		zusätzlicher Aufwand oder Ertrag aufgrund Ergebnisverwendungsbeschluss
	338		Einstellungen in Gewinnrücklagen nach Bilanzergebnis
	339		Ergebnisvortrag auf neue Rechnung
34			Jahresergebnis (Jahresüberschuss / Jahresfehlbetrag)
35			Sonderposten mit Rücklagenanteil
	350		so genannte steuerfreie Rücklagen
	355		Wertberichtigungen auf Grund steuerlicher Sonderabschreibungen
36			Wertberichtigungen (bei Kapitalgesellschaften als Passivposten der Bilanz nicht mehr zulässig)
	360		Wertberichtigungen zu immateriellen Vermögensgegenständen
	361		Wertberichtigungen zu Grundstücken und Gebäuden
	362		Wertberichtigungen zu technischen Anlagen und Maschinen
	363		Wertberichtigungen zu Betriebs- und Geschäftsausstattung
	364		Wertberichtigungen zu geleisteten Anzahlungen und Anlagen im Bau
	365		Wertberichtigungen zu Finanzanlagen
	366		Wertberichtigungen zu Vorräten
	367		Einzelwertberichtigungen zu Forderungen
	368		Pauschalwertberichtigung zu Forderungen
	369		sonstige Wertberichtigungen
(37–39) Rückstellungen:			
37			Rückstellungen für Pensionen und ähnliche Verpflichtungen
	371		Verpflichtungen für eingetretene Pensionsfälle
	372		Verpflichtungen für unverfallbare Anwartschaften
	373		Verpflichtungen für verfallbare Anwartschaften
	374		Verpflichtungen für ausgeschiedene Mitarbeiter
	375		Pensionsähnliche Verpflichtungen (z. B. Verpflichtungen aus Vorruhestandsregelungen)
38			Steuerrückstellungen
	380		Gewerbeertragssteuer
	381		Körperschaftsteuer
	382		Kapitalertragsteuer
	383		ausländische Quellensteuer
	384		andere Steuern vom Einkommen und Ertrag
	385		latente Steuern (passive Steuern)
	386		Gewerbekapitalsteuer
	387		Vermögensteuer
	388		frei
	389		sonstige Steuerrückstellungen
39			Sonstige Rückstellungen
	390		Sonstige Rückstellungen für Personalaufwendungen und die Vergütung an Aufsichtsgremien
	391		sonstige Rückstellungen für Gewährleistung
		3911	Vertragsgarantie
		3911	Vertragsgarantie
3			**Eigenkapital und Rückstellungen**
		3915	Kulanzgarantie
	392		sonstige Rückstellungen für Rechts- und Beratungskosten
	393		sonstige Rückstellungen für andere ungewisse Verbindlichkeiten
	394 –396		frei
	397		sonstige Rückstellungen für drohende Verluste aus schwebenden Geschäften
	398		sonstige Rückstellungen für unterlassene Instandhaltung
	399		sonstige Rückstellungen für andere Aufwendungen
4			**Verbindlichkeiten und passive Rechnungsabgrenzung**
40			frei
41			Anleihen
	410		Konvertible Anleihen
	415		Anleihen – nicht konvertibel
42			Verbindlichkeiten gegenüber Kreditinstituten
	420 –424		Kredit Bank A Kredit Bank Z
	425 –428		Investitionskredit Bank A Investitionskredit Bank Z
	429		sonstige Verbindlichkeiten gegenüber Kreditinstituten
43			Erhaltene Anzahlungen auf Bestellungen
44			Verbindlichkeiten aus Lieferungen und Leistungen
	440		Verbindlichkeiten aus Lieferungen und Leistungen/Inland
	445		Verbindlichkeiten aus Lieferungen und Leisterungen/Ausland
45			Wechselverbindlichkeiten (Schuldwechsel)
	450		Wechselverbindlichkeiten gegenüber Dritten
	451		Wechselverbindlichkeiten gegenüber Unternehmen verbundenen
	452		Wechselverbindlichkeiten gegenüber Unternehmen, mit denen ein Beteiligungsverhältnis besteht
46			Verbindlichkeiten gegenüber verbundenen Unternehmen
	460		Verbindlichkeiten aus Lieferungen und Leistungen/Inland (verbundene Unternehmen)
	465		Verbindlichkeiten aus Lieferungen und Leistungen/Ausland (verbundene Unternehmen)
	469		sonstige Verbindlichkeiten
47			Verbindlichkeiten gegenüber Unternehmen, mit denen ein Beschäftigungsverhältnis besteht
	470		Verbindlichkeiten aus Lieferungen und Leistungen/Inland (Beteiligungsverhältnis)
	475		Verbindlichkeiten aus Lieferungen und Leistungen/Ausland (Beteiligungsverhältnis)
	479		sonstige Verbindlichkeiten (Beteiligungsverhältnis)
48			Sonstige Verbindlichkeiten
	480		Umsatzsteuer
		4801	Umsatzsteuer ermäßigter Satz
		4805	Umsatzsteuer voller Satz
	481		Umsatzsteuer nicht fällig
		4811	Umsatzsteuer nicht fällig ermäßigter Satz

4 Verbindlichkeiten und passive Rechnungsabgrenzung

Kontenklasse			Bezeichnung
		4815	Umsatzsteuer nicht fällig voller Satz
	482		Umsatzsteuervorauszahlung
		4821	Umsatzsteuervorauszahlung 1/11
		4822	Umsatzsteuer-Abzugsverfahren, USt VA Kennziffer 75
		4823	Nachsteuer, UStVA Kennziffer 65
		4824	Umsatzsteuer laufendes Jahr
		4825	Umsatzsteuer Vorjahr
		4826	Umsatzsteuer frühere Jahre
		4827	Einfuhr-USt. aufgeschoben
		4828	In Rechnung unberechtigt ausgew. Steuer, UStVA Kennziffer 69
		4829	frei
	483		sonstige Steuerverbindlichkeiten
	484		Verbindlichkeiten gegenüber Sozialversicherungsträgern
	485		Verbindlichkeiten gegenüber Mitarbeitern, Organmitgliedern und Gesellschaftern
		4851 –4853	Verbindlichkeiten gegenüber Mitarbeitern
		4854	Verbindlichkeiten gegenüber Geschäftsführern / Vorstandsmitgliedern
		4855	frei
		4856	Verbindlichkeiten gegenüber Mitgliedern des Beirats/Aufsichtsrats
		4858	Verbindlichkeiten gegenüber Gesellschaftern
	486		andere sonstige Verbindlichkeiten
		4861	Verpflichtungen zu Schadensersatzleistungen
		4862	erhaltene Kostenvorschüsse (soweit nicht Anzahlungen)
		4863	erhaltene Kautionen
		4864 -4867	frei
		4868	Verbindlichkeiten aus Haben-Salden der Kontengruppe 24
		4869	frei
	487		frei
	488		frei
	489		übrige sonstige Verbindlichkeiten
49			Passive Rechnungsabgrenzung
	490		passive Jahresabgrenzung

ERTRÄGE

5 Erträge

Kontenklasse			Bezeichnung
50			Umsatzerlöse
	500 –504		frei
	505		steuerfreie Umsätze
	506		steuerfreie Umsätze
	508		Erlöse ermäßigter USt.-Satz
51			Umsatzerlöse für Waren und sonstige Umsatzerlöse
	510 –513		Umsatzerlöse für eigene Erzeugnisse und andere eigene Leistungen, voller USt.-Satz
	514		andere Umsatzerlöse voller USt.-Satz
(516–518) Erlösberichtigungen:			
	516		Skonti
		5161	Skonti, ermäßigter USt.-Satz
		5165	Skonti voller USt.-Satz
	517		Boni
		5171	Boni, ermäßigter USt.-Satz
		5175	Boni, voller USt.-Satz
	518		andere Erlösberichtigungen
		5181	andere Erlösberichtigungen, ermäßigter USt-Satz
		5185	andere Erlösberichtigungen, voller USt.-Satz
52			Erhöhung oder Verminderung des Bestandes an unfertigen und fertigen Erzeugnissen
	521		Bestandsveränderungen an unfertigen Erzeugnissen und nicht abgerechneten Leistungen
	522		Bestandsveränderungen an fertigen Erzeugnissen
	523		frei
	524		frei
	525		zusätzliche Abschreibungen auf Erzeugnisse bis Untergrenze erwarteter Wertschwankungen
	526		steuerliche Sonderabschreibungen auf Erzeugnisse
53			Andere aktivierte Eigenleistungen
	530		selbsterstellte Anlagen
	539		sonstige andere aktivierte Eigenleistungen
54			Sonstige betriebliche Erträge
	540	5401	Nebenerlöse
		5402	Nebenerlöse aus Vermietung und Verpachtung
		5403	frei
		5404	Nebenerlöse aus Werksküche und Kantine
		5405	Nebenerlöse aus anderen Sozialeinrichtungen
		5406	Nebenerlöse aus Abgabe von Energien und Abfällen soweit nicht Umsatzerlöse
		5407	Nebenerlöse aus anderen Nebenbetrieben
		5408	frei
		5409	frei
		5401	sonstige Nebenerlöse
	541		sonstige Erlöse
		5411	sonstige Erlöse aus Provisionen
		5412	sonstige Erlöse aus Veräußerung von Patenten
	542		Eigenverbrauch (umsatzsteuerpflichtige Lieferungen und Leistungen ohne Entgelt)
		5421	Entnahme von Gegenständen gem. 2a, ermäßigter USt.-Satz
		5422	Entnahme von Gegenständen gem. 2a, voller USt.-Satz
		5423	Entnahme von sonstigen Leistungen gem. 2b, ermäßigter USt.-Satz
		5424	Entnahme von sonstigen Leistungen gem.2b, voller USt.-Satz
		5425	Eigenverbrauch gem. 2c, ermäßigter USt.-Satz
		5426	Eigenverbrauch gem. 2c, voller USt.-Satz
		5427	unentgeltliche Leistungen gem. Nr. 3, ermäßigter USt.-Satz
		5428	unentgeltliche Leistungen gem. Nr. 3, voller USt.-Satz

5 Erträge

Kontenklasse		Bezeichnung
543		andere sonstige betriebliche Erträge
	5431	empfangene Schadensersatzleistungen
	5432	Schuldenerlass
	5433	Steuerbelastungen an Organgesellschaften
	5434	Investitionszulagen
544		Erträge aus Werterhöhungen von Gegenständen des Anlagevermögens (Zuschreibungen)
545		Erträge aus Werterhöhungen von Gegenständen des Umlaufvermögens außer Vorräten und Wertpapieren (Zuschreibungen)
	5451	Erträge aus der Auflösung oder Herabsetzung der Einzelwertberichtigungen
	5452	Erträge aus der Auflösung oder Herabsetzung der Pauschalwertberichtigung
	5453	frei
	5454	Erträge aus Kursgewinnen bei Forderungen (und Verbindlichkeiten) in Fremdwährung und bei Valutabeständen
546		Erträge aus dem Abgang von Vermögensgegenständen
	5461	Erträge aus immateriellen Vermögensgegenständen
	5462	Erträge aus Sachanlagen
	5463	Erträge aus Umlaufvermögen (soweit nicht unter anderen Erlösen)
547		Erträge aus der Auflösung von Sonderposten mit Rücklageanteil
548		Erträge aus der Herabsetzung von Rückstellungen
	5481	Erträge aus der Auflösung von (nicht verbrauchten) Rückstellungen
	5489	Ausgleichsposten für (über andere Aufwendungen) verbrauchte Rückstellungen (z. B. bei Aufwendungen für Gewährleistung)
549		periodenfremde Erträge (soweit nicht bei den betroffenen Ertragsarten zu erfassen)
	5491	Rückerstattungen von betrieblichen Steuern
	5492	Rückerstattungen von Steuern vom Einkommen und Ertrag
	5493	Rückerstattungen von sonstigen Steuern
	5494	andere Aufwandsrückerstattung
	5495	Zahlungseingänge auf abgeschriebene Forderungen
	5496	andere periodenfremde Erträge
55		Erträge aus Beteiligungen
(550 – 554) Erträge aus Beteiligungen an verbundenen Unternehmen:		
550		Erträge aus Beteiligungen an verbundenen Unternehmen, mit denen Verträge über Gewinngemeinschaft, Gewinnabführung oder Teilgewinnabführung bestehen
551		Erträge aus Beteiligungen an anderen verbundenen Unternehmen
552		Erträge aus Zuschreibungen zu Anteilen an verbundenen Unternehmen
553		Erträge aus dem Abgang von Anteilen an verbundenen Unternehmen
554		frei

5 Erträge

Kontenklasse		Bezeichnung
(555–559) Erträge aus Beteiligungen an nicht verbundenen Unternehmen:		
555		Erträge aus Beteiligungen an nicht verbundenen Unternehmen, mit denen Verträge über Gewinngemeinschaft, Gewinnabführung oder Teilgewinnabführung bestehen
556		Erträge aus anderen Beteiligungen
557		Erträge aus Zuschreibungen zu Anteilen an nicht verbundenen Unternehmen
558		Erträge aus dem Abgang von Anteilen an nicht verbundenen Unternehmen
559		frei
56		Erträge aus anderen Wertpapieren und Ausleihungen des Finanzanlagevermögens
560		Erträge von verbundenen Unternehmen aus anderen Wertpapieren und Ausleihungen des Anlagevermögens
	5601	Zinsen und ähnliche Erträge
	5602	Erträge aus Zuschreibungen zu anderen Wertpapieren
	5603	Erträge aus dem Abgang von anderen Wertpapieren
565		Erträge von nicht verbundenen Unternehmen aus anderen Wertpapieren und Ausleihungen des Anlagevermögens
57		Sonstige Zinsen und ähnliche Erträge
570		sonstige Zinsen und ähnliche Erträge von verbundenen Unternehmen (einschl. Erträgen aus Wertpapieren des Umlaufvermögens)
571		Bankzinsen
572		frei
573		Diskonterträge
574		frei
575		Bürgschaftsprovision
576		Zinsen für Forderungen
577		Aufzinsungserträge
578		Erträge aus Wertpapieren des Umlaufvermögens (soweit von nicht verbundenen Unternehmen)
	5781	Zinsen und Dividenden aus Wertpapieren des UV
	5782	zinsähnliche Erträge aus Wertpapieren des UV
	5783	Erträge aus Zuschreibungen zu Wertpapieren des UV
	5784	Erträge aus dem Abgang von Wertpapieren des UV
579		übrige sonstige Zinsen und ähnliche Erträge
58		Außerordentliche Erträge
59		Erträge aus Verlustübernahme (bei Tochtergesellschaft; Ausweis in GuV vor der Pos. 20 Jahresüberschuss/-fehlbetrag)

AUFWENDUNGEN

6 Betriebliche Aufwendungen

Kontenklasse		Bezeichnung
60		Aufwendungen für Roh-, Hilfs- und Betriebsstoffe und für bezogene Waren
600		Rohstoffe/Fertigungsmaterial
601		Vorprodukte/Fremdbauteile
602		Hilfsstoffe

6 Betriebliche Aufwendungen

Kontenklasse	Bezeichnung
603	Betriebsstoffe/Verbrauchswerkzeuge
604	Verpackungsmaterial
605	Energie
606	Reparaturmaterial und Fremdinstandhaltung (sofern nicht unter 616, weil die Fremdinstandhaltung überwiegt)
607	sonstiges Material
6071	Putz- und Pflegematerial
6072	Berufskleidung
6073	Lebensmittel und Kantinenware
6074	anderes sonstiges Material
608	Aufwendungen für Waren
609	Sonderabschreibungen für Roh-, Hilfs- und Betriebsstoffe und auf bezogene Waren
6092	zusätzliche Abschreibungen auf Material und Waren bis Untergrenze erwarteter Wertschwankungen
6093	steuerliche Sonderabschreibungen auf Material und Waren
61	Aufwendungen für bezogene Leistungen
610	Fremdleistungen für Erzeugnisse und andere Umsatzleistungen
611	Fremdleistungen für die Auftragsgewinnung (bei Auftragsfertigung – soweit einzelnen Aufträgen zurechenbar)
612	Entwicklungs-, Versuchs- und Konstruktionsarbeiten durch Dritte
613	weitere Fremdleistungen
6131	Fremdleistungen für Garantiearbeiten
6132	Leiharbeitskräfte für Leistungserstellung
614	Frachten und Fremdlager (incl. Vers. u. anderer Nebenkosten)
6141	Frachten und Fremdlager für Eingangsware, soweit nicht direkt zurechenbar
6142	Frachten und Fremdlager für Ausgangsware
615	Vertriebsprovisionen
616	Fremdinstandhaltung und Reparaturmaterial
617	sonstige Aufwendungen für bezogene Leistungen
(618–619) Aufwandsberichtigungen (soweit nicht den Aufwandsarten direkt zurechenbar):	
618	Skonti
6181	Skonti ermäßigter USt.-Satz
6185	Skonti voller USt.-Satz
619	Boni und andere Aufwandsberichtigungen
6191	Boni ermäßigter USt.-Satz
6195	Boni voller USt.-Satz
6197 –6199	andere Aufwandsberichtigungen
(62 – 64) Personalaufwand:	
62	Löhne
620	Löhne für geleistete Arbeitszeit einschl. tariflicher, vertraglicher oder arbeitsbedingter Zulagen
621	Löhne für andere Zeiten (Urlaub, Feiertag, Krankheit)
622	sonstige tarifliche oder vertragliche Aufwendungen für Lohnempfänger
623	freiwillige Zuwendungen

6 Betriebliche Aufwendungen

Kontenklasse	Bezeichnung
624	frei
625	Sachbezüge
626	Vergütung an gewerbl. Auszubildende
627 –628	frei
629	sonstige Aufwendungen mit Lohncharakter
63	Gehälter
630	Gehälter einschl. tariflicher, vertraglicher oder arbeitsbedingter Zulagen
631	frei
632	sonstige tarifliche oder vertragliche Aufwendungen fü G h lt fä
633	freiwillige Zuwendungen
634	frei
635	Sachbezüge
636	Vergütung an techn./kaufm. Auszubildende
637 –638	frei
639	sonstige Aufwendungen mit Gehaltscharakter
64	Soziale Abgaben und Aufwendungen für Altersversorgung und für Unterstützung
(640–643) Soziale Abgaben:	
640	Arbeitgeberanteil zur Sozialversicherung (Lohnbereich)
641	Arbeitgeberanteil zur Sozialversicherung (Gehaltsbereich)
642	Beiträge zur Berufsgenossenschaft
643	sonstige soziale Abgaben
6431	Beiträge zum Pensionssicherungsverein (PSV)
6439	übrige sonstige soziale Abgaben
(644–648) Aufwendungen für Altersversorgung:	
644	gezahlte Betriebsrenten (einschl. Vorruhestandsgeld)
645	Veränderungen der Pensionsrückstellungen
646	Aufwendungen für Direktversicherungen
646	Aufwendungen für Direktversicherungen
647	Zuweisungen an Pensions- und Unterstützungskassen
648	sonstige Aufwendungen für Altersversorgung
(649) Aufwendungen für Unterstützung:	
649	Beihilfen und Unterstützungsleistungen
65	Abschreibungen
(651–656) Abschreibungen auf Anlagevermögen:	
650	Abschreibungen auf aktivierte Aufwendungen für die Ingangsetzung und Erweiterung des Geschäftsbetriebs
651	Abschreibungen auf immaterielle Vermögensgegenstände des Anlagevermögens
6511	Abschreibungen auf Rechte
6512	Abschreibungen auf Geschäfts- oder Firmenwert
6513	Abschreibungen auf Anzahlungen
652	Abschreibungen auf Grundstücke und Gebäude
653	Abschreibungen auf technische Anlagen und M hl
654	Abschreibungen auf andere Anlagen, Betriebs- und Geschäftsausstattung
6541 –6543	Abschreibungen auf andere Anlagen und Betriebsausstattung

6 Betriebliche Aufwendungen

Kontenklasse	Bezeichnung
6544	Abschreibungen auf Fuhrpark
6545	frei
6546 –6548	Abschreibungen auf Geschäftsausstattung
6549	Abschreibungen auf geringwertige Wirtschaftsgüter
655	außerplanmäßige Abschreibungen auf Sachanlagen
656	steuerrechtliche Sonderabschreibungen auf Sachanlagen
(657–659) Abschreibungen auf Umlaufvermögen:	
657	unübliche Abschreibungen auf Vorräte
658	unübliche Abschreibungen auf Forderungen und sonstige Vermögensgegenstände
659	frei
(66–70) Sonstige betriebliche Aufwendungen:	
66	Sonstige Personalaufwendungen
660	Aufwendungen für Personaleinstellung
661	Aufwendungen für übernommene Fahrtkosten
662	Aufwendungen für Werkarzt und Arbeitssicherheit
663	Personenbezogene Versicherungen
664	Aufwendungen für Fort- und Weiterbildung
665	Aufwendungen für Dienstjubiläum
666	Aufwendungen für Belegschaftsveranstaltungen
667	frei (evtl. Aufwendungen für Werksküche und S[illegible])
668	Ausgleichsabgabe nach dem Schwerbehindertengesetz
669	übrige sonstige Personalaufwendungen
67	Aufwendungen für die Inanspruchnahme von Rechten und Diensten
670	Mieten, Pachten, Erbbauzinsen
671	Leasing
6711	Leasing, Sachmittel
6712	Leasing EDV
672	Lizenzen und Konzessionen
673	Gebühren
675	Bankspesen/Kosten des Geldverkehrs u. d. Kapitalbeschaffung
676	Provisionen
677	Prüfung, Beratung, Rechtsschutz
678	Aufwendungen für Aufsichtsrat bzw. Beirat oder dgl.
679	frei
68	Aufwendungen für Kommunikation (Dokumentation, Information, Reisen, Werbung)
680	Büromaterial und Drucksachen
6821	Porto
6822	Telefon
6823	Fax und Internet
685	Reisekosten
6851	Tagegeld und Übernachtung
6852	Fahrt- und Flugkosten
6853	Erstattung für private PKW-Benutzung und Parkgebühren
686	Gästebewirtung und Repräsentation
6861	Bewirtung mit amtlichen Vordruck
6862	Bewirtung ohne amtlichen Vordruck
6863	Repräsentation

6 Betriebliche Aufwendungen

Kontenklasse	Bezeichnung
6869	Spenden
687	Werbung
6871	abzugfähige Werbegeschenke
6872	nicht abzugsfähige Werbegeschenke
69	Aufwendungen für Beiträge und Sonstiges sowie Wertkorrekturen und periodenfremde Aufwendungen
690	Versicherungsbeiträge, diverse
691	Kfz-Versicherungsbeiträge
692	Beiträge zu Wirtschaftverbänden und Berufsvertretungen
693	andere sonstige betriebliche Aufwendungen
6931	Verluste aus Schadensfällen
6932	Forderungsverzicht
695	Verluste aus Wertminderungen von Gegenständen des Umlaufvermögens (außer Vorräten und Wertpapieren)
6951	Abschreibungen auf Forderungen wegen Uneinbringlichkeit
6952	Einzelwertberichtigungen
6953	Pauschalwertberichtigungen
6954	Kursverluste bei Forderungen (u. Verbindlichkeiten) in Fremdwährung und bei Valutabeständen
6955	zusätzliche Abschreibungen auf Forderungen in Fremdwährung und bei Valutabeständen
696	Verluste aus dem Abgang von Vermögensgegenständen
6961	Verluste aus dem Abgang von immateriellen Vermögensgegenständen
6962	Verluste aus dem Abgang von Sachanlagen
6963	Verluste aus dem Abgang von Umlaufvermögen (außer Vorräten und Wertpapieren)
697	Einstellungen in den Sonderposten mit Rücklagenanteil
6971	Bildung unversteuerter Steuerrücklagen
6977	steuerliche Sonderabschreibungen auf Umlaufvermögen
698	Zuführungen zu Rückstellungen soweit nicht unter anderen Aufwendungen erfassbar
6981	Zuführungen zu Rückstellungen für Gewährleistungen
6982	Zuführungen zu Rückstellungen für Wechselobligo
6983	Zuführungen zu Rückstellungen aus sonstigem Grund
699	periodenfremde Aufwendungen
7 Weitere Aufwendungen	
70	Betriebliche Steuern
700	Gewerbekapitalsteuer
701	Vermögensteuer
702	Grundsteuer
703	Kraftsteuer
704	frei
705	Wechselsteuer
706	Gesellschaftssteuer
707	Ausfuhrzölle

7 Weitere Aufwendungen

Kontenklasse			Bezeichnung
	708		Verbrauchsteuern
	709		sonstige betriebliche Steuern
71			frei
72			frei
73			frei
74			Abschreibungen auf Finanzanlagen und auf Wertpapiere des Umlaufvermögens und Verluste aus entsprechenden Abgängen
	740		Abschreibungen auf Finanzanlagen
		7401	frei
		7402	Abschreibungen auf den beizulegenden Wert
		7403	steuerliche Sonderabschreibungen
	741		frei
	742		Abschreibungen auf Wertpapiere des Umlaufvermögens
		7421	Abschreibungen auf den Tageswert
		7422	zusätzliche Abschreibungen bis Untergrenze erwarteter Wertschwankungen
		7423	steuerliche Sonderabschreibungen
	743 –744		frei
	745		Verluste aus dem Abgang von Finanzanlagen
	746		Verluste aus dem Abgang von Wertpapieren des Umlaufvermögens
	747 –748		frei
	749		Aufwendungen aus Verlustübernahme
75			Zinsen und ähnliche Aufwendungen
	750		Zinsen und ähnliche Aufwendungen an verbundene Unternehmen
	751		Bankzinsen
		7511	Zinsen für Dauerkredite
		7512	Zinsen für andere Kredite
	752		Kredit- und Überziehungsprovisionen
	753		Diskontaufwand
	754		Abschreibungen auf Disagio
	755		Bürgschaftsprovisionen
	756		Zinsen für Verbindlichkeiten
	757		Abzinsungsbeträge
	758		frei
	759		sonstige Zinsen und ähnliche Aufwendungen
76			Außerordentliche Aufwendungen
77			Steuern von Einkommen und Ertra
	770		Gewerbeertragsteuer
	771		Körperschaftsteuer
	772		Kapitalertragsteuer
	773		ausländische Quellensteuer
	774		frei
78			sonstige Steuern
79			Aufwendungen aus Gewinnabführungsvertrag (bei Tochtergesellschaft, Ausweis in GuV vor der Pos. 20 Jahresüberschussfehlbetrag)

ERGEBNISRECHNUNGEN

8 Ergebnisrechnungen

Kontenklasse		Bezeichnung
80		Eröffnung/Abschluss
	800	Eröffnungsbilanzkonto
	801	Schlussbilanzkonto
	802	GuV-Konto Gesamtkostenverfahren
	803	GuV-Konto Umsatzkostenverfahren
(81– 84) Konten der Kostenbereiche für die GuV im Umsatzkostenverfahren:		
81		Herstellungskosten, Umsatzkostenverfahren
	810	Fertigungsmaterial
	811	Fertigungsfremdleistungen
	812	Fertigungslöhne und -gehälter
	813	Sondereinzelkosten der Fertigung
	814	Primärgemeinkosten des Materialbereichs
	815	Primärgemeinkosten des Fertigungsbereichs
	816	Sekundärgemeinkosten des Materialbereichs (anteilige Gemeinkosten des Verwaltungs- und Sozialbereichs)
	817	Sekundärgemeinkosten des Fertigungsbereichs
	818	Minderung der Erzeugnisbestände
82		Vertriebskosten, Umsatzkostenverfahren
83		Allgemeine Verwaltungskosten, Umsatzkostenverfahren
84		Sonstige betriebliche Aufwendungen, Umsatzkostenverfahren
(85–87) Konten der kurzfristigen Erfolgsrechnung für innerjährliche Rechnungsperioden (Monat, Quartal oder Halbjahr)		
85		Korrekturen zu den Erträgen der Kontenklasse 5
	850 –851	Umsatzerlöse
	852	Bestandsveränderungen
	853	andere aktivierte Eigenleistungen
	854	sonstige betriebliche Erträge
	855	Erträge aus Beteiligungen
	856	Erträge aus anderen Wertpapieren und Ausleihungen des Finanzvermögens
	857	sonstige Zinsen und ähnliche Erträge
	858	außerordentliche Erträge
	859	frei
86		Korrekturen zu den Aufwendungen der Kontenklasse 6
	860	Aufwendungen für Roh-, Hilfs- und Betriebsstoffe und für bezogene Waren
	861	Aufwendungen für bezogene Leistungen
	862	Löhne
	863	Gehälter
	864	soziale Abgaben und Aufwendungen für Altersversorgung und für Unterstützung
	865	Abschreibungen
	866	sonstige Personalaufwendungen
	867	Aufwendungen für die Inanspruchnahme von Rechten und Diensten
	868	Aufwendungen für Kommunikation (Dokumentation, Informatik, Reise, Werbung)

8 Ergebnisrechnungen

Kontenklasse	Bezeichnung
869	Aufwendungen für Beiträge und Sonstiges sowie Wertkorrekturen und periodenfremde Aufwendungen
87	Korrekturen zu den Aufwendungen der Kontenklasse 7
870	betriebliche Steuern
871 –873	frei
874	Abschreibungen auf Finanzanlagen und auf Wertpapiere des Umlaufvermögens und Verluste aus entsprechenden Abgängen
875	Zinsen und ähnliche Aufwendungen
876	außerordentliche Aufwendungen
877	Steuern von Einkommen und Ertrag
878	sonstige Steuern
879	frei
88	Gewinn- und Verlustrechnung (GuV) für die kurzfristige Erfolgsrechung (KER)
880	Gesamtkostenverfahren
881	Umsatzkostenverfahren
89	Innerjährige Rechnungsabgrenzung (alternativ zu 298 bzw. 498)
890	aktive Rechnungsabgrenzung
895	passive Rechnungsabgrenzung

Die Kontengruppen 85–87 erfassen die Gegenbuchungen zur KER auf Konto 880. Gleichzeitig erhalten sie die Abgrenzungsbeträge dieser periodenbereinigten Aufwendungen und Erträge zu den Salden der Kontenklasse 5–7. Die Gegenbuchung der Abgrenzungsbeträge erfolgt auf entsprechenden Konten der innerjährigen Rechnungsabgrenzung z. B. 298 bzw. 498 oder 890 bzw. 895.

KOSTEN UND LEISTUNGSRECHNUNG (KLR)

9 Kosten und Leistungsrechnung (KLR)

90	Unternehmensbezogene Abgrenzungen (betriebsfremde Aufwendungen und Erträge)
91	Kostenrechnerische Korrekturen
92	Kostenarten und Leistungsarten
93	Kostenstellen
94	Kostenträger
95	Fertige Erzeugnisse
96	Interne Lieferungen und Leistungen sowie deren Kosten
97	Umsatzkosten
98	Umsatzleistungen
99	Ergebnisausweise

In der Praxis wird die KLR gewöhnlich tabellarisch durchgeführt. Es wird auf die dreibändigen BDI-Empfehlungen zur Kosten- und Leistungsrechnung hingewiesen (Vertrieb: Heider-Verlag).
Der ungekürzte und erläuterte Industriekontenrahmen ist im Heider-Verlag, 51465 Bergisch Gladbach, Pfaffrather Straße 102–116, Tel.: 02202/9 54 01, Fax: 02202/2 15 31 erschienen.

Stichwortverzeichnis

1

A

B

C

D

E

S

T

U

V

W

Z